应用统计学系列教材 Texts in Applied Statistics

非参数统计（第2版）
Non-parametric Statistics
(Second Edition)

王 星　褚挺进　编著
Wang Xing　Chu Tingjin

清华大学出版社
北　京

内 容 简 介

本书是非参数统计教材，内容从经典非参数统计推断到现代前沿，包括基本概念、单一样本的推断问题、两独立样本数据的位置和尺度推断、多组数据位置推断、分类数据的关联分析、秩相关和分位数回归、非参数密度估计、一元非参数回归和数据挖掘与机器学习共计9章。本书配有大量与社会、经济、金融、生物等专业相关的例题和习题，还配置了一些实验或案例。方便结合R软件进行探索、研究。

本书可以作为高等院校统计、经济、金融、管理专业的本科生课程的教材，也可以作为其他相关专业研究生的教材和教学参考书，另外，对广大从事与统计相关工作的实际工作者也极具参考价值。

版权所有，侵权必究。举报：010-62782989，beiqinquan@tup.tsinghua.edu.cn。

图书在版编目(CIP)数据

非参数统计/王星，褚挺进编著. --2版. --北京：清华大学出版社，2014 (2023.1重印)
应用统计学系列教材
ISBN 978-7-302-37156-4

Ⅰ.①非… Ⅱ.①王… ②褚… Ⅲ.①非参数统计–高等学校–教材 Ⅳ.①O212.7

中国版本图书馆 CIP 数据核字(2014)第 148335 号

责任编辑：刘　颖
封面设计：常雪影
责任校对：王淑云
责任印制：丛怀宇

出版发行：清华大学出版社
网　　址：http://www.tup.com.cn, http://www.wqbook.com
地　　址：北京清华大学学研大厦A座　　　　邮　编：100084
社 总 机：010-83470000　　　　　　　　　　邮　购：010-62786544
投稿与读者服务：010-62776969, c-service@tup.tsinghua.edu.cn
质 量 反 馈：010-62772015, zhiliang@tup.tsinghua.edu.cn

印 装 者：三河市东方印刷有限公司
经　　销：全国新华书店
开　　本：170mm×230mm　　印　张：23.5　　字　数：458千字
　　　　　（附光盘1张）
版　　次：2009年3月第1版　　2014年9月第2版　　印　次：2023年1月第12次印刷
定　　价：66.00元

产品编号：060604-03

第 2 版前言

习惯于用数据思考和决策的人都清楚,和二三十年前相比,现在的数据分析面临着更大的挑战. 在咨询领域,数据误解、噪声数据、快速成像所产生的危害呈指数增长. 研究显示,今天大数据分析所涉及的数据所呈现出的复杂特征并没有和几十年前小规模数据的特征有多大区别. 此外,数据分析工具和封装的程序越来越容易获得,令人兴奋的可视化技术越来越吸引年轻人的目光,越来越技术化的数据分析孤立于通过观察并依循数据特点而进行的分析之外. 这些现象都表明我们的学生在尊重数据特点做出正确分析决定的能力方面训练不足.

经过五年多的等待,《非参数统计》第二版终于面世了,我很欣慰,因为这次出版适逢大数据时代,算作是我和我的团队献给我一直深爱的数据分析事业的一份礼物吧!

《非参数统计》第一版获得许多读者和同行青睐,第二版在保留第一版全部优点和特色基础上,作了许多优化、改进和创新. 这些优化、改进和创新包括:

(1) 内容进行了全面更新,勘误了每一章,扩充了 U 统计量理论,添加了新的非参数回归内容.

(2) 可读性、易读性进一步提高. 为了做到这一点,我们对每一个章节的每一个句子,都经过了字斟句酌、反复推敲,尽可能使用短句子,同时,继续邀请优秀的本科生参与试读教材,充分听取他们的意见,力争使第二版的内容更加生动、深入浅出和言简意赅.

(3) 调整结构体系,将原来的第一章 R 基础调整至附录,原来的十章依次分九章排列 —— 为每一章添加了一个实验或案例,强调了结合问题背景根据复杂数据分布特点进行数据分析和信息解读的培养思想. 这些实验和案例可以激发学生的学习兴趣,也为教师提供了丰富生动的教学内容.

在编写和修订的过程中,对我支持最多的是我的家人和我的团队. 特别感谢我的助教王聪同学协助整理了大部分案例和勘误表,许泳铎同学调整了部分实验 R 程序,尤其是褚挺进老师加盟了我的教学团队,协助修订了第 8 章和第 9 章,最后,还要感谢清华大学出版社编辑负责的编辑校对工作.

王 星

2014 年 6 月 10 日于中国人民大学应用统计中心 & 统计学院

第 1 版前言

统计是一个面向问题解决的、系统收集数据和基于数据做出回答的过程，其本质是通过在随机现象中寻找分布规律回答现实问题的科学过程．实际问题的复杂性和人类认知的局限性，造成反映实际问题的数据在问题表示的充分性、代表性和分布的单一性等方面，与传统的统计应用要求不相匹配，于是催生了对数据分布假定宽松的非参数统计的兴起与发展．尤其是最近 20 年来，随着信息技术和网络技术的快速发展，基于大量数据计算探索数据分布特点的数据分析方法层出不穷，成为非参数统计发展的新主题，代表着统计学未来的方向．非参数统计自然成为连接统计学、信息学和计算机科学等交叉研究的桥梁，共同推动数据分析和信息利用整体地向前发展．

本书是一本专门讲授非参数统计理论和方法的教科书．内容主要分为两个部分：传统的非参数统计推断和现代非参数统计方法．传统的非参数推断内容由单一样本、两样本及多样本非参数统计估计和假设检验、分类数据的关联分析方法、定量数据的相关和回归等内容构成；现代非参数统计方法部分包含非参数密度估计、非参数回归和数据挖掘与机器学习技术等内容．

本书的主要特色是结合 R 软件讲解非参数统计方法的原理和应用，我们的宗旨是塑造有独立专业思考能力，对所学知识有比较地选择，并能够使用恰当方法解决实际问题的统计专业人才．据此，我们在课程设计中，专门设计了学生在接受知识的过程中对知识的运用和鉴别能力的训练．本书大部分例题都给出 R 源程序解法示例，各种理论条件的检验、讨论、分析和比较，鼓励学生针对数据的特点，独立编写数据分析程序．为加强与 R 的结合，书中图形大部分由 R 生成，我们广泛收集了很多领域数据分析实例和应用编写成本书的例题和习题，以扩展学生的应用领域，提高学生解决实际问题的能力．

本书可作为统计、经济、管理、生物等宏、微观专业领域本科三四年级以上学生以及相关研究人员学习非参数统计方法的教材，也可以用作统计研究或从事数据分析的方法的参考书．本书的先修课程只需具备初等统计学基础．对统计基础略感陌生的读者，可以阅读第 2 章相关内容作为补充．本书的内容可以安排在一学期 54 课时内完成，建议安排 10 课时左右用于学生上机实践．本书备有丰富的习题，兼有理论推导、方法应用和上机实践题目．

本书写作过程中，得到众多老师的支持与鼓励．感谢吴喜之先生多年来在非参数统计前沿和方法论上的引领和指导，感谢袁卫、金勇进、易丹辉、张波、赵明德、谢邦昌和郁彬等教授在学科发展动态上的启迪与建议，感谢赵彦云、高敏雪等教授的支持与鼓励，感谢朱建旭同学参与了第10章的部分编写，协助整理了部分文献、图表和习题，感谢孙兆楠、赵博元、詹瑾、李扬、王旭、王爱玲、伍燕然以及研究生讨论班的各位学生对部分内容进行的相关讨论，感谢责任编辑王海燕和赵从棉，正是凭借着她们对本书出版计划的坚定而耐心的支持，才有本书的问世．

感谢我的恩师、朋友、学生和家人与我相伴的岁月！

王 星
中国人民大学统计学院
E-mail:wangxingscy@gmail.com

目 录

第 1 章　基本概念 ··· 1
1.1　非参数统计概念与产生 ·· 1
1.2　假设检验回顾 ··· 5
1.3　经验分布和分布探索 ·· 10
  1.3.1　经验分布 ·· 10
  1.3.2　生存函数 ·· 12
1.4　检验的相对效率 ·· 15
1.5　分位数和非参数估计 ·· 18
1.6　秩检验统计量 ··· 21
1.7　U 统计量 ··· 24
1.8　实验 ··· 29
习题 ··· 34

第 2 章　单一样本的推断问题 ··· 37
2.1　符号检验和分位数推断 ··· 37
  2.1.1　基本概念 ·· 37
  2.1.2　大样本计算 ·· 41
  2.1.3　符号检验在配对样本比较中的应用 ························ 43
  2.1.4　分位数检验 —— 符号检验的推广 ························· 44
2.2　Cox-Staut 趋势存在性检验 ··· 45
2.3　随机游程检验 ··· 49
2.4　Wilcoxon 符号秩检验 ··· 52
  2.4.1　基本概念 ·· 52
  2.4.2　Wilcoxon 符号秩检验和抽样分布 ·························· 55
2.5　单组数据的位置参数置信区间估计 ·································· 61
  2.5.1　顺序统计量位置参数置信区间估计 ······················· 61
  2.5.2　基于方差估计法的位置参数置信区间估计 ·············· 64
2.6　正态记分检验 ··· 68
2.7　分布的一致性检验 ··· 71
  2.7.1　χ^2 拟合优度检验 ·· 71

2.7.2　Kolmogorov-Smirnov 正态性检验 ································ 75
　　2.7.3　Liliefor 正态分布检验 ······································ 76
2.8　单一总体渐近相对效率比较 ·· 77
2.9　实验 ·· 80
习题 ·· 87

第 3 章　两独立样本数据的位置和尺度推断 ································ 90
3.1　Brown-Mood 中位数检验 ·· 91
3.2　Wilcoxon-Mann-Whitney 秩和检验 ····································· 93
3.3　Mood 方差检验 ·· 99
3.4　Moses 方差检验 ··· 101
3.5　实验 ··· 103
习题 ··· 106

第 4 章　多组数据位置推断 ·· 108
4.1　试验设计和方差分析的基本概念回顾 ···································· 108
4.2　Kruskal-Wallis 单因素方差分析 ······································· 115
4.3　Jonckheere-Terpstra 检验 ··· 122
4.4　Friedman 秩方差分析法 ·· 126
4.5　随机区组数据的调整秩和检验 ·· 131
4.6　Cochran 检验 ··· 133
4.7　Durbin 不完全区组分析法 ·· 136
4.8　案例 ··· 138
习题 ··· 143

第 5 章　分类数据的关联分析 ·· 145
5.1　$r \times s$ 列联表和 χ^2 独立性检验 ·································· 145
5.2　χ^2 齐性检验 ·· 147
5.3　Fisher 精确性检验 ·· 148
5.4　Mantel-Haenszel 检验 ··· 151
5.5　关联规则 ··· 153
　　5.5.1　关联规则基本概念 ··· 153
　　5.5.2　Apriori 算法 ·· 154
5.6　Ridit 检验法 ··· 156
5.7　对数线性模型 ··· 162

		5.7.1 对数线性模型的基本概念	163
		5.7.2 模型的设计矩阵	168
		5.7.3 模型的估计和检验	169
		5.7.4 高维对数线性模型和独立性	170
	5.8	案例	173
	习题		177

第 6 章 秩相关和分位数回归 181

6.1	Spearman 秩相关检验	181
6.2	Kendall τ 相关检验	185
6.3	多变量 Kendall 协和系数检验	189
6.4	Kappa 一致性检验	192
6.5	中位数回归系数估计法	194
	6.5.1 Brown-Mood 方法	194
	6.5.2 Theil 方法	196
	6.5.3 关于 α 和 β 的检验	197
6.6	线性分位回归模型	199
6.7	案例	202
习题		207

第 7 章 非参数密度估计 209

7.1	直方图密度估计	209
	7.1.1 基本概念	209
	7.1.2 理论性质和最优带宽	211
	7.1.3 多维直方图	213
7.2	核密度估计	213
	7.2.1 核函数的基本概念	213
	7.2.2 理论性质和带宽	215
	7.2.3 多维核密度估计	218
	7.2.4 贝叶斯决策和非参数密度估计	221
7.3	k 近邻估计	224
7.4	案例	225
习题		232

第 8 章　一元非参数回归 ·················· 234
8.1　核回归光滑模型 ·················· 235
8.2　局部多项式回归 ·················· 237
8.2.1　局部线性回归 ·················· 237
8.2.2　局部多项式回归的基本原理 ·················· 239
8.3　LOWESS 稳健回归 ·················· 240
8.4　k 近邻回归 ·················· 241
8.5　正交序列回归 ·················· 243
8.6　罚最小二乘法 ·················· 245
8.7　样条回归 ·················· 246
8.7.1　模型 ·················· 246
8.7.2　样条回归模型的节点 ·················· 247
8.7.3　常用的样条基函数 ·················· 248
8.7.4　样条模型的自由度 ·················· 250
8.8　案例 ·················· 251
习题 ·················· 254

第 9 章　数据挖掘与机器学习 ·················· 255
9.1　一般分类问题 ·················· 255
9.2　Logistic 回归 ·················· 256
9.2.1　Logistic 回归模型 ·················· 257
9.2.2　Logistic 回归模型的极大似然估计 ·················· 258
9.2.3　Logistic 回归和线性判别函数 LDA 的比较 ·················· 259
9.3　k 近邻 ·················· 261
9.4　决策树 ·················· 262
9.4.1　决策树基本概念 ·················· 262
9.4.2　CART ·················· 264
9.4.3　决策树的剪枝 ·················· 265
9.4.4　回归树 ·················· 266
9.4.5　决策树的特点 ·················· 266
9.5　Boosting ·················· 268
9.5.1　Boosting 方法 ·················· 268
9.5.2　AdaBoost.M1 算法 ·················· 268
9.6　支持向量机 ·················· 271
9.6.1　最大边距分类 ·················· 271

9.6.2 支持向量机问题的求解 ······ 273
9.6.3 支持向量机的核方法 ······ 275
9.7 随机森林树 ······ 277
9.7.1 随机森林树算法的定义 ······ 277
9.7.2 随机森林树算法的性质 ······ 277
9.7.3 如何确定随机森林树算法中树的节点分裂变量 ······ 278
9.7.4 随机森林树的回归算法 ······ 279
9.7.5 有关随机森林树算法的一些评价 ······ 279
9.8 多元自适应回归样条 ······ 280
9.8.1 MARS 与 CART 的联系 ······ 282
9.8.2 MARS 的一些性质 ······ 282
9.9 案例 ······ 283
习题 ······ 294

附录 A R 基础 ······ 297
A.1 R 基本概念和操作 ······ 298
A.1.1 R 环境 ······ 298
A.1.2 常量 ······ 299
A.1.3 算术运算 ······ 299
A.1.4 赋值 ······ 300
A.2 向量的生成和基本操作 ······ 300
A.2.1 向量的生成 ······ 300
A.2.2 向量的基本操作 ······ 302
A.2.3 向量的运算 ······ 305
A.2.4 向量的逻辑运算 ······ 305
A.3 高级数据结构 ······ 306
A.3.1 矩阵的操作和运算 ······ 306
A.3.2 数组 ······ 308
A.3.3 数据框 ······ 308
A.3.4 列表 ······ 309
A.4 数据处理 ······ 309
A.4.1 保存数据 ······ 309
A.4.2 读入数据 ······ 310
A.4.3 数据转换 ······ 311
A.5 编写程序 ······ 311

  A.5.1 循环和控制 ··· 311

  A.5.2 函数 ··· 312

 A.6 基本统计计算 ··· 313

  A.6.1 抽样 ··· 313

  A.6.2 统计分布 ··· 313

 A.7 R 的图形功能 ··· 314

  A.7.1 plot 函数 ··· 315

  A.7.2 多图显示 ··· 315

 A.8 R 帮助和包 ··· 317

  A.8.1 R 帮助 ··· 317

  A.8.2 R 包 ··· 317

 习题 ··· 317

附录 B 常用统计分布表 ··· 321

参考文献 ··· 362

第 1 章 基 本 概 念

1.1 非参数统计概念与产生

1. 非参数统计的概念

回顾数理统计基础知识可知, 分布是回答不确定性问题的基本统计工具, 对数据的分布做出推断是统计推断的根本任务. 典型的统计推断过程是从假定分布族开始的, 从数据到结论通常由 5 个步骤组成: 分布族假定, 抽样, 统计量和抽样分布, 推估和检验, 评价模型. 假定分布族是对实际问题的数学描述, 它是统计推断的基础. 比如, 研究某类商品的市场占有率, 假定在平均的意义之下, 每个消费者是否占有待研究商品来自两点分布 $B(1,p), 0<p<1$; 在研究保险公司的索赔请求数时, 可能假定索赔请求数来自 Poisson 分布 $\mathcal{P}(\lambda), 0<\lambda<\infty$(当然还可能有其他类型的分布假定); 在研究肥料对农作物产量的影响效果时, 假定平均意义之下, 每测量单元 (可能是) 产量服从正态分布 $N(\mu+x\beta,\sigma^2)$, 其中 x 是肥料的用量. 数据样本被视为从分布族的某个参数族抽取出来的总体的代表, 未知的仅仅是总体分布具体的参数值, 这样推断问题就转化为分布族的若干个未知参数的估计问题, 用样本对这些参数做出估计或进行假设检验, 从而得知数据背后的分布, 这类推断方法称为**参数方法**.

然而在许多实际问题中, 要对数据的分布做出具体的假定常常需要很多背景知识, 特别是在探索性的问题研究中, 人们往往对总体的信息知之甚少, 很难对总体的分布形式和统计模型做出相对比较明确的假定. 甚至在有些情况下, 能够对问题尝试数学描述本身就是问题的核心. 比如在人为控制因素不多的大部分经济和社会问题中, 数据的分布形态和数据之间的关系常常是不能任意假定的, 最多只能对总体的分布做出类似于连续型分布或者关于某点对称等一般性的假定. 这种不假定总体分布的具体形式, 尽量从数据 (或样本) 本身获得所需要的信息, 通过估计而获得分布的结构, 并逐步建立对事物的数学描述和统计模型的方法称为**非参数方法**.

问题 1.1(见光盘数据 chap1student.txt) 我们想比较两组学生的成绩是否存在差异, 传统的方法如 t 检验可以帮助我们分析问题. 但是应用 t 检验的一个基本前提是两组学生的成绩服从正态分布, 应用附录 A 中介绍的探索性数据分析方法绘制两组数据的分布, 如图 1.1 所示, 很难看出数据的分布是对称的. 这样, 应用 t 检验会有怎样的问题? 我们将在第 2 章回答这个问题.

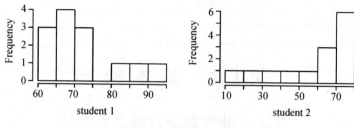

图 1.1　两组学生成绩的直方图

问题 1.2(见光盘数据 iqeq.txt)　我们希望比较两组被试的 IQ 成绩和 EQ 成绩之间是否存在着相关性, 传统的方法如 Pearson 相关系数检验可以帮助我们分析问题. 应用附录中介绍的探索性数据分析方法绘制两组数据的散点图, 如图 1.2 所示, 很难看出数据之间是否存在相关性. 这样的数据分布, 应用 Pearson 检验能测量出真实的关系吗? 我们将在第 5 章回答这个问题.

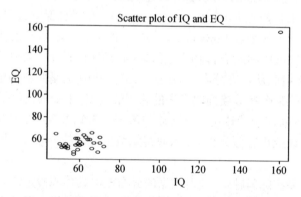

图 1.2　两组学生 IQ 成绩和 EQ 成绩相关散点图

问题 1.3　我们希望从光顾超市的用户购买清单数据中分析出哪些物品可能会被客户同时购买, 传统列联表分析能够给我们提供一些思路, 但是当物品数量很大的时候, 传统方法很难出现有效的结果. 我们将在第 5 章回答如何解决类似的问题.

以上这些问题, 并不总是能够在参数统计的框架结构中找到对应的方法, 数据驱动的方法会带领数据分析的实践者突破传统的框架, 思考如何对数据进行合理的运用. 总而言之, 非参数统计学是统计学的一个分支. 相对于参数统计而言, 非参数统计有以下几个突出的特点.

(1) 非参数统计方法对总体的假定相对较少, 效率高, 结果一般有较好的稳定性, 即不会由于总体分布与数据之间不一致导致发生大的结论性错误. 在经典的统计框架中, 正态分布一直是最引人瞩目的, 可以描述许多相对而言更为确定的问题.

比如：自动生产链处于稳定状态下的产品的质量. 然而, 正态分布并不是神话, 用于探索性问题时并不总是合适的, 随意对数据做出假定可能方便了计算和解释, 但可能产生错误的判断. 在某些推断问题中, 当数据不能支持显著性的结论, 常常表现为模型没有通过检验, 一些分析人士往往将原因归为信息量太少. 样本量不足可能是结论不显著的一个原因, 然而追加样本量在很多行业中代价是巨大的. 另外一个可能的解决方法是尝试更为宽松的模型假设, 即换用更有效的方法取代一味地增加样本量, 在节约成本和降低资源环境代价的条件下, 有效率地解决问题.

(2) 非参数统计可以处理所有类型的数据, 有广泛的适用性. 我们知道, 统计数据按照数据类型可以分为两大类: 定性数据 (包括类别数据和顺序数据) 和定量数据 (包括等距数据和比例数据). 拿检验来说, 一般而言, 参数统计主要针对定量数据, 原因是理论上容易得到比较好的结果, 然而实践中, 我们所收集到的数据常常不符合参数统计模型的假定. 比如: 数据只有顺序, 没有大小, 这时很多流行的参数模型无能为力, 尝试非参数方法是自然的. 即便对于定量数据而言, 也常常出现数据测量误差问题、不同分布数据混合问题, 此时传统的统计推断未必适用于噪声密集的数据环境, 如果将这些数据转化为顺序数据, 有可能弱化颗粒噪声的影响, 尝试用非参数方法分析, 甚至可能获得理想的结果.

(3) 非参数思想容易理解, 计算容易. 作为统计学的分支, 其统计思想非常深刻, 很多原理与参数统计思想平行, 容易发展生成算法. 特别是伴随计算机技术的发展, 最近的非参数统计更强调运用大量计算求解问题, 这些问题很容易通过编写程序求解, 计算结果也更容易解释. 非参数统计方法在小样本的时候, 可能涉及更多不常见的统计表, 过去会对一些非专业的使用者造成不便. 如今很多统计软件, 如 R 中都已提供现成的函数供人们计算和使用, 一些统计量的精确分布或近似分布都可以轻松地从软件中更为精确地得到, 取代纸质编制的粗糙且不精确的表.

当然, 非参数方法也有一些弱点, 如果人们对总体有充分的了解且足以确定其分布类型, 非参数方法就不如参数方法具有更强的针对性, 有效性可能会差一些. 所以非参数统计并非要取代参数统计, 它作为参数统计的一个有力的补充, 符合人类认识问题、解决问题的认知过程.

2. 学习非参数统计的意义

统计学研究的是从数据到结论的数据研究方法, 数据分析工作常常不是一个单纯方法的简单应用, 而是一个对数据内部规律认识的从无到有、从局部到整体的判断、推断和下结论的过程. 在这个过程中, 常常需要数据分析的综合思考, 如数据的收集、选择、分布推断等, 这个过程对于培养学生解决问题的能力非常必要.

大部分非参数统计方法的基本思想与参数统计思想平行, 很容易参照参数统计的内容进行比对, 可以增强学生对方法比较和选择的思考和训练, 扩充学生的知识体系. 非参数统计可以补充学生在统计计算方面的训练, 有利于培养信息创新型人才.

统计学专业在西方著名大学中的主要招生对象是本科高年级学生或研究生, 这说明统计专业主要培养学生解决问题的能力, 特别是数据的处理、比较和分析能力, 能力体现在深度和广度两个层面, 很难想像一名仅会一两种方法的学生能够比较客观、恰当地运用数据分析工具协助实际部门解决各种复杂难题, 非参数统计则在思想的层面上扩展学生的专业方法选择能力, 在数据问题中提高学生动手解决问题的能力.

3. 非参数统计的历史

一般认为, 非参数统计概念的形成主要归功于 20 世纪 40—50 年代化学家 F.Wilcoxon 等人的工作. Wilcoxon 于 1945 年提出两样本秩和检验, 1947 年 Mann 和 Whitney 将结果推广到两组样本量不等的一般情况. 继 F.Wilcoxon 之后的 50—60 年代, 多元位置参数的估计和检验理论相继建立起来, 这些理论极大地丰富了试验设计不同情况下的数据分析方法, 小样本检验和异常数据诊断方面得到了成功的应用. Pitman 于 1948 年回答了非参数统计方法相对于参数方法来说的相对效率的问题, 1956 年, J.L.Hodges 和 E.L.Lehmann 则发现了一个令人惊讶的结果, 与正态模型中 t 检验相比较, 秩检验能经受住有效性的较小损失. 而特别对于厚尾分布所产生的数据, 秩检验可能更为有效. 第一本论述非参数应用的书也是在这个时代于 1956 年由 S.Siegel 撰写, 有人记载从 1956—1972 年, 该书被引用了 1824 次. 这也说明非参数统计在 20 世纪 60—70 年代的发展相当活跃.

20 世纪 60 年代, Hodges 和 Lehmann 从秩检验统计量出发, 导出了若干估计量和置信区间. 这些方法为后来非参数方法成功应用于试验设计数据开启了一道大门. 之后, 非参数统计的应用和研究获得巨大的发展, 其中较有代表性的是 60 年代中后期; Cox 和 Ferguson 则最早将非参数方法应用于生存分析.

进入 20 世纪 70—80 年代, 非参数统计获得了蓬勃的发展, 特别是 Efron 于 1979 年提出 Bootstrap 方法之后, 使得非参数方法借助计算机技术和大量计算获得更稳健的估计和预测, 因而在应用领域取得了长足的进展. 而以 P.J.Huber 以及 F.Hampel 为代表的统计学家从计算技术的实现角度, 为衡量估计量的稳定性提出了新准则. 20 世纪 90 年代有关非参数统计的研究和应用主要集中在非参数回归和非参数密度估计领域, 其中较有代表性的人物是 Silverman 和 J.Q.Fan.

20 世纪 90 年代后, 算法建模思想发展飞快, 成为非参数统计的新宠儿. Vapnik(1974) 等从学习的角度规范了预测模型选择的方法框架. Brieman L(1984, 2001) 和 Donoho(1994) 等为数据驱动的探索性构造模型敞开了大门, 大规模计算和自动化分析的需要将非参数统计引入机器学习领域, 如自适应模型选择、决策树、组合决策树 (Bagging, 装袋法; Boosting, 助推法)、随机森林以及关联分析等.

1.2 假设检验回顾

经典统计方法回答问题的基本逻辑是考察样本数据是否支持我们对总体的某种猜测. 这些没有被数据验证的猜测就是假设, 求证的过程就是假设检验. 比如研究问题:

(a) 新引进的生产过程是否优于旧过程?
(b) 几种不同的肥料哪一种更有效?
(c) 大学生的就业率与城市失业率之间是否存在关系?

从传统统计的观点来看, 这些问题都可以视为对不同分布总体的选择问题. 选择的依据首先可以从描述统计的图形和基本统计量上观察出一些现象, 但是关于分布间差异的粗略判断, 并没有揭示这种差异是本质的还是随机偶然因素造成的, 真实的情况只取其中之一, 而样本的表现则在两者之间. 检验就是希望能够找到一个合理地做出可靠性判断的临界点, 从而产生判别的条件和准则.

基本的假设检验原理是从两个互为对立的命题, 即假设开始的: 零假设和备择假设. 对这两个互为对立的假设而言, 事先还要假设分布族和数据, 比如: 假设分布族是正态的, 那么对总体的选择就可以简化为对参数的选择, 就像我们在大部分教科书中所看到的那样, 假设一般都以参数的形式出现, 这是参数统计的普遍特征. 比如: 在上述问题 (a) 中, 可以如此书写假设 $H_0: \theta = \theta_0$, 称为零假设; 而新过程优于旧过程的猜测则描述成另一个假设 $H_1: \theta > \theta_0$, 称为备择假设. 当然, 这里给出的是一个常规的单边检验问题. 类似地, 如果我们的猜测是另一个方向的或无倾向性, 则有单边检验问题 ($H_1: \theta < \theta_0$) 或双边检验问题 ($H_1: \theta \neq \theta_0$).

假设检验的基本原理是, 先假定零假设成立, 样本被视为通过合理设计所获得的总体的代表. 一旦总体分布确定, 那么抽样分布也就确定了, 从而理论上样本应该体现总体的特点, 统计量的值应该位于抽样分布的中心位置附近, 不能距离中心位置太远. 这显然是零假设成立的一个几乎必然的结果, 就像在理想环境下投一枚均匀硬币 100 次, 正面和负面出现的次数应近乎相等, 因为这是在均匀假设前提下的几乎必然的抽样结果. 反之, 如果真实情况是预先未知的, 我们需要通过实验推测真实情况. 比如, 在少量的实验中, 我们发现了正面和负面出现的次数之间出现了差异, 甚至较大的差异, 一种推翻均匀假设的想法油然而生. 用逆否命题进行推断是假设检验的本质. 当然, 差距的大与小需要测量, 如果样本量的值偏离抽样分布的中心位置过远, 则从小概率原理很难发生的统计观点出发, 认为有很大的把握怀疑这个离群的样本点 (outlier) 是从假定总体中取得的, 几乎必然地认为这些样本与备择命题更匹配, 从而拒绝数据对零假设的支持, 接受数据对备择假设的支持. "过远" 是一个统计的概念, 我们用显著性来衡量. 几乎必然的含义是, 虽然拒绝零假设的依据是样本偏离了零假设的分布，然而在零假设下产生远离抽样分布中心样本的可能性和随机性却是存在的，承认差距存在并不表示判断是绝对准确的，随机性的发生不可避免，但是如果样本超出了假设理论分布可以允许的边界，则可以认为样本呈现出的差异性已经超出了随机性可以解释的范围，这种差异很有可能是由于数据与假设分布的不同而导致的必然结果. 对假设检验问题而言，以下 3 个问题是值得探讨的.

(1) 如何选择零假设和备择假设：在数学上，零假设和备择假设没有实际含义，形式对称，采取接受或拒绝的结论也是对称的. 但在统计实践中，检验的目的是试图将样本中表现出来的特点升华为更一般的分布或总体的特点，是部分的特点能否推广至整体的判断过程. 因而，如果所建立的猜想与样本的表现相背离，则这个猜想基本上是"空想"，也就是说很难获得数据的支持. 比如：在研究问题 (a) 中：假定样本呈现出一种落后于旧过程的状况，而非要将新过程优于旧过程的问题当作备择假设来处理，这样的假设检验设置一般是不可取的，当然也不可能有好的答案，请参见习题 1.1. 这个例子至少揭示了一点：假设不是随意设定的，而是根据样本的表现来设定的，是需要花时间和精力了解和准备的. 如果数据背离理想的抽样分布，从小概率原理来看，似乎提出了可能拒绝零假设的证据，接受备择假设，认为是分布上的差异导致了样本对理想分布的偏移. 因此，通常将样本显示出的特点作为对总体的猜想，并优先被选作备择假设. 与备择假设相比，零假设的设定则较为简单，它是相对于备择假设而出现的. 我们认为，唯有如此建立在经验基础上的假设才是对判断有意义的假设.

(2) 检验的 p 值和显著性水平的作用：从假设检验的整个过程看，起关键作用的是和检验目的有关的检验统计量 $T = T(X_1, X_2, \cdots, X_n)$ 和在零假设之下检验统计量的分布情况. 统计量的分布必须是已知的，这样才能计算在零假设下 T 远离零假设所支持的中心，以及和该值有关的某区间的精确概率或近似概率. 由于检验方法是由检验统计量 T 决定的，通常也称为 T 检验. 在上面的单边检验参数问题中，如果 T 大意味着备择假设 θ 大，那么就要计算概率 $P(T > t)$；这个概率称为检验的 p 值. 如果 p 值很小，这说明统计量上的实现在零假设下是小概率事件，这时如果拒绝零假设，则决策错误的可能性是非常小的，等于 p 值，这个错误称为第 I 类错误. 通常情况下，统计计算软件都输出 p 值. 传统意义上，一般先给出第 I 类错误的概率 α，称它为检验的显著性水平，如果检验的显著性水平 $\alpha > p$，那么拒绝零假设，p 值可以认为是拒绝零假设的最小的显著性水平. 对于双边检验，p 值是双边尾概率之和，是单边检验的 p 值的 2 倍. p 值的概念如图 1.3 和图 1.4 所示. 对同一组数据，同样的分布假定，两者比较，双边检验是更不易拒绝的，如果能够拒绝双边检验，则更能拒绝单边检验，但反之不对.

(3) 两类错误：只要通过样本决策，就不可避免真实情况和判断不一致的情况

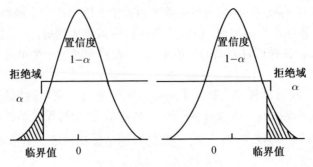

图 1.3 单边检验的 p 值

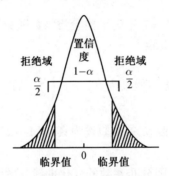

图 1.4 双边检验的 p 值

发生,此时会犯决策错误. 在假设检验中, 有可能犯两类错误. 当拒绝零假设而实际的情况是零假设为真时, 犯第 I 类错误, 这个错误一般由事先给出描述数据支持的命题和零假设差异显著性的 α 控制, 这表示拒绝零假设时出现决策错误的可能性不会超过 α, 因此拒绝零假设的决策可靠程度较高; 另一种情况是, 当零假设不能被否定, 而实际情况是备择假设为真时, 犯第 II 类错误, 此时表现为零假设下样本统计量的 p 值较大. 不能拒绝零假设时, 如果选择接受零假设, 则会出现取伪错误. 假设检验的目的是为了给出临界值用于决策, 一个好的决策应该尽量让两类错误都小, 这在很多情况下是不现实的, 因为理论上, 第 I, II 类错误之间互相制衡, 不可能同时很小. 为了度量两类错误, 我们定义势函数如下:

定义 1.1(检验的势) 对一般的假设检验问题: $H_0: \theta \in \Theta_0 \leftrightarrow H_1: \theta \in \Theta_1$, 其中 $\Theta_0 \bigcap \Theta_1 = \varnothing$, 检验统计量为 T_n. 拒绝零假设的概率, 也就是样本落入拒绝域 W 的概率为检验的 **势**, 记为

$$g_{T_n}(\theta) = P(T_n \in W), \quad \theta \in \Theta = \Theta_0 \bigcup \Theta_1.$$

由定义 1.1 可知, 当 $\theta \in \Theta_0$ 时, 检验的势是犯第 I 类错误的概率, 一般由显著性水平 α 控制; 当 $\theta \in \Theta_1$ 时, 检验的势是不犯第 II 类错误的概率, $1 - g_{T_n}(\theta)$ 是检

验犯第 II 类错误的概率. 我们用势函数将两类错误统一在一个函数中. 一个有意义的检验, 当显著性水平给定时, 检验的势函数应该越大越好, 低势的检验说明检验在区分零假设和备择假设方面的价值不大. 下面首先通过一个单边检验的问题观察势函数的特点.

例 1.1 假设总体 X 来自 Poisson 分布 $\mathcal{P}(\lambda)$, 简单随机抽样 $X_1, X_2, \cdots, X_n$, 假设检验问题 $H_0 : \lambda \geqslant 1 \leftrightarrow H_1 : \lambda < 1$. 根据假设检验的步骤, 可以选取充分统计量 $\sum_{i=1}^{n} X_i$ 为检验统计量, 检验的目的是选择使第 I 类错误较小的检验域, 即 $\alpha(\lambda) = P\left(\sum_{i=1}^{n} X_i < C\right)$ 足够小. 可以看出 $\alpha(\lambda)$ 是分布的函数. 我们在样本量 $n = 10$ 时, 对 $C = 5$ 和 $C = 7$ 考虑了检验势函数随分布 λ_0 从 0 变化到 2 的情况. 在零假设下, 我们注意到检验

$$\alpha(\lambda) = P(拒绝零假设|零假设为真) = P\left(\sum_{i=1}^{n} X_i < C | \lambda \in H_0\right),$$

$$\beta(\lambda) = 1 - P(拒绝零假设|备择假设为真) = 1 - P\left(\sum_{i=1}^{n} X_i < C | \lambda \in H_1\right).$$

检验两类错误出现的概率随分布参数的变化曲线如图 1.5 所示.

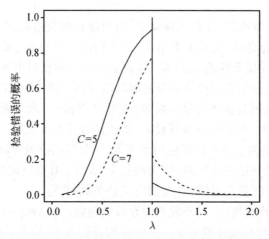

图 1.5 检验势函数随分布参数变化曲线

在图 1.5 中, 右边的两条曲线分别是 $C = 5$(实线) 和 $C = 7$(虚线) 犯第 I 类错误的概率, 我们观察发现犯第 I 类错误的概率在零假设下, 随着 λ 的增加而减小, 犯第 I 类错误在 $\lambda = 1$ 处达到最大, 这与 Neyman-Pearson 引理体现的控制第 I 类错误在边界分布上达到显著的思想是一致的. 其中 $C = 5$ 的检验第 I 类错误率比

$C=7$ 的检验第 I 类错误率低,这是因为 $C=5$ 比 $C=7$ 的检验更倾向支持备择假设. 两个检验犯第 II 类错误的概率在图像的左侧,随着 λ 的减小而减小,犯第 II 类错误在 $\lambda=1$ 处达到最大. 在单边检验中,真实的 λ 越远离临界分布 1,犯第 II 类错误的可能性越小.

例 1.2 假设 X 服从概率密度函数为 $p(x)$ 的分布,概率密度函数 $p(x)$ 有如下形式:
$$p(x)=\begin{cases} \dfrac{1}{\theta}\mathrm{e}^{-\frac{x}{\theta}}, & 0<x<+\infty, \\ 0, & \text{其他}. \end{cases}$$

考虑假设检验问题
$$H_0:\theta=2 \leftrightarrow H_1:\theta>2.$$

简单随机抽样 X_1, X_2,易知 $\dfrac{X_1+X_2}{2}$ 是 θ 的无偏估计,因此构造如下拒绝域:
$$C=\{(X_1,X_2):9.5<X_1+X_2<+\infty\}.$$

计算该检验的 α 和 β.

解 在零假设之下,由于 $X\sim\chi^2(2)$,因此 $X_1+X_2\sim\chi^2(4)$. 计算样本落入拒绝域的概率:
$$\begin{aligned} P_\theta(\{X_1,X_2\}\in C) &= P(X_1+X_2>9.5) \\ &= 1-\int_0^{9.5}\int_0^{9.5-x_2}\frac{1}{\theta^2}\exp\left(-\frac{x_1+x_2}{\theta}\right)\mathrm{d}x_1\mathrm{d}x_2 \\ &= \frac{\theta+9.5}{\theta}\mathrm{e}^{-\frac{9.5}{\theta}}, \quad \theta\geqslant 2. \end{aligned}$$

容易计算 $\alpha=P_2=0.05$,因此拒绝零假设犯第 I 类错误的概率是 0.05,继续计算可以得到:$P_4=0.31, P_{9.5}=\dfrac{2}{\mathrm{e}}$. 进一步计算可知 $P_\theta\geqslant 0.05, \theta\geqslant 2$.
$$\beta=P_\theta(\{X_1,X_2\}\notin C)=1-P_\theta(\{X_1,X_2\}\in C)\leqslant 0.95, \quad \theta\geqslant 2.$$

这样,当 $\theta>2$ 时,犯第 II 类错误的概率至少是 0.05. 如果一个检验不犯第 II 类错误的概率不小于第 I 类错误的概率,称这样一类检验为 **无偏检验**. 具体定义如下.

定义 1.2 设 W 表示一个检验的拒绝域,对一般的假设检验问题,如果
$$P(X\in W)\begin{cases} \leqslant\alpha, & \theta\in\Theta_0, \\ \geqslant\alpha, & \theta\in\Theta_1, \end{cases}$$

则称该检验为无偏检验.

因此,$C=\{(X_1,X_2):9.5<X_1+X_2<+\infty\}$ 是无偏检验. 上面的两个例子都说明,即便 β 是可以计算的,当 α 很小时,β 也可能很大. 也就是说,如果做接受零

假设的决策, 则可能存在着很大的潜在决策风险, 比如当实际的值与要比较的值比较接近时更应该尽量避免接受零假设. 实际上, 不能拒绝零假设的原因很多, 可能是证据不足, 比如样本量太少, 也可能是模型假设的问题, 也可能是检验效率低, 当然也包括零假设本身就是对的. 和势有关的检验方面的问题, 我们将在 1.3 节中详细介绍. 总之, 盲目接受一个风险未知的假设不符合科学决策的基本精神.

(4) 置信区间和假设检验的关系: 以单变量位置参数为例来说, 置信区间和双边检验有密切的联系. 比如: 有参数 θ 的估计量 $\hat{\theta}$, 用 $\hat{\theta}$ 构造一个 θ 的 $100(1-\alpha)\%$ 置信区间如下:

$$(\hat{\theta} - C_\alpha, \hat{\theta} + C_\alpha). \tag{1.1}$$

这是数据所支持的总体 (参数) 可能的取值范围, 这个区间的可靠性为 $100(1-\alpha)\%$. 如果猜想的 θ_0 不在该区间内, 则可以拒绝零假设, 认为数据所支持的总体与猜想的总体不一致. 当然, 由于区间端点取值的随机性, 也可能因为一次性试验结果的偶然性而犯错误, 错误的概率恰好是区间不包含总体参数的可能性 α. 反之, 如果 θ_0 在区间中, 则表示不能拒绝零假设, 但是这没有表明 θ 就是 θ_0, 而仅仅表达了不拒绝 θ_0. 从这一点来看, 置信区间和假设检验虽然对总体推断的角度不同, 但推断的结果却可能是一致的.

1.3 经验分布和分布探索

1.3.1 经验分布

一个随机变量 $X \in \mathbb{R}$ 的分布函数 (左连续) 定义为: $F(x) = P(X < x), \forall x \in \mathbb{R}$. 对分布函数最直接的估计是应用经验分布函数. 经验分布函数的定义是: 当有独立随机样本 $X_1, X_2, \cdots, X_n$ 时, $\forall x \in \mathbb{R}$, 定义

$$\hat{F}_n(x) = \frac{1}{n} \sum_{i=1}^{n} I(X_i \leqslant x). \tag{1.2}$$

这里 $I(X \leqslant x)$ 是示性函数:

$$I(X \leqslant x) = \begin{cases} 1, & X \leqslant x, \\ 0, & X > x. \end{cases}$$

如果 $\forall i = 1, 2, \cdots, n$, 定义变量 $Y_i = I(X_i \leqslant x)$, Y_i 服从的经验分布可以看成是在 $\{x_1, x_2, \cdots, x_n\}$ 上取值的均匀分布.

定理 1.1 令 $X_1, X_2, \cdots, X_n$ 的分布函数为 F, $\hat{F}_n$ 为经验分布函数, 于是以下结论成立:

(1) $\forall x, E(\hat{F}_n(x)) = F(x), \mathrm{var}(\hat{F}_n(x)) = \dfrac{F(x)(1-F(x))}{n}$; 于是, MSE $= \dfrac{F(x)(1-F(x))}{n} \to 0$, 而且 $\hat{F}_n(x) \xrightarrow{P} F(x)$.

(2) (Glivenko-Cantelli 定理) $\sup\limits_{x} |\hat{F}_n(x) - F(x)| \xrightarrow{\mathrm{a.s.}} 0$.

(3) (Dvoretzky-Kiefer-Wolfowitz(DKW) 不等式) $\forall \varepsilon > 0$,

$$P(\sup_{x} |\hat{F}_n(x) - F(x)| > \varepsilon) \leqslant 2\mathrm{e}^{-2n\varepsilon^2}. \tag{1.3}$$

由 DKW 不等式, 我们可以构造一个置信区间. 令 $\varepsilon_n^2 = \ln(2/\alpha)/(2n), L(x) = \max\{\hat{F}_n(x) - \varepsilon_n, 0\}, U(x) = \min\{\hat{F}_n(x) + \varepsilon_n, 1\}$, 根据式 (1.3) 可以得到

$$P(L(x) \leqslant F(x) \leqslant U(x)) \geqslant 1 - \alpha.$$

也就是说, 可以得到如下推论.

推论 1.1 令

$$L(x) = \max\{\hat{F}_n(x) - \varepsilon_n, 0\}, \tag{1.4}$$

$$U(x) = \min\{\hat{F}_n(x) + \varepsilon_n, 1\}, \tag{1.5}$$

其中

$$\varepsilon_n = \sqrt{\dfrac{1}{2n} \ln\left(\dfrac{2}{\alpha}\right)},$$

那么

$$P(L(x) \leqslant F(x) \leqslant U(x)) \geqslant 1 - \alpha.$$

例 1.3 1966 年 Cox 和 Lewis 的一篇研究报告给出了神经纤维细胞连续 799 次激活的等待时间的分布拟合. 求数据的经验分布函数, 可以编写程序, 也可以调用函数 ecdf. 我们根据定理 1.1 编写了函数求解经验分布函数的 95% 的置信区间, R 程序如下:

```
data(nerve)
nerve.sort=sort(nerve)
nerve.rank=rank(nerve.sort)
nerve.cdf=nerve.rank/length(nerve)
plot(nerve.sort,nerve.cdf)
N=length(nerve)
segments(nerve.sort[1:(N-1)], nerve.cdf[1:(N-1)],
+ nerve.sort[2:N], nerve.cdf[1:(N-1)])

alpha=0.05
```

```
band=sqrt(1/(2*length(nerve))*log(2/alpha))
Lower.95= nerve.cdf-band
Upper.95= nerve.cdf+band
lines(nerve.sort,Lower.95,lty=2)
lines(nerve.sort,Upper.95,lty=2)
```

如图 1.6 所示, 分段左连续函数即为经验分布函数, 上下两条虚线分别是 95% 上下置信限.

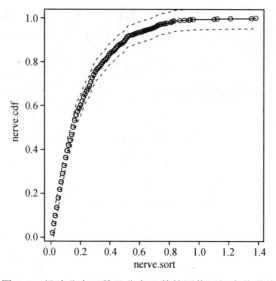

图 1.6 经验分布函数及分布函数的置信区间变化曲线

1.3.2 生存函数

很多实际问题关心随机事件的寿命, 比如零件损坏的时间、病人生病的生存时间等, 这时需要用生存分析来回答. 生存函数是生存分析中基本的概念, 它是用分布函数来定义的:

$$S(t) = P(T > t) = 1 - F(t),$$

其中, T 是服从分布 F 的随机变量. 这里, 我们更习惯于用生存函数而不是累积分布, 尽管两者给出同样的信息. 于是, 可以用经验分布函数估计生存函数:

$$S_n(t) = 1 - F_n(t),$$

它表示寿命超过 t 的数据所占的比例.

例 1.4(数据见光盘文件 pig.rar) 数据来自受不同程度结核病毒感染的几内亚猪的死亡时间. 其中实验组分为 5 组, 每组安排 72 只猪, 组内受同等程度结核病毒感染. 1~5 组感染病毒的程度依次增大, 标记为 1, 2, 3, 4, 5. 对照组包含 107 只猪, 没有受到感染. 对这些试验观察两年以上, 记录猪死亡时间. 这个例子中, 我们用经验分布函数估计生存函数, 研究受不同程度结核病毒感染的几内亚猪的生存情况. 其生存函数如图 1.7 所示.

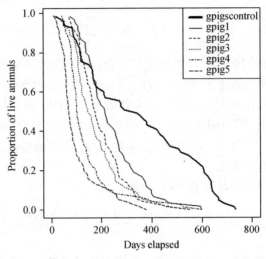

图 1.7 几内亚猪经验生存函数

实线对应于对照组, 其他的虚线从上到下分别为 1~5 的实验组, 图中的经验生存函数直观地描述了受感染猪的生存情况. 超过规定时间的存活比率在图 1.7 中表现出来, 可以看出: 随着病毒的剂量增加, 猪的寿命有很大程度的下降, 第 5 组猪的寿命和第 3 组相比几乎差了 100 天. 该图比列表更有效地展示了数据.

危险函数是另一个生存分析中的重要内容, 它表示一个生存时间超过给定时间的个体瞬时死亡率. 生存图形可以非正式地表现危险函数. 如果一个个体在时刻 t 仍然存活, 那么个体在时间范围 $(t, t+\delta)$ 死亡的概率为 (假设密度函数 f 在 t 上是连续的)

$$P(t \leqslant T \leqslant t+\delta | T \geqslant t) = \frac{P(t \leqslant T \leqslant t+\delta)}{P(T \geqslant t)} = \frac{F(t+\delta) - F(t)}{1 - F(t)} \approx \frac{\delta f(t)}{1 - F(t)}.$$

危险函数定义为

$$h(t) = \frac{f(t)}{1 - F(t)}.$$

$h(t)$ 是一个存活时间超过规定时间的个体瞬时死亡率. 如果 T 是一个产品零件的寿命, $h(t)$ 可以解释成零件的瞬时损坏率. 危险函数还可以表示为

$$h(t) = -\frac{\mathrm{d}}{\mathrm{d}t} \ln[1 - F(t)] = -\frac{\mathrm{d}}{\mathrm{d}t} \ln S(t).$$

上式说明危险函数是对数生存函数斜率的负数.

考虑一个指数分布的例子：

$$F(t) = 1 - e^{-\lambda t},$$
$$S(t) = e^{-\lambda t},$$
$$f(t) = \lambda e^{-\lambda t},$$
$$h(t) = \lambda.$$

如果一个零件的损坏时间服从指数分布，由于指数分布的"无记忆"特性，零件损坏的可能性不依赖于它使用的时间，但这不符合零件损坏的规律. 一个合理的零件损坏时间分布应该是：它的危险函数是 U 形曲线. 新零件刚开始损坏的概率(危险函数值)较大，因为制造过程中一些缺陷在使用之初会很快暴露出来. 然后危险函数值会下降. 当用到一段时间后，零件老化，危险函数值会再度上升. 这个过程体现了危险函数的作用.

我们还可以计算对数经验生存函数的方差：

$$\operatorname{var}\{\ln[1 - F_n(t)]\} \approx \frac{\operatorname{var}[1 - F_n(t)]}{[1 - F(t)]^2} = \frac{1}{n}\frac{F(t)[1 - F(t)]}{[1 - F(t)]^2} = \frac{1}{n}\frac{F(t)}{[1 - F(t)]}.$$

例 1.5 对例 1.4 中的数据，图 1.8 展示的是对数经验生存函数. 从曲线的斜率我们可以看到危险函数开始是比较小的，随着剂量的增加猪的死亡率增加得很快. 而且对高剂量组，早期死亡率相比于低剂量增加得更快. 从图 1.8 可以看出，当 t 值很大时，对数经验生存函数会变得不稳定，因为此时 $1 - F(t)$ 的值变得很小. 所以画图时，每组的最后几个点被忽略了. 实线对应于对照组，其他的虚线从下到上分别为 1~5 的实验组.

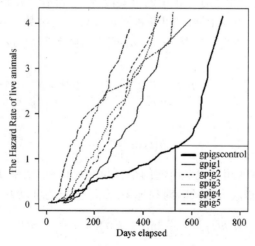

图 1.8 几内亚猪的对数经验生存函数

1.4 检验的相对效率

正如 1.2 节所述，一个好的检验，当显著性水平给定时，势应该越大越好，当对一个检验问题有许多检验可以选择时，用怎样的标准选择检验函数是一个自然的问题。这一节将给出选择检验函数的一些理论评价结果。

对同一个假设检验问题而言，选择不同的统计量，得到的势函数也不同。一般一个好的检验应有较大的势，因而可以通过比较势大小选择较优的检验。然而直接比较势是困难的，转而考虑影响势大小的因素：总体的真值、检验的显著性水平和样本量。在这些因素中，真值对我们的帮助不大，在显著性水平固定的情况下，势的大小依赖于样本量，样本量越大势越大。考虑势的大小问题可以转化为对样本量的比较：在相同的势条件下，比较不同检验所需要的样本量的大小，样本量越小的检验认为是更优的统计量，于是依赖于该统计量所做出的检验也认为是较优的或是更有效率的。渐近相对效率 (asymptotic relative efficiency, ARE) 给出了该问题的一个可行的答案，Pitman 渐近相对效率是 ARE 的代表。针对零假设只取一个值的假设检验问题，在零假设的一个邻域内，固定势，令备择假设逼近零假设，将两个统计量的样本量比值的极限定义为渐近相对效率。

具体而言，对假设检验问题

$$H_0 : \theta = \theta_0 \leftrightarrow H_1 : \theta \neq \theta_0,$$

取备择假设序列 $\theta_i (i=1,2,\cdots), \theta_i \neq \theta_0$，且 $\lim_{i\to\infty} \theta_i = \theta_0$。在固定势 $1-\beta$ 之下，我们考虑两个检验统计量 V_{n_i} 和 T_{m_i}。其中 V_{n_i} 和 T_{m_i} 分别是备择检验为 θ_i 所对应的两个检验统计量序列，n_i 和 m_i 是两个统计量分别对应的样本量。势函数满足：

$$\lim_{i\to\infty} g_{V_{n_i}}(\theta_0) = \lim_{i\to\infty} g_{T_{m_i}}(\theta_0) = \alpha,$$

$$\alpha < \lim_{i\to\infty} g_{V_{n_i}}(\theta_i) = \lim_{i\to\infty} g_{T_{m_i}}(\theta_i) = 1-\beta < 1.$$

如果极限

$$e_{VT} = \lim_{i\to\infty} \frac{m_i}{n_i}$$

存在，且独立于 θ_i, α 和 β，则称 e_{VT} 是 V 相对于 T 的 **渐近相对效率**，简记为 ARE(V,T)。它是 Pitman 于 1948 年提出来的，因此又称为 Pitman 渐近相对效率。

下面的 Nother 定理给出了计算渐近相对效率应满足的 5 个条件。

定理 1.2 对假设检验问题 $H_0 : \theta = \theta_0 \leftrightarrow H_1 : \theta \neq \theta_0$：

(1) V_n 和 T_m 是相容的统计量。也就是说：当 $n, m \to +\infty$ 时，$\forall \theta \neq \theta_0$，

$$g(\theta_i, V_{n_i}) \to 1, \quad g(\theta_i, T_{m_i}) \to 1.$$

(2) 如果记 $E(V_{n_i}) = \mu_{V_{n_i}}$, $\mathrm{var}(V_{n_i}) = \sigma^2_{V_{n_i}}$, $E(T_{m_i}) = \mu_{T_{m_i}}$, $\mathrm{var}(T_{m_i}) = \sigma^2_{T_{m_i}}$, 则在 $\theta = \theta_0$ 的邻域中一致地有[1]

$$\frac{V_{n_i} - \mu_{V_{n_i}}(\theta)}{\sigma_{V_{n_i}}(\theta)} \xrightarrow{\mathcal{L}} N(0,1),$$

$$\frac{T_{m_i} - \mu_{T_{m_i}}(\theta)}{\sigma_{T_{m_i}}(\theta)} \xrightarrow{\mathcal{L}} N(0,1).$$

(3) 存在导数 $\left.\dfrac{\mathrm{d}\mu_{V_{n_i}}(\theta)}{\mathrm{d}\theta}\right|_{\theta=\theta_0}$, $\left.\dfrac{\mathrm{d}\mu_{T_{m_i}}(\theta)}{\mathrm{d}\theta}\right|_{\theta=\theta_0}$; 而且 $\mu'_{V_{n_i}}(\theta), \mu'_{T_{m_i}}(\theta)$ 在 $\theta = \theta_0$ 的某一个闭邻域内连续, 导数不为 0.

(4)
$$\lim_{i\to\infty} \frac{\sigma_{V_{n_i}}(\theta_i)}{\sigma_{V_{n_i}}(\theta_0)} = \lim_{i\to\infty} \frac{\sigma_{T_{m_i}}(\theta_i)}{\sigma_{T_{m_i}}(\theta_0)} = 1;$$

$$\lim_{i\to\infty} \frac{\mu_{V_{n_i}}(\theta_i)}{\mu_{V_{n_i}}(\theta_0)} = \lim_{i\to\infty} \frac{\mu_{T_{m_i}}(\theta_i)}{\mu_{T_{m_i}}(\theta_0)} = 1.$$

(5)
$$\lim_{i\to\infty} \frac{\mu'_{V_{n_i}}(\theta_0)}{\sqrt{n_i \sigma^2_{V_{n_i}}(\theta_0)}} = C_V,$$

$$\lim_{i\to\infty} \frac{\mu'_{T_{m_i}}(\theta_0)}{\sqrt{m_i \sigma^2_{T_{m_i}}(\theta_0)}} = C_T.$$

则 V 相对于 T 的 Pitman 渐近相对效率等于

$$\mathrm{ARE}(V,T) = \lim_{i\to\infty} \frac{m_i}{n_i} = \frac{C_V^2}{C_T^2}.$$

这意味着计算 Pitman 渐近相对效率只要用到 $\mu'_{V_{n_i}}(\theta_0), \mu'_{T_{m_i}}(\theta_0)$ 和 $\sigma^2_{V_{n_i}}(\theta_0)$, $\sigma^2_{T_{m_i}}(\theta_0)$, 而这两者都不难计算.

定义 1.3 假设检验问题: $H_0: \theta = \theta_0 \leftrightarrow H_1: \theta = \theta_1$, 上述定理中定义的极限为

$$\lim_{i\to\infty} \frac{\mu'_{V_{n_i}}(\theta_0)}{\sqrt{n}\sigma_{V_{n_i}}(\theta_0)},$$

称为 V_n 的 **效率**, 记为 $\mathrm{eff}(V)$.

例 1.6 考虑总体为正态分布,

$$p(x, \mu, \sigma) = \frac{1}{\sqrt{2\pi}} \mathrm{e}^{-\frac{1}{2}\left(\frac{x-\mu}{\sigma}\right)^2}, \ -\infty < x < +\infty,$$

---

[1] $\mathcal{L}$ 表示依分布收敛.

假设检验问题：$H_0: \mu = 0 \leftrightarrow H_1: \mu = \mu_i(i = 1, 2, \cdots)$, $\lim\limits_{i \to \infty} \mu_i = 0$. 考虑检验统计量 $T_n = \sqrt{n}\bar{X}/S$ 和 $\mathrm{SG}_n = \sum\limits_{i=1}^{n} I(X_i > 0)$，其中，$\bar{X} = \dfrac{1}{n}\sum\limits_{i=1}^{n} X_i$ 是样本均值，$S^2 = \dfrac{1}{n-1}\sum\limits_{i=1}^{n}(X_i - \bar{X})^2$ 是样本方差，$I(X_i > 0)$ 是示性函数，计算 $\mathrm{ARE}(T, \mathrm{SG})$.

解 根据 stirling 公式有 $E\left(\dfrac{1}{S}\right) \approx \dfrac{1}{\sigma}$，于是

$$E_\mu(T_n) = \frac{\mu/\sigma}{\sqrt{n}}, \quad \mathrm{var}_\mu(T_n) = 1;$$

$$E_\mu(\mathrm{SG}_n) = np, \quad \mathrm{var}_\mu(\mathrm{SG}_n) = np(1-p).$$

因而 $\mathrm{eff}(T_n) = \dfrac{1}{\sigma}$. 其中

$$p = \int_0^\infty \frac{1}{\sqrt{2\pi}\sigma} \mathrm{e}^{-\frac{1}{2}\left(\frac{t-\mu}{\sigma}\right)^2} \, \mathrm{d}t.$$

容易证明它们满足 Nother 定理的条件 (1) $\sim$ (5), 而且：

$$[E_\mu(T_n)]' = \frac{\sqrt{n}}{\sigma},$$

$$[E_\mu(\mathrm{SG}_n)]' = \frac{n}{\sqrt{2\pi}\sigma} \int_0^\infty \frac{1}{\sigma^2}(t-\mu)\mathrm{e}^{-\frac{1}{2}\left(\frac{t-\mu}{\sigma}\right)^2} \, \mathrm{d}t$$

$$= \frac{n}{\sqrt{2\pi}\sigma} \int_0^\infty \mathrm{d}\left(-\mathrm{e}^{-\frac{1}{2}\left(\frac{t-\mu}{\sigma}\right)^2}\right) = \frac{n}{\sqrt{2\pi}\sigma} \mathrm{e}^{-\frac{\mu^2}{2\sigma^2}},$$

$$\mathrm{eff}(\mathrm{SG}_n) = \lim_{n\to\infty} \frac{[E_0(\mathrm{SG}_n)]'}{\sqrt{n\mathrm{var}_0(\mathrm{SG}_n)}} = \lim_{n\to\infty}\left[\frac{n}{\sqrt{2\pi}\sigma}\bigg/\sqrt{\frac{n}{2}}\right] = \frac{1}{\sigma}\sqrt{\frac{2}{\pi}}.$$

于是，T 相对于 SG 的渐近相对效率为

$$\mathrm{ARE}(\mathrm{SG}, T) = \left[\frac{1}{\sigma}\sqrt{\frac{2}{\pi}}\bigg/\frac{1}{\sigma}\right]^2 = \frac{2}{\pi}.$$

$$\mathrm{ARE}(T, \mathrm{SG}) = \frac{\pi}{2}.$$

从结果看，在正态分布下，T 相对于 SG 的渐近相对效率还是不错的. 后面我们会给出其他分布下的结果，在偏态分布下 T 相对于 SG 的渐近相对效率可能会小于 1.

1.5 分位数和非参数估计

1. 顺序统计量

定义 1.4 假设总体 X 有容量为 n 的样本 $X_1, X_2, \cdots, X_n$,将 $X_1, X_2, \cdots, X_n$ 按从小到大排序后生成统计量

$$X_{(1)} \leqslant X_{(2)} \leqslant \cdots \leqslant X_{(n)},$$

则称统计量 $\{X_{(1)}, X_{(2)}, \cdots, X_{(n)}\}$ 为顺序统计量. 其中 $X_{(i)}$ 是第 i 个顺序统计量. 顺序统计量是非参数统计的理论基础之一,许多非参数统计量的性质与顺序统计量有关.

如果总体分布函数为 $F(x)$,则顺序统计量 $X_{(r)}$ 的分布函数为

$$F_r(x) = P(X_{(r)} \leqslant x) = P(\text{至少 } r \text{ 个 } X_i \text{ 小于或等于 } x)$$
$$= \sum_{i=r}^{n} \binom{n}{i} F^i(x) [1 - F(x)]^{n-i}.$$

如果总体分布密度 $f(x)$ 存在,则顺序统计量 $X_{(r)}$ 的密度函数为

$$f_r(x) = \frac{n!}{(r-1)!(n-r)!} F^{r-1}(x) f(x) [1 - F(x)]^{n-r}.$$

顺序统计量 $X_{(r)}$ 和 $X_{(s)}$ 的联合密度函数为

$$f_{r,s}(x,y) = \frac{n!}{(r-1)!(s-r-1)!(n-s)!} F^{r-1}(x) f(x) [F(y) - F(x)]^{s-r-1} f(y) [1 - F(y)]^{n-s}.$$

由此式可以导出许多常用的顺序统计量的函数的分布. 比如极差 $W = X_{(n)} - X_{(1)}$ 的分布函数为

$$F_W(w) = n \int_{-\infty}^{\infty} f(x) [F(x+w) - F(x)]^{n-1} dx.$$

2. 分位数的定义

一组数据从小到大排序后,每一个数在数据中的序非常重要,给定序,寻找对应的数据,用分布的语言来说,就是找分位数. 比如:分布在 3/4 位置的数称为 3/4 分位数. 中位数是分布在样本中间位置的数.

不失一般性,对任意分布而言,分布的分位数如下定义.

定义 1.5 假定 X 服从概率密度为 $f(x)$ 的分布,令 $0 < p < 1$,满足等式 $F(m_p) = P(X < m_p) \leqslant p, F(m_p+) = P(X \leqslant m_p) \geqslant p$ 唯一的根 m_p 称为分布 $F(x)$ 的 p 分位数.

例如，中位数可以定义为 $P(X < m_{0.5}) \leqslant 1/2, P(X \leqslant m_{0.5}) \geqslant 1/2$. 分布的 3/4 分位数定义为 $P(X < m_{0.75}) \leqslant 0.75, P(X \leqslant m_{0.75}) \geqslant 0.75$.

对连续分布而言，分布的分位数可以简化如下.

定义 1.6 假定 X 服从概率密度为 $f(x)$ 的分布，令 $0 < p < 1$，满足等式 $F(x) = P(X < m_p) = p$ 的唯一的 m_p 称为分布 $F(x)$ 的 p 分位数.

3. 分位数的估计

分位数是刻画分布的重要特征，经验分布函数的基本思想就是建立在分位数估计上的. 如果一组数据有 n 个值，分布的第 $i/(n+1)$ 分位点的估计由第 i 小的数据生成. 一般而言，对任意分位数可以构造如下估计.

给定 n 个值 $X_1, X_2, \cdots, X_n$, 可以根据下面的公式计算任意 p 分位数的值：

$$m_p = \begin{cases} X_{(k)}, & \dfrac{k}{n+1} = p, \\ X_{(k)} + (X_{(k+1)} - X_{(k)})[(n+1)p - k], & \dfrac{k}{n+1} < p < \dfrac{k+1}{n+1}. \end{cases}$$

4. 分位数的图形表示

1) 箱线胡须图

箱线胡须图 (boxwisker) 是用分位数表示数据分布的重要的探索性数据分析方法. 箱线胡须图的基本原理是找出数据中的 5 个数据，用这 5 个数据直观地表示数据的分布.

(1) 中位数　将数据从小到大排序后，位于中间位置的数用粗带表示，显示了数据的平均位置.

(2) 上四分位数和下四分位数　分别是数据中排序在 3/4 位置和 1/4 位置的数. 这两个数之间有 50% 的数据量，是数据中的主体部分，用矩形箱表示，可以观察数据的分散程度和相对于中位数的对称情况.

(3) 异常上下警戒点　以中位数为中心，加减 3/4 位置与 1/4 位置差的 1.5 倍. 1.5 倍是经验值，在 R 软件中可能根据情况调整. 如遇最小值或最大值，则以最小值或最大值为限，以 W_u 表示上警戒点，以 W_l 表示下警戒点，则

$$W_u = \min\{M_{0.5} + 1.5 \times (M_{0.75} - M_{0.25}), X(n)\},$$

$$W_l = \max\{M_{0.5} - 1.5 \times (M_{0.75} - M_{0.25}), X(1)\}.$$

这两个数之间上下四分位数以外的部分以实线段表示，表示这是数据的次要信息. 通过次要信息可以观察到数据的特色信息：比如零散信息与主体部分两侧的对称情况，线段相对于主体部分较长，表示次要信息比较分散；较短表示次要信息比较密集. 还可以表示零散信息与主体部分两侧的对称情况，上下线基本相等，表

示分布对称; 不等表示分布不对称, 线短的一侧表示分布较密. 警戒点以外的数据表示数据主体信息以外的异常点, 常用空心点表示, 这表示这些点被诊断为异常点, 是"胡须"这个词的来源. 如果空心点数量较多而且比较集中, 说明数据有厚尾现象. 最外侧的点是最大值或最小值; 如果没有, 则上下线恰好为最大值和最小值.

例 1.7 Airplane.txt(见光盘) 数据中给出了某航空公司 1949—1960 年每月国际航班旅客人数, 我们分别按照各年和各月为分组变量制作箱线胡须图.

从按年旅客人数各月分布图中 (图 1.9(a)), 可以观察到随着年代的增加, 国际旅客人数呈现明显的增长态势, 各月的旅客人数差异有逐步增加趋势, 各月人数分布大部分呈现右偏分布; 从按月旅客人数各年分布图上 (图 1.9(b)), 容易观察到各月的旅客人数分布也呈现规律性, 一般一月和十二月是旅客人数的低谷, 七月和八月是旅客人数的高峰, 还发现均值高的月份更容易产生较高的旅客人数.

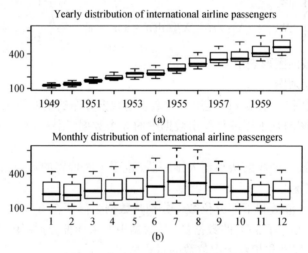

图 1.9 航空公司旅客分布线胡须图

显然, 在这个例子中发现箱线胡须图是一种直观地观察和了解数据分布的有效工具, 特别适合比较分组定量数据的分布特征.

2) Q-Q 图

Quantile-Quantile(Q-Q) 图是一种非常有用的通过两组数据的分位数大小比较数据分布的图形工具, 一般用于数据与已知分布的比较, 也可以比较两组数据的分布. 一般地, 如果 X 是一个连续随机变量, 有严格增的分布函数 F, p 分位点为 x_p, 被比较的分布用 Y 表示, Y 的分布是 G, p 分位点为 y_p, 满足 $F(x_p) = G(y_p) = p$. 当要比较的是正态分布时, $G = \Phi$, $y(i) = \Phi^{-1}\left(\dfrac{i - 0.375}{n + 0.25}\right)$, 这样如果数据服从正态分布, 数据点应该近似地分布在直线 $y = \sigma x + \mu$ 附近, 其中 μ, σ 是待比较数据的均值和方差.

Q-Q 图的基本原理是将两组数据分别从小到大排序后, 组成数据对 $(x_{(i)}, y_{(i)})$, 描绘二者的散点图. 如果两组数据的分布相近, 表现在 Q-Q 图上, 散点图应该近似呈现直线; 反之, 则认为两组数据的分布有较大差异.

例 1.8(见光盘数据 sunmon.txt) S. Stephens 收集了墨西哥城市从 1986—2007 年 22 年间空气中污染物的浓度数据, 可以用每种污染物星期日的分位数和工作日的分位数制作 Q-Q 图 (图 1.10), 臭氧周日的高分位点小于工作日高分位点, 极端高值更容易发生在平时而不是周日. 一氧化碳 (CO)、可吸入颗粒物 (PM) 和氮氧排放物 (NO_x) 的各个分位数上, 工作日的含量都明显高于周日, 这是工作日空气污染严重的有利证据. 我们还发现随着空气污染物浓度的增加, 周日和工作日各分位点含量之间的差异有加大的趋势, 这表示空气质量较差的周日和工作日之间的差异比空气质量较好的周日和工作日之间的差异大.

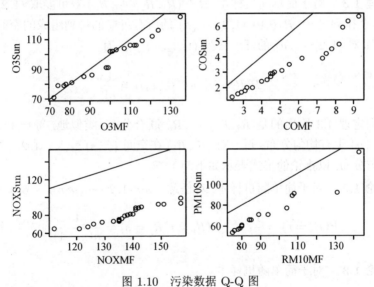

图 1.10 污染数据 Q-Q 图

CO(ppm), O_3(ppm), NO_x(ppb), PM10(mg·m^{-3})

1.6 秩检验统计量

1. 无结点数据的秩及性质

定义 1.7 设样本 $X_1, X_2, \cdots, X_n$ 是取自总体 X 的简单随机样本, $X_1, X_2, \cdots, X_n$ 中不超过 X_i 的数据个数 $R_i = \sum_{j=1}^{n} I(X_j \leqslant X_i)$, 称 R_i 为 X_i 的 **秩**, X_i 是第 R_i

个顺序统计量,$X_{(R_i)} = X_i$. 令 $R = (R_1, R_2, \cdots, R_n)$,$R$ 是由样本产生的统计量,称为秩统计量.

例 1.9 某学院本科三年级由 9 个专业组成,统计每个专业学生每月消费数据如下:

$$300 \quad 230 \quad 208 \quad 580 \quad 690 \quad 200 \quad 263 \quad 215 \quad 520 \tag{1.6}$$

用 R 求消费数据的秩和顺序统计量.

解 程序如下:
```
> spending<-c(300, 230, 208, 580, 690, 200,263,215,520)
> sort(spending)
> rank(spending)
```

定理 1.3 对于简单随机样本,$R = (R_1, R_2, \cdots, R_n)$ 等可能取 $(1, 2, \cdots, n)$ 的任意 $n!$ 个排列之一,R 在由 $(1, 2, \cdots, n)$ 的所有可能的排列组成的空间上是均匀分布,即:对 $(1, 2, \cdots, n)$ 的任一排列 $(i_1, i_2, \cdots, i_n)$ 有

$$P(R = (i_1, i_2, \cdots, i_n)) = \frac{1}{n!}.$$

上面定理 1.3 给出的是 $R_1, R_2, \cdots, R_n$ 联合分布. 类似地,每一个 R_i 在空间 $\{1, 2, \cdots, n\}$ 上有均匀分布;每一对 (R_i, R_j) 在空间 $\{(r, s) : r, s = 1, 2, \cdots, n; r \neq s\}$ 上有均匀分布. 以推论的形式表示如下.

推论 1.2 对于简单随机样本,对任意 $r, s = 1, 2, \cdots, n; r \neq s$ 及 $i \neq j$,有

$$P(R_i = r) = \frac{1}{n}, \quad P(R_i = r, R_j = s) = \frac{1}{n(n-1)}.$$

推论 1.3 对于简单随机样本,

$$E(R_i) = \frac{n+1}{2},$$
$$\text{var}(R_i) = \frac{(n+1)(n-1)}{12},$$
$$\text{cov}(R_i, R_j) = -\frac{n+1}{12}.$$

证明

$$E(R_i) = \sum_{i=1}^{n} i \cdot \frac{1}{n} = \frac{n+1}{2}.$$

$$\mathrm{var}(R_i) = \sum_{i=1}^{n}(i^2)\cdot\frac{1}{n} - [E(R_i)]^2$$
$$= \frac{n(n+1)(2n+1)}{6}\cdot\frac{1}{n} - \frac{(n+1)(n+1)}{4}$$
$$= \frac{(n+1)(n-1)}{12}.$$

$$\mathrm{cov}(R_i, R_j) = E(R_i - E(R_i))(R_j - E(R_j))$$
$$= \sum\sum_{i\neq j}\left(\left(i - \frac{n+1}{2}\right)\left(j - \frac{n+1}{2}\right)\cdot\frac{1}{n(n-1)}\right)$$
$$= \left[\sum_{i=1}^{n}\sum_{j=1}^{n}\left(i - \frac{n+1}{2}\right)\left(j - \frac{n+1}{2}\right) - \sum_{j=1}^{n}\left(j - \frac{n+1}{2}\right)^2\right]\cdot\frac{1}{n(n-1)}$$
$$= -\frac{n+1}{12}.$$

这些结果说明,对于独立同分布样本来说,秩的分布和总体分布无关.

2. 有结数据的秩

在许多情况下,数据中有重复数据,称数据中存在结 (tie). 结的定义如下.

定义 1.8 设样本 $X_1, X_2, \cdots, X_n$ 取自总体 X 的简单随机抽样,将数据排序后,相同的数据点组成一个"结",称重复数据的个数为结长.

假设有样本量为 7 的数据:

$$3.8 \quad 3.2 \quad 1.2 \quad 1.2 \quad 3.4 \quad 3.2 \quad 3.2$$

其中有 4 个结,$x_2 = x_6 = x_7 = 3.2$,结长 3;$x_3 = x_4 = 1.2$,结长 2;$x_1 = 3.8$ 和 $x_5 = 3.4$ 的结长都为 1. 如果有重复数据,则将数据从小到大排序后,$(R_1, R_2) = (1,2)$,也可以等于 $(2,1)$,这样秩就不唯一. 一般常采用秩平均方法处理有结数据的秩.

定义 1.9 将样本 $X_1, X_2, \cdots, X_n$ 从小到大排序后,如果 $X_{(1)} = \cdots = X_{(\tau_1)} < X_{(\tau_1+1)} = \cdots = X_{(\tau_1+\tau_2)} < \cdots < X_{(\tau_1+\cdots+\tau_{(g-1)}+1)} = \cdots = X_{(\tau_1+\cdots+\tau_g)}$,其中 g 是样本中结的个数,τ_i 是第 i 个结的长度,$(\tau_1, \tau_2, \cdots, \tau_g)$ 是 g 个正整数,$\sum_{i=1}^{g}\tau_i = n$,称 $(\tau_1, \tau_2, \cdots, \tau_g)$ 为结统计量. 第 i 组样本的秩都相同,是第 i 组样本原秩的平均,如下所示:

$$r_i = \frac{1}{\tau_i}\sum_{k=1}^{\tau_i}(\tau_1 + \cdots + \tau_{i-1} + k) = \tau_1 + \cdots + \tau_{i-1} + \frac{1+\tau_i}{2}.$$

例 1.10 样本数据为 12 个数,其值、秩和结统计量 (用 τ_i 表示,为第 i 个结中的观测值数量) 如表 1.1 所示:

表 1.1 结的计算

观测值	2	2	4	7	7	7	8	9	9	9	9	10
秩	1.5	1.5	3	5	5	5	7	9.5	9.5	9.5	9.5	12

其中有 6 个结, 每个结长分别为 2, 1, 3, 1, 4, 1.

1.7 U 统计量

1. 单一样本的 U 统计量和主要特征

我们知道, 在参数估计和检验中, 充分完备统计量是寻找一致最小方差无偏估计的一条重要的途径, 在非参数统计中, 类似的统计量也存在. 这里我们介绍 U 统计量.

定义 1.10 设 $X_1, X_2, \cdots, X_n$ 取自分布族 $\mathcal{F} = \{F(\theta), \theta \in \Theta\}$, 如果待估参数 θ 存在样本量为 k 的无偏估计量 $h(X_1, X_2, \cdots, X_k), k < n$, 即满足

$$Eh(X_1, X_2, \cdots, X_k) = \theta, \quad \forall \theta \in \Theta,$$

使上式成立的最小的样本量为 k, 则称参数 θ 是 k 可估参数. 此时 $h(X_1, X_2, \cdots, X_k)$ 称为参数 θ 的核 (kernel).

一般地, 还要求核有对称的形式, 也就是说, 对 $(1, 2, \cdots, k)$ 的任何一个排列 $(i_1, i_2, \cdots, i_k)$, 有 $h(X_1, X_2, \cdots, X_k) = h(X_{i_1}, X_{i_2}, \cdots, X_{i_k})$. 如果核本身不对称, 可以构造对称的核函数

$$h^*(X_1, X_2, \cdots, X_k) = \frac{1}{k!} \sum_{(i_1, i_2, \cdots, i_k)} h(X_{i_1}, X_{i_2}, \cdots, X_{i_k}).$$

$\sum_{(i_1, i_2, \cdots, i_k)}$ 是对 $(1, 2, \cdots, k)$ 的任意排列 $(i_1, i_2, \cdots, i_k)$ 共计 $k!$ 个算式求和. 这时, $h^*(X_1, X_2, \cdots, X_k)$ 是满足定义 1.10 要求、且对称的 θ 的核.

定义 1.11 设 $X_1, X_2, \cdots, X_n$ 取自分布族 $\mathcal{F} = \{F(\theta), \theta \in \Theta\}$ 的样本, 可估参数 θ 存在样本量为 k 的无偏估计量 $h(X_1, X_2, \cdots, X_k)$, θ 有对称核 $h^*(X_1, X_2, \cdots, X_k)$, 则参数 θ 的 U 统计量如下定义:

$$U(X_1, X_2, \cdots, X_n) = \frac{1}{\binom{n}{k}} \sum_{(i_1, i_2, \cdots, i_k)} h^*(X_{i_1}, X_{i_2}, \cdots, X_{i_k}).$$

其中, $\sum_{(i_1, i_2, \cdots, i_k)}$ 表示对 $\{1, 2, \cdots, n\}$ 中所有可能的 k 个数的组合求和.

例 1.11 设 $\mathcal{F} = \{F(\theta), \theta \in \Theta\}$ 为全体一阶矩存在的分布族，则期望 $\theta = E(X)$ 是 1 阶可估参数，有对称核 $h(X_1) = X_1$. 由对称核生成的 U 统计量为

$$U(X_1, X_2, \cdots, X_n) = \frac{1}{\binom{n}{1}} \sum_{i=1}^{n} X_i = \bar{X}.$$

例 1.12 设 $\mathcal{F} = \{F(\theta), \theta \in \Theta\}$ 为全体二阶矩有限的分布族，则方差 $\theta = E(X - EX)^2$ 是 2 阶可估参数. 由 $E(X - EX)^2 = EX^2 - (EX)^2$，可知

$$h(X_1, X_2) = X_1^2 - X_1 X_2$$

是参数 θ 的无偏估计，显然它不具有对称性，如下构造对称核：

$$h^*(X_1, X_2) = \frac{1}{2}[(X_1^2 - X_1 X_2) + (X_2^2 - X_1 X_2)] = \frac{1}{2}(X_1 - X_2)^2,$$

相应的 U 统计量为

$$U(X_1, X_2, \cdots, X_n)$$
$$= \frac{1}{\binom{n}{2}} \sum_{i<j} \frac{1}{2}(X_i - X_j)^2$$
$$= \frac{1}{n(n-1)} \sum_{i<j} (X_i^2 + X_j^2 - 2X_i X_j)$$
$$= \frac{1}{n(n-1)} \left[\frac{1}{2} \sum_{i \neq j} (X_i^2 + X_j^2) - \sum_{i \neq j} X_i X_j \right]$$
$$= \frac{1}{n(n-1)} \left[\frac{1}{2} \sum_{i=1}^{n} \sum_{j=1}^{n} (X_i^2 + X_j^2) - \frac{1}{2} \sum_{i=1}^{n} (X_i^2 + X_i^2) - \sum_{i \neq j} X_i X_j \right]$$
$$= \frac{1}{n(n-1)} \left[n \sum_{i=1}^{n} X_i^2 - \left(\sum_{i=1}^{n} X_i \right)^2 \right]$$
$$= \frac{1}{n-1} \sum_{i=1}^{n} (X_i - \bar{X})^2.$$

定理 1.4 设 $X_1, X_2, \cdots, X_n$ 是取自分布族 $\mathcal{F} = \{F(\theta), \theta \in \Theta\}$ 的简单随机样本，θ 是 k 可估参数，$U(X_1, X_2, \cdots, X_n)$ 是 θ 的 U 统计量，它的核是 $h(X_1, X_2, \cdots, X_k)$，有

$$E(U(X_1, X_2, \cdots, X_n)) = \theta,$$

$$\mathrm{var}(U(X_1,X_2,\cdots,X_n)) = \frac{1}{\binom{n}{k}}\sum_{i=1}^{k}\binom{k}{i}\binom{n-k}{k-i}\zeta_i.$$

其中, $\zeta_i = \mathrm{cov}[h(X_1,X_2,\cdots,X_i,X_{i+1},\cdots,X_k), h(X_1,X_2,\cdots,X_i,X_{k+1},\cdots,X_{2k-i})]$. 特别地, $\zeta_0 = 0, \zeta_k = \mathrm{var}\{h(X_1,X_2,\cdots,X_k)\}$.

解 U 统计量的方差计算如下:

$$\begin{aligned}\mathrm{var}(U(X_1,X_2,\cdots,X_n)) &= E\left[\frac{1}{\binom{n}{k}}\sum(h(X_1,X_2,\cdots,X_k)-\theta)\right]^2 \\ &= \frac{1}{\binom{n}{k}^2}\sum_{(i_1,i_2,\cdots,i_k)}\sum_{(j_1,j_2,\cdots,j_k)}\mathrm{cov}[h(X_{i_1},X_{i_2},\cdots,X_{i_k}), \\ &\quad h(X_{j_1},X_{j_2},\cdots,X_{j_k})] \\ &= \frac{1}{\binom{n}{k}^2}\sum_{i=0}^{k}\binom{n}{k}\binom{k}{i}\binom{n-k}{k-i}\zeta_i \\ &= \frac{1}{\binom{n}{k}}\sum_{i=1}^{k}\binom{k}{i}\binom{n-k}{k-i}\zeta_i.\end{aligned}$$

U 统计量具有很好的大样本性质, 下面的定理 1.5 表明 U 统计量均方收敛到 θ, 从而 U 统计量是 θ 的相合估计 (consistency); 定理 1.6 表明 U 统计量的极限分布是正态分布. 这里仅给出结果, 详细的证明参见文献 (孙山泽, 2000).

定理1.5 设 $X_1,X_2,\cdots,X_n$ 是取自分布族 $\mathcal{F}=\{F(\theta),\theta\in\Theta\}$ 的简单随机样本, θ 是 k 可估参数, $U(X_1,X_2,\cdots,X_n)$ 是 θ 的 U 统计量, 它的核为 $h(X_1,X_2,\cdots,X_k)$, 有

$$E[h(X_1,X_2,\cdots,X_k)]^2 < \infty,$$

则

$$\lim_{n\to\infty}\frac{n}{k^2}\mathrm{var}[U(X_1,X_2,\cdots,X_n)] = \zeta_1.$$

其中 $\zeta_1 = \mathrm{cov}[h(X_1,X_2,\cdots,X_k), h(X_1,X_{k+1},\cdots,X_{2k-1})] > 0$.

定理 1.6 当 $k=2$ 时, U 统计量表示为

$$U(X_1,X_2,\cdots,X_n) = \frac{1}{\binom{n}{2}}\sum_{i=1}^{n}\sum_{j>i}^{n}H_n(X_i,X_j),$$

其中 X_i 是独立同分布样本, H_n 是中心对称的核函数 (即满足 $H_n(X_i,X_j) = H_n(X_j,X_i), E[H_n(X_1,X_2)] = 0$), 并且满足

$$E[H_n(X_1,X_2)|X_1] = 0, \qquad \sigma_n^2 = E\big(H_n^2(X_1,X_2)\big) < \infty.$$

定义 $G(X_1,X_2) = E(H_n(X_1,X_3)H_n(X_2,X_3)|X_1,X_2)$，如果

$$\lim_{n\to\infty} \frac{E[G_n^2(X_1,X_2)] + n^{-1}E[H_n^4(X_1,X_2)]}{\{E[H_n^2(X_1,X_2)]\}^2} = 0,$$

则有

$$U(X_1,X_2,\cdots,X_n)/\sqrt{2\sigma_n^2} \xrightarrow{d} N(0,1).$$

证明 请参考文献 [Hall 1984] 中的 Theorem 1.

定理 1.7 当 $k=2$ 时，U 统计量表示为

$$U(X_1,X_2,\cdots,X_n) = \frac{1}{\binom{n}{2}} \sum_{i=1}^{n} \sum_{j>i}^{n} H_n(Z_i,Z_j).$$

定义 $\bar{r}_n(Z_i) = E(H_n(Z_i,Z_j)|Z_i), \bar{r}_n = E[r_n(Z_i)] = E[H_n(Z_i,Z_j)], \bar{U}_n = \bar{r}_n + \frac{2}{n}\sum_{i=1}^{n}[r_n(Z_i) - \bar{r}_n]$。如果 $E[|H_n(Z_i,Z_j)|^2] = o(n)$，那么：

(1) $U(X_1,X_2,\cdots,X_n) = \bar{r}_n + o_p(1)$;

(2) $\sqrt{n}(U_n - \bar{U}_n) = o_p(1)$.

证明 请参考文献 [Powell et al. 1989] 中的 Lemma 3.1.

定理 1.8(Hoeffding 定理) 设 $X_1,X_2,\cdots,X_n$ 是取自分布族 $\mathcal{F} = \{F(\theta), \theta \in \Theta\}$ 的简单随机样本，θ 是 k 可估参数，$U(X_1,X_2,\cdots,X_n)$ 是 θ 的 U 统计量，它的核是 $h(X_1,X_2,\cdots,X_k)$，有

$$E[h(X_1,X_2,\cdots,X_k)]^2 < \infty,$$

当 $\zeta_1 = \text{cov}[h(X_1,X_2,\cdots,X_k), h(X_1,X_{k+1},\cdots,X_{2k-1})] > 0$ 时，有

$$\sqrt{n}[U(X_1,X_2,\cdots,X_n) - \theta] \to N(0, k^2\zeta_1)(n \to +\infty).$$

例 1.13 设 $X_1,X_2,\cdots,X_n$ 为取自连续分布族 $\mathcal{F} = \{F(\theta), \theta \in \Theta\}$ 的简单随机样本，固定 p，假设 m_p 是样本的 p 分位数，$\forall i=1,2,\cdots,n$，令 $Y_i = I(X_i > m_p)$，定义计数统计量 $T = \sum_{i=1}^{n} Y_i$。证明：T/n 是 1 阶可估参数 $P(X > m_p)$ 的 U 统计量，T/n 服从渐近正态分布.

证明 $\zeta_1 = \text{var}(Y_i) = P(X > m_p)(1 - P(X > m_p))$，因此根据定理 1.8 有

$$\sqrt{n}\left(\frac{T}{n} - P(X > m_p)\right) \text{ 渐近正态分布 } N(0, \zeta_1).$$ 也就是说

$$\frac{T - E(T)}{\sqrt{(\text{var}T)}} = \frac{\sqrt{n}\left(\frac{1}{n}T - P(X > m_p)\right)}{\sqrt{\zeta_1}}$$

服从渐近的正态分布 $N(0,1)$.

2. 两样本 U 检验统计量和分布

类似单一样本的 U 统计量的定义, 对两样本的情况, 有下面的定义.

定义 1.12 设 $X = \{X_1, X_2, \cdots, X_n\}$, $X_1, X_2, \cdots, X_n$ 独立同分布取自分布族 $\mathcal{F}$, $Y = \{Y_1, Y_2, \cdots, Y_m\}$ 独立同分布取自分布族 $\mathcal{G}$, X 与 Y 独立. 如果待估参数 $\theta \in \mathbf{F} = \{F, G\}$, 存在样本量分别为 $k \leqslant n$ 和 $l \leqslant m$ 的样本构成的估计量 $h(X_1, X_2, \cdots, X_k, Y_1, Y_2, \cdots, Y_l)$ 是 θ 的无偏估计, 即满足

$$Eh(X_1, X_2, \cdots, X_k, Y_1, Y_2, \cdots, Y_l) = \theta, \quad \forall \theta \in \mathbf{F},$$

上述关系成立的最小的样本量为 k, l, 则称参数 θ 是 (k, l) 可估的, $h(X_1, X_2, \cdots, X_k, Y_1, Y_2, \cdots, Y_l)$ 称为参数 θ 的核 (kernel).

定义 1.13 $X = \{X_1, X_2, \cdots, X_n\}$, $X_1, X_2, \cdots, X_n$ 独立同分布取自分布族 $\mathcal{F}$, $Y = \{Y_1, Y_2, \cdots, Y_m\}$ 独立同分布取自分布族 $\mathcal{G}$, X 与 Y 独立, (k, l) 可估参数 θ 存在样本量分别为 (k, l) 的对称无偏估计量 $h(X_1, X_2, \cdots, X_k, Y_1, Y_2, \cdots, Y_l)$, 则参数 θ 的 U 统计量如下定义:

$$U(X_1, X_2, \cdots, X_n, Y_1, Y_2, \cdots, Y_m) = \frac{1}{\binom{n}{k}\binom{m}{l}} \sum_{(i_1, i_2, \cdots, i_k)} \sum_{(j_1, j_2, \cdots, j_l)} h(X_{i_1}, X_{i_2}, \cdots, X_{i_k}, Y_{j_1}, Y_{j_2}, \cdots, Y_{j_l}).$$

例 1.14 设总体 X 服从分布函数为 $F(x)$ 的分布, Y 服从分布函数为 $G(x)$ 的分布, $X_1, X_2, \cdots, X_n$ 独立同分布取自分布族 $\mathcal{F}$, $(Y_1, Y_2, \cdots, Y_m)$ 独立同分布取自分布族 $\mathcal{G}$, X 与 Y 独立, 待估参数是 $\theta = P(X > Y)$, 考虑 θ 的 U 统计量和它的性质.

解 给定 i, j, 令

$$h(X_i, Y_j) = I(X_i > Y_j) = \begin{cases} 1, & X_i > Y_i. \\ 0, & \text{其他}. \end{cases}$$

容易知道: $E(h(X_i, Y_j)) = \theta$, 由 $h(X_i, Y_j)$ 张成的 U 统计量定义为

$$U_{nm} = \frac{1}{nm} \sum_{i=1}^{n} \sum_{j=1}^{m} I(X_i > Y_j), \tag{1.7}$$

这个 U 统计量将在第 2 章介绍, 它是 Mann 和 Whitney 于 1947 年提出的, 称做 Mann-Whitney 统计量, 它是 $\theta = P(X > Y)$ 的最小方差无偏估计. 如果我们要检验问题:

$$H_0: F = G \leftrightarrow H_1: F \geqslant G,$$

则可知在零假设成立的情况下，U 统计量的方差为

$$\mathrm{var}(U_n)_m = \frac{n+m+1}{12nm}.$$

因此可知，当 $n \to \infty, m \to \infty$ 时，

$$\sqrt{12nm} \cdot \frac{U-0.5}{n+m} \xrightarrow{\mathcal{L}} N(0,1).$$

故在大样本情况下检验的拒绝域为

$$U \geqslant \frac{1}{2} + \sqrt{\frac{n+m}{12nm}} \cdot Z_{1-\alpha}.$$

这个检验称为 Mann-Whitney 检验.

1.8 实　　验

实验 1　经验分布的置信区间

实验内容

将 MASS 数据包用命令 library (MASS) 加载到 R 中，调用 geyser 数据集中 duration 变量，编写程序求解其经验分布的 95 的置信区间；并且比较不同 α 下的 ε_n 值.

实验原理

参考教材例 1.3.

实验过程

按照实验内容，以下 R 程序作为参考.

```
library(MASS)              #加载MASS程序包
data(geyser)
duration=geyser[,2]
duration.sort=sort(duration)
duration.rank=rank(duration.sort)
duration.cdf=duration.rank/length(duration)
plot(duration.sort,duration.cdf)
N=length(duration)
segments(duration.sort[1:(N-1)],duration.cdf[1:(N-1)],duration.sort[2:N],
duration.cdf[1:(N-1)])
alpha=0.5
band=sqrt(1/(2*N))*log(2/alpha)
```

```
Lower.95=duration.cdf-band
Upper.95=duration.cdf+band
lines(duration.sort,Lower.95,lty=2)
lines(duration.sort,Upper.95)   #画出经验分布函数的置信区间
```

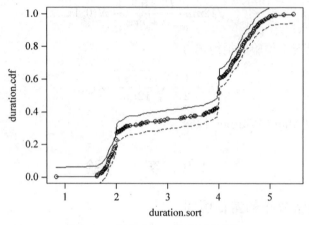

图 1.11　经验分布函数的置信区间

```
alpha=seq(0.01,0.1,by=0.001)
band=sqrt(1/(2*N))*log(2/alpha)
plot(alpha,band)              #对比不同alpha值下的置信区间宽度
```

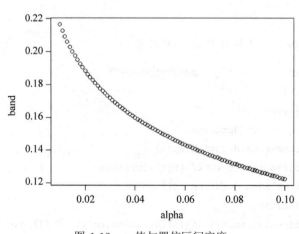

图 1.12　α 值与置信区间宽度

可见，置信区间宽度随 α 值的增大而变小.

实验 2 U 统计量

实验内容

(1) 从 t 分布中产生样本量为 $n = 20$ 的样本.

(2) 计算用于检验 (1) 样本对称性的 U 统计量.

(3) 观察 U 统计量的分布.

(4) 判断分布的对称性.

实验原理

1. 对称分布性质描述

(1) 设有来自连续的、关于 ξ 对称的分布的 3 个样本 X_1, X_2, X_3，则有

$$P(X_1 > (X_2 + X_3)/2) = P((X_1 - \xi) > ((X_2 - \xi) + (X_3 - \xi))/2) = \frac{1}{2},$$

$f(X_1, X_2, X_3) = \mathrm{sgn}(2X_1 - (X_2 + X_3))$ 是 $\theta(p) = P(2X_1 > X_2 + X_3) - P(2X_1 < X_2 + X_3)$ 的无偏估计，其中

$$\mathrm{sgn}(x) = \begin{cases} 1, & x > 0, \\ 0, & x = 0, \\ -1, & x < 0. \end{cases}$$

(2) 对以上结论的证明

$$\begin{aligned}
E[f(X_1, X_2, X_3)] &= E[\mathrm{sgn}(2X_1 - X_2 + X_3)] \\
&= 1 \cdot P(2X_1 - X_2 - X_3 > 0) + 0 \cdot P(2X_1 - X_2 - X_3 = 0) \\
&\quad -1 \cdot P(2X_1 - X_2 - X_3 < 0) \\
&= P(2X_1 > X_2 + X_3) - P(2X_1 < X_2 + X_3) \\
&= \theta(p).
\end{aligned}$$

因此

$f(X_1, X_2, X_3) = \mathrm{sgn}(2X_1 - X_2 + X_3)$ 是 $\theta(p) = P(2X_1 > X_2 + X_3) - P(2X_1 < X_2 + X_3)$ 的无偏估计.

2. 利用以上结论检验分布的对称性

因为对称分布有性质

$$P(X_1 > (X_2 + X_3)/2) = P((X_1 - \xi) > ((X_2 - \xi) + (X_3 - \xi))/2) = \frac{1}{2},$$

所以当 3 个样本 X_1, X_2, X_3 所来自的分布 P 是对称分布时，$\theta(p) = 0$.

因此，可以利用 $\theta(p)$ 的 U 统计量作为检验的统计量，进行以下检验：

$$H_0: t \text{ 的分布关于某中心 } A \text{ 对称},$$
$$H_1: t \text{ 的分布不关于某中心 } A \text{ 对称}.$$

可构造对称核

$$h(X_1, X_2, X_3) = \frac{1}{3}[\text{sgn}(2X_1 - X_2 - X_3) + \text{sgn}(2X_2 - X_1 - X_3)$$
$$+ \text{sgn}(2X_3 - X_2 - X_1)]$$
$$= \frac{1}{3}[\text{sgn}(\text{median}(x_1, x_2, x_3) - \text{mean}(x_1, x_2, x_3))].$$

因此检验分布对称性的 U 统计量为

$$U(X_1, \cdots, X_n) = \frac{1}{\binom{n}{3}} \sum_{(i_1, i_2, i_3)} \left[\frac{1}{3}\text{sgn}(\text{median}(x_{i_1}, x_{i_2}, x_{i_3}) - \text{mean}(x_{i_1}, x_{i_2}, x_{i_3}))\right].$$

实验过程

按要求，样本量 $n = 20$，所以有

$$U(X_1, \cdots, X_{20}) = \frac{1}{\binom{20}{3}} \sum_{(i_1, i_2, i_3)} \left[\frac{1}{3}\text{sgn}(\text{median}(x_{i_1}, x_{i_2}, x_{i_3}) - \text{mean}(x_{i_1}, x_{i_2}, x_{i_3}))\right].$$

编写函数 Ufun()，计算 U 统计量.

```
Ufun=function(df,n)     #创建计算U统计量的函数,df为t分布的自由度,n为循环次数
{
USTAT=NULL
for(mu in 1:n)
  {
    x=rt(20,df)
    n1=length(x)
    H=NULL
    for(i in 1:(n1-2))
    for(j in (i+1):(n1-1))
    for(k in (j+1):n1)
    {
      a1=sign(2*x[i]-x[j]-x[k])     #sign(x)为指示函数, x>0,返回值1; x<0,返
      a2=sign(2*x[j]-x[i]-x[k])     #回值-1; x=0,返回值0;
      a3=sign(2*x[k]-x[i]-x[j])
```

```
            h=1/3*(a1+a2+a3)                    #计算对称核
            H=c(H,h)
        }
        Ustat=(1/choose(length(x),3))*sum(H)    #U统计量
        USTAT=c(USTAT,Ustat)
    }
    hist(USTAT,border=F, col="gray1")
    list(Umean = mean(USTAT), Uvar = var(USTAT))
}
```

利用已编写的函数 Ufun(), 计算自由度为 3 的 300 个 U 统计量, 并画出直方图 1.13.

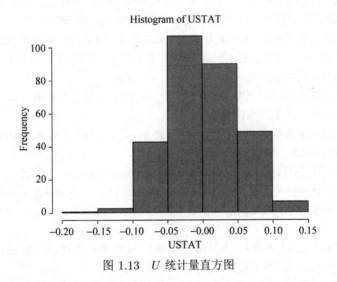

图 1.13 U 统计量直方图

```
Ufun(3, 300)
$Umean
[1] 0.0009025341
$Uvar
[1] 0.002502248
```

实验结论

(1) 从直方图来看, U 统计量近似以 0 为中心呈对称分布;

(2) 从 U 统计量数值来看, Umean 值近似为 0, 即 $\theta(p)$ 接近 0;

(3) 根据实验原理中关于 U 统计量的解释可以证明, t 分布是对称的.

习题

1.1 某批发商从厂家购置一批灯泡,根据合同的规定,灯泡的使用寿命平均不低于 1000h,已知灯泡的使用寿命服从正态分布,标准差是 20h. 从总体中随机抽取了 100 只灯泡,得知样本均值为 996h,问题是: 批发商是否应该购买该批灯泡?

(1) 零假设和备择假设应该如何设置? 给出你的理由.

(2) 在零假设 $\mu < 1000$ 之下,给出检验的过程并做出决策. 如果不能拒绝零假设,可能是哪里出了问题?

1.2 考虑下面检验问题 (不用计算已给的数据):

(1) 如果 X 服从 $N(0,1)$ 分布,假设检验问题: $H_0: \theta = 0 \leftrightarrow H_1: \theta = 1000$. 可以知道对于水平 $\alpha = 0.05$ 的似然比检验,如果 $X > 1.645$,则将会拒绝 H_0;而且按照 Neyman-Pearson 引理,该检验是最优的.

现在,如果我们观察到 $X = 2.1$,该水平 0.05 的最优检验告诉我们拒绝 $\theta = 0$ 的零假设,并接受 $\theta = 1000$ 的备择假设. 你觉得有问题吗? 问题在哪里? 如何解决?

(2) 有两组学生的成绩. 第一组为 11 名,成绩为 x_1 : 100, 99, 99, 100, 100, 100, 100, 99, 100, 99, 99;第二组为 2 名,成绩为 x_2 : 50, 0. 我们对这两组数据作同样的水平 $\alpha = 0.05$ 的 t 检验 (假设总体均值为 μ) : $H_0: \mu = 100, H_1: \mu < 100$.

对第一组数据检验的结果为: $\mathrm{d}f = 9$, t 值为 -2.4495,单边 p 值为 0.0184;结论为 "拒绝 $H_0: \mu = 100$". (注意: 该组均值为 99.6)

对第二组数据的检验结果为: $\mathrm{d}f = 1$, t 值为 -3,单边 p 值为 0.1024;结论为 "接受 $H_0: \mu = 100$". (注意: 该组均值为 25)

你认为该问题的结论合理吗? 说出理由,并提出该如何解决这一类问题.

(3) 写出上面所用的 t 检验的检验统计量,及 p 值的定义. 解释水平 $\alpha = 0.05$ 的意义 (注意,这里是一般情况,不要联系 (2) 中的具体数据例子). 如果没有给定水平,如何用 p 值来做出结论?

(4) 写出和 t 检验有关的关于均值 μ 的 $100(1-\alpha)\%$ 置信区间 (不要联系 (2) 中的数据;说明你所用的符号的意义 (如果有的话)).

(5) 如果 $X_1, X_2, \cdots, X_n$ 服从正态分布 $N(\mu, \sigma^2)$,其中 μ 未知,写出有关的关于均值 μ 的 $100(1-\alpha)\%$ 置信区间. 一般来说,如果知道 $X_1, X_2, \cdots, X_n$ 有未知均值 μ 和已知方差 σ^2,但分布不知道,我们能不能用上面写的置信区间? 如果能,需要什么条件? 根据是什么? 用公式说明.

(6) 在 (5) 中,如果置信区间不能大于某指定的宽度 B,能否用选择 n 来达到目的? 用公式说明.

1.3 设 $X_{(1)} \leqslant X_{(2)} \leqslant \cdots \leqslant X_{(n)}$ 为具有连续分布函数 $F(x)$ 的 iid(独立同分布) 的样本,且具有概率密度函数 $f(x)$,如定义

$$U_i = \frac{F(X_{(i)})}{F(X_{(i+1)})}, \quad i = 1, 2, \cdots, n-1, \quad U_n = F(X_{(n)}), \tag{1.8}$$

证明 $U_1, U_2^2, \cdots, U_n^n$ 为来自 $(0,1)$ 上均匀分布的 iid 样本.

1.4 设随机变量 $Z_1, Z_2, \cdots, Z_N$ 相互独立同分布, 分布连续, 其对应的秩向量为 $\boldsymbol{R} = (R_1, R_2, \cdots, R_N)$, 假定 $N \geqslant 2$, 令 $V = R_1 - R_N$, 试证明

$$P(V = k) = \begin{cases} \dfrac{N - |k|}{N(N-1)}, & \text{当} |k| = 1, 2, \cdots, N-1 \text{时}, \\ 0, & \text{其他}. \end{cases}$$

1.5 设随机变量 $X_1, X_2, \cdots, X_n$ 是来自分布函数为 $F(x)$ 的总体的独立同分布样本, 试对下列参数确定: ① 参数可估计的自由度; ② 对称核 $h(\cdot)$; ③ U 统计量; 并指明 ④ 适应的分布族 $\mathcal{F}$. 这些参数为:

(1) $P(|X_1| > 1)$;

(2) $P(X_1 + X_2 + X_3 > 0)$;

(3) $E(X_1 - \mu)^3$, 其中 μ 为 $F(x)$ 的期望;

(4) $E(X_1 - X_2)^4$.

1.6 考虑参数 $\theta = P(X_1 + X_2 > 0)$, 其中随机变量 X_1, X_2 相互独立同分布, 有连续分布函数 $F(x)$. 定义

$$h(x) = 1 - F(-x). \tag{1.9}$$

说明 $E(h(X_1)) = \theta$. 并请回答: $h(X_1)$ 是对称核吗? 为什么?

1.7 设 $X_1, X_2, \cdots, X_m$ 和 $Y_1, Y_2, \cdots, Y_n$ 分别为具有连续分布函数的 $F(x)$ 和 $G(y)$ 的相互独立的 iid 样本, $\theta = P(X_1 + X_2 < Y_1 + Y_2)$.

(1) 证明在 $H_0 : F = G$ 之下, $\theta = \dfrac{1}{2}$;

(2) 试求关于 θ 的 U 统计量.

1.8 设 $X_1, X_2, \cdots, X_n$ 和 $Y_1, Y_2, \cdots, Y_n$ 为分别来自连续分布的相互独立的样本, 试求 $\theta = \mathrm{var}(X) + \mathrm{var}(Y)$ 的 U 统计量.

1.9 比较图 1.8 中组 1 到组 5 10% 最强的组、10% 最弱和中位的组的动物寿命之间的差别.

1.10 考虑一个从参数 $\lambda = 1$ 的指数分布中抽取的容量为 100 的样本.

(1) 给出样本的对数经验生存函数 $\ln S_n(t)$ 的标准差. ($\ln S_n(t)$ 作为 t 的函数)

(2) 从计算机中产生几个类似的容量为 100 的样本, 画出它们的对数经验生存函数图, 联系图补充对 (1) 的回答.

1.11 (数据见光盘中的文件 beenswax.txt) 为探测蜂蜡结构, 生物学家做了很多实验, 在每个样本蜡里碳氢化合物 (hydrocarbon) 所占的比例对蜂蜡结构有特殊的意义, 数据中给出了一些观测.

(1) 画出 beenswax 数据的经验累积分布、直方图和 Q-Q 图.

(2) 找出 0.90, 0.75, 0.50, 0.25 和 0.10 的分位数.

(3) 这个分布是高斯分布吗?

1.12 考虑一个实验: 对减轻皮肤瘙痒的药物进行疗效研究 (Beecher, 1959). 在 10 名 20~30 岁的男性志愿者身上做实验比较五种药物和安慰剂、无药的效果. (注意这批试验者限制

了药物评价的范围. 例如这个实验不能用于老年人) 每个试验者每天接受一次治疗, 治疗的顺序是随机的. 每个试验者首先以静脉注射方式给药, 然后用一种豆科藤类植物 Cowage 刺激前臂, 产生皮肤瘙痒, 记录皮肤瘙痒的持续时间. 具体实验细节可参见文献 (Beecher, 1959). 表 1.2 中给出皮肤瘙痒的持续时间 (单位: s).

表 1.2　皮肤瘙痒持续时间观测值

被试者	无药	安慰剂 Placebo	I Papaverine	II Aminophylline	III Morphine	IV Pentobarbital	VI Tripelennamine
BG	174	263	105	141	199	108	141
JF	224	213	103	168	143	341	184
BS	260	231	145	78	113	159	125
SI	255	291	103	164	225	135	227
BW	165	168	144	127	176	239	194
TS	237	121	94	114	144	136	155
GM	191	137	35	96	87	140	121
SS	100	102	133	222	120	134	129
MU	115	89	83	165	100	185	79
OS	189	433	237	168	173	188	317

用生存函数比较不同治疗方法在减轻皮肤瘙痒的作用方面是否有差异?

第 2 章 单一样本的推断问题

单一总体位置的点估计、置信区间估计和假设检验是参数统计推断的基本内容,其中 t 统计量和 t 检验作为正态分布总体期望均值的推断工具,是我们所熟知的. 如果数据不服从正态分布,或有明显的偏态表现,应用 t 统计量和 t 检验推断未必能发挥较好的效果. 本章将关注 3 个方面的估计问题: (1) 非参数假设检验基本模型; (2) 非参数置信区间构造问题; (3) 分布的检验. 主要内容包括符号检验和分位数推断及其扩展应用、对称分布的 Wicoxon 检验和推断结果、正态记分检验和应用、单一总体分布的若干检验. 最后一节给出单一总体中心位置各种不同检验的渐近相对效率的有关理论结果,给出非参数统计检验相对于参数检验的有效性方面的理论结果.

2.1 符号检验和分位数推断

2.1.1 基本概念

符号检验 (sign test) 是非参数统计中最古老的检验方法之一,最早可追溯到 Arbuthnott 于 1701 年一项有关伦敦出生的男婴性别比是否超过 1/2 的研究. 这种检验被称为符号检验的一个理由是它所关心的信息只与两类观测值有关,如果用符号 "+" 和 "−" 区分,符号检验就是通过符号 "+" 和 "−" 的个数来进行统计推断的, 故称为符号检验.

首先看一个例子.

例 2.1 假设某城市 16 座预出售的楼盘均价 (单位:百元/m^2) 如表 2.1 所示:

表 2.1 16 座预出售的楼盘均价

| 36 | 32 | 31 | 25 | 28 | 36 | 40 | 32 |
| 41 | 26 | 35 | 35 | 32 | 87 | 33 | 35 |

问:该地平均楼盘价格是否与媒体公布的 3700 元/m^2 的说法相符?

解 这是用样本推断总体位置参数的典型问题. 假设在统计时点上楼盘价格服从正态分布 $N(\mu, \sigma^2)$,依照题意和参数统计的基本原理和步骤,可以建立如下零

假设和备择假设:

$$H_0 : \mu = 37 \leftrightarrow H_1 : \mu \neq 37,$$

其中, μ 是总体均值, 根据样本数据计算样本均值和样本方差分别为 $\bar{X} = 36.5, S^2 = 200.53$.

由于 $n = 16 < 30$ 为小样本, 采用 t 统计量计算检验统计值:

$$t = \frac{\bar{X} - \mu_0}{S/\sqrt{n}} = -0.1412,$$

根据自由度为 $n - 1 = 16 - 1 = 15$, 得 t 检验的 p 值为 0.89, 在显著性水平 $\alpha < 0.89$ 以下都不能拒绝零假设.

R 中的 t 检验程序和输出结果如下:

```
> attach(build.price)
  [1] 36 32 31 25 28 36 40 32 41 26 35 35 32 87 33 35
> mean(build.price)
  [1] 36.5
> var(build.price)
  [1] 200.5333
> length(build.price)
  16
> t.test(build.price-37)

  One-sample t-Test
  data:  build.price - 37
  t = -0.1412, df = 15, p-value = 0.8896
  alternative hypothesis: true mean is not equal to 0
  95 percent confidence interval:
    -8.045853  7.045853
  sample estimates:
    mean of x
         -0.5
```

现在来总结一下刚才的推断过程:

假定分布结构 → 确定假设 → 检验统计量在零假设下的抽样分布 → 由抽样分布计算拒绝域或计算 p 值与显著性比较 → 做出决策.

上面的逻辑推理中, 假设分布结构的正态性是否合理, 是 t 检验运用是否得当的关键. 如果数据分布呈现明显的非正态性, t 检验可能会由于运用错误的假设, 导致不成功的推断.

我们注意到在以上 16 个数据中, 3 个楼盘的价格高于 3700 元/m^2, 而另外 13 个楼盘的价格都低于 3700 元/m^2. 由正态分布的对称性常识可知, 如果 3700 元/m^2 能够作为正态分布的平均水平, 则从该总体中抽取的数据分布在 3700 左右的个数应大致相等, 不应出现比例失衡. 然而 3:13 显然支持的是 3700 元/m^2 不能作为正态分布对称中心的观点, 这与 t 检验没有通过检验不一致, 是显著性证据不充分呢? 还是另有原因?

现在, 让我们换一个角度考虑位置推断问题. 我们知道单一连续数据总体中心位置的参数有中位数和均值, 总体均值的点估计是样本均值, 总体中位数的点估计是样本中位数. 这对于单峰对称数据而言, 两者差异不大; 但对于非对称分布, 由描述统计的结果可知, 中位数较均值而言是对总体中心位置更稳健的估计. 如果假设问题的结构是一般连续型分布, 将 37(百元) 理解为总体的中位数, 则假设检验问题表示为

$$H_0 : M_e = 37 \leftrightarrow H_1 : M_e \neq 37. \tag{2.1}$$

其中, M_e 是总体的中位数. 如果零假设为真, 即 37 是总体的中位数, 则数据中应该差不多各有一半在 37 的两侧. 计算每一个数据与 37 的差, 用 S^+ 表示位于 37 右边点的个数, S^- 表示位于 37 左边点的个数, 数据中没有等于 37 的数, $S^+ + S^- = 16$. 在零假设和独立同分布的随机抽样的条件下, 每一个样本等可能地出现在 37 的左与右, 这也就是说, $S^+ \sim b(n, 0.5)$. 从有利于接受备择假设的角度出发, S^+ 过大或过小, 都表示 37 不能作为总体的中心, 这个思路就是符号检验的基本原理.

下面给出规范的符号检验推断过程.

假设总体 $\mathcal{F}(M)$, M_e 是总体的中位数, 对于假设检验问题:

$$H_0 : M_e = M_0 \leftrightarrow H_1 : M_e \neq M_0,$$

其中, M_0 是待检验的中位数值. 假设 $X_1, X_2, \cdots, X_n$ 是从总体 $\mathcal{F}(M)$ 中产生的简单随机样本, 定义: $Y_i = I\{X_i > M_0\}, Z_i = I\{X_i < M_0\}$,

$$S^+ = \sum_{i=1}^n Y_i, \quad S^- = \sum_{i=1}^n Z_i.$$

$S^+ + S^- = n', n' \leqslant n$, 令 $K = \min\{S^+, S^-\}$. 在零假设之下, 假设检验问题 (2.1) 等价于另一个结构问题: $Y \sim b(1, p), p = P(X > M_0)$,

$$H_0 : p = 0.5 \leftrightarrow H_1 : p \neq 0.5.$$

此时, $K < k$ 可以按照抽样分布 $b(n', 0.5)$ 求解得到, 在显著性水平为 α 下的检验的拒绝域为

$$2 \times P_{\text{binom}}(K \leqslant k | n', p = 0.5) \leqslant \alpha.$$

其中, k 是满足上式最大的 k. 也可以通过计算统计量 K 的 p 值作决策: 如果统计量 K 的值是 k, p 值 $= 2 \times \{P_{\text{binom}}(K \leqslant k|n', p = 0.5)\}$, 当 $\alpha > p$ 时, 拒绝零假设.

例 2.2 (例 2.1 续解) 计算 $k = 3, 2 \times P(K \leqslant k|n = 16, p = 0.5) = 2 \times \sum_{i=0}^{k} \binom{16}{i} \left(\frac{1}{2}\right)^{16} = 0.0213$. 于是, 在显著性水平 0.05 之下, 拒绝零假设, 认为这些数据的中心位置与 3700 元/m² 存在显著性差异.

符号检验的 R 程序及输出结果如下所示:

```
> binom.test(sum(build.price>37),length(build.price),0.5)

    Exact binomial test

data:  sum(build.price > 37) and length(build.price)
number of successes = 3, number of trials = 16, p-value = 0.02127
alternative hypothesis: true probability of success is not equal to 0.5
95 percent confidence interval:
 0.04047373 0.45645655
sample estimates:
probability of success
                0.1875
```

结果的讨论

我们注意到, 在同样的显著性水平之下, t 检验和符号检验得到了看似相反的结论, 到底哪一种结果是对的呢? 在回答这个问题之前, 首先应该明确的是, 仅从两个检验过程的结论来比较两种方法并不恰当, 原因是两种方法采取的假设陈述本身就不一样, 一个将 37 作为均值考虑, 而另一个则将 37 作为中位数考虑, 这表示我们对问题的理解角度是不同的. 不同的理解完全有可能导致不同的结论.

然而综合推断的过程来做一个评价还是可能的. 在 t 检验中, 结论是不能拒绝零假设, 它并不表示接受零假设, 它仅仅说明要拒绝零假设还需要收集更多的证据. 要做出接受的决策, 还需要计算决策的势, 也就是不犯第 II 类错误的概率. 但就本例而言, 由于符号检验在仅假定数据常规连续的分布情况下, 就得到了拒绝的结论, 这一决策的风险至少在 0.05 以下, 说明已收集到的数据对于下可靠性的结论信息是充分的. t 检验是在假设了正态的总体的前提下得到不可靠的结果, 信息不充分是可能的原因, 但也可能是其他原因, 比如分布假定不适当. 由于符号检验说明了信息的充分性, 于是分布假定不适当才是 t 检验没有成功的原因. 于是我们有理由认为 t 检验在这里是不合适的. 也就是说, 正是由于假设的错误, 导致了本应该充分的证据表现出了不充分的可能性, 也正因为如此才导致两种检验的结果不一致. 符号检验的结果较 t 检验的结果更可信.

类似地, 给出单边假设检验问题的结果, 如表 2.2 所示.

表 2.2　单边假设检验问题的结果

$H_0: M_e \leqslant M_0 \leftrightarrow H_1: M_e > M_0$	$P_{\text{binom}}(S^- < k\|n', p=0.5) \leqslant \alpha$ 其中 k 是满足上式最大的 k
$H_0: M_e \geqslant M_0 \leftrightarrow H_1: M_e < M_0$	$P_{\text{binom}}(S^+ < k\|n', p=0.5) \leqslant \alpha$ 其中 k 是满足上式最大的 k

也就是说, 当大部分数据都在 M_0 的右边, 此时 S^+ 较大, S^- 较小, 则认为数据的中心位置大于 M_0; 反之, 当大部分数据都在 M_0 的左边, 此时 S^- 较大, S^+ 较小, 则认为数据的中心位置小于 M_0.

2.1.2　大样本计算

当样本量较大时, 可以使用二项分布的正态近似进行检验, 也就是说, 当 $S^+ \sim b\left(n', \dfrac{1}{2}\right)$ 时, $S^+ \dot\sim N\left(\dfrac{n'}{2}, \dfrac{n'}{4}\right)$, 定义

$$Z = \dfrac{S^+ - \dfrac{n'}{2}}{\sqrt{\dfrac{n'}{4}}} \xrightarrow{\mathcal{L}} N(0,1), \quad n \to +\infty. \tag{2.2}$$

当 n' 不够大时, 可以用 Z 的正态性修正, 如下式:

$$Z = \dfrac{S^+ - \dfrac{n'}{2} + C}{\sqrt{\dfrac{n'}{4}}} \xrightarrow{\mathcal{L}} N(0,1). \tag{2.3}$$

一般, 当 $S^+ < \dfrac{n'}{2}$ 时, $C = -\dfrac{1}{2}$; 当 $S^+ > \dfrac{n'}{2}$ 时, $C = \dfrac{1}{2}$. 相应的 p 值为 $2P_{N(0,1)}(Z < z)$. 同理, 可以得到单侧检验的结论如下.

左侧检验: $H_0: M_e \leqslant M_0 \leftrightarrow H_1: M_e > M_0$, p 值为 $P_{N(0,1)}(Z > z)$;

右侧检验: $H_0: M_e \geqslant M_0 \leftrightarrow H_1: M_e < M_0$, p 值为 $P_{N(0,1)}(Z < z)$.

正态性修正的讨论

对离散分布应用正态性修正是非参数统计推断中较为普遍的做法. 我们知道, 正态分布是独立随机变量和形式的随机变量抽样分布的近似分布, 然而不同抽样分布渐近性的收敛速度却可能很不同, 有的分布在样本量较小的时候, 近似效果就不错, 而有的分布则在样本量很大的时候, 近似效果还不够理想. 为了克服连续分布

对离散分布估计时在样本量不大时可能出现的估计偏差,在对离散分布左右两侧点的概率分布值进行计算时,不直接采用正态分布值估计,而是通过对分布位置平移做出一定的修正.

正态性修正的具体定义为:假设 X 服从离散分布,X 所有的可能取值为 $\{0,1,2,\cdots,n\}$,如果 X 近似的正态分布为 $N(\mu,\sigma^2)$,当待估计的点 $X=k>n/2$ 时,k 处的概率分布函数 $P(X\leqslant k)$ 用正态分布 $N(\mu-C,\sigma^2)$ 在 k 处的分布函数估计,$C=1/2$,这相当于用位置参数向右平移 1/2 单位的分布来估计 k 的概率分布;同理,当待估计的点 $X=k<n/2$ 时,k 处的概率分布函数 $P(X\leqslant k)$ 用正态分布 $N(\mu-C,\sigma^2)$ 在 k 处的分布函数估计,$C=-1/2$,这相当于用位置参数向左平移 1/2 单位的分布来估计 k 的概率分布. 如表 2.3 所示为当 $n=30$ 时,二项分布、正态分布和正态性正负修正的左右两端代表点上的分布函数差异比较.

表 2.3 二项分布 $B(30,0.5)$、正态分布和修正之间的分布函数 $P(X\leqslant k)$ 比较

分布＼k	0	1	2	21	22	23
$B(30,0.5)$	9.31e−10	2.89e−08	4.34e−07	9.79e−01	9.92e−01	9.98e−01
$N(15,7.5)$	2.16e−08	1.59e−07	1.03e−06	9.66e−01	9.86e−01	9.95e−01
$N(15-1/2,7.5)$	—	—	—	9.78e−01	9.91e−01	9.97e−01
$N(15+1/2,7.5)$	7.58e−09	5.96e−08	4.12e−07	—	—	—

由表 2.3 可以看出,对较大点处的分布函数做正态分布正修正结果 $\left(C=\dfrac{1}{2}\right)$ 与二项分布精确分布比较接近,对较小点处的分布函数做正态分布负修正结果 $\left(C=-\dfrac{1}{2}\right)$ 与二项分布精确分布比较接近.

例 2.3 设某化妆品厂商有 A 和 B 两个品牌,为了解客户对 A 品牌和 B 品牌化妆品在使用上的差异,将 A 品牌和 B 品牌化妆品同时交给 45 位客户使用,一个月以后得到以下数据.

喜欢 A 品牌的客户人数: 22 人

喜欢 B 品牌的客户人数: 18 人

不能区分的人数: 5 人

分析在显著性水平 $\alpha=0.10$ 下,是否能够认为两种品牌在市场上的被喜爱程度存在差异?

解 假设检验问题:

$H_0:P(\mathrm{A})=P(\mathrm{B})$,喜欢 A 品牌的客户和喜欢 B 品牌的客户比例相等,

$H_1:P(\mathrm{A})\neq P(\mathrm{B})$,喜欢 A 品牌的客户和喜欢 B 品牌的客户比例不等.

分析 这是定性数据的假设检验问题,可以应用符号检验,喜欢 A 品牌的人数

设为 S^+, $S^+ = 22$; 喜欢 B 品牌的人数设为 S^-, $S^- = 18$, $S^+ + S^- = n' = 40$, $\dfrac{n'}{2} = 20$, 由于 $S^+ > 20$, 所以取正修正, 应用公式 (2.3) 有

$$Z = \frac{22 - 20 + \dfrac{1}{2}}{\sqrt{\dfrac{40}{4}}} = 0.7906 < Z_{0.05} = 1.96.$$

结论 证据不足不能拒绝零假设, 没有证据显示客户在品牌 A 和品牌 B 上存在显著性差异的倾向性.

在实际中, A 品牌和 B 品牌固然存在差异, 然而有些差异是因为随机抽样而产生的, 并非本质差异产生的. 随机性是客观存在而无法避免的, 检验中表现出统计显著的差异则是本质的差异. 应注意在本例的结论部分, 我们并没有轻率地选择接受零假设, 而是较为谨慎地选择了没有证据拒绝零假设的字样来描述结论, 这样做的目的是提醒假设检验的使用者注意接受零假设可能犯第 II 类错误的潜在风险.

2.1.3 符号检验在配对样本比较中的应用

在对两总体进行比较的时候, 配对样本是经常遇到的情况, 比如: 生物的雌雄, 人体疾病的有无, 前后两次试验的结果, 意见的赞成或反对等. 这时, 设配对观测值为 $(x_1, y_1), (x_2, y_2), \cdots, (x_n, y_n)$. n 对样本数据中, 若 $x_i < y_i$, 则记为 "+"; 若 $x_i > y_i$, 则记为 "−"; 若 $x_i = y_i$, 则记为 0. 于是数据可能被分成三类 (+,−,0). 我们只比较 "+" 和 "−" 的个数, 记 "+" 和 "−" 的个数和为 n', $n' \leqslant n$. 问题是比较两类数据的比例是否相等. 假设 P_+ 为 "+" 的比例, P_- 为 "−" 的比例, 则可以有假设检验:

$$H_0 : P_+ = P_-, \qquad H_1 : P_+ \neq P_-.$$

这类问题由于只涉及符号的问题, 自然可以用符号检验来分析. 看下面的例题.

例 2.4 表 2.4 所示为某种商品在 12 家超市促销活动前后的销售额比较数据, 用符号检验分析促销活动的效果如何.

解 假设检验问题:

$$H_0 : P(促销前) = P(促销后),$$

$$H_1 : P(促销前) \neq P(促销后).$$

分析 这是定性数据的假设检验问题, 可以应用符号检验. 促销前的销售额大于促销后的销售额的样本个数为 S^+, $S^+ = 4$; 促销前的销售额小于促销后的销售额的样本个数为 S^-, $S^- = 6$; $S^+ + S^- = n' = 10$, $\dfrac{n'}{2} = 5$. 应用公式 (2.3), 有

$$Z = \frac{4-5-\frac{1}{2}}{\sqrt{\frac{10}{4}}} = -0.9487 > -Z_{0.05} = -1.96.$$

结论 证据不足不能拒绝零假设,没有充分证据显示促销前的销售额与促销后的销售额不等.

表 2.4 促销活动前后销售额的比较表

连锁店 销售额	促销前销售额/$	促销后销售额/$	符号
1	42	40	+
2	57	60	−
3	38	38	0
4	49	47	+
5	63	65	−
6	36	39	−
7	48	49	−
8	58	50	+
9	47	47	0
10	51	52	−
11	83	72	+
12	27	33	−

2.1.4 分位数检验 ——符号检验的推广

以上我们主要介绍了中位数的符号检验,实际上以上方法完全可以扩展到单一总体 p 分位数的检验. 如果总体的形状没有更进一步的假定,那么关于中位数的符号检验是水平为 α 的一致最优势检验.

假设总体 $\mathcal{F}(M_p)$,M_p 是总体的 p 分位数,对于假设检验问题:

$$H_0: M_p = M_{p_0} \leftrightarrow H_1: M_p \neq M_{p_0},$$

M_{p_0} 是待检验的 p_0 分位数. 上述检验问题等价于

$$H_0: p = p_0 \leftrightarrow H_1: p \neq p_0.$$

类似于中位数检验,定义:$Y_i = I\{X_i > M_{p_0}\}, Z_i = I\{X_i < M_{p_0}\}$,我们注意到在零假设之下,$Z_i \sim B(1, p_0)$,

$$S^+ = \sum_{i=1}^{n} Y_i, \quad S^- = \sum_{i=1}^{n} Z_i.$$

注意到 S^+ 是数据落在 M_{p_0} 右边的数据量, S^- 是数据落在 M_{p_0} 左边的数据量. 假设有效数据量 $n' = S^+ + S^-$, 零假设下 $S^- \sim b(n', p_0)$, $S^+ \sim b(n', 1-p_0)$, 注意到此时二项分布不再是对称分布, 所以得到假设检验问题的结果如表 2.5 所示.

表 2.5　分位数符号检验问题结果

$H_0: M_p = M_{p_0} \leftrightarrow H_1: M_p \neq M_{p_0}$	拒绝域 $\{S^- < k_1\}$ 或 $\{S^+ < k_2\}$
	$2 \times P_{\text{binom}}(S^- < k_1 \vert n', p = p_0) \leqslant \alpha$
	其中 k_1 是满足上式最大的 k_1
	$2 \times P_{\text{binom}}(S^- > k_2 \vert n', p = p_0) \leqslant \alpha$
	其中 k_2 是满足上式最小的 k_2
$H_0: M_p \leqslant M_{p_0} \leftrightarrow H_1: M_p > M_{p_0}$	$P_{\text{binom}}(S^- < k \vert n', p = p_0) \leqslant \alpha$
	其中 k 是满足上式最大的 k
$H_0: M_p \geqslant M_{p_0} \leftrightarrow H_1: M_p < M_{p_0}$	$P_{\text{binom}}(S^+ < k \vert n', p = 1 - p_0) \leqslant \alpha$
	其中 k 是满足上式最大的 k

例 2.5　表 2.6 是 28 位学生某门课程的成绩数据, 问 80 分是否可以作为学生成绩的 3/4 分位数? 显著性水平为 $\alpha = 0.01$.

表 2.6　学生成绩

95	89	68	90	88	60	81	67	60	60	60	63	60	92
60	88	88	87	60	73	60	97	91	60	83	87	81	90

解　假设检验问题是：

$$H_0: M_{0.75} = 80 \leftrightarrow H_1: M_{0.75} \neq 80.$$

$S^+ = 15, S^- = 13$, 计算 $2 \times P_{\text{binom}(28, 0.75)}(S^- \leqslant 13) = 0.0022 < \alpha = 0.01$, 因而拒绝零假设, 认为 3/4 分位数不是 80.

2.2　Cox-Staut 趋势存在性检验

在客观世界中会遇到各种各样随时间变动的数据序列, 人们通常关心这些数据随时间变化的规律, 其中趋势分析是几乎都会分析的内容. 在趋势分析中, 人们首先关心的是趋势是否存在, 比如, 收入是否下降了? 农产品的产量或某地区历年的降雨量是否随着时间增加了? 如果趋势存在, 则根据实际需要应用更精细的模型刻画或度量趋势. 然而随着统计软件的日益盛行, 很多实际应用者习惯将存在性问题和确定性问题一起由计算机回答, 比如, 回归分析就是最常用的趋势分析工具. 通常的做法是用线性回归拟合直线, 然后再通过检验验证线性假设的合理性, 如果检验通过, 则表示回归模型是合适的, 线性趋势是存在的. 如果模型没有通过检验, 那么趋势是否存在呢? 也就是说, 当线性趋势没有得到肯定时, 是否也应该否定其他可能的趋势的存在性呢? 显然, 答案是否定的. 因为存在性是一个一般性的问题, 而结构化的模型终归是所有可能趋势中的一种, 用特殊的形式回答一般性的问题, 显然存在不可回答的风险. 也就是说, 当线性趋势被否定, 也许有结构假定不恰当等多种原因, 并不能一概否定其他趋势的存在. 我们显然也无法通过穷尽所有可能的结构来回答存在性问题. 而另一方面, 即便模型通过了检验, 也只能说在模型的假设之下, 数据的趋势是存在的.

Cox 与 Staut 在研究数列趋势问题的时候, 注意到了这一点. 他们于 1955 年提出了一种不依赖于趋势结构的快速判断趋势是否存在的方法, 这一方法称为 Cox-Staut 趋势存在性检验, 它的理论基础正是 2.1 节的符号检验.

放弃结构方法解决数据趋势的方法是直接考虑趋势的特点. 如果数据有上升的趋势, 那么排在后面的数的取值比排在前面的数显著地大; 反之, 如果数据有下降的趋势, 那么排在后面的数的取值比排在前面的数显著地小. 换句话讲, 我们可能生成一些数对, 每一个数对是从前后两个不同时期中各选出一个数构成的, 这些数对可以反映前后数据的变化. 为保证数对同分布, 前后两个数的间隔应固定, 这就意味着将数据一分为二, 自然形成前后数对; 为保证数对不受局部干扰, 前后两个数的间隔应较大, 然而也不能过大, 否则数对的数量过少. 在这些限制之下, Cox-Staut 提出最优的拆分点是数列中位于中间位置的数.

下面我们以双边检验为例具体介绍这一检验. 假设检验问题:

$$H_0: 数据序列无趋势 \leftrightarrow H_1: 数据序列有增长或下降趋势.$$

假设数据序列 $x_1, x_2, \cdots, x_n$ 独立, 在零假设之下, 同分布为 $F(x)$, 令

$$c = \begin{cases} n/2, & 如果 n 是偶数, \\ (n+1)/2, & 如果 n 是奇数. \end{cases}$$

取 x_i 和 x_{i+c} 组成数对 (x_i, x_{i+c}). 当 n 为偶数时, 共有 c 对, 当 n 为奇数时, 共有 $c-1$ 对. 计算每一数对前后两值之差: $D_i = x_i - x_{i+c}$. 用 D_i 的符号度量增减. 令 S^+ 为正 D_i 的数目, 令 S^- 为负 D_i 的数目, $S^+ + S^- = n', n' \leqslant n$. 令 $K = \min\{S^+, S^-\}$, 显然当正号太多或负号太多, 即 K 过小的时候, 有趋势存在.

在没有趋势的零假设下, K 服从二项分布 $b(n', 0.5)$, 该检验在某种意义上是符号检验的应用的拓展.

对于单边检验问题:

$$H_0: 数据序列有下降趋势 \leftrightarrow H_1: 数据序列有上升趋势,$$
$$H_0: 数据序列有上升趋势 \leftrightarrow H_1: 数据序列有下降趋势.$$

结果是类似的, S^+ 很大时 (或 S^- 很小时), 有下降趋势; 反之, S^+ 很小时 (或 S^- 很大时), 有上升趋势.

和符号检验几乎类似, Cox-Staut 趋势检验过程总结于表 2.7.

表 2.7 Cox-Staut 趋势检验

零假设: H_0	备择假设: H_1	检验统计量 (K)	p 值
H_0: 无上升趋势	H_1: 有上升趋势	$S^+ = \sum \text{sign}(D_i)$	$P(S^+ \leqslant k)$
H_0: 无下降趋势	H_1: 有下降趋势	$S^- = \sum \text{sign}(-D_i)$	$P(S^- \leqslant k)$
H_0: 无趋势	H_1: 有上升或下降趋势	$\min\{S^-, S^+\}$	$2P(K \leqslant k)$

小样本时, 用近似正态统计量 $Z = (K \pm 0.5 - n'/2)/\sqrt{n'/4}$
(在 ± 处, $K < n'/2$ 时取减号, $K > n'/2$ 时取加号)
大样本时, 用近似正态统计量 $Z = (K - n'/2)/\sqrt{n'/4}$
对水平 α, 如果 p 值 $< \alpha$, 拒绝 H_0; 否则不能拒绝

例 2.6 某地区 32 年来的降雨量如表 2.8 所示:

表 2.8 某地区 20 年来降雨量数据表

年份	1971	1972	1973	1974	1975	1976	1977	1978
降雨量/mm	206	223	235	264	229	217	188	204
年份	1979	1980	1981	1982	1983	1984	1985	1986
降雨量/mm	182	230	223	227	242	238	207	208
年份	1987	1988	1989	1990	1991	1992	1993	1994
降雨量/mm	216	233	233	274	234	227	221	214
年份	1995	1996	1997	1998	1999	2000	2001	2002
降雨量/mm	226	228	235	237	243	240	231	210

问: (1) 该地区前 10 年降雨量是否有变化?
(2) 该地区 32 年来降雨量是否有变化?

解 (1) 假设检验问题:

H_0: 该地区前 10 年降雨量无上升趋势,

H_1: 该地区前 10 年降雨量有上升趋势.

分析: 令 $C = n/2 = 10/2 = 5$, 前后观测值为

(x_1, x_6)	(x_2, x_7)	(x_3, x_8)	(x_4, x_9)	(x_5, x_{10})
(206,217)	(223,188)	(235,204)	(264,182)	(229,230)
−	+	+	+	−

本例中, 这 5 个数据对的符号为 2 负 3 正, 取 $K = \min\{S^+, S^-\}$, p 值为 $P(K < k) = P(K \leqslant 2) = \dfrac{1}{2^{n'}} \sum_{i=0}^{k} \binom{n'}{i} = \dfrac{1}{2^5}(1 + 5 + 10) = 0.5 > \alpha = 0.05$, 于是表明该地区前 10 年的降雨量没有趋势. 这里的数据量太少, 一般来说要拒绝零假设是很困难的, 没有拒绝零假设, 也很难说问题出在什么地方.

(2) 这里的数据对增加到 16 个, 如表 2.9 所示.

表 2.9　降雨量数据的 Cox-Staut 分析

206	223	235	264	229	217	188	204
216	233	233	274	234	227	221	214
−	−	+	−	−	−	−	−
182	230	223	227	242	238	207	208
226	228	235	237	243	240	231	210
−	+	−	−	−	−	−	−

这 16 个数据对的符号为 2 正 14 负. 取 $K = \min\{S^+, S^-\}$, p 值为 $P(K < k) = P(K \leqslant 2) = \dfrac{1}{2^{n'}} \sum_{i=0}^{k} \binom{n'}{i} = 0.002 < \alpha$, 对 $\alpha < 0.05$, 可以拒绝零假设, 这表明该地区前 32 年的降雨量有明显的上升趋势. 为比较结果, 我们直接做线性回归模型, R 程序如下:

```
data(rain); year=seq(1971,2002); anova(lm(rain~(year)))    #anova function
    Analysis of Variance Table
Response: rain
          Df  Sum Sq  Mean Sq  F value  Pr(>F)
year       1   535.4    535.4   1.5792  0.2186 Residuals 30 10170.1 339.0
```

结果表明数据的线性趋势并不显著, 数据的趋势图如图 2.1 所示.

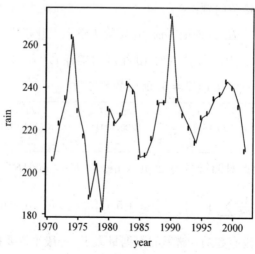

图 2.1　32 年降雨量的变化趋势图

2.3 随机游程检验

在实际中,经常需要考虑一个序列中的数据出现是否与顺序无关,因为这关系到数据是否独立. 在参数统计中,研究这一问题是相当困难的,要证明数据独立同分布则更难. 但是从非参数的角度来看,如果数据有上升或下降的趋势,或有呈周期性变化的规律等特征时,均可能表示数据与顺序是有关的,或者说序列不是随机出现的. 比如,进出口的逆差和顺差是否随时间呈现某种规律,一个机械流程中产品的次品出现是否存在一定的规律等.

其中一个典型的序列是二元 0/1 序列出现顺序的随机性问题. 在一个二元序列中, 0 和 1 交替出现. 首先引入以下概念:在一个二元序列中,一个由 0 或 1 连续构成的串称为一个 **游程**,一个游程中数据的个数称为 **游程的长度**. 一个序列中 **游程个数** 用 R 表示, R 表示 0 和 1 交替轮换的频繁程度. 容易看出, R 是序列中 0 和 1 交替轮换的总次数加 1.

例 2.7 在下面的 0/1 序列中,总共有 20 个数, 0 的总个数为 $n_0 = 10$, 1 的总个数为 $n_1 = 10$. 共有 4 个 0 游程, 4 个 1 游程,一共 8 个游程 ($R = 8$).

$$1\,0\,0\,0\,0\,1\,1\,1\,0\,1\,1\,0\,0\,0\,0\,1\,1\,1\,1\,0$$

如果 0/1 序列中 0 和 1 出现的顺序规律性不强,随机性强,则 0 和 1 出现不会太集中,也不会太分散. 换句话说,可以通过 0 和 1 出现的集中程度度量序列随机性的大小. 我们注意到,如果不考虑序列的长度和序列中 0/1 的个数,孤立地谈随机性意义不大. 一个序列的顺序随机性是相对的,当固定了 0 的个数和 1 的个数时才有意义. 在固定序列长度 n, n_1 时, n_1 表示序列中 1 的个数,如果游程个数过少,则说明 0 和 1 相对比较集中;如果游程个数过多,则说明 0 和 1 交替周期特征明显,这都不符合序列随机性的要求. 因而可能通过游程个数过多或过少来定义假设检验的拒绝域. 于是 Mood(1940) 提出关于这一问题的检验: $X_1, X_2, \cdots, X_n$ 是一列由 0 或 1 构成的序列,假设检验问题

$$H_0: \text{数据出现顺序随机} \leftrightarrow H_1: \text{数据出现顺序不随机},$$

R 为游程个数, $1 \leqslant R \leqslant n$. 在零假设成立的情况下, $X_i \sim b(1, p)$, p 是 1 出现的概率,由 n_1/n 确定, R 的分布与 p 有关. 假设有 n_0 个 0 和 n_1 个 1, $n_1 + n_0 = n$, 出现任何一种不同结构序列的可能性是 $1 \Big/ \binom{n}{n_1} = 1 \Big/ \binom{n}{n_0}$, 注意到 0 游程和 1 游

程之间最多差 1, 于是得到 R 的条件分布为

$$P(R = 2k) = \frac{2\binom{n_1-1}{k-1}\binom{n_0-1}{k-1}}{\binom{n}{n_1}},$$

$$P(R = 2k+1) = \frac{\binom{n_1-1}{k-1}\binom{n_0-1}{k} + \binom{n_1-1}{k}\binom{n_0-1}{k-1}}{\binom{n}{n_1}}.$$

建立了抽样分布, 根据分布公式就可以得出在 H_0(即随机性) 成立时 $P(R \geqslant r)$ 或 $P(R \leqslant r)$ 的值, 计算拒绝域进行检验. 这些值在 n_0 和 n_1 不大时可以计算或查表得出. 通常, 表中给出的是水平 $\alpha = 0.025, 0.05$ 及 n_0, n_1 时临界值 c_1 和 c_2 的值, 满足 $P(R \leqslant c_1) \leqslant \alpha$ 及 $P(R \geqslant c_2) \leqslant \alpha$.

当数据序列的量很大时, 即 $n \to \infty$ 时, 零假设下, 根据精确分布的性质可以得到

$$E(R) = \frac{2n_1 n_0}{n_1 + n_0} + 1,$$

$$\mathrm{var}(R) = \frac{2n_1 n_0 (2n_1 n_0 - n_0 - n_1)}{(n_1+n_0)^2 (n_1+n_0-1)} = \frac{(E(R)-1)(E(R)-2)}{n_1+n_0-1}.$$

当 $\dfrac{n_1}{n_0} \to \gamma$ 时, 则

$$E(R) = \frac{2n_1}{(1+\gamma)} + 1, \qquad \mathrm{var}(R) \approx 4\gamma n_1/(1+\gamma)^3,$$

于是

$$Z = \frac{R - E(R)}{\sqrt{\mathrm{var}(R)}} = \frac{R - 2n_1/(1+\gamma)}{\sqrt{4\gamma n_1/(1+\gamma)^3}} \xrightarrow{\mathcal{L}} N(0,1).$$

因此可以用正态分布表得到 p 值和检验结果. 这时, 在给定水平 α 后, 可以用近似公式得到拒绝域的临界值:

$$r_l = \frac{2n_1 n_0}{n_1 + n_0}\left[1 + \frac{Z_{\frac{\alpha}{2}}}{\sqrt{n_1+n_0}}\right], \qquad r_u = \frac{2n_1 n_0}{n_1 + n_0}\left[1 - \frac{Z_{\frac{\alpha}{2}}}{\sqrt{n_1+n_0}}\right].$$

例 2.8 某银行观察平时到银行柜台办理业务的人员的性别 (用 M 表示男性, 用 F 表示女性) 依次如下:

F M M M M F M M F M M M F M F M M M M F F F M M M

解 假设检验问题如下：

H_0：男女出现顺序随机 $\leftrightarrow$ H_1：男女出现顺序不随机.

统计分析：$n=26, n_1=18, n_0=8, \alpha=0.05$，由附表 3 查出 $r_l=7, r_u=17$, $R=12$.

结论 由于实际观测值为 $7<R=12<17$，因此不能拒绝零假设.

例 2.9 在试验设计中，经常要关心试验误差 (experiment error) 是否与序号无关. 假设有 A,B,C 三个葡萄品种，用完全试验设计需要重复测量 4 次，安排在 12 个试验田中栽种，共得到 12 组数据，每个试验田试验结果收成 (单位：kg) 如表 2.10 所示. 试问按试验田的序号，检查误差分布是否按序号随机？

表 2.10 12 个试验田试验收成表

(1) B	(2) C	(3) B	(4) B	(5) C	(6) A	(7) A	(8) C	(9) A	(10) B	(11) C	(12) A
23	24	18	23	19	11	6	22	14	22	27	15

解 假设检验：

H_0：试验误差分布随机 $\leftrightarrow$ H_1：试验误差分布不随机.

如式 (4.1) 所示，完全随机设计观测值

$$x_{ij} = \hat{\mu} + \hat{\mu}_i + \varepsilon_{ij} = \bar{x}_{..} + (\bar{x}_{i.} - \bar{x}_{..}) + (x_{ij} - \bar{x}_{i.}),$$
$$i = 1, 2, \cdots, k; j = 1, 2, \cdots, n.$$

试验误差为 $\varepsilon_{ij} = x_{ij} - \bar{x}_{i.}$，首先计算每个品种的均值 $\bar{A}=11.5, \bar{B}=21.5, \bar{C}=23$，各试验田实际收成与各自误差成分之间出现顺序为正和负的记录为

(1)	(2)	(3)	(4)	(5)	(6)	(7)	(8)	(9)	(10)	(11)	(12)
+	+	−	+	−	−	−	−	−	+	+	+

统计分析：现在 $n=12, n_1=7, n_0=5, \alpha=0.05$，由附表 3 查出 $r_l=3, r_u=11$.

结论 由于实际观测值为 $3<r=5<11$，因此不能拒绝零假设.

对于连续型数据，也关心数据是否随机出现，这时可以将连续的数据二元化，将连续数据的随机性问题转化成为二元数据的离散化问题，这是 Mood 于 1940 年给出的中位数检验法. 看下面的例子.

例 2.10 实习学生在实习期迟到的情况被门镜系统记录下来，N 表示正常，F 表示迟到，根据下面这些记录判断这名学生迟到是否随机.

1	2	3	4	5	6	7
NNN	F	NNNNNNN	F	NN	FF	NNNNN
8	9	10	11	12	13	
F	NNNN	F	NNNNN	FFFF	NNNNNNNNNNNN	

解 假设检验问题:

$$H_0: \text{学生迟到是随机的} \leftrightarrow H_1: \text{学生迟到不随机}.$$

本例中 $n_1 = 40, n_0 = 10, R = 13$, 根据超几何分布, 计算 R 在大样本下的近似正态分布均值和方差如下:

$$E_R = \frac{2n_1 n_0}{n_1 + n_0} + 1 = 17,$$

$$\mathrm{Sd}_R = \sqrt{\frac{2n_1 n_0 (2n_1 n_0 - n_0 - n_1)}{(n_1 + n_0)^2 (n_1 + n_0 - 1)}} = 2.213,$$

$$Z = \frac{R - E_R}{\mathrm{Sd}_R} = -1.81.$$

取 $\alpha = 0.05, -1.96 < Z = -1.81 < 1.96$, 于是可以认为这名学生迟到不违反随机性.

在 R 软件中, 我们也可以直接调用函数进行随机游程检验, 首先需要装载软件包 tseries, 程序如下:

```
library(tseries)
run1=c(1,1,1,0,rep(1,7),0,1,1,0,0,rep(1,6),0,rep(1,4)
+,0,rep(1,5),rep(0,4),rep(1,13))
y=factor(run1)
runs.test(y)
        Runs Test
data:  run1
Standard Normal = -1.8074, p-value = 0.0707
alternative hypothesis: two.sided
```

2.4 Wilcoxon 符号秩检验

2.4.1 基本概念

前面几节统计推断都只依赖数据的符号, 这样的方法可以适用于所有取值连续的分布. 本节主要讨论单峰对称分布, 研究单峰对称分布的位置具有普遍意义. 原因是, 很多不对称的单峰数据分布可能通过变换化为对称分布. 多峰分布通过混合分布整体表示后, 每一个分布也可以用单峰对称的分布表示. 就对称分布而言, 对称中心只有一个, 中位数却可能有很多. 下面的定理指出, 对称分布的对称中心是

总体的中位数之一. 毫无疑问, 对称中心是比中位数更重要的位置. 因此, 作为总体的对称中心, 有两点需要考虑:

(1) 由于对称中心是中位数, 因此在对称中心的两侧应大致有一半左右的数据量;

(2) 在对称中心的两侧, 数据的分布应相同.

这时, 仅考虑数据的符号就不够了, 作为刻画数据中心位置的对称中心, 要求数据在其两边分布的疏密情况是对称的. 不仅如此, 如果对称分布的中位数唯一, 则中位数就是对称中心, 中位数与期望是一致的. 因此, 就对称分布而言, 可以比较不同统计量的检验效率, 继而从理论上比较参数方法和非参数方法的效率.

首先, 给出对称分布的一些记号如下: 称连续分布 $F(x)$ 关于 θ 对称, 如果 $\forall x \in \mathbb{R}, F(\theta - x) = P(X < \theta - x) = P(X > \theta + x) = 1 - F(x + \theta)$, 此时称 θ 是分布的 **对称中心**.

定理 2.1 X 服从分布函数为 $F(\theta)$ 的分布, 且 $F(\theta)$ 关于 θ 对称, 总体的对称中心是总体的中位数之一.

证明 对于对称分布 X, $X - \theta$ 与 $\theta - X$ 关于零点对称, 而且有相同的分布:

$$\forall x, P(X - \theta < x) = P(\theta - X < x).$$

特别地, 取 $x = 0$, 则

$$P(X < \theta) = P(X > \theta) \Rightarrow P(X < \theta) \leqslant \frac{1}{2}.$$

以下证明 $P(X \leqslant \theta) \geqslant \frac{1}{2}$. 应用反证法, 如果 $P(X \leqslant \theta) < \frac{1}{2}$, 那么

$$P(X > \theta) = P(X < \theta) = 1 - P(X \leqslant \theta) > \frac{1}{2}.$$

这与上面结论矛盾, 综合两者, 有

$$P(X < \theta) \leqslant \frac{1}{2} \leqslant P(X \leqslant \theta).$$

即 θ 是 X 的一个中位数.

先看一个例子, 对数据

$$-0.27 \quad -0.03 \quad -0.56 \quad -0.14 \quad 0.15 \quad 30 \quad 80 \quad 100$$

来说, 0 是这组数据的中位数, 有相等数量的正号和负号; 如果只看秩, 而不看数据的取值, 直觉上是一个以 0 为中心的样本. 但实际上, 取负值的数据相对比较密, 取正值的数据相对比较稀疏, 这不满足对称性要求对称中心两边的分布相同的特点.

为什么符号的做法失败了？问题出在没有考虑数据绝对值的大小上. Wilcoxon 符号秩统计量的思想是，首先把样本的绝对值 $|X_1|, |X_2|, \cdots, |X_n|$ 排序. 其顺序统计量为 $|X|_{(1)}, |X|_{(2)}, \cdots, |X|_{(n)}$. 如果数据关于零点对称，对称中心两侧数据的疏密情况应该大致相同. 这表现为，当数据取绝对值以后，原来取正值的数据和取负值的数据交错出现，取正值数据在绝对值样本中的秩和与取负值数据在绝对值样本中的秩和应近似相等.

具体而言，用 R_j^+ 表示 $|X_j|$ 在绝对值样本中的秩，即 $|X_j| = |X|_{(R_j^+)}$. 如果用 $S(x)$ 表示示性函数 $I(x>0)$, 它在 $x>0$ 时为 1，否则为 0. 为方便起见，我们引入**反秩**(antirank) 的概念. 反秩 D_j 是由 $|X_{D_j}| = |X|_{(j)}$ 定义的. 我们还用 W_j 表示与 $|X|_{(j)}$ 相应的原样本点的示性函数，即 $W_j = S(X_{D_j})$, 且称 $R_j^+ S(X_j)$ 为符号秩统计量. Wilcoxon **符号秩统计量** 定义为

$$W^+ = \sum_{j=1}^n jW_j = \sum_{j=1}^n R_j^+ S(X_j).$$

它是正的样本点按绝对值所得秩的和. 为说明这些概念，看如下例子.

例 2.11 如样本值为 $9, 13, -7, 10, -18, 4$, 则相应的统计量值为

X_1	X_2	X_3	X_4	X_5	X_6
9	13	-7	10	-18	4
$|X|_{(3)}$	$|X|_{(5)}$	$|X|_{(2)}$	$|X|_{(4)}$	$|X|_{(6)}$	$|X|_{(1)}$
$R_1^+ = 3$	$R_2^+ = 5$	$R_3^+ = 2$	$R_4^+ = 4$	$R_5^+ = 6$	$R_6^+ = 1$
$W_3 = 1$	$W_5 = 1$	$W_2 = 0$	$W_4 = 1$	$W_6 = 0$	$W_1 = 1$
$D_3 = 1$	$D_5 = 2$	$D_2 = 3$	$D_4 = 4$	$D_6 = 5$	$D_1 = 6$

显然 $W^+ = 3 + 5 + 4 + 1 = 13$.

设 $F(x-\theta)$ 对称，零假设为 $H_0: \theta = 0$, 有下面 3 个定理.

定理 2.2 如果零假设 $H_0: \theta = 0$ 成立，则 $S(X_1), S(X_2), \cdots, S(X_n)$ 独立于 $(R_1^+, R_2^+, \cdots, R_n^+)$.

证明 事实上，因为 $(R_1^+, R_2^+, \cdots, R_n^+)$ 是 $|X_1|, |X_2|, \cdots, |X_n|$ 的函数，而出自随机样本的 $(S(X_i), |X_j|), i, j = 1, 2, \cdots, n, j \neq i$ 是互相独立的数据对，因此我们只要证明 $S(X_i)$ 和 $|X_i|$ 是互相独立的即可，事实上，

$$P(S(X_i) = 1, |X_i| \leqslant x) = P(0 < X_i \leqslant x) = F(x) - F(0) = F(x) - \frac{1}{2}$$
$$= \frac{2F(x)-1}{2} = P(S(X_i) = 1) P(|X_i| \leqslant x).$$

下面的定理 2.3 和定理 2.4 平行，读者可自己验证.

定理 2.3 如果零假设 $H_0: \theta = 0$ 成立，则 $S(X_1), S(X_2), \cdots, S(X_n)$ 独立于 $(D_1, D_2, \cdots, D_n)$.

定理 2.4 如果零假设 $H_0: \theta = 0$ 成立, 则 $W_1, W_2, \cdots, W_n$ 是独立同分布的, 其分布为 $P(W_i = 0) = P(W_i = 1) = \dfrac{1}{2}$.

证明 令 $\boldsymbol{D} = (D_1, D_2, \cdots, D_n), \boldsymbol{d} = (d_1, d_2, \cdots, d_n)$,

$$\begin{aligned}
& P(W_1 = w_1, W_2 = w_2, \cdots, W_n = w_n) \\
& = \sum_d P(S(X_{D_1}) = w_1, S(X_{D_2}) = w_2, \cdots, S(X_{D_n}) = w_n | \boldsymbol{D} = \boldsymbol{d}) P(\boldsymbol{D} = \boldsymbol{d}) \\
& = \sum_d P(S(X_{d_1}) = w_1, S(X_{d_2}) = w_2, \cdots, S(X_{d_n}) = w_n) P(\boldsymbol{D} = \boldsymbol{d}) \\
& = \left(\frac{1}{2}\right)^n \sum_d P(\boldsymbol{D} = \boldsymbol{d}) = \left(\frac{1}{2}\right)^n.
\end{aligned}$$

因此有 $P(W_1, W_2, \cdots, W_n) = \prod\limits_{i=1}^{n} P(W_i = w_i)$ 及 $P(W_i = w_i) = \dfrac{1}{2}$.

2.4.2 Wilcoxon 符号秩检验和抽样分布

1. Wilcoxon 符号秩检验过程

假设样本点 $X_1, X_2, \cdots, X_n$ 来自连续对称总体分布 (符号检验不需要这个假设). 在这个假定下总体中位数等于均值. 它的检验目的和符号检验是一样的, 即要检验双边问题 $H_0: M = M_0$ 或检验单边问题 $H_0: M \leqslant M_0$ 及 $H_0: M \geqslant M_0$, Wilcoxon 符号秩检验的步骤如下.

(1) 对 $i = 1, 2, \cdots, n$, 计算 $|X_i - M_0|$; 它们表示这些样本点到 M_0 的距离.

(2) 将上面 n 个绝对值排序, 并找出它们的 n 个秩; 如果有相同的样本点, 每个点取平均秩.

(3) 令 W^+ 等于 $X_i - M_0 > 0$ 的 $|X_i - M_0|$ 的秩的和, 而 W^- 等于 $X_i - M_0 < 0$ 的 $|X_i - M_0|$ 的秩的和. 注意: $W^+ + W^- = n(n+1)/2$.

(4) 对双边检验 $H_0: M = M_0 \leftrightarrow H_1: M \neq M_0$, 在零假设下, W^+ 和 W^- 应差不多. 因而, 当其中之一很小时, 应怀疑零假设; 在此, 取检验统计量 $W = \min\{W^+, W^-\}$. 类似地, 对 $H_0: M \leqslant M_0 \leftrightarrow H_1: M > M_0$ 的单边检验取 $W = W^-$; 对 $H_0: M \geqslant M_0 \leftrightarrow H_1: M < M_0$ 的单边检验取 $W = W^+$.

(5) 根据得到的 W 值, 查 Wilcoxon 符号秩检验的分布表以得到在零假设下的 p 值. 如果 n 很大要用正态近似, 得到一个与 W 有关的正态随机变量 Z 的值, 再查表得到 p 值. 或直接在软件中计算得到 p 值.

(6) 如果 p 值小 (比如小于或等于给定的显著性水平 0.05), 则可以拒绝零假设. 实际上显著性水平 α 可取任何大于或等于 p 值的数. 如果 p 值较大, 则没有充分证据来拒绝零假设, 但不意味着接受零假设.

2. W^+ 在零假设下的精确分布

W^+ 在零假设下的分布并不复杂. 我们举一个例子说明如何在简单情况下获得分布. 当 $n=3$ 时, 绝对值的秩只有 1, 2 和 3, 但是却有 8 种可能的符号排列. 在零假设下, 每一个这种排列都是等概率的 (在这里, 其概率为 1/8). 表 2.11 列出了这些可能的情况以及在每种情况下 W^+ 的值. 可以看出, $W^+=3$ 出现了两次, 因而 $P_{H_0}(W^+=3)=2/8$, 其余 W^+ 为 0, 1, 2, 4, 5, 6 六个数中之一的概率为 1/8.

表 2.11 Wilcoxon 分布列计算表

秩	符号的 8 种组合							
1	−	+	−	−	+	+	−	+
2	−	−	+	−	+	−	+	+
3	−	−	−	+	−	+	+	+
W^+	0	1	2	3	3	4	5	6
概率	$\frac{1}{8}$	$\frac{1}{8}$	$\frac{1}{8}$	$\frac{1}{8}$	$\frac{1}{8}$	$\frac{1}{8}$	$\frac{1}{8}$	$\frac{1}{8}$

现在, 给出计算 W^+ 概率的一般方法. 首先, $\forall j$ 有

$$E(\exp(t_j W_j)) = \frac{1}{2}\exp(0) + \frac{1}{2}\exp(t_j) = \frac{1}{2}(1+\exp(t_j)).$$

计算样本量为 n 时, W^+ 的母函数如下:

$$M_n(t) = E(\exp(tW^+)) = E(\exp(t\sum jW_j))$$
$$= \prod_j E(\exp(tjW_j)) = \frac{1}{2^n}\prod_{j=1}^n (1+e^{tj}).$$

母函数有展开式

$$M(t) = a_0 + a_1 e^t + a_2 e^{2t} + \cdots,$$

则 $P_{H_0}(W^+ = j) = a_j$. 利用指数相乘的性质, 当 $n=2$ 时, 列表如下:

0	1	2	3
1	1	1	1

第一行表示 $M_2(t)$ 的各个指数幂, 第二行是这些幂对应的系数 (忽略除数 2^2).

当 $n=3$ 时, 我们可以从上面的表中通过移位和累加得到指数幂的系数, 如下所示 (忽略除数 2^3):

0	1	2	3	4	5	6	
1	1	1	1				
			1	1	1	1	+
1	1	1	2	1	1	1	

上表中第一行是 $M_3(t)$ 的指数幂; 第二行是 $M_2(t)$ 的指数幂对应的系数; 第三行是第二行的系数右移三位, 是由第三个因子的第二项 (e^{3t}) 乘前面各项得到的, 因为是三次幂, 所以右移三位; 第四行是二、三两行的和. 由此得到 $P(W^+ = k)$. 类似可通过递推的方法得任意 n 时的 W^+ 的分布如下:

0	1	2	$\cdots$	$\dfrac{n(n+1)}{2}$
	$M_{n-1}(t)$ 的系数			
		(右移 $\to n$ 位)	$M_{n-1}(t)$ 的系数	+
		$M_n(t)$ 的系数		

下面的函数 dwilxonfun 用来计算 W^+ 分布密度函数, 即 $P(W^+ = x)$ 的一个 R 参考程序, 其中 N 是样本量.

```
dwilxonfun=function(N)
{
  a=c(1,1)# when n=1 frequency of W+=1 or 0
  n=1
  pp=NULL # distribute of all size from 2 to N
  aa=NULL # frequency of all size from 2 to N
  for (i in 2:N)
  {
    t=c(rep(0,i),a)
    a=c(a,rep(0,i))+t
    p=a/(2^i)     #density of wilcox distribut when size=N
  }
  p
}
N=19
# sample size of expected distribution of W+
dwilxonfun(N)
```

Wilcoxon 分布如图 2.2 所示.

3. 大样本 W^+ 分布

如同对符号检验讨论的那样, 如果样本量太大, 则可能得不到分布表, 这时可以使用正态近似. 根据 2.3 节的定理, 可以得到

$$E(W^+) = E\left(\sum jW_j\right) = \frac{1}{2}\sum_{j=1}^n j = \frac{1}{2}\frac{n(n+1)}{2} = \frac{1}{4}n(n+1),$$

$$\mathrm{var}(W^+) = \mathrm{var}\left(\sum jW_j\right) = \frac{1}{4}\sum_j^n j^2 = \frac{1}{24}n(n+1)(2n+1).$$

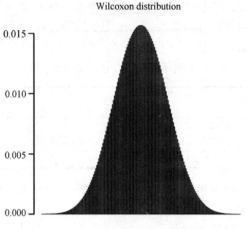

图 2.2 Wilcoxon 分布图

在零假设下由此可构造大样本渐近正态统计量，零假设下的近似计算如下：

$$Z = \frac{W^+ - n(n+1)/4}{\sqrt{n(n+1)(2n+1)/24}} \xrightarrow{\mathcal{L}} N(0,1).$$

计算出 Z 值后，可由正态分布表查出检验统计量对应的 p 值，如果 p 值过小，则拒绝零假设 $H_0 : \theta = M_0$。小样本情况下使用连续性修正，如下所示：

$$Z = \frac{W^+ - n(n+1)/4 \pm C}{\sqrt{n(n+1)(2n+1)/24}} \xrightarrow{\mathcal{L}} N(0,1).$$

当 $W^+ > n(n+1)/4$ 时，用正连续性修正，$C = 0.5$；当 $W^+ < n(n+1)/4$ 时，用负连续性修正，$C = -0.5$。

如果遇到数据有 g 个结，在小样本情况下可以用正态近似公式如下：

$$Z = \frac{W^+ - n(n+1)/4 \pm C}{\sqrt{n(n+1)(2n+1)/24 - \sum_{i=1}^{g}(\tau_i^3 - \tau_i)/48}} \xrightarrow{\mathcal{L}} N(0,1).$$

在大样本情况下，用正态近似公式如下：

$$Z = \frac{W^+ - n(n+1)/4}{\sqrt{n(n+1)(2n+1)/24 - \sum_{i=1}^{g}(\tau_i^3 - \tau_i)/48}} \xrightarrow{\mathcal{L}} N(0,1).$$

计算出 Z 值以后，查正态分布表对应的 p 值。如果 p 值很小，则拒绝零假设。

下面举例说明如何应用 Wilcoxon 符号秩和检验，并将它与符号检验的结果相比较，分析在解决同样位置参数检验问题时各自的特点。

例 2.12 为了解垃圾邮件对大型公司决策层的工作影响程度, 某网站收集了 19 家大型公司的 CEO 和他们邮箱里每天收到的垃圾邮件件数, 得到如下数据 (单位: 封):

310 350 370 377 389 400 415 425 440 295
325 296 250 340 298 365 375 360 385

从平均意义上来看, 垃圾邮件数量的中心位置是否超出 320 封?

解 首先, 我们先作数据的直方图, 如图 2.3 所示. 从直方图上, 没有明显的迹象表明数据的分布不是对称的, 因此采用 R 内置函数 wilcox.test 来进行假设检验:

$$H_0: \theta = M_0 \leftrightarrow \theta \neq M_0.$$

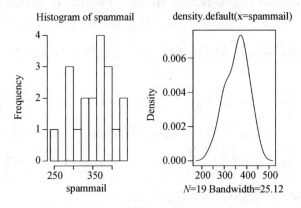

图 2.3 垃圾邮件的分布直方图和密度曲线

R 程序和输出如下:

```
wilcox.test(spammail-320)

    Wilcoxon signed rank test

data:  spammail - 320 V = 158, p-value = 0.009453 alternative hypothesis: true location is not equal to 0
```

为比较方便, 下面采用 binom.test 函数进行参数位置的检验, R 程序和输出如下:

```
> suc.num<-sum(spammail>320)
> n=length(spammail)
> binom.test(suc.num,n,0.5)
    Exact binomial test
data:  sum(spammail > 320) and 19 number of successes = 14, number of trials = 19, p-value = 0.06357 alternative hypothesis: true probability of success is not equal to 0.5 95 percent confidence
```

```
interval:
 0.4879707 0.9085342
sample estimates: probability of success
               0.7368421
```

其中, suc.num 用于计算数据中大于 320 的样本数. 从结果看, 虽然两个检验都拒绝了零假设, 但是 wilcox.test 输出的 p 值比 binom.test 小一些, 这表明在对称性的假定之下, Wilcoxon 符号秩检验采用了比符号检验更多的信息, 因而可能得到更可靠的结果. 值得注意的是, 这里假定了总体分布的对称性. 如果对称性不成立, 则还是符号检验的结果更为可靠.

4. 由 Wilcoxon 秩检验导出的 Hodges-Lemmann 估计量

定义 2.1 假设 $X_1, X_2, \cdots, X_n$ 为简单随机抽样, 计算任意两个数的平均, 将得到一组长度为 $\dfrac{n(n+1)}{2}$ 的新的数据. 这组数据称为 Walsh 平均值, 即

$$\left\{X'_u : X'_u = \frac{X_i + X_j}{2}, \ i \leqslant j, u = 1, 2, \cdots, \frac{n(n+1)}{2}\right\}.$$

定理 2.5 由前面定义的 Wilcoxon 符号秩统计量 W^+ 可以表示为

$$W^+ = \#\left\{\frac{X_i + X_j}{2} > 0, \ i \leqslant j, i, j = 1, 2, \cdots, n\right\}.$$

即 W^+ 是 Walsh 平均值中符号为正的个数.

证明 记 $X_{i_1}, X_{i_2}, \cdots, X_{i_p}$ 为 p 个正的样本点, 以原点为中心, 以 X_{i_1} 为半径画闭区间 $I_1 = [-X_{i_1}, X_{i_1}]$. X_{i_1} 绝对值的秩 $R_{i_1}^+$ 等于在 I_1 中的样本点的个数. 注意到: I_1 中样本点和 X_{i_1} 构成的平均值都大于 0. 将这个过程对每一个样本点重复一遍, 就得到了所有秩和, 这些秩和恰好为 Walsh 平均值大于 0 的个数.

如果中心位置不是 0, 而是 θ, 则如下定义统计量:

$$W^+(\theta) = \#\left\{\frac{X_i + X_j}{2} > \theta, i \leqslant j, i, j = 1, 2, \cdots, n\right\}.$$

用 $W^+(\theta)$ 作为检验 $H_0 : \theta = \theta_0 \leftrightarrow H_1 : \theta \neq \theta_0$ 的统计量, 则这个检验是无偏检验.

定义 2.2 假设 $X_1, X_2, \cdots, X_n$ 独立同分布取自 $F(x - \theta)$, 若 F 对称, 则定义 Walsh 平均值的中位数如下:

$$\hat{\theta} = \text{median}\left\{\frac{X_i + X_j}{2}, i \leqslant j, i, j = 1, 2, \cdots, n\right\},$$

并将其作为 θ 的 Hodges-Lehmann 点估计量.

例 2.13 一个食物研究所在检测某种香肠的肉含量时, 随机测出如下数据 (%):

| 62 | 70 | 74 | 75 | 77 | 80 | 83 | 85 | 88 |

解 假定分布是对称的，Walsh 平均的数据量记为 NW，$NW = \dfrac{n(n+1)}{2} = 45$，可以用下面的 R 程序计算中心位置的点估计：

```
> a <-c(62,70,74,75,77,80,83,85,88)
> walsh <-NULL
> for (i in 1:length(a))
  { for (j in i:length(a))
     walsh <-c(walsh,(a[i]+a[j])/2)}
> NW=length(walsh)
> median(walsh)
> 77.5
```

2.5 单组数据的位置参数置信区间估计

2.5.1 顺序统计量位置参数置信区间估计

1. 用顺序统计量构造分位数置信区间的方法

在参数的区间估计中，可以通过样本函数构造随机区间，使该区间包括待估参数的可能性达到一定可靠性. 如果待估的参数就是分位数点 m_p，则自然想到用样本的顺序统计量构造区间估计.

令样本 $X_1, X_2, \cdots, X_n$ 独立取自同一分布 $F(x)$，$X_{(1)}, X_{(2)}, \cdots, X_{(n)}$ 是样本的顺序统计量，对 $\forall i < j$，注意到

$$P(X_i < m_p) = p, \quad \forall i = 1, 2, \cdots, n.$$

$P(X_{(i)} \leqslant m_p < X_{(j)})$
$= P(\text{在 } m_p \text{ 之前至少有 } i \text{ 个样本点，在 } m_p \text{ 之前不能多于 } j-1 \text{ 个样本点})$
$= \sum\limits_{h=i}^{j-1} \binom{n}{h} p^h (1-p)^{n-h}.$

如果能找到合适的 i 与 j 使上式大于等于 $1-\alpha$，这样的 $(X_{(i)}, X_{(j)})$ 就构成了 m_p 置信度为 $100(1-\alpha)\%$ 的置信区间. 当然，为了得到精度高的置信区间，理想结果应该是满足概率最接近 $1-\alpha$ 的 i 与 j.

我们也注意到，对 $P(X_{(i)} < m_p < X_{(j)})$ 的计算只用到二项分布和 p，没有用到有关 $f(x)$ 的具体结构，所以总可以根据事先给定的 α，求出满足上式的合适的 i 和 j. 这一方法显然适用于一切连续分布，类似这样的方法称为 **不依赖于分布的统计推断方法** (distribution free).

如果我们要求的是中位数的置信区间,那么上式简化为

$$P(X_{(i)} \leqslant m_e < X_{(j)}) = \sum_{h=i}^{j-1} \binom{n}{h} \left(\frac{1}{2}\right)^n.$$

例 2.14 表 2.12 所示为 16 名学生在一项体能测试中的成绩,求由顺序统计量构成的置信度为 95% 的中位数的置信区间.

表 2.12 体能测试中的成绩

| 82 | 53 | 70 | 73 | 103 | 71 | 69 | 80 |
| 54 | 38 | 87 | 91 | 62 | 75 | 65 | 77 |

解 我们将采用两步法搜索最优的置信区间.
(1) 首先确定大于 $1-\alpha$ 的所有可能区间为备选区间 $(X_{(i)}, X_{(j)}), i < j$;
(2) 从中选出长度最短的区间作为最终的结果.

第一步 所有可能的置信区间共计 $\frac{16 \times 15}{2} = 120$ 个,置信度 95% 以上的置信区间有 24 个,结果如表 2.13 所示.

表 2.13 体能测试中成绩的置信区间

下限	上限	置信度	下限	上限	置信度
38	80	0.9615784	54	87	0.9958191
38	82	0.9893494	54	91	0.9976501
38	87	0.9978943	54	103	0.9978943
38	91	0.9997253	62	80	0.9509583
38	103	0.9999695	62	82	0.9787292
53	80	0.9613342	62	87	0.9872742
53	82	0.9891052	62	91	0.9891052
53	87	0.9976501	62	103	0.9893494
53	91	0.9994812	65	82	0.9509583
53	103	0.9997253	65	87	0.9595032
54	80	0.9595032	65	91	0.9613342
54	82	0.9872742	65	103	0.9615784

第二步 在这些区间里面找到区间长度最短的区间为 $(X_{(5)}, X_{(13)}) = (65, 82)$,置信度为 0.9509583.

在例题 2.14 中,我们得到精度最优的 Neyman 置信区间 $(X_{(5)}, X_{(13)})$ 序号不对称,这是常见的. 在实际中,为方便起见,常常选择指标对称的置信区间.

具体定义为:求满足 $100(1-\alpha)\%$ 的最大的 k 所构成的置信区间 $(X_{(k)}, X_{(n-k+1)})$

(这里 k 可以为 0); 如果要求对称的置信区间, 则 k 应满足

$$1-\alpha \leqslant P(X_{(k)} \leqslant m_e < X_{(n-k+1)}) = \frac{1}{2^n} \sum_{i=k}^{n-k} \binom{n}{i}.$$

于是, 我们可以编写程序计算如下:

```
alpha=0.05
n=length(stu)
conf=pbinom(n,n,0.5)-pbinom(0,n,0.5)
for (k in 1:n)
{conf=pbinom(n-k,n,0.5)-pbinom(k-1,n,0.5)
 if (conf<1-alpha) {loc=k-1;break}
print(loc)
}
```

在例 2.14 中, 求出对称的置信区间为 $(X_{(4)}, X_{(13)}) = (62, 82)$, 比例题中选出的置信区间精度略微长了一些.

2. 在对称分布中用 Walsh 平均法求解置信区间

2.4 节给出了对称分布中心的 Walsh 平均估计方法, 自然想到可以应用 Walsh 平均顺序统计量构造对称中心的置信区间.

定理 2.6 原始数据为 $X_1, X_2, \cdots, X_n \overset{\text{i.i.d.}}{\sim} F(x-\theta)$, 若 F 对称, 利用 Walsh 平均法可以得到 θ 的置信区间. 首先按升幂排列 Walsh 平均值, 记为 $W_{(1)}, W_{(2)}, \cdots,$ $W_{(N)}$, $N = \dfrac{n(n+1)}{2}$. 则对称中心 θ 的 $1-\alpha$ 置信区间为

$$(W_{(k)}, W_{(N-k+1)}),$$

k 是满足 $P(W_{(j)} \leqslant \theta < W_{(N-j+1)}) \geqslant 1-\alpha$ 的最大的 j.

例 2.15(数据文件 scot.txt 见光盘) 苏格兰红酒享誉世界, 品种繁多, 本例收集了音乐会上备受青睐的 27 种威士忌的储存年限 (原酒在橡木桶中的储存年限), 如果假设这些年限来自对称分布, 试用 Walsh 平均法给出这些收藏年限中位数的置信区间. 下面给出本例的参考程序.

```
#Walsh.AL.scot is the Walsh transform
NL=length(Walsh.AL.scot) alpha=0.05 for (k in seq(1,NL/2,1)) {
F=pbinom(NL-k,NL,0.5)-pbinom(k,NL,0.5)
 if (F<1-alpha)
  {IK=k-1
   break
   }
} sort.Walsh.AL.scot=sort(Walsh.AL.scot)
```

```
Lower=sort.Walsh.AL.scot[IK]  Upper=sort.Walsh.AL.scot[NL-IK+1]
c(Lower,Upper)
13.50 14.75
```

与用顺序统计量求解置信区间 (7.5,19.5) 比较发现，显然 Walsh 平均法的结果更为精确。

2.5.2 基于方差估计法的位置参数置信区间估计

置信区间估计中最核心的内容是求解估计量 (或统计量) 的方差，Bootstrap 方法是常用的不依赖于分布的求解统计量 $T_n = g(X_1, X_2, \cdots, X_n)$ 的方差的方法，在本小节中，我们首先介绍方差估计的 Bootstrap 方法，然后介绍用 Bootstrap 方法构造置信区间的方法。

1. 方差估计的 Bootstrap 方法

令 $V_F(T_n)$ 表示统计量 T_n 的方差，F 表示未知的分布 (或参数)，$V_F(T_n)$ 是分布 F 的函数。比如：$T_n = n^{-1}\sum_{i=1}^{n} X_i$，那么

$$V_F(T_n) = \frac{\sigma^2}{n} = \frac{\int x^2 \mathrm{d}F(x) - \left(\int x\mathrm{d}F(x)\right)^2}{n}$$

是 F 的函数。

在 Bootstrap 方法中，我们用经验分布函数替换分布函数 F，用 $V_{\hat{F}_n}(T_n)$ 估计 $V_F(T_n)$。由于 $V_{\hat{F}_n}(T_n)$ 通常很难计算得到，Bootstrap 方法中利用重抽样的方法计算 v_{boot} 来近似 $V_{\hat{F}_n}(T_n)$。Bootstrap 方法估计统计量方差的具体步骤如下：

Bootstrap 方差估计

---

(1) 从经验分布 $\hat{F}_n$ 中重抽样 $X_1^*, X_2^*, \cdots, X_n^*$；
(2) 计算 $T_n^* = g(X_1^*, X_2^*, \cdots, X_n^*)$；
(3) 重复步骤 (1), (2) 共 B 次，得到 $T_{n,1}^*, T_{n,2}^*, \cdots, T_{n,B}^*$；
(4) 计算

$$v_{\text{boot}} = \frac{1}{B}\sum_{b=1}^{B}\left(T_{n,b}^* - \frac{1}{B}\sum_{r=1}^{B} T_{n,r}^*\right)^2.$$

经验分布在每个样本点上的概率密度为 $1/n$，Bootstrap 所述步骤中的第 (1) 步相当于从原始数据中有放回简单随机抽样抽取 n 个样本。

由大数定律，当 $B \to \infty$ 时，$v_{\text{boot}} \xrightarrow{\text{a.s.}} V_{\hat{F}_n}(T_n)$。$T_n$ 的标准差 $\hat{\text{Sd}}_{\text{boot}} = \sqrt{v_{\text{boot}}}$。下边这个关系表示了 Bootstrap 方法的基本思想：

$$v_{\text{boot}} \to V_{\hat{F}_n}(T_n) \sim V_F(T_n).$$

2.5 单组数据的位置参数置信区间估计

从上面的步骤很容易建立由 Bootstrap 方法对中位数的方差进行估计的基本步骤如下:

Bootstrap 中位数方差估计

给定数据 $X = (X_{(1)}, X_{(2)}, \cdots, X_{(n)})$

for (i in 1 to B)

$X_{m,i}^* =$ 样本量为 m、对 X 进行有放回简单随机抽样得到的样本;

$M_{m,i} = X_{m,i}^*$ 的中位数;

end for

$$v_{\text{boot}} = \frac{1}{B} \sum_{b=1}^{B} \left(M_{\text{boot}}^* - \frac{1}{B} \sum_{r=1}^{B} M_{m,r}^* \right)^2$$

$\text{Sd}_{\text{median}} = \sqrt{\text{var}(M_{\text{boot}})}$

例 2.16(见光盘数据 nerve.txt) 用 Bootstrap 方法对 nerve 数据估计中位数的方差,以下给出 R 参考程序:

```
X=nerve
Median.nerve=median(X)
TBoot=NULL
n=20
B=1000
SD.nerve=NULL
for (i in 1:B)
{
  Xsample=sample(X,n,T)
  Tboot=median(Xsample)
  TBoot=c(TBoot,Tboot)
  SD.nerve=c(SD.nerve,sd(TBoot))
}
Sd.median.nerve=sd(TBoot)
  plot(1:B,SD.nerve,col=4)
  hist(TBoot,col=3)
}
```

以上程序中,每次 Bootstrap 样本量 m 设为 20, Bootstrap 试验共进行 1000 次, Tboot 向量中保存了每次 Bootstrap 样本的中位数. $B = 1000$ 时, R 软件计算结果中位数的抽样标准差为 $\text{Sd}_{\text{median}} = 0.0052$. 我们制作了 1000 次对中位数进行估计的直方图,和当 Bootstrap 试验次数增加时中位数标准差估计的变化情况,如

图 2.4 所示. 从图中可以观察到, 中位数的估计抽样分布为单峰形态, 有略微右偏倾向. 当 Bootstrap 试验次数增加到 400 以后, 中位数估计的标准差趋于稳定.

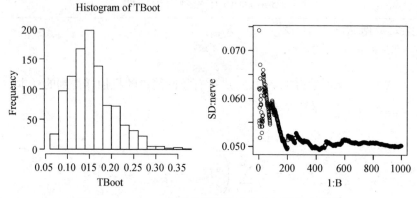

图 2.4　Bootstrap 中位数估计分布和标准差变化图

2. 位置参数的置信区间估计

1) 正态置信区间

当有证据表明 T_n 的分布接近正态分布时, 正态置信区间是最简单的一种构造置信区间的方法:

$1-\alpha$ Bootstrap 正态置信区间

$$\left(T_n - z_{\alpha/2}\hat{\mathrm{Sd}}_{\mathrm{boot}}, T_n + z_{\alpha/2}\hat{\mathrm{Sd}}_{\mathrm{boot}}\right). \tag{2.4}$$

当然, 应用这一方法的前提是, T_n 的分布接近正态分布, 否则正态置信区间的精确度很低.

2) 枢轴量 (pivotal) 置信区间

当无法确定估计量 T_n 的分布是否正态, 或有证据可以否定 T_n 的分布为正态的可能, 那么可以运用枢轴量 (pivotal) 的方法给出 Boostrap T_n 的置信区间. 首先回顾枢轴量的概念: 一个统计量和参数 θ 的函数 $G(T_n,\theta)$, 如果 $G(T_n,\theta)$ 的分布与 θ 无关, 而且是可以求得的, 那么就可以通过求解 G 分布的分位数, 将求 θ 上、下置信限的问题转化成方程组求根问题, 从而解决置信区间问题. 因此, 枢轴量是一种比较传统的求解置信区间的方法. 比如在参数推断中, 典型的枢轴量有

$$\frac{\bar{X}-\mu}{\sigma_0/\sqrt{n}} \sim N(0,1), \frac{(n-1)S^2}{\sigma^2} \sim \chi^2(n-1).$$

假设 θ 是待估参数, $\hat{\theta}$ 是估计量, $\hat{\theta}-\theta$ 是抽样误差, 这个函数的分位点为 $\delta_{\frac{\alpha}{2}}, \delta_{1-\frac{\alpha}{2}}$, 则有

$$P(\hat{\theta} - \theta \leqslant \delta_{\frac{\alpha}{2}}) = \frac{\alpha}{2}, \qquad P(\hat{\theta} - \theta \leqslant \delta_{1-\frac{\alpha}{2}}) = 1 - \frac{\alpha}{2}.$$

于是

$$P(\hat{\theta} - \delta_{1-\frac{\alpha}{2}} \leqslant \theta \leqslant \hat{\theta} - \delta_{\frac{\alpha}{2}}) = 1 - \alpha.$$

$\hat{\theta} - \delta_{1-\frac{\alpha}{2}}$ 和 $\hat{\theta} - \delta_{\frac{\alpha}{2}}$ 就是 θ 的置信下限和置信上限. 下面的问题是只要得到 $\hat{\theta} - \theta$ 的 $\frac{\alpha}{2}$ 和 $1 - \frac{\alpha}{2}$ 分位数估计即可.

求解思路是用 $\hat{\theta}$ 估计 θ, 用 Bootstrap 样本 $\theta_j^*(j=1,2,\cdots,B)$ 的分位点估计 $\hat{\theta}$ 的分位点, 即用 $\hat{\theta}^*_{\frac{\alpha}{2}} - \hat{\theta}$ 作为对 $(\hat{\theta} - \theta)_{\frac{\alpha}{2}}$ 的估计, 用 $\hat{\theta}^*_{1-\frac{\alpha}{2}} - \hat{\theta}$ 作为对 $(\hat{\theta} - \theta)_{1-\frac{\alpha}{2}}$ 的估计, 即

$$\hat{\delta}_{1-\frac{\alpha}{2}} = \hat{\theta}^*_{1-\frac{\alpha}{2}} - \hat{\theta}, \qquad \hat{\delta}_{\frac{\alpha}{2}} = \hat{\theta}^*_{\frac{\alpha}{2}} - \hat{\theta}.$$

于是

$$\hat{\theta} - \hat{\delta}_{1-\frac{\alpha}{2}} = 2\hat{\theta} - \hat{\theta}^*_{1-\frac{\alpha}{2}}, \qquad \hat{\theta} - \hat{\delta}_{\frac{\alpha}{2}} = 2\hat{\theta} - \hat{\theta}^*_{\frac{\alpha}{2}}.$$

$1-\alpha$ Bootstrap Pivotal 置信区间

$$C_n = \left(2\hat{\theta}_n - \hat{\theta}^*_{1-\frac{\alpha}{2}}, 2\hat{\theta}_n - \hat{\theta}^*_{\frac{\alpha}{2}}\right). \tag{2.5}$$

3) 分位数置信区间

假设存在 T 的一个单调变换 $U = m(T)$ 使得 $U \sim N(\phi, \sigma^2)$, 其中 $\phi = m(\theta)$, 我们不需要知道变换的具体形式, 仅知道存在这样一个变换. 令 $U_b^* = m(T_b^*)$, 因为 m 是一个单调变换, 所以有 $U^*_{(B\alpha/2)} = m(T^*_{(B\alpha/2)})$, $U^*_{(B\alpha/2)} \approx U - z_{\alpha/2}c$, 且 $U^*_{(B(1-\alpha/2))} \approx U + z_{\alpha/2}c$, 那么有

$$\begin{aligned}
P\left(T^*_{B\alpha/2} \leqslant \theta \leqslant T^*_{B(1-\alpha/2)}\right) &= P\left(m(T^*_{B\alpha/2}) \leqslant m(\theta) \leqslant m(T^*_{B(1-\alpha/2)})\right) \\
&= P\left(U^*_{B\alpha/2} \leqslant \phi \leqslant U^*_{B(1-\alpha/2)}\right) \\
&\approx P\left(U - cz_{\alpha/2} \leqslant \phi \leqslant U + cz_{\alpha/2}\right) \\
&= 1 - \alpha.
\end{aligned}$$

满足条件的变换 m 仅在很少的情况下存在, 更一般的情况是, 我们可以用 Bootstrap 样本的分位点, 作为统计量的置信区间.

$1-\alpha$ Bootstrap 分位数置信区间

$$C_n = \left(T^*_{B\alpha/2}, T^*_{B(1-\alpha/2)}\right), \tag{2.6}$$

其中 T_β^* 是统计量 Bootstrap 的 β 分位数.

例 2.17 对 nerve 数据中位数用三种方法构造 95% 的置信区间.

解 令 $B=1000, n=20$, 结果如下:

方法	95% 的置信区间
正态	(0.058225, 0.24177)
枢轴量	(0.039875, 0.220000)
分位数	(0.084875, 0.265000)

观察结果，枢轴量法的结果较另外两种更为精确.

参考程序如下：

```
Alpha=0.05
Lcl=Median.nerve+qnorm(0.025,0,1)*Sd.median.nerve
Ucl=Median.nerve-qnorm(0.025,)*Sd.median.nerve
NORM.interval=c(Lcl,Ucl)

Lcl=2*Median.nerve-quantile(TBoot,0.975)
Ucl=2*Median.nerve-quantile(TBoot,0.025)
PIVOTAL.interval=c(Lcl,Ucl)

Lcl=quantile(TBoot,0.025)
Ucl=quantile(TBoot,0.975)
QUATILE.interval=c(Lcl,Ucl)
```

2.6 正态记分检验

由前面的 Wilcoxon 秩和检验可知，如果 $X_1, X_2, \cdots, X_n$ 为独立同分布的连续随机变量，那么秩统计量 $R_1, R_2, \cdots, R_n$ 在 $1, 2, \cdots, n$ 上有均匀分布.

秩定义了数据在序列中数量大小的位置和序，它们与未知分布 $F(x)$ 的 n 个 p 分位点一一对应. 我们知道，分布函数是单调增函数，秩大意味着对应分布中较大的分位点，秩小则对应着分布中较小的分位点. 不同的分布所对应的点虽然不同，但是序相同，也就是说，由秩对应到不同分布的分位点之间的单调关系不变. 可见这里分布不是本质的，完全可以选用熟悉的分布，比如，用正态分布作为参照，将秩转化为相应的正态分布的分位点，这样，就可以将依赖于秩的检验，化为对分位点大小的检验. 同时对尾部数据做差距放大处理，而对中间数据做差距压缩处理，强调了尾部数据对位置判断的影响. 这种以正态分布作为转换记分函数，将 Wilcoxon 秩检验进行改进的方法称为**正态记分检验**.

正态记分可以用在许多检验问题中，有多种不同的形式. 具体来说，正态记分检验的基本思想就是把升幂排列的秩 R_i 用升幂排列的正态分位点代替. 比如最直接的想法是用 $\Phi^{-1}(R_i/(n+1))$ 来代替每一个样本的值. 为了保证变换后的和为正，

一般不直接采用 $\Phi^{-1}(R_i/(n+1))$ 作为记分，而是稍微改变一下记分为

$$s(i) = \Phi^{-1}\left(\frac{n+1+R_i}{2n+2}\right), \ i = 1, 2, \cdots, n.$$

这里 $s(i)$ 表示第 R_i 个数据的正态记分.

具体实现步骤如下.

对于假设检验问题 $H_0 : M = M_0 \leftrightarrow H_1 : M \neq M_0$:

(1) 把 $|X_i - M_0|(i = 1, 2, \cdots, n)$ 的秩按升幂排列，并加上相应的 $X_i - M_0$ 的符号 (成为符号秩).

(2) 用相应的正态记分代替这些秩，如果 r_i 为 $|X_i - M_0|$ 的秩，则相应的符号正态记分为

$$s_i = \Phi^{-1}\left(\frac{1}{2}\left[1 + \frac{r_i}{n+1}\right]\right)\text{sgn}(X_i - M_0).$$

其中

$$\text{sgn}(X_i - M_0) = \begin{cases} 1, & X_i > M_0, \\ -1, & X_i < M_0. \end{cases}$$

用 W 表示所有符号记分 s_i 之和，也就是正负记分和之差，即 $W = \sum_{i=1}^{n} s_i$，正态记分检验统计量为

$$T = \frac{W}{\sqrt{\sum_{i=1}^{n} s_i^2}}.$$

(3) 如果观测值的总体分布接近于正态，或者在大样本情况，可以认为 T 近似地有标准正态分布. 这对于很小的样本 (无论是否打结) 也适用. 这样可以很方便地计算 p 值. 实际上，如果记 $\Phi_+(x) \equiv 2\Phi(x) - 1 = P(|X| \leqslant x)$, 则有

$$\Phi_+^{-1}\left(\frac{i}{n+1}\right) = \Phi^{-1}\left(\frac{1}{2}\left[1 + \frac{i}{n+1}\right]\right),$$

大约等于 $E|X|_{(i)}$. 也就是说，它和期望正态记分相近.

(4) 当 T 大的时候，可以考虑拒绝零假设.

例 2.18 这是吴喜之 (1999) 书中的一个例子. 以下是亚洲 10 个国家 1996 年的每 1000 个新生儿中的 (按从小到大次序排列) 死亡数 (按照世界银行: "世界发展指标", 1998):

日本	以色列	韩国	斯里兰卡	叙利亚	中国	伊朗	印度	孟加拉国	巴基斯坦
4	6	9	15	31	33	36	65	77	88

对于新生儿死亡率的例子，我们将考虑两个假设检验：$H_0: M \geqslant 34 \leftrightarrow H_1: M < 34$ 和 $H_0: M \leqslant 16 \leftrightarrow H_1: M > 16$。

计算结果列在表 2.14 中。

为了计算 T 方便，标出了带有 $X_i - M_0$ 符号的 s_i^+ 即所谓的"符号 s_i^+"，它等于 $\mathrm{sgn}(X_i - M_0) s_i^+$。

表 2.14　亚洲 10 国新生儿死亡率 (单位: 千分之一) 一例的正态记分检验
数据按 $|X_i - M_0|$ 升幂排列 (左边 $M_0 = 34$, 右边 $M_0 = 16$)

$H_0: M \geqslant 34 \leftrightarrow H_1: M < 34$				$H_0: M \leqslant 16 \leftrightarrow H_1: M > 16$			
X_i	$\|X_i - M_0\|$	符号秩	符号 s_i^+	X_i	$\|X_i - M_0\|$	符号秩	符号 s_i^+
33	1	-1	-0.114	15	1	-1	-0.114
36	2	2	0.230	9	7	-2	-0.230
31	3	-3	-0.349	6	10	-3	-0.349
15	19	-4	-0.473	4	12	-4	-0.473
9	25	-5	-0.605	31	15	5	0.605
6	28	-6	-0.748	33	17	6	0.748
4	30	-7	-0.908	36	20	7	0.908
65	31	8	1.097	65	49	8	1.097
77	43	9	1.335	77	61	9	1.335
88	54	10	1.691	88	72	10	1.691
$W = 1.156, T^+ = 0.409$				$W = 5.217\ T^+ = 1.844$			
p 值 $= \Phi(T^+) = 0.659$				p 值 $= 1 - \Phi(T^+) = 0.033$			
结论：不能拒绝 H_0 (水平 $\alpha < 0.659$)				结论：$M > 16$ (水平 $\alpha < 0.033$)			

实际上，这里也可以使用统计量 $W \equiv |W^+ - W^-|$ 做检验。W 也存在临界值表。在零假设下的大样本正态近似统计量为

$$Z = \frac{W}{\sqrt{\sum_i R_i^2}}.$$

它的分母在没有结的情况为 $\sqrt{n(n+1)(2n+1)/6}$。对于 $H_0: M \geqslant 34 \leftrightarrow H_1: M < 34$, $W = \sum s_i = 1.156$, $T = 0.409$, p 值 $= \Phi(T) = 0.659$; 而对于 $H_0: M \leqslant 16 \leftrightarrow H_1: M > 16$, $W = \sum s_i = 5.218$, $T = 1.844$, p 值 $= 1 - \Phi(T) = 0.033$。这和前面的 T 正态记分检验结果完全一样，这种相似之处正是源于它们所代表的信息是等价的。

如定义所示，这里的正态记分检验对应于 Wilcoxon 符号秩检验 (统计量为 W^+)，正态记分检验有较好的大样本性质. 对于正态总体，它比许多基于秩的检验更好. 而对于一些非正态总体，虽然结果可能不如一些基于秩的检验，但它又比 t 检验要好. 下表列出了上述正态记分 (NS^+) 相对于 Wilcoxon 符号秩检验 (W^+) 在不同总体分布下的 ARE 值.

总体分布	均匀	正态	Logistic	重指数	Cauchy
ARE(NS^+, W^+)	$+\infty$	1.047	0.955	0.847	0.708

实际上，在使用以秩定义的检验统计量的地方都可以把秩替换成正态记分而形成相应的正态记分统计量，从而将顺序的数据化为定量数据进行分析.

该例第二个检验可以使用 R 程序函数 ns，如下所示：

```
ns(baby,16)
$two.sided.pvalue
[1] 0.06515072
$T
[1] 1.844223
$s
[1]   0.7478586   0.9084579   0.6045853  -0.1141853  -0.2298841
 -0.3487557  -0.4727891   1.0968036   1.3351777   1.6906216
```

2.7 分布的一致性检验

数据分析中，经常要判断一组数据的分布是否来自某一特定的分布，比如对连续型分布，常判断数据是否来自正态分布；而对于离散分布来说，常需要判断数据是否来自某一事先假定的分布，常见的分布有二项分布、Poisson 分布，或判断实际观测与期望数是否一致. 本节我们将关注这些问题. 我们从一般到特殊，首先考察判断实际观测与期望数是否一致，重点介绍 Pearsonχ^2 拟合优度检验法；当总体均值和方差未知时，我们将介绍两种检验数据是否偏离正态分布常用的方法：Kolmogrov-Smirnov 检验法和 Lilliefor 检验法.

2.7.1 χ^2 拟合优度检验

1. 实际观察数量与期望次数一致性检验

当一组数据的类型为类别数据 (categorical data)，其中 n 个观测值可分为 c 种类别，每一类别可计算其发生频数，称为实际观测频数 (observed frequency)，记为 $O_i, i = 1, 2, \cdots, c$，表示如下：

类别	1	2	$\cdots$	c	总和
实测次数	O_1	O_2	$\cdots$	O_c	n

我们想了解每一类别发生的概率是否与理论分布 $\{p_i: i=1,2,\cdots,c\}$ 一致. 即有如下假设检验问题:

H_0:总体分布为 $\forall p_i, i=1,2,\cdots,c$ (即 $F(x)=F_0(x)$),

H_1:总体分布不为 $p_i, \exists i=1,2,\cdots,c$ (即 $F(x) \neq F_0(x)$).

若零假设成立, 则期望频数 (expected frequency) 应为 $E_i=np_i, i=1,2,\cdots,c$, 因此可以由实际频数 (O_i) 与期望频数 (E_i) 是否接近作为检验总体分布与理论分布是否一致的测量标准, 通常采用如下定义的 Pearsonχ^2 统计量:

$$\chi^2 = \sum_{i=1}^{c} \frac{(O_i - E_i)^2}{E_i} = \sum_{i=1}^{c} \frac{O_i^2}{E_i} - n. \tag{2.7}$$

结论 当实际观测 χ^2 值大于自由度 $v=c-1$ 的 χ^2 值, 即 $\chi^2 > \chi^2_{\alpha,c-1}$, 则拒绝 H_0, 表示数据分布与理论分布不符.

例 2.19 调查某美发店上半年各月顾客数量如下表所示:

月份	1	2	3	4	5	6	合计
顾客数量/百人	27	18	15	24	36	30	150

该店经理想了解各月顾客数是否为均匀分布.

解 假设检验问题:

H_0:各月顾客数符合均匀分布 $1:1$ $\left(\text{即各月顾客比例 } p_i = p_0 = \dfrac{1}{6}, \forall i=1,2,\cdots,6\right)$,

H_1:各月顾客数不符合 $1:1$ $\left(\text{即各月顾客比例 } p_i \neq p_0 = \dfrac{1}{6}, \exists i=1,2,\cdots,6\right)$.

统计分析如下:

频数＼月份	1	2	3	4	5	6	合计
实际频数 O_i	27	18	15	24	36	30	150
期望频数 E_i	25	25	25	25	25	25	150

上表中 $E_i = np_i = 150 \times \dfrac{1}{6} = 25, i=1,2,\cdots,6$.

由式 (2.7) 得

$$\chi^2 = \frac{(27-25)^2}{25} + \frac{(18-25)^2}{25} + \frac{(15-25)^2}{25}$$
$$+ \frac{(24-25)^2}{25} + \frac{(36-25)^2}{25} + \frac{(30-25)^2}{25}$$
$$= 12.$$

结论 实测 $\chi^2 = 12 > \chi^2_{0.05,6-1} = 11.07$, 接受 H_1 假设, 认为到该店消费的顾客在各月比例不相等, 即 $p \neq \frac{1}{6}$.

2. 泊松分布的一致性检验

例 2.20 调查某农作物根部蚜虫的分布情况. 调查结果如下表所示, 问蚜虫在某农作物根部的分布是否为泊松分布?

每株虫数 x	0	1	2	3	4	5	6 以上	n 合计
实际株数 O_i	10	24	10	4	1	0	1	50

解 假设检验问题:

H_0: 蚜虫在农作物根部的分布是泊松分布,

H_1: 蚜虫在农作物根部的分布不是泊松分布.

若蚜虫在农作物根部的分布为泊松分布, 则分布列为

$$P(X=x) = \frac{e^{-\lambda}\lambda^x}{x!}, \quad x = 0, 1, 2, \cdots,$$

其中, λ 是泊松分布的期望, 是未知的, 需要用观测值估计, 其估值如下:

$$\hat{\lambda} = \bar{x} = (0 \times 10 + 1 \times 24 + \cdots + 5 \times 1)/50 = 1.3.$$

因而

$$\hat{p_0} = \frac{e^{-1.3} \times 1.3^0}{0!} = 0.2725, \quad \hat{p_1} = \frac{e^{-1.3} \times 1.3^1}{1!} = 0.3543,$$

$$\hat{p_2} = \frac{e^{-1.3} \times 1.3^2}{2!} = 0.2303, \quad \hat{p_3} = \frac{e^{-1.3} \times 1.3^3}{3!} = 0.0998,$$

$$\hat{p_4} = \frac{e^{-1.3} \times 1.3^4}{4!} = 0.0324, \quad \hat{p_5} = \frac{e^{-1.3} \times 1.3^5}{5!} = 0.0107.$$

根据泊松分布计算各 x_i 类别下的期望数 $E_i = np_i, i = 0, 1, 2, \cdots, 5$, 得表 2.15:

表 2.15 农作物根部蚜虫数实际株数和期望株数计算表

虫数	实际株数 O_i	泊松概率 p_i	期望株数 E_i	$\dfrac{(O_i - E_i)^2}{E_i}$
0	10	0.2725	13.625	0.9644
1	24	0.3543	17.715	2.2298
2	10	0.2303	11.515	0.1993
⩾ 3	6	0.1429	7.145	0.1835
总和	50			3.577

由式 (2.7) 得

$$\chi^2 = \frac{10^2}{13.625} + \cdots + \frac{6^2}{7.145} - 50 = 3.577 < \chi^2_{0.05,2} = 5.991.$$

结论 由表 2.15 可知，$\chi^2 = 3.577 < \chi^2_{0.05,2} = 5.991$，不能拒绝 H_0，不能排除蚜虫在某作物根部的分布不是泊松分布.

3. 正态分布一致性检验

χ^2 拟合优度检验也可用于检验一组数据是否服从正态分布.

例 2.21 从某地区高中二年级学生中随机抽取 45 位学生量得体重如下，问该地区学生体重 (单位：kg) 的分布是否为正态分布.

36	36	37	38	40	42	43	43	44	45	48	48	50	50	51
52	53	54	54	56	57	57	57	58	58	58	58	58	59	60
61	61	61	62	62	63	63	65	66	68	68	70	73	73	75

解 假设检验问题：

H_0：某地区高中二年级学生体重分布为正态分布，

H_1：某地区高中二年级学生体重分布不为正态分布.

统计分析：将上述体重数据分为 5 组 (class)，每组实际观测次数如下.

体重	30~40	41~50	51~60	61~70	71~80
次数	5	9	16	12	3

由上表可知，分组数据的平均值为 $\bar{X} = 54.78$；样本方差为 $S^2 = 120.4040$；样本标准差为 $S = 10.9729$.

根据正态分布计算累计概率和期望频数如表 2.16 所示.

表 2.16 学生体重分组频数与期望频数计算表

分组	上组限 b_i	实际观测频数	标准正态值 $Z_i=(b_i-\hat{\mu})/S$	累计概率 $F_0(x)$	组间概率 p_i	期望频数 $E_i=np_i$	$(O_i-E_i)^2/E_i$
30~40	40	5	−1.35	0.0885	0.0766	3.45	0.6964
41~50	50	9	−0.44	0.3300	0.2415	10.87	0.3217
51~60	60	16	0.48	0.7190	0.3890	17.51	0.1302
61~70	70	12	1.39	0.9177	0.1987	8.94	1.0474
71~80	80	3	2.30	0.9893	0.0716	3.22	0.0150
81 以上		0		1.0000	0.0107	0.48	
							2.2107

结论 由表 2.16 可知, 实际观测 $\chi^2=2.2107<\chi^2_{0.05,2}=5.991$, 不拒绝 H_0, 没有理由怀疑该地区高中二年级学生的体重不服从正态分布.

2.7.2 Kolmogorov-Smirnov 正态性检验

Kolmogorov-Smirnov 检验法用来检验单一样本是否来自某一特定分布. 比如检验一组数据是否为正态分布. 这一检验方法是以样本数据的累计频数分布与特定理论分布比较, 若两者间的差距很小, 则推论该样本取自某特定分布族. 假设检验问题如下:

H_0:样本所来自的总体分布服从某特定分布,

H_1:样本所来自的总体分布不服从某特定分布.

这里我们仅以 Kolmogorov-Smirnov 正态性检验为例介绍它的统计原理. $F_0(x)$ 表示待检验的分布的分布函数, $F_n(x)$ 表示一组随机样本的累计概率函数. 设 D 为 $F_0(x)$ 与 $F_n(x)$ 差距的最大值, 定义如下式:

$$D = \max_{1\leqslant i\leqslant n}|F_n(x_{(i)})-F_0(x_{(i)})|. \tag{2.8}$$

结论 当实际观测 $D>D_\alpha$ (见附表 14), 则接受 H_1, 反之则不拒绝 H_0 假设.

例 2.22 35 位健康男性在未进食前的血糖浓度如下, 试检验这组数据是否来自均值 $\mu=80$、标准差为 $\sigma=6$ 的正态分布.

87	77	92	68	80	78	84	77	81	80	80	77	92	86
76	80	81	75	77	72	81	90	84	86	80	68	77	87
76	77	78	92	75	80	78	$n=35$						

解 假设检验问题:

H_0:健康成人男性血糖浓度服从正态分布,

H_1:健康成人男性血糖浓度不服从正态分布.

根据正态分布计算理论分布值如表 2.17 所示.

表 2.17 健康男性血糖浓度观测频数与理论分布对照表

血糖浓度 (x)	次数 (f)	累计次数 (F)	$F_n(x) = F/n$	标准化值 $Z = (x-\mu)/\sigma$	理论分布 $F_0(x)$	D
68	2	2	0.0571	−2.00	0.0228	0.0291
72	2	4	0.1143	−1.33	0.0934	0.0209
75	2	6	0.1714	−0.83	0.2033	0.0319
76	2	8	0.2286	−0.67	0.2514	0.0228
77	6	14	0.4000	−0.50	0.3085	0.0915
78	3	17	0.4857	−0.33	0.3707	0.1150
80	6	23	0.6571	0	0.5000	0.1571
81	3	26	0.7429	0.17	0.5675	0.1754*
84	2	28	0.8000	0.67	0.7486	0.0514
86	2	30	0.8571	1.00	0.8413	0.0158
87	2	32	0.9143	1.17	0.8790	0.0353
92	3	35	1.0000	2.00	0.9772	0.0228

* 该值是这一列最大值.

结论 表 2.17 中 $F_0(x)$ 是根据 $Z=(x-80)/6$ 的标准化值查附表 1 而得的. 实际观测 $D=\max|F_n(x)-F_0(x)|=0.1754<D_{0.05,35}=0.23$ (见附表 14), 故不能拒绝 H_0, 不能说明健康成年男人血糖浓度不服从正态分布. 当样本量 n 较大时, 可以用 $D_{\alpha,n}=1.36/\sqrt{n}$ 求得结果, 如上述 $D_{0.05,35}=1.36/\sqrt{35}=0.2299=0.23$.

该例题也可以调用 R 中的函数 ks.test 解决:

```
data(healthy)
ks.test(healthy,pnorm,80,6)
        One-sample Kolmogorov-Smirnov test
data:   healthy
D = 0.1481, p-value = 0.4264
alternative hypothesis: two-sided
```

χ^2 拟合优度检验与 Kolmogorov-Smirnov 正态性检验都采用实际频数和期望频数之差进行检验. 它们之间最大的不同在于前者主要用于类别数据, 而后者主要用于有计量单位的连续和定量数据, χ^2 拟合优度检验虽然也可以用于定量数据, 但必须先将数据分组才能获得实际的观测频数, 而 Kolmogorov-Smirnov 正态性检验法可以直接对原始数据的 n 个观测值进行检验, 所以它对数据的利用较完整.

2.7.3 Liliefor 正态分布检验

当总体均值和方差未知时, Liliefor(1967) 提出用样本均值 ($\bar{X}$) 和标准差 (S) 代替总体的期望 μ 和标准差 σ, 然后使用 Kolmogorov-Smirnov 正态性检验法, 他定义了一个 D 统计量:

$$D = \max |F_n(x) - \hat{F}_0(x)|. \tag{2.9}$$

例 2.23(例 2.22 续)　由例 2.22 所示的 35 位健康成年男性血糖浓度数据可知, 样本均值

$$\bar{X} = (87 + \cdots + 78)/35 = 2791/35 = 79.74.$$

样本方差

$$\begin{aligned}
S^2 &= \frac{1}{35-1}[87^2 + \cdots + 78^2 - 2791^2/35] \\
&= (223761 - 222562.31)/34 \\
&= 1198.69/34 \\
&= 35.2556, \\
S &= 5.94.
\end{aligned}$$

根据正态分布计算理论估计值如表 2.18 所示.

表 2.18　健康男性血糖浓度观测频数与期望分布对照表

血糖浓度 (x)	次数 (f)	累计次数 (F)	$F_n(x_{(i)})$	$Z = (x - \bar{x})/S$	$\hat{F}_0(x_{(i)})$	D
68	2	2	0.0571	−1.98	0.0239	0.0332
72	2	4	0.1143	−0.30	0.0968	0.0175
75	2	6	0.1714	−0.80	0.2119	0.0405
76	2	8	0.2286	−0.63	0.2643	0.0375
77	6	14	0.4000	−0.46	0.3228	0.0772
78	3	17	0.4857	−0.29	0.3859	0.0998
80	6	23	0.6571	0.04	0.5160	0.1411
81	4	26	0.7429	0.21	0.5832	0.1597*
84	2	28	0.8000	0.72	0.7642	0.0358
86	2	30	0.8571	1.05	0.8531	0.0040
87	2	32	0.9143	1.22	0.8888	0.0255
92	3	35	1.0000	2.06	0.9803	0.0197

由表 2.18 可知, 实际 $D = 0.1597 < D_{0.05,35} = 0.23$, 推断不能否认这些健康成人男性血糖浓度不服从正态分布.

2.8　单一总体渐近相对效率比较

假设 $X_1, X_2, \cdots, X_n \stackrel{\text{i.i.d.}}{\sim} F(x - \theta), F(x) \in \Omega_S$, 根据第 1 章的介绍, 只要 Pitman 条件满足, 我们可通过求 $\mu'_n(0)$ 和 $\sigma_n(0)$ 来找到一个统计量的效率 c, 从而可用不同统计量的效率得到渐近相对效率 (ARE). 下面根据本章定义的几个非参数统计量, 结合参数统计中常用的统计量进行一些比较. 这里用 $f(x)$ 表示 $F(x)$ 的概率密度函数.

(1) 记符号统计量 $S = \#(X_i > 0, 1 \leqslant i \leqslant n)$, 有

$$E(S) = n(1 - F(-\theta)), \qquad \text{var}(S) = n(1 - F(-\theta))F(-\theta).$$

可取 $\mu_n(\theta) = E(S)$ 及 $\sigma_n^2(\theta) = \text{var}(S)$, 于是有

$$\mu_n'(0) = nf(0), \quad \sigma_n^2(0) = \frac{n}{4}, \quad c_S = 2f(0).$$

这里 c_S 表示符号统计量的效率.

(2) 对 Wilcoxon 符号秩统计量 $W^+ = \sum_{j=1}^n R_j S(X_j)$, 有

$$E(W^+) = np_1 + n\frac{n(n-1)}{2}p_2, \qquad \text{var}(W^+) = \frac{n(n+1)(2n+1)}{24}.$$

可取 $\sigma_n^2(0) = \text{var}(W^+)$ 及

$$\mu_n(\theta) = E(W^+) = n(1 - F(-\theta)) + \frac{n(n-1)}{2}\int(1 - F(-x-\theta))f(x-\theta)\,\mathrm{d}x,$$

有

$$\mu_n'(0) = nf(0) + n(n-1)\int f^2(x)\,\mathrm{d}x,$$

$$c_W^+ = \sqrt{12}\int f^2(x)\,\mathrm{d}x.$$

这里 c_{W^+} 表示 Wilcoxon 符号秩统计量的效率.

(3) 对传统的 t 统计量, 记 $\sigma_f = \int x^2 f(x)\,\mathrm{d}x$. 取

$$\mu_n(\theta) = \sqrt{n}\frac{\theta}{\sigma_f}, \quad \sigma_n(0) = 1,$$

有 $c_t = \dfrac{1}{\sigma_f}$. 这里 c_t 表示 t 统计量的效率.

由 ARE 的定义, $e_{12} = \dfrac{c_1^2}{c_2^2}$, 则上述 3 个统计量之间的 ARE 如下:

$$\text{ARE}(S, W^+) = \frac{c_S^2}{c_{W^+}^2} = \frac{f^2(0)}{3\left(\int f^2(x)\,\mathrm{d}x\right)^2},$$

$$\text{ARE}(S, t) = \frac{c_S^2}{c_t^2} = 4\sigma_f^2 f^2(0),$$

$$\text{ARE}(W^+, t) = \frac{c_{W^+}^2}{c_t^2} = 12\sigma_f^2\left(\int f^2(x)\,\mathrm{d}x\right)^2.$$

因此, 对任意给定的分布, 都可计算上面的 ARE, 见表 2.19:

表 2.19　不同分布下常用的检验 ARE 效率比较

分布	$U(-1,1)$	$N(0,1)$	logistic	重指数
密度	$\frac{1}{2}I(-1,1)$	$\dfrac{\exp\left(-\dfrac{x^2}{2}\right)}{\sqrt{2\pi}}$	$e^{-x}(1+e^{-x})^{-2}$	$\dfrac{e^{-|x|}}{2}$
$\mathrm{ARE}(W_n^+, T_n; F)$	1	$\dfrac{3}{\pi}$	$\dfrac{\pi^2}{9}$	$\dfrac{3}{2}$
$\mathrm{ARE}(S_n^+, T_n; F)$	$\dfrac{1}{3}$	$\dfrac{2}{\pi}$	$\dfrac{\pi^2}{12}$	2

下面例子讨论了正态分布有不同程度"污染"时, $\mathrm{ARE}(W^+, t)$ 的不同结果.

例 2.24　假定随机样本 $X_1, X_2, \cdots, X_n$ 来自 $F_\varepsilon = (1-\varepsilon)\Phi(x) + \varepsilon\Phi\left(\dfrac{x}{3}\right)$. 这里 $\Phi(x)$ 为 $N(0,1)$ 的分布函数, 易见

$$\int_\varepsilon^2 f_\varepsilon(x)\,\mathrm{d}x = \frac{(1-\varepsilon)^2}{2\sqrt{\pi}} + \frac{\varepsilon^2}{6\sqrt{\pi}} + \frac{\varepsilon(1-\varepsilon)}{\sqrt{5\pi}}, \quad \sigma_{f_\varepsilon}^2 = 1 + 8\varepsilon.$$

由上面公式得

$$\mathrm{ARE}(W^+, t) = \frac{3(1+8\varepsilon)}{\pi}\left[(1-\varepsilon)^2 + \frac{\varepsilon^2}{3} + \frac{2\varepsilon(1-\varepsilon)}{\sqrt{5}}\right]^2.$$

对不同的 ε, 见表 2.20.

表 2.20　不同混合结构 ε 下 W^+ 与 t 的 ARE 比较

ε	0	0.01	0.03	0.05	0.08	0.10	0.15
$\mathrm{ARE}(W^+, t)$	0.955	1.009	1.108	1.196	1.301	1.373	1.497

从表 2.19 和表 2.20 可以看出, 只用到样本中大小次序方面信息的 Wilcoxon 符号秩检验和符号检验, 当总体分布 F 为 $N(0,1)$ 时, 相对于 t 检验的效率并不算差. 当总体分布偏离正态时, 比如在 logistic 分布和重指数分布下, 符号检验和 W_n^+ 基本上都优于 t 检验. 可以证明, 对任何总体分布, Wilcoxon 符号秩检验对 t 检验的渐近相对效率绝不低于 0.864. 这说明, 非参数检验在使用样本的效率上不比参数检验差很多, 甚至有的时候会更好.

以前提到, 一个检验统计量及与其关联的估计量有同样的效率. 上面的符号统计量、Wilcoxon 符号秩统计量和 t 统计量分别相应于样本中位数、Walsh 平均的中位数及样本均值, 这些都是 Hodges-Lehmann 估计量的特例. 一般地, 有下面的估计效率 c 的定理.

定理 2.7　假设 $\hat{\theta}$ 为相应于满足 Pitman 条件的统计量 V 的 Hodges-Lehmann 估计量. 如果 V 的效率为 c, 则

$$\lim_{n\to\infty} P(\sqrt{n}(\hat{\theta}-\theta) < a) = \Phi(ac).$$

即渐近地有 $\sqrt{n}(\hat{\theta}-\theta) \sim N(0, c^{-2})$.

表 2.21 为 t 检验 (t)、符号检验 (S)、Wilcoxon 符号秩检验 (W^+) 之间的 ARE 的范围, 其中带星号 (*) 的是分布为非单峰时的结果.

表 2.21　t, s 和 W^+ 的 ARE 范围

	t	S	W^+
t		$(0,3); (0,\infty)*$	$\left(0, \dfrac{125}{108}\right)$
S	$\left(\dfrac{1}{3}, \infty\right); (0,\infty)*$		$\left(\dfrac{1}{3}, \infty\right); (0,\infty)*$
W^+	$\left(\dfrac{108}{125}, \infty\right)$	$(0,3); (0,\infty)*$	

由表 2.21 可看出 $0.864 = \dfrac{108}{125} < \text{ARE}(W^+, t) < \infty$, 无穷是在 Cauchy 分布时出现, 很明显, 在分布未知时, 非参数方法有很大的优越性. 在用 Pitman 渐近相对效率时, 要注意这个概念只对大样本适用, 并且它只局限在 H_0 点的一个邻域中比较.

2.9　实　　验

实验 1　二项分布与正态性修正

实验内容

(1) 关于二项分布 $B(10, 0.7)$, 计算 $x = 5$ 和 $x = 6$ 附近正态性修正的分布估计, 并与精确分布进行对比 (引入正修正的效果);

(2) 关于二项分布 $B(30, 0.4)$, 计算 $x = 1$ 和 $x = 2$ 附近正态性修正的分布估计, 并与精确分布进行对比 (引入负修正的效果).

实验原理

参考 2.1.2 节.

实验过程

(1) 按实验内容, 在 R 中编写以下程序:

```
f1=function(n,p)
{
  x=c(5,6)
  A=c()
  B=c()
  C=c()
  for(i in 1:2)
  {
    A[i]=pbinom(x[i],size=n,prob=p)        #精确密度
```

```
      B[i]=pnorm(x[i],mean=n*p,sd=sqrt(n*p*(1-p)))          #正态近似
      C[i]=pnorm(x[i],mean=(n*p-0.5),sd=sqrt(n*p*(1-p)))    #正态性修正
    }
    result=rbind(A,B,C)
    dimnames(result)=list(c("b(10,0.7)","N(7,2.1)","N(6.5,2.1)"),c(5,6))
    print(result)
  }
  f1(10,0.7)
```

结果如表 2.22 所示.

表 2.22 二项分布、正态分布和正态性正修正比较

	$x=5$	$x=6$
$B(10,0.7)$	0.15027	0.35039
$N(7,2.1)$	0.08378	0.24508
$N(6.5,2.1)$	0.15031	0.36503

(2) 以下 R 程序作为参考.

```
f2=function(n,p)
{
  x=c(1,2)
  a=c()
  b=c()
  d=c()
  for(i in 1:2)
  {
    a[i]=pbinom(x[i],size=n,prob=p)
    b[i]=pnorm(x[i],mean=n*p,sd=sqrt(n*p*(1-p)))
    d[i]=pnorm(x[i],mean=(n*p+0.5),sd=sqrt(n*p*(1-p)))
  }
  x2=rbind(a,b,d)
  dimnames(x2)=list(c("b(30,0.4)","N(12,7.2)","N(12.5,7.2)"),c("1","2"))
  print(x2)
}
f2(10,0.2)
```

结果如表 2.23 所示.

表 2.23 二项分布、正态分布和正态性负修正比较

	1	2
$B(30,0.4)$	4.64×10^{-6}	4.74×10^{-5}
$N(12,7.2)$	2.07×10^{-5}	9.70×10^{-5}
$N(12.5,7.2)$	9.10×10^{-6}	4.55×10^{-5}

实验结论

(1) 结果表明,当 x 为 5 和 6 时,通过正态分布正修正后的结果与二项分布的精确分布更接近;同样,当 x 为 1 和 2 时,通过正态分布负修正后的结果与二项分布的精确分布更接近. 但如果在实验 (2) 中尝试 $x=3$ 时,会发现正态修正并不理想,这可能是样本量的问题所致,因为当样本量较大时,可以通过正态性修正来近似二项分布,而在样本量过小时,这样的近似并不合适. 正态性修正的近似效果不但与样本量 n 值有关,而且还与二项分布的参数 p 有关.

(2) 读者可以通过运行命令 $f2(100, 0.2)$,从结果可以看出,修正后正态分布较修正前更接近二项分布.

实验 2 随机游程个数 R 的精确分布

实验内容

对一个随机游程 ($n=10, n_1=4, n_2=6$),求游程个数 R 的精确分布.

实验思路

本实验难点在于如何模拟出所有的排列分布以及如何针对每一个排列获得其相应的游程个数 R. 任意随机游程,计算游程个数并不难,而如何模拟出所有的排列分布非常的困难. 可以尝试两种方法

方法 1 假设第一个排列是 0000111111, 每次将前一个排列中最右边的连续的一段 1(假设 n 个) 变成 0, 并将这段连续的 1 左边的 0 变成 1, 同时将最右边的 $n-1$ 个 0 变成 1, 直到变成 1111110000. 这个方法来自 C 语言中的全排列算法思想,虽然可行,但是循环过程较慢;

方法 2 利用 R 语言中的程序 combn 来避免循环, 对于每一个可能的游程, 生成 1~10 作为其下标 y, 然后得到 y 的所有排列组合. 请读者自己尝试.

本实验根据教材 2.3 节,在 R 中模拟出 4 个 1 与 6 个 0 的所有可能排列,并对每一排列求出相应的 r, 将所得的 r 的分布用分布图和统计特征值 (如均值、方差) 表现.

实验过程

编写函数 pruns() 如下:

```
pruns=function(n,n0,n1)            #编制求游程个数精确分布的函数
{
  b=NULL
  a=1:n
  for(i in 1:n)                    #求游程个数的概率
  {
    if(a[i]%%2==0)
```

```
     {k=a[i]/2
      b[i]=2*choose((n1-1),(k-1))*choose((n0-1),(k-1))/choose(n,n1)
     }
     else
     {
        k=(a[i]-1)/2
b[i]=(choose((n1-1),(k-1))*choose(n0-1,k)+choose((n0-1),(k-1))
        *choose(n1-1,k))/choose(n,n1)
     }
}
c=NULL
c[1]=b[1]
for(i in 2:n)                          #求游程个数的累积概率
{
   c[i]=c[(i-1)]+b[i]
}
result=as.data.frame(cbind(a,b,c))     #输出概率分布表
colnames(result)=c("k","prob","cumuprob")  #游程数  概率分布  累计概率
return(result)
}
```

利用已编写函数,计算 r 的精确分布.

```
res=pruns(10,4,6)
res                                    # r的概率分布表
barplot(prob, border=F, col="gray1")   # r的概率分布条形图
```

表 2.24　r 的概率分布表

r	概率	累计概率
1	0.00000000	0.00000000
2	0.00952381	0.00952381
3	0.03809524	0.04761905
4	0.14285714	0.19047619
5	0.21428571	0.40476190
6	0.28571429	0.69047619
7	0.19047619	0.88095238
8	0.09523810	0.97619048
9	0.02380952	1.00000000
10	0.00000000	1.00000000

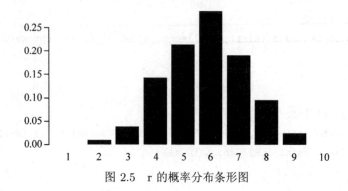

图 2.5　r 的概率分布条形图

实验结果及分析

计算 r 的均值和方差

```
(m.value=sum(res $k* res$ prob))            # r均值
[1] 5.8
(v.value=sum((res $k-m.value)^2*res$ prob))  # r方差
[1] 2.026667
```

r 的分布接近对称, 但是并非完全对称, 这从其均值为 5.8 也可以看出. 不过, 随着 n 的增大, r 的分布会越来越接近正态. 当样本量 $n=100$, r 的概率分布如图 2.6 所示 (请读者自己尝试).

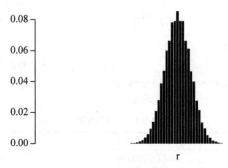

图 2.6　r 的概率分布条形图 ($n=100$)

实验 3　中位数检验方法对比 —— 基于波士顿房价数据

数据描述

Boston 房价数据 (数据光盘 boston.txt) 是波士顿不同地区的 506 个家庭住房信息, 其中包括决定房价的结构因素、环境因素和教育因素等. Boston 数据共有 506 个观测、14 个变量, 其中有两个变量 (CHAS, RAD) 是分类变量, 其余变量是连续型数值变量. 变量解释如表 2.25.

表 2.25　Boston 数据变量解释

变量名称	变量类型	变量描述
CRIM	Num	城镇的人均犯罪率
ZN	Num	大于 25000ft^2 的住宅区域比率
INDUS	Num	城镇中非零售商业区比率
CHAS	Int	查尔斯河虚拟变量 (=1, 若位于河边; 0, 其他)
NOX	Num	氮氧化合物浓度
RM	Num	每栋住宅的平均房间数
AGE	Num	1940 年前自住房比例
DIS	Num	与五大波士顿就业中心的加权距离
RAD	Int	高速公路的便利指数
TAX	Int	每 10000 美元的全额不动产税
PTRATIO	Num	城镇的学生 - 老师比率
B	Num	城镇的黑人比例
LSTAT	Num	低教育程度的人口比例
Target Variable—MEDV	Num	自住房价格的中位数 (单位: 1000 美元)

(Num—— 数值型变量; Int—— 分类型变量)

分析方法

符号检验、Wilcoxon 符号秩检验、ks 检验.

实验内容

(1) 计算出 Boston 房价数据中各变量的中位数 (均值);

(2) 然后用符号检验以及符号秩检验检验所得的中位数是否显著, 进而比较不同的检验方法的优劣.

分析过程

对数据中 14 个变量求出其样本中位数 M_0, 并检验所得样本中位数是否是总体的中心位置 θ, 即

$$H_0 : \theta = M_0, \qquad H_1 : \theta = M_1$$

针对以上问题, 采用符号检验和 Wilcoxon 符号秩检验. 同时对各变量进行 Liliefor 正态分布检验. 下面以 TAX 变量为例, 代码是对变量 TAX 求其样本中位数, 并检验它是否为中心位置.

```
library(MMST)                              #该程序包里有boston原始数据
data(boston)                               #加载数据
colnames(boston)=toupper(colnames(boston)) #将变量名由小写改为大写,易于区分
TAX.median=median(boston$TAX)              #TAX的样本中位数
splus=sum(boston$TAX>TAX.median)
sminus=sum(boston$TAX<TAX.median)
k=min(sminus,splus)
```

```
n=splus+sminus
binom.test(k,n,0.5)                                    #符号检验
wilcox.test(boston$TAX-TAX.median)                     #Wilcoxon符号秩检验
plot(density(boston$TAX))                              #显示TAX服从双峰分布
ks.test(boston$TAX, pnorm,mean(boston$TAX), sd(boston$TAX))
                                                       #Liliefor正态分布检验
```

运行结果得出符号检验、Willcox 符号秩检验的 p 值分别为 0.8929 和 1.167e-10. 所得 p 值相差很大. 同时由图 2.7 所示 TAX 服从双峰分布. Liliefor 正态分布检验 p 值小于 2.2e-16.

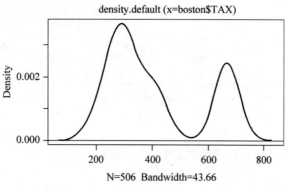

图 2.7 TAX 变量密度拟合 ($n = 100$)

用相同的方法可处理其他 13 个变量 (其中忽略分类变量 CHAS 和 RAD), 结果见表 2.26.

表 2.26 各变量检验 p 值

变量	符号检验 (p 值)	Wilcoxon 符号秩检验 (p 值)	Liliefor 正态分布检验 (p 值)
CRIM	1	4.012e-13	2.2e-16
ZN	2.2e-16	2.2e-16	2.2e-16
INDUS	0.9643	7.302e-08	2.2e-16
NOX	0.5242	0.06017	2.552e-05
RM	1	0.1627	0.002246
AGE	1	3.848e-07	4.596e-10
DIS	1	0.0002265	4.052e-08
TAX	0.8929	1.167e-10	0.7647
PTRATIO	1	1.655e-05	3.209e-14
B	1	1.777e-08	**0.5162**
LSTAT	1	0.04003	0.0005553
MEDV	1	0.3182	3.3e-10

对于正态分布检验，读者可以尝试 Shapiro 检验 (shapiro.test).

结论

对于各变量的正态分布检验中，除了变量 B 外都显著，说明其他变量都不服从正态分布. 在中心位置的检验中，我们发现变量 ZN 的中位数在两个检验中都显著，同时更多的变量在符号检验中不显著，而在 Wilcoxon 符号秩检验中显著，例如变量 CRIM、INDUS、TAX 等. 这表明 Wilcoxon 符号秩检验比符号检验利用的信息更多，但是使用 Wilcoxon 符号检验的前提是假设总体分布具有对称性. 如果对称性不成立，则还是符号检验的结果更为可靠. 读者可以运行

```
par(mfrow=c(3,4), mar=rep(2,4))
for(i in 1:12){plot(density(boston[,-c(4,9)][,i]), lwd=2, col="gray1",
        main=colnames(boston[,-c(4,9)])[i])}
```

得到各连续变量的概率密度估计，根据分布对称性选择合适的检验方法.

习题

2.1 超市经理想了解每位顾客在该超市购买的商品平均件数是否为 10 件，随机观察 12 位顾客，得到如下数据：

顾客	1	2	3	4	5	6	7	8	9	10	11	12
件数	22	9	4	5	1	16	15	26	47	8	31	7

(1) 采用符号检验进行决策.

(2) 采用 Wilcoxon 秩和检验进行决策，比较它和符号检验的结果.

2.2 考察某疾病的患者共计 350 名，男性 150 人，女性 200 人，问该疾病得病的男、女性别比是否为 1:1，即其男女比例是否各为 $\frac{1}{2}$？

2.3 设下表所示为拥有 10 万人口的某城市 15 年来每年因车祸的死亡率，问该城市死亡率是否有逐年增加的趋势？

17.3	17.9	18.4	18.1	18.3	19.6	18.6	19.2	17.7
20.0	19.0	18.8	19.3	20.2	19.9			

2.4 下表中的数据是两个篮球联赛中三分球的进球次数，该数据的目的是考察两个联赛三分球得分次数是否存在显著性差异.

(1) 符号检验；

(2) 配对 Wilcoxon 符号秩检验；

(3) 在这些数据中哪个检验更好？为什么？

队伍序号 \ 赛次	联赛 1	联赛 2
1	91	81
2	46	51
3	108	63
4	99	51
5	110	46
6	105	45
7	191	66
8	57	64
9	34	90
10	81	28

2.5 一个监听装置收到如下信号:
0 1 0 1 1 1 0 0 1 1 0 0 0 0 1 1 1 1 1 1 1 1 1 0 1 0 0 1 1 1 0 1 0 1 0 1 0 0
0 0 0 0 0 1 0 1 1 0 0 1 1 1 0 1 0 1 0 0 0 1 0 0 1 0 1 0 1 0 0 0 0 0 0 0 0

能否说该信号是纯粹随机干扰?

2.6 某品牌消毒液质检部要求每瓶消毒液的平均容积为 500ml, 现从流水线上的某台装瓶机器上随机抽取 20 瓶, 测得其容量 (单位: ml) 为:

| 509 | 505 | 502 | 501 | 493 | 498 | 497 | 502 | 504 | 506 |
| 505 | 508 | 498 | 495 | 496 | 507 | 506 | 507 | 508 | 505 |

试检查这台机器装多装少是否随机.

2.7 6 位妇女参加减肥试验, 试验前后体重如下, 选择方法判断她们的减肥计划是否成功. (单位: lb)

状态 \ 妇女	1	2	3	4	5	6
试验前	174	192	188	182	201	188
试验后	165	186	183	178	203	181

2.8 试给出 p 分位数的 Bootstrap 置信区间求解程序, 并在光盘 nerve 数据汇总求解 0.75 和 0.25 分位数的置信区间.

2.9 下面给出的是申请进入法学院学习的学生 LSAT 测试成绩和 GPA 成绩.

```
LSAT   576   635   558   578   666   580   555   661
       651   605   653   575   545   572   594
GPA    3.39  3.30  2.81  3.03  3.44  3.07  3.00  3.43
       3.36  3.13  3.12  2.74  2.76  2.88  3.96
```

每个数据点用 $X_i = (Y_i, Z_i)$ 表示, 其中 $Y_i = \text{LSAT}_i$, $Z_i = \text{GPA}_i$.

(1) 计算 Y_i 和 Z_i 的相关系数.

(2) 使用 Bootstrap 方法估计相关系数的标准误差.

(3) 计算置信度为 0.95 的相关系数 Bootstrap Pivotal 置信区间.

2.10 构造一个模拟比较 3 个 Bootstrap 置信区间的方法. $n = 50$, $T(F) = \int (x-\mu)^3 dF(x)/\sigma^3$ 是偏度. 从分布 $N(0,1)$ 中抽出样本 $Y_1, Y_2, \cdots, Y_n$, 令 $X_i = e^{Y_i}$, $i = 1, 2, \cdots, n$. 根据样本 $X_1, X_2, \cdots, X_n$ 构造 $T(F)$ 的 3 种类型的置信度为 0.95 的 Bootstrap 置信区间. 重复上述步骤许多次, 估计 3 种区间的真实覆盖率.

2.11 令 $X_1, X_2, \cdots, X_n \sim N(\mu, 1)$. 估计 $\hat{\theta} = e^{\overline{X}}$ 是参数 $\theta = e^\mu$ 的 MLE(极大似然估计). 用 $\mu = 5$ 生成 100 个观测的数据集.

(1) 用枢轴量方法获得 θ 的 0.95 置信区间和标准差. 用参数 Bootstrap 方法获得 θ 的 0.95 置信区间和估计标准差. 用非参数 Bootstrap 方法获得 θ 的 0.95 置信区间和估计标准差. 比较两种方法的结果.

(2) 画出参数和非参数 Bootstrap 观测的直方图, 观察图形给出对 $\hat{\theta}$ 分布的判断.

2.12 在白令海所捕捉的 12 岁的某种鱼的长度 (单位: cm) 样本为

长度/cm	64	65	66	67	68	69	70	71	72	73	74	75	77	78	83
数目	1	2	1	1	4	3	4	5	3	3	0	1	6	1	1

你能否同意所声称的 12 岁的这种鱼的长度的中位数总是在 69~72cm 之间?

2.13 有 4 种水稻品种 A, B, C, D, 采用随机完全区组设计 (RCBD) 进行试验, 重复 4 次, 所得每区产量如下 (单位: kg), 试测验试验误差是否为正态分布且随机.

品种 \ 区组	I	II	III	IV
A	4.7	5.2	6.2	5.1
B	5.0	5.4	6.7	5.7
C	5.7	5.3	6.9	5.7
D	5.4	6.5	7.4	5.9

2.14 社会学家欲了解抑郁症的发病率是否在一年时间随季节的不同而不同, 他使用了来自一所大医院的病人数据, 他按一年四个季节 (比如: 冬季 = 十二月、一月和二月) 依次记录过去五年中第一次被确诊为患抑郁症的病人数, 下表中列出了该数据 (单位: 人).

春季	夏季	秋季	冬季	合计
495	503	491	581	2070

请问: 发病率是否与季节有关?

第 3 章　两独立样本数据的位置和尺度推断

在单一样本的推断问题中,感兴趣的是总体位置的估计问题. 在实际问题中,常常涉及两不同总体的位置参数或尺度参数的比较问题,比如,两只股票的红利哪一只更高,两种汽油中哪一种对环境的污染更少,两种市场营销策略哪种更有效,等等.

假定两独立样本

$$X_1, X_2, \cdots, X_m \overset{\text{i.i.d.}}{\sim} F_1\left(\frac{x-\mu_1}{\sigma_1}\right), \quad Y_1, Y_2, \cdots, Y_n \overset{\text{i.i.d.}}{\sim} F_2\left(\frac{x-\mu_2}{\sigma_2}\right).$$

而且 $X_1, X_2, \cdots, X_m, Y_1, Y_2, \cdots, Y_n$ 相互独立. 其中 μ_1, μ_2 是位置参数,σ_1, σ_2 是尺度参数,有关 μ_1 和 μ_2 的估计和检验问题称为两样本的位置参数问题;有关 σ_1 和 σ_2 的估计和检验问题称为两样本的尺度参数问题.

对位置参数问题,本章只考虑如下简单的情况:

$$X_1, X_2, \cdots, X_m \overset{\text{i.i.d.}}{\sim} F(x), Y_1, Y_2, \cdots, Y_n \overset{\text{i.i.d.}}{\sim} F(x-\mu).$$

两样本具有相似的分布,此时,典型的假设检验问题是

$$H_0: \mu = 0 \leftrightarrow H_1: \mu > 0.$$

这时,两样本位置的比较相当于中位数之间的比较,即如果 $\mu > 0$,则 X 的分布平均来讲比 Y 大,也就是说:

$$\begin{aligned}
P(X < Y) &= \int_{-\infty}^{+\infty} \int_{-\infty}^{x} \mathrm{d}(F(y-\mu)F(x)) \\
&= \int_{-\infty}^{+\infty} F(x-\mu) \, \mathrm{d}F(x) \\
&\leqslant \int_{-\infty}^{+\infty} F(x) \, \mathrm{d}F(x) = \frac{1}{2}.
\end{aligned}$$

对于两样本中位数位置的检验,本章将介绍两种常用的分析方法:Brown-Mood 中位数检验和 Mann-Whitney 秩和检验.

对尺度参数问题,假设

$$X_1, X_2, \cdots, X_m \sim F\left(\frac{x-\mu_1}{\sigma_1}\right), Y_1, Y_2, \cdots, Y_n \sim F\left(\frac{x-\mu_2}{\sigma_2}\right).$$

F 处处连续, 且 $X_1, X_2, \cdots, X_m, Y_1, Y_2, \cdots, Y_n$ 相互独立.

假设检验问题为

$$H_0: \sigma_1 = \sigma_2 \leftrightarrow H_1: \sigma_1 \neq \sigma_2.$$

对于两样本尺度的检验, 本章将介绍两种方法: Mood 方法和 Moses 方法.

3.1 Brown-Mood 中位数检验

1. 假设检验问题

假设 $X_1, X_2, \cdots, X_m, Y_1, Y_2, \cdots, Y_n$ 是两组相互独立的样本, 来自两个分布 $F(x)$ 和 $F(x-\mu)$, 有相应的中位数 med_X 和 med_Y. 假设检验问题为

$$H_0: \text{med}_X = \text{med}_Y \leftrightarrow H_1: \text{med}_X > \text{med}_Y \tag{3.1}$$

在零假设之下, 如果两组数据有相同的中位数, 则将两组数据混合后, 两组数据的混合中位数 med_{XY} 与 med_X 和 med_Y 相等, 两组数据应该比较均匀地分布在 med_{XY} 两边. 因此, 与符号检验类似, 检验的第一步是找出混合数据的样本中位数 M_{XY}, 将 X 和 Y 按照分布在 M_{XY} 的左右两侧分为 4 类, 对每一类计数, 形成 2×2 列联表, 如表 3.1 所示.

表 3.1 X 和 Y 按照分布在 M_{XY} 两侧计数表

	X	Y	总和
$> M_{XY}$	A	B	t
$< M_{XY}$	C	D	$(m+n)-(A+B)$
总和	m	n	$m+n \equiv A+B+C+D$

令 A, B, C, D 表示上述列联表中 4 个类别的样本点数, A 表示左上角取值 a 即 X 样本中大于 M_{XY} 的点数. t 表示混合样本中大于 M_{XY} 的样本点的个数, 它依赖于 $m+n$ 的奇偶性, 当 m, n 和 t 固定时, A 的分布在零假设下是超几何分布:

$$P(A=k) = \frac{\binom{m}{k}\binom{n}{t-k}}{\binom{m+n}{t}}, k \leqslant \min\{m, t\}.$$

在给定 m, n 和 t 时, 当 A 的值太大, 可以考虑拒绝零假设, 接受单边检验 ($H_1: M_X > M_Y$). 同理, 可以得到另外一个单边检验 ($H_1: M_X < M_Y$) 和双边检验的解决方案, 如表 3.2 所示.

表 3.2 Brown-Mood 中位数检验的基本内容

零假设: H_0	备择假设: H_1	检验统计量	p 值
$H_0: M_X = M_Y$	$H_1: M_X > M_Y$	A	$P_{\text{hyper}}(A \geqslant a)$
$H_0: M_X = M_Y$	$H_1: M_X < M_Y$	A	$P_{\text{hyper}}(A \leqslant a)$
$H_0: M_X = M_Y$	$H_1: M_X \neq M_Y$	A	$2\min\{P_{\text{hyper}}(A \leqslant a), P_{\text{hyper}}(A \geqslant a)\}$

对水平 α, 如果 p 值 $< \alpha$, 拒绝 H_0; 否则不能拒绝

例 3.1 为研究两不同品牌同一规格显示器在某市不同商场的零售价格是否存在差异, 收集了出售 A 品牌的 9 家商场的零售价格数据 (单位: 人民币 ¥) 和出售 B 品牌的 7 家商场的零售价格数据, 列表如下 (见表 3.3).

表 3.3 两不同品牌显示器不同商场的零售价格

A 品牌:	698	688	675	656	655	648	640	639	620
B 品牌:	780	754	740	712	693	680	621		

解 $M_{XY} = 677.5$, 得到如下列联表:

	X 样本	Y 样本	总和
观测值大于 M_{XY} 的数目	2	6	8
观测值小于 M_{XY} 的数目	7	1	8
总和	9	7	16

比较不同商场显示器零售价格的例 3.1 中, $a = 2$, 备择检验是 $H_1: M_X < M_Y$. 作单边检验时, p 值为 $P(A \leqslant 2) = 0.02027972$. 这个 p 值相当小, 因而拒绝零假设. 对于两个方差相等的正态总体, 该检验相对于 t 检验的 ARE 为 $2/\pi = 0.637$, 对比符号检验相对于 t 检验的 ARE $= 2/\pi$, 二者几乎相等, 这表明它和单样本情况的符号检验同属一类.

2. 大样本检验

大样本的时候, 在零假设下, 可以利用超几何分布的正态近似进行检验:

$$Z = \frac{A - mt/(m+n)}{\sqrt{mnt(m+n-t)/(m+n)^3}} \xrightarrow{\mathcal{L}} N(0,1).$$

小样本时, 也可以使用连续性修正为

$$Z = \frac{A \pm 0.5 - mt/(m+n)}{\sqrt{mnt(m+n-t)/(m+n)^3}} \xrightarrow{\mathcal{L}} N(0,1).$$

例 3.2(例 3.1 续) 用 R 自己编写的程序计算 p 值为 0.02, 结论与用精确分布检验一致.

在 R 中编写计算 Brown-Mood 的程序:

```
BM.test<-function(x, y, alt)
{ xy <- c(x, y)
    md.xy <- median(xy)
    t <- sum(xy> md.xy)
    lx <- length(x)
    ly <- length(y)
    lxy <- lx + ly
    A <- sum(x > md.xy)
    if(alt == "greater")
        { w <- 1-phyper(A, lx, ly, t)}
    else if (alt == "less")
        { w <- phyper(A, lx, ly, t) }
    conting.table=matrix(c(A, lx-A, lx, t-A, ly-(t-A),
    ly, t, lxy-t, lxy), 3, 3)
    col.name<-c("X", "Y", "X+Y")
    row.name<-c(">MXY", "<MXY", "TOTAL")
    dimnames(conting.table)<-list(row.name,col.name)
    list(contingency.table=conting.table, p.value = w)
```

输出结果如下：

```
> BM.test(X,Y,"less")
$contingency.table:
        X  Y  X+Y
>MXY    2  6   8
<MXY    7  1   8
TOTAL   9  7  16

$p.value:
[1] 0.02027972
```

值得注意的是，我们这里虽然只给出了中位数的检验，但是任意 p 分位数 M_p 的检验是相似的，只是大于 M_p 的 t 不再是 $\dfrac{m+n}{2}$，而是 $(m+n)(1-p)$. 其他结果都是类似的，试完成习题.

3.2 Wilcoxon-Mann-Whitney 秩和检验

1. 无结点 Wilcoxon-Mann-Whitney 秩和检验

前面的 Brown-Mood 检验与符号检验的思想类似，仅仅比较了两组数据的符号，与单样本的 Wilcoxon 符号秩检验类似，也想利用更多的样本信息；这里假定两总体分布有类似形状，不假定对称。样本 $X_1, X_2, \cdots, X_m \sim F(x-\mu_1)$ 和 $Y_1, Y_2, \cdots, Y_n \sim F(x-\mu_2)$，检验问题为

$$H_0 : \mu_1 = \mu_2 (\mu = \mu_1 - \mu_2 = 0) \leftrightarrow H_1 : \mu_1 \neq \mu_2 (\mu = \mu_1 - \mu_2 \neq 0). \quad (3.2)$$

把样本 $X_1, X_2, \cdots, X_m$ 和 $Y_1, Y_2, \cdots, Y_n$ 混合在一起，将 $m+n$ 个数按照从小到大的顺序排列起来. 每一个 Y 观测值在混合排列中都有自己的秩. 令 R_i 为 Y_i 在这 N 个数中的秩 (即 Y_i 是第 R_i 小的). 令 I_m 和 I_n 分别表示两样本的指标集，则

$$R_i = \#(X_j < Y_i, j \in I_m) + \#(Y_k \leqslant Y_i, k \in I_n).$$

显然如果这些秩的和 $W_Y = \sum_{i=1}^{n} R_i$ 过小，则 Y 样本的值从平均的意义上来看偏小，这时可以怀疑零假设. 同样，对于 X 样本也可以得到 W_X. 称 W_Y 或 W_X 为 Wilcoxon **秩和统计量**(Wilcoxon rank-sum statistics).

根据单样本的 Wilcoxon 符号秩检验可知

$$W_Y = \sum_{i=1}^{n} R_i = \#(X_j < Y_i, j \in I_m, i \in I_n) + \frac{n(n+1)}{2}.$$

记

$$W_{XY} = \#(X_j < Y_i, j \in I_m, i \in I_n),$$
$$W_{YX} = \#(Y_i < X_j, j \in I_m, i \in I_n).$$

W_{XY} 表示混合样本中 Y 观测值大于 X 观测值的个数. 它是对 Y 相对于 X 的秩求和.

$$W_Y = W_{XY} + \frac{n(n+1)}{2}, \quad (3.3)$$

$$W_X = W_{YX} + \frac{m(m+1)}{2}. \quad (3.4)$$

而 $W_X + W_Y = \dfrac{(n+m)(n+m+1)}{2}$，于是有

$$W_{XY} + W_{YX} = nm.$$

在零假设之下，W_{XY} 与 W_{YX} 同分布，它们称为 Mann-Whitney **统计量**. 从式 (3.3) 和式 (3.4) 中，我们发现 Wilcoxon 秩和统计量与 Mann-Whitney 统计量是等

价的. 事实上, Wilcoxon 秩和检验于 1945 年首先由 Wilcoxon 提出, 主要针对两样本量相同的情况. 1947 年, Mann 和 Whitney 又在考虑到不等样本的情况下补充了这一方法. 因此, 也称两样本的秩和检验为 Wilcoxon-Mann-Whitney 检验 (简称 W-M-W 检验). 事实上, Mann-Whitney 检验还被称为 Mann-Whitney-U 检验, 原因是 W_{XY} 可以化为 U 统计量. 为了解零假设下 W_Y 或 W_X 的分布性质, 关于 R_i 有如下定理.

定理 3.1 在零假设下,
$$P(R_i = k) = \frac{1}{n+m}, \ k = 1, 2, \cdots, n+m;$$
和
$$P(R_i = k, R_j = l) = \begin{cases} \dfrac{1}{(n+m)(n+m-1)}, & k \neq l, \\ 0, & k = l. \end{cases}$$

由此容易得到
$$E(R_i) = \frac{n+m+1}{2},$$
$$\mathrm{var}(R_i) = \frac{(n+m)^2 - 1}{12},$$
$$\mathrm{cov}(R_i, R_j) = -\frac{n+m+1}{12}, \ i \neq j.$$

由于 $W_Y = \sum_{i=1}^{n} R_i$ 以及 $W_Y = W_{XY} + n(n+1)/2$, 有
$$E(W_Y) = \frac{n(n+m+1)}{2}, \ \mathrm{var}(W_Y) = \frac{mn(n+m+1)}{12},$$
及
$$E(W_{XY}) = \frac{mn}{2}, \ \mathrm{var}(W_{XY}) = \frac{mn(n+m+1)}{12}.$$

这些公式成为计算 Mann-Whitney-Wilcoxon 统计量的分布和 p 值的基础.

定理 3.2 在零假设下, 若 $m, n \to +\infty$, 且 $\dfrac{m}{m+n} \to \lambda, 0 < \lambda < 1$, 有

$$Z = \frac{W_{XY} - \dfrac{mn}{2}}{\sqrt{\dfrac{mn(m+n+1)}{12}}} \xrightarrow{\mathcal{L}} N(0,1), \tag{3.5}$$

$$Z = \frac{W_X - \dfrac{m(m+n+1)}{2}}{\sqrt{\dfrac{mn(m+n+1)}{12}}} \xrightarrow{\mathcal{L}} N(0,1). \tag{3.6}$$

对于双边检验,令 $K = \min\{W_X, W_Y\}$,此时,K 可以通过正态分布 $N(a,b)$ 求得任意点的分布函数,a,b 由式 (3.5) 和式 (3.6) 确定. 在显著性水平为 α 下检验的拒绝域为

$$2P_{\text{norm}}(K < k|a,b) \leqslant \alpha,$$

其中 k 是满足上式的最大的 k,也可以通过计算统计量 K 的 p 值做决策,即 p 值 $= 2P_{\text{norm}}(K < k|a,b)$.

例 3.3 研究不同饲料对雌鼠体重增加是否有差异,数据表如表 3.4 所示.

表 3.4 不同饲料的两组雌鼠在 8 周内增加的体重

饲料	鼠数	各鼠增加的体重/g										
高蛋白	12	134	146	104	119	124	161	107	83	113	129	97	123
低蛋白	7	70	118	101	85	112	132	94					

解 假设检验问题如下:

$$H_0: \mu_1 = \mu_2 \leftrightarrow H_1: \mu_1 \neq \mu_2. \tag{3.7}$$

先将两组数据混合从小到大排列,并注明组别与秩如表 3.5 所示.

表 3.5 两样本 W-M-W 秩和检验表

体重/g	70	83	85	94	97	101	104	107	112	113
组别	低	高	低	低	高	低	高	高	低	高
秩	1	2	3	4	5	6	7	8	9	10
体重/g	118	119	123	124	129	132	134	146	161	
组别	低	高	高	高	高	低	高	高	高	
秩	11	12	13	14	15	16	17	18	19	

令 Y 为低蛋白组,$n = 7$,X 为高蛋白组,R_i 是低蛋白组在混合样本中的秩:

$$W_Y = \sum_{i=1}^{m} = 1 + 3 + 4 + 6 + 9 + 11 + 16 = 50.$$

根据式 (3.3),可计算出 $W_{XY} = W_Y - \dfrac{n(n+1)}{2} = 50 - 7 \times 8/2 = 22$. 当 $m = 12, n = 7$ 时正态分布的临界值 $q_{0.05}$ 为 46,或直接计算 $W_{XY} = 22$ 的 p 值如 R 程序输出,$p = 0.1003 > 0.05$,没有显著性差异. 下面是 R 的解法和程序输出:

```
weight.low=c(134,146,104,119,124,161,107,83,113,129,97,123)
weight.high=c(70,118,101,85,112,132,94)
wilcox.test(weight.high, weight.low)
        Wilcoxon rank sum test
```

```
data:  weight.high and weight.low
W = 22, p-value = 0.1003
alternative hypothesis: true location shift is not equal to 0
```

例 3.4 Richard 2005 年给出一个例子, 是关于服用某类药物对被试视觉刺激反应时间的影响研究. 研究者随机将 8 名被试者放在实验条件下, 7 名放在控制条件下, 用毫秒记录被试者的视觉反应时间. 这里测量上的问题是, 反应时间受其他不可测而不能忽略的因素影响 (比如个体潜在反应时间或个体解决问题的时间差异), 于是我们的测量可能会是有偏的. 数据有偏的直接结果是反应时间虽然不可能小于 0, 但可能会无穷大. 这是信息不充分的典型情况. 测量数据如表 3.6 所示.

表 3.6 计算 Mann-Whitney 统计量

实验组		控制组		
时间/ms	秩	时间/ms	秩	
140	4	130	1	
147	6	135	2	
153	8	138	3	$U = mn + \dfrac{m(m+1)}{2} - R_1$
160	10	144	5	$= 8 \times 7 + \dfrac{8 \times (8+1)}{2} - 81$
165	11	148	7	$= 56 + \dfrac{72}{2} - 81$
170	13	155	9	$= 56 + 36 - 81$
171	14	168	12	$= 11$
193	15			
$R_1 = 81$		$R_2 = 39$		
$m = 8$		$n = 7$		

零假设: 两组秩之间的差异是由偶然性产生的.

备择假设: 两组秩之间的差异不是偶然产生的.

检验统计量: Mann-Whitney 检验统计量.

显著性水平: $\alpha = 0.05$.

样本量: $m = 8, n = 7$.

拒绝零假设的临界值: $U \leqslant 11$ 或 $U \geqslant 46$. 如果 U 在两个临界值以外, 就拒绝零假设. 因为本例中 $U = 11$, 因此拒绝原假设.

2. 有结点的计算公式

当 X 和 Y 中有相同数值时, 也就是说数据有结, 如用 $(\tau_1, \tau_2, \cdots, \tau_g)$ 表示混合样本的结, 则相同的数据采用平均秩 (如数字相同则取平均秩). 此时, 大样本近

似的 Z 应修正为

$$Z = \frac{W_{XY} - mn/2}{\sqrt{\dfrac{mn(m+n+1)}{12} - \dfrac{mn\left(\sum_{i=1}^{g}\tau_i^3 - \sum_{i=1}^{g}\tau_i\right)}{12(m+n)(m+n-1)}}},$$

其中 τ_i 是第 i 个结的结长, 而 g 是所有结的个数.

关于 Wilcoxon 秩和检验 (Mann-Whitney 检验), 总结如表 3.7 所示.

表 3.7　Wilcoxon 秩和检验 (Mann-Whitney 检验) 表

零假设: H_0	备择假设: H_1	检验统计量 (K)	p 值
$H_0: M_X = M_Y$	$H_1: M_X > M_Y$	W_{XY} 或 W_Y	$P(K \leqslant k)$
$H_0: M_X = M_Y$	$H_1: M_X < M_Y$	W_{YX} 或 W_X	$P(K \leqslant k)$
$H_0: M_X = M_Y$	$H_1: M_X \neq M_Y$	$\min\{W_{YX}, W_{XY}\}$ 或 $\min\{W_X, W_Y\}$	$2P(K \leqslant k)$
大样本时, 用上述近似正态统计量计算 p 值			

这里虽然表面看上去是按照备择假设的方向选 W_X 或 W_Y 作为检验统计量, 但是, 实际上往往是按照实际观察的 W_X 和 W_Y 的大小来确定备择假设. 在选定备择假设之后, 比如 $H_1: M_X > M_Y$, 我们之所以选 W_Y 或 W_{XY} 作为检验统计量, 是因为它们的观测值比 W_X 或 W_{YX} 的小, 因而计算或查表 (表只有一个方向) 要方便些. 如果利用大样本正态近似, 则可以选择任何一个作为检验统计量.

3. $M_X - M_Y$ 的点估计和区间估计

差 $M_X - M_Y$ 的点估计很简单, 只要把 X 和 Y 观测值成对相减 (共有 mn 对), 然后求它们的中位数即可. 就例 3.3 来说, 差 $M_X - M_Y$ 的点估计为 18.5.

如果想求 $\theta \equiv M_X - M_Y$ 的 $(1-\alpha)\%$ 置信区间, 有以下两种方法.

(1) 将 $\theta = M_X - M_Y$ 作为待估计参数, 用 Bootstrap 方法分别估计 M_X 和 M_Y, 取得二者差, 得到 Bootstrap $\hat{\theta}^*$, 求出 $\hat{\theta}$ 的方差, 再用第 2 章的方法求解. 以下给出 $M_X - M_Y$ 的 R 参考程序:

```
x1=firstsample
x2=secondsample
n1=length(x1)
n2=length(x2)
th.hat=median(x2)-median(x1)
B=1000
Tboot=    #vector of length Bootstrap
for (i in 1:B)
{
xx1=  #sample of size n1 with replacement from x1
```

```
xx2=     #sample of size n2 with replacement from x2
Tboot[i]=median(xx2)-median(xx1)
}
se=sd(Tboot)
Normal.conf=c(qnorm(Tboot,0.025),qnorm(Tboot,0.025))
Percentile.conf=c(quantile(Tboot,0.025),quantile(Tboot,0.975))
Provotal.conf=(2*th.hat+quantile(Tboot,0.025),
+2*th.hat-quantile(Tboot,0.025))
```

(2) 计算 X 与 Y 的差, 求排序后的中位数, 具体步骤如下:

① 得到所有 mn 个差 $X_i - Y_j$.

② 记按升幂次序排列的这些差为 $D_1, D_2, \cdots, D_N$, $N = mn$.

③ 从表中查出 $W_{\alpha/2}$, 它满足 $P(W_{XY} \leqslant W_{\alpha/2}) = \alpha/2$, 则所要的置信区间为 $(D_{W_{\alpha/2}}, D_{mn+1-W_{\alpha/2}})$.

在例 3.3 中 ($N = 12 \times 7 = 84$), 如果要求 Δ 的 95% 置信区间, 有 $\alpha/2 = 0.025$; 对于 $m = 12, n = 7$, 查表得 $W_{0.025} = 19$. 再找出 $D_{19} = -3$ 及 $D_{84+1-19} = D_{66} = 42$. 因此, 区间 $(-3, 42)$ 为所求的 $\Delta = M_X - M_Y$ 的 95% 置信区间.

对于差异具有统计意义的两组呈正态分布的样本来说, W-M-W 检验相对于两样本的 t 检验的渐近效率是 0.955; 而对于总体非正态分布 (例如非对称分布), W-M-W 检验比两样本 t 检验的效率高得多, 事实上这时的渐近相对效率能高达无穷大, 所以 W-M-W 方法对于两样本的检验是十分适用的.

3.3　Mood 方差检验

对于尺度参数的检验, 它与两样本的位置参数有关, 如果不知道位置参数, 则一般很难通过秩检验判断两组数据的离散程度. 比如下面两组数据:

| 样本 1 | 48 | 56 | 59 | 61 | 84 | 87 | 91 | 95 |
| 样本 2 | 2 | 22 | 49 | 78 | 85 | 89 | 93 | 97 |

观察数据可以看出, 第二组数据比第一组数据分散, 但从秩的角度却很难区分. 所以 Mood 检验法假定两位置参数相等. 不失一般性, 假定为零. 于是有样本 $X_1, X_2, \cdots$, $X_m \sim F\left(\dfrac{x}{\sigma_1}\right)$ 和 $Y_1, Y_2, \cdots, Y_n \sim F\left(\dfrac{x}{\sigma_2}\right)$, 我们的检验问题为

$$H_0: \sigma_1^2 = \sigma_2^2 \quad \leftrightarrow \quad H_1: \sigma_1^2 \neq \sigma_2^2.$$

F 处处连续, 且 $X_1, X_2, \cdots, X_m, Y_1, Y_2, \cdots, Y_n$ 相互独立, 令 R_i 为 X_i 在混合样本

中的秩，当 H_0 成立时，$X_1, X_2, \cdots, X_m, Y_1, Y_2, \cdots, Y_n$ 独立同分布，

$$E(R_i) = \sum_{i=1}^{m+n} \frac{i}{m+n} = \frac{m+n+1}{2}.$$

当 H_0 成立时，对 X 样本来说，考虑秩统计量

$$M = \sum_{i=1}^{m} \left(R_i - \frac{m+n+1}{2} \right)^2. \tag{3.8}$$

如果它的值偏大，则 X 的方差也可能偏大。可以对大的 M 拒绝零假设。它于 1954 年由 Mood 提出，称为 Mood 检验。

在零假设 H_0 下，M 的分布可以由秩的分布性质得出。这里给出大样本近似。在零假设下，当 $m, n \to \infty$ 并且 $m/(m+n)$ 趋于常数时，有

$$E(M) = m(m+n+1)(m+n-1)/12, \tag{3.9}$$

$$\mathrm{var}(M) = mn(m+n+1)(m+n+2)(m+n-2)/180, \tag{3.10}$$

$$Z = \frac{M - E(M)}{\sqrt{\mathrm{var}(M)}} \xrightarrow{\mathcal{L}} N(0,1). \tag{3.11}$$

当样本量小的时候，比如：$m+n < 30$，可以用连续性修正式 (3.12)，

$$Z = \frac{M - E(M) \pm 0.5}{\sqrt{\mathrm{var}(M)}} \xrightarrow{\mathcal{L}} N(0,1), \tag{3.12}$$

也可以用 Laubscher 等人于 1968 年提出的建议，修正如下所示：

$$Z = \frac{M - E(M)}{\sqrt{\mathrm{var}(M)}} + \frac{1}{2\sqrt{\mathrm{var}(M)}} \xrightarrow{\mathcal{L}} N(0,1). \tag{3.13}$$

例 3.5 假定有 5 位健康成年人的血液，测量血液中的尿酸浓度，分别用手工 (x) 和仪器 (y) 两种测量结果如下，问两种测量方法的精确度是否存在差异？

手工 (x)	4.5	6.5	7	10	12
仪器 (y)	6	7.2	8	9	9.8

解 假设检验：

H_0：两种尿酸浓度测量法的方差相同，即 $\sigma_1^2 = \sigma_2^2$；

H_1：两种尿酸浓度测量法的方差不同，即 $\sigma_1^2 \neq \sigma_2^2$.

统计分析：将两样本混合，计算混合秩如下表。

尿酸浓度	4.5	6	6.5	7	7.2	8	9	9.8	10	12
秩	1	2	3	4	5	6	7	8	9	10
组别	x	y	x	x	y	y	y	y	x	x

设 $m = n = 5, (m+n+1)/2 = (5+5+1)/2 = 5.5$, 利用式 (3.8), 有

$$M = (1-5.5)^2 + (3-5.5)^2 + (4-5.5)^2 + (9-5.5)^2 + (10-5.5)^2 = 61.25$$

由附表 9, $M_{0.025,5,5} = 15.25$, $M_{0.975,5,5} = 65.25$, $M = 61.25$. 由于 $15.25 < M = 61.25 < 65.25$, 故不能拒绝 H_0, 表示两种测量法的精度没有明显差异.

若用式 (3.9) 和式 (3.10) 分别计算, 则

$$\begin{aligned} E(M) &= m(m+n+1)(m+n-1)/12 \\ &= 5(5+5+1)(5+5-1)/12 \\ &= 41.25, \\ \mathrm{var}(M) &= mn(m+n+1)(m+n+2)(m+n-2)/180 \\ &= 5 \times 5(5+5+1)(5+5+2)(5+5-2)/180 \\ &= 146.6667. \end{aligned}$$

代入式 (3.12) 得

$$\begin{aligned} Z &= \frac{1}{\sqrt{V(M)}} \left[M - E(M) + \frac{1}{2} \right] \\ &= \frac{1}{146.6667}[62 - 41.25 + 0.5] \\ &= \frac{21.25}{12.1106} \\ &= 1.7547 < Z_{0.05/2} = 1.96 \end{aligned}$$

所得结论与第一种方法相同.

3.4 Moses 方差检验

Moses 于 1963 年提出另一种检验两总体方差相等的方法, 该方法无需事先假设两分布平均值相等, 因此应用较广.

设 $x_1, x_2, \cdots, x_m$ 为第 1 个分布的随机样本, 第 1 个总体的方差为 σ_1^2. 设 $y_1, y_2, \cdots, y_n$ 为第 2 个分布的随机样本, 第 2 个总体的方差为 σ_2^2.

假设检验：
$$H_0: \text{两分布方差相等，即} \sigma_1^2 = \sigma_2^2;$$
$$H_1: \text{两分布方差不等，即} \sigma_1^2 \neq \sigma_2^2.$$

统计分析：

Moses 检验法的统计值 T 求法如下.

(1) 将两样本各分成几组，如第 1 组样本随机分成 m_1 组，每组含 k 个观测值，记为 $A_1, A_2, \cdots, A_{m_1}$；同理第 2 组样本随机分成 m_2 组，每组含 k 个观测值，记为 $B_1, B_2, \cdots, B_{m_2}$.

(2) 分别求各小组样本的离差平方和如下：
$$\text{SSA}_r = \sum_{x_i \in A_r} (x_i - \bar{x})^2, \quad r = 1, 2, \cdots, m_1;$$
$$\text{SSB}_s = \sum_{y_i \in B_s} (y_i - \bar{y})^2, \quad s = 1, 2, \cdots, m_2.$$

(3) 将两样本各小组的平方和 $\text{SSA}_r, \text{SSB}_s (r = 1, 2, \cdots, m_1, s = 1, 2, \cdots, m_2)$ 混合，排序按大小定秩.

(4) 计算第 1 组样本 m_1 组平方和的秩和，用 S 表示，则 Moses 的统计值 T_M 为
$$T_M = S - \frac{m_1(m_1 + 1)}{2}.$$

如果两组数据的方差存在很大的差异，从平均来看，一组数据的平方和，比另一组数据的平方和小，因此查 Mann-Whitney 的 W_α 值表 (见附表 4)，若实际 $T_M < W_{0.025, m_1, m_2}$ 或 $T_M > W_{0.975, m_1, m_2} = m_1 m_2 - W_{0.025}$，则不能拒绝 H_1，反之则接受 H_0.

例 3.6 设中风病人与健康成人血液中尿酸浓度如下：

病人 (x)	8.2	10.7	7.5	14.6	6.3	9.2	11.9	5.6	12.8	5.2	4.9	13.5	$m = 12$
正常人 (y)	4.7	6.3	5.2	6.8	5.6	4.2	6.0	7.4	8.1	6.5			$n = 10$

假设检验：
$$H_0: \text{中风病人与健康成人血液的尿酸浓度的变异相同，即} \sigma_1^2 = \sigma_2^2;$$
$$H_1: \text{中风病人与健康成人血液的尿酸浓度的变异不同，即} \sigma_1^2 \neq \sigma_2^2.$$

统计分析：现在将中风病人随机分成 4 组 $(m_1 = 4)$，每组 3 人 $(K = 3)$，健康成人分成 3 组 $(m_2 = 3)$，每组 3 人 $(K = 3)$，多出 1 人去除. 各组尿酸浓度及其平方和如下：

中风病人 (x)	观测值			平方和 (SSA)	秩
1	8.2	14.6	11.9	20.65	5
2	10.7	6.3	5.2	16.94	4
3	7.5	5.6	12.8	27.85	6
4	9.2	4.9	13.5	36.98	7

正常人 (y)	观测值			平方和 (SSB)	秩
1	4.7	6.8	6.0	2.25	2
2	6.3	5.6	7.4	1.65	1
3	5.2	4.2	8.1	8.21	3

如果取较小的 $S = \min\{SSA, SSB\} = \min\{22, 6\} = 6$, 则

$$T_M = S - m_2(m_2+1)/2 = 6 - 3(3+1)/2 = 0.$$

查附表 4, $W_{0.025,4,3} = 0$, 统计量 $T = 0 \leqslant W_{0.025} = 0$, 因此不能拒绝 H_1. 由于 $T = S_1 - m_1(m_1+1)/2 = 22 - 4(4+1)/2 = 12, W_{0.975} = m_1 m_2 - W_{0.025} = 4 \times 3 - 0 = 12$, $T = 12 > W_{0.975,4,3} = 12$, 所以接受 H_1, 认为两组数据的方差不相等.

3.5 实　验

实验　Brown-Mood 检验

实验内容

例 3.2 中已经给出计算 Brown-Mood 检验的程序, 编写 R 函数, 实现任意 q 分位数的 Brown-Mood 检验 (要求同时输出精确检验、正态近似、连续性修正的正态近似下的 p 值).

实验思路

例 3.2 只给出了中位数的检验, 任意 q 分位数的检验是相似的. 在零假设下, 如果两组数据有相同的 q 分位数, 即 $Q_X = Q_Y$, 那么将两组数据混合之后, 两组数据的混合 q 分位数 $Q_{XY} = Q_X = Q_Y$. 检验原理与中位数检验类似.

实验步骤

参考例 3.2, 在计算统计量和 p 值时加入正态近似和连续性修正正态近似的计算, 一并输出, 以下函数 BMq.test() 作为参考.

```
BMq.test=function(x,y,q,alt)          #alt:备择假设形式
{
  xy=c(x,y)
  quantile.xy=quantile(xy,q)
```

```
    t=sum(xy>quantile.xy)
    lx=length(x[x!=quantile.xy])
    ly=length(y[y!=quantile.xy])
    lxy=lx+ly
    A=sum(x>quantile.xy)                              #检验统计量A
    z=(A-lx*t/(lx+ly))/(lx*ly*t*(lx+ly-t)/(lx+ly)^3)^0.5
    #正态近似时的标准化统计量
    if(A>(min(lx,t)/2)){
       z1=(A+0.5-lx*t/(lx+ly))/(lx*ly*t*(lx+ly-t)/(lx+ly)^3)^0.5
                             #连续性修正后正态近似时的标准化统计量
    }
    else{z1=(A-0.5-lx*t)/(lx+ly)/(lx*ly*t*(lx+ly-t)/(lx+ly)^3)^0.5}
    if(alt=="greater"){
      pv1=1-phyper(A,lx,ly,t)                         #精确p值
      pv2=1-pnorm(z)                                  #正态近似p值
      pv3=1-pnorm(z1)                                 #连续性修正后正态近似p值
    }
    if(alt=="less"){
      pv1=phyper(A,lx,ly,t)
      pv2=pnorm(z)
      pv3=pnorm(z1)
    }
    if(alt=="two.sided"){
      pv1=2*min(1-phyper(A,lx,ly,t),phyper(A,lx,ly,t))
      pv2=2*min(1-pnorm(z),pnorm(z))
      pv3=2*min(1-pnorm(z1),pnorm(z1))
    }
    conting.table=matrix(c(A,lx-A,lx,t-A,ly-(t-A),ly,t,lxy-t,lxy),3,3)   #计数表
    col.name=c("X","Y","X+Y")
    row.name=c(">MQXY","<MQXY","TOTAL")
    dimnames(conting.table)=list(row.name,col.name)
    list(contingency.table=conting.table,p.value=pv1,pvnorm=pv2,pvnr=pv3)
}
```

针对例 3.1 的数据,使用以上函数检验两组数据的 25% 分位数.

```
a=c(698,688,675,656,655,648,640,639,620)
b=c(780,754,740,712,693,680,621)
BMq.test(a,b,0.25,"two.sided")
```

输出结果为

```
$contingency.table
       X   Y   X+Y
>MQXY  6   6   12
<MQXY  3   1    4
TOTAL  9   7   16

$p.value
[1] 0.7846154

$p.pvnorm
[1] 0.3827331

$pvnr
[1] 0.7710841
```

可以看到，精确 p 值为 0.78，不能拒绝原假设，认为两组数据 25% 分位数没有显著性不同。虽然正态近似和连续性修正后的 p 值较小，但本例数据量过小，精确分布 p 值更为可信。

同理，对 75% 分位数进行检验

```
>BMq.test(a,b,0.75,"two.sided")
```

输出结果为

```
$contingency.table
       X   Y   X+Y
>MQXY  0   4    4
<MQXY  9   3   12
TOTAL  9   7   16

$p.value
[1] 0.03846154

$pvnorm
[1] 0.008828761

$pvnr
[1] 0.001371755
```

可见 p 值都小于 0.05，可以拒绝原假设，认为两组数据有不同的 75% 分位数。

结论

根据编写的 BMq.test() 函数, 对例 3.1 的两组数据进行检验, 结果表明两组数据的 25% 分位数不同, 而 75% 分位数相同. 其实两组数据的分布很明显地证明了以上检验的结论. 画出两组数据的核密度估计图 (图 3.1, 请参考 7.2 节), 数据 b 的 75% 分位数明显要比数据 a 的 75% 分位数大, 而两者的 25% 分位数则更为接近.

```
plot(density(a), main="Kernel Density", lwd=2, xlim=c(450,900))
lines(density(b), lwd=2, lty=2)
legend("topright", legend=c("a","b"), lty=c(1,2), lwd=c(2,2))
```

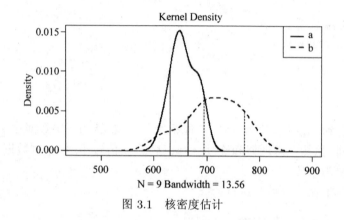

图 3.1　核密度估计

习题

3.1 在一项研究毒品对增强人体攻击性影响的实验中, 组 A 使用安慰剂, 组 B 使用毒品. 试验后进行攻击性测试, 测量得分显示在如下表中 (得分越高表示攻击性越强).

| 组 A | 10 | 8 | 12 | 16 | 5 | 9 | 7 | 11 | 6 |
| 组 B | 12 | 15 | 20 | 18 | 13 | 14 | 9 | 16 | |

(1) 给出这个实验的零假设.
(2) 画出表现这些数据特点的曲线图.
(3) 分析这些数据用哪种检验方法最合适.
(4) 用你选择的检验对数据进行分析.
(5) 是否有足够的证据拒绝零假设? 如何解释数据?

3.2 试针对例 3.1 进行如下操作:
(1) 给出 0.25 分位数的检验内容 (包括假设、过程和决策);
(2) 应用 (1) 的结果分析比较两组数据的 0.25 分位数是否有差异, 对结果进行合理解释;
(3) 给出 0.75 分位数的检验内容 (包括假设、过程和决策);
(4) 应用 (3) 的结果分析比较两组数据的 0.75 分位数是否有差异, 对结果进行合理解释.

3.3 一家大型保险公司的人事主管宣称在人际关系方面受过训练的保险代理人会给潜在顾客留下更好的印象. 为了检验这个假设, 从最近雇用的职员中随机选出 22 个人, 一半人接受人际关系方面的课程, 剩下的 11 个人组成控制组. 在训练之后, 所有的 22 个人都在一个与顾客的模拟会面中被观察, 观察者以 20 分制 (1~20) 对他们在建立与顾客关系方面的表现进行评级. 得分越高, 评级越高. 数据在下表中列出.

| 训练组 | 18 | 15 | 9 | 10 | 14 | 16 | 11 | 13 | 19 | 20 | 6 |
| 控制组 | 12 | 13 | 9 | 8 | 1 | 2 | 7 | 5 | 3 | 2 | 4 |

(1) 这项研究的零假设和备择假设各是什么?
(2) 画出表示这些数据特点的曲线图.
(3) 你认为分析这些数据用哪种检验方法最合适?
(4) 用你选择的检验对数据进行分析.
(5) 是否有足够的证据拒绝零假设? 如何解释数据?

3.4 两个不同学院教师一年的课时量分别为 (单位: 学时):
A 学院: 321 266 256 386 330 329 303 334 299 221 365 250 258 342 243 298 238 317;
B 学院: 488 593 507 428 807 342 512 350 672 589 665 549 451 492 514 391 366 469.
根据这两个样本, 两个学院教师讲课的课时是否存在不同? 估计这些差别. 从两个学院教师讲课的课时来看, 教师完成讲课任务的情况是否类似? 给出检验和判断.

3.5 对 A 和 B 两块土壤有机质含量抽检结果如下, 试用 Mood 和 Moses 两种方法检验两组数据的方差是否存在差异.

A	8.8 8.2	5.6 4.9	8.9 4.2	3.6 7.1	5.5 8.6	6.3 3.9
B	13.0 14.5	16.5 22.8	20.7 19.6	18.4 21.3	24.2 19.6	11.7
	18.9 14.6	19.8 14.5				

第 4 章 多组数据位置推断

试验组和对照组是传统的试验研究结构,它的局限性在于,真实世界的问题充满各种复杂性,常常需要比较多于两组的研究对象之间的差异,其中多组数据位置的比较是基本的问题.本章将探讨多组数据位置的比较问题.解决这类问题的主要工具是方差分析,不同的试验设计选择不同的方差分析模型.无论采用哪一种方差分析,在参数统计推断中,一般都需要做组数据满足正态分布假定.当先验信息或数据不足以支持正态假定,就需要借助非参数方法解决.本章中,一般假定多个总体有相似的连续分布(除了位置不同外,其他条件差异不大),多组之间是独立样本.形式上,假定 k 个独立样本有连续分布函数 $F_1, F_2, \cdots, F_k$,假设检验问题可表示为

$$H_0: F_1 = F_2 \cdots = F_k \leftrightarrow H_1: F_i(x) = F(x + \theta_i), i = 1, 2, \cdots, k.$$

这里 F 是某连续分布函数族,各组之间位置的差异简化为位置参数 θ_i 可能不全相同.本章主要介绍 5 种方法,其中前两种主要基于完全随机设计之下的位置比较,后 3 种针对完全区组和不完全均衡区组设计.为此,我们首先在 4.1 节简要回顾试验设计的基本概念.

4.1 试验设计和方差分析的基本概念回顾

在实际中,经常需要比较多组独立数据均值之间的差异存在性问题.例如,材料研究中比较不同温度下试验结果的差异,临床试验中比较不同药品的疗效,产品质量检测中比较采用不同工艺生产产品的强度,市场营销中比较不同地区的产品销售量等.如果差异存在,还希望找出较好的.在试验设计中,称温度、药品、工艺和地区等影响元素为 **因素**(factor),因素不同的状态称为不同的 **处理** 或 **水平**.例如,在 200°C, 400°C, 160°C 三个温度值下,比较高度钢的抗拉强度,1.0GPa, 1.2GPa, 1.5GPa 就是三个处理或水平.试验设计和方差分析的主要内容是研究不同的影响因素 (也包括因子) 如何影响试验的结果.

有时影响结果的因素不止一个,比如还有催化剂,考虑催化剂含量的 0.5% 和 1.5% 两个处理水平.这样,就要进行各种因素不同水平 (level) 的组合试验和重复抽样.由于各种处理的影响,因此抽样结果不尽相同,总会存在偏差 (bias),这些偏差就是所谓试验误差.试验误差若太大,则不利于比较差异.于是,一种组合里不能允许有太多的样本.另外,还需要考虑一个组里的数据应该满足同质性,在抽取

数据时,需要根据数据来源的随机性考虑如何更好地设计试验,需要根据试验材料(如人、动物、土地)的性质、试验时间、试验空间(环境)及法律规章的可行性制定合理的试验方案,用尽量少的样本和合适的方法分析试验观察值,达到试验目的.这都是试验设计中要考虑的基本问题.

在进行试验时,一般试验者应遵循 3 个基本原则:
(1) 重复性原则　重复次数越多,抽样误差越小,但非抽样误差越大.
(2) 随机性原则　随机安排各处理,消除人为偏见和主观臆断.
(3) 适宜性原则　采用合适的试验设计,剔除外界环境因素的干扰.

多样本均值比较,一般不能简单地用两样本 t 均值比较解决. 比如要比较三种处理之间的位置差异,三种处理的两两比较共有 $\binom{3}{2} = 3$ 种,假设两两处理比较的显著性水平为 $\alpha = 0.05$,三次比较的显著性水平只有 $1 - (1 - \alpha)^3 = 0.1426$. 也就是说,只要拒绝一个检验,就可能犯 I 类错误,第 I 类错误的发生概率是 14.26%,而不是当初设定的 0.05. 如果要比较的是 8 组,犯 I 类错误的发生概率是 76.22%. 因此多总体均值的比较都采用方差分析法.

方差分析的基本原理是将不同因素之下的试验结果分解为两方面的因素作用,即因素之间的差异和不明因素的随机误差两项. 先以单因素方差分析为例回顾参数方差分析的基本原理. 单因素方差分析模型由于没有区组影响,因而有较简单的表达式:

$$x_{ij} = \mu + \mu_i + \varepsilon_{ij}, i = 1, 2, \cdots, k, j = 1, 2, \cdots, n_i, \tag{4.1}$$

其中 x_{ij} 表示第 i 个处理的第 j 个重复观测, n_i 表示第 i 个处理的观测样本量. 假设有 k 个总体 $F(x - \mu_i)(i = 1, 2, \cdots, k)$,即 k 个处理,在各总体为等方差正态分布以及观测值独立的假定下,假设问题为

$$H_0 : \mu_1 = \cdots = \mu_k = \mu \leftrightarrow H_1 : \exists i, j, \mu_i \neq \mu_j. \tag{4.2}$$

将观测值重新整理表达如下:

$$x_{ij} - \bar{x}.. = (\bar{x}_i. - \bar{x}..) + (x_{ij} - \bar{x}_i.), i = 1, 2, \cdots, k; j = 1, 2, \cdots, n_i.$$

令 x_{ij} 表示第 i 个处理的第 j 个样本,两边平方后为

$$\underbrace{\sum(x_{ij} - \bar{x}..)^2}_{} = \underbrace{\sum n_i(\bar{x}_i. - \bar{x}..)^2}_{} + \underbrace{\sum(x_{ij} - \bar{x}_i.)^2}_{}. \tag{4.3}$$

$$\text{SST(总平方和)} = \text{SSt(处理平方和)} + \text{SSE(误差平方和)} \tag{4.4}$$

在正态假定之下,可以将平方和以及各自的平方和与自由度综合成方差分析表,如表 4.1 所示。

表 4.1　方差分析表

变异来源	自由度	平方和	均方	实际观测 F 值
处理	$k-1$	SSt	MSt	MSt/MSE
误差	$n-k$	SSE	MSE	
合计	$n-1$	SST		

对假设检验问题 (4.2),令检验统计量为

$$F = \frac{\text{MSt}}{\text{MSE}} = \frac{\sum_{i=1}^{k} n_i(\overline{x}_i. - \bar{x})^2/(k-1)}{\sum_{i=1}^{k}\sum_{j=1}^{n_i}(x_{ij} - \overline{x}_i.)^2/(n-k)}.$$

这里 $\overline{x}_i. = \sum_{j=1}^{n_i} x_{ij}/n_i$, $\bar{x} = \sum_{i=1}^{k}\sum_{j=1}^{n_i} x_{ij}/n$. 若各处理数据假定为正态分布且等方差,则 F 在 H_0 下的分布为自由度 $(k-1, n-k)$ 的 F 分布. 若 $F = \text{MSt}/\text{MSE} > F_{(\alpha)}(k-1, n-k)$,则考虑拒绝零假设:

$$H_0 : \mu_1 = \cdots = \mu_k \leftrightarrow H_1 : \text{并非所有 } \mu_i \text{ 都相等}. \tag{4.5}$$

不同的试验设计有不同的方差分析方法,下面分别说明.

1. 完全随机设计

先看一个例子.

例 4.1　假设有 A, B, C 三种饲料配方用于北京鸭饲养,比较采用不同饲料喂养对北京鸭体重增加的影响. 每种饲料设计重复观测 4 次,需要 12 只鸭参与试验,采用完全随机设计,挑选 12 只体质相当的北京鸭. 比如采用体形相近且健康的北京鸭. 随机将三种饲料分配给不同的北京鸭进行试验,2 个月后北京鸭增加的体重 (kg) 如表 4.2 所示.

表 4.2　北京鸭体重增加饲料比较数据表

B 2.0	C 2.8	B 1.8	A 1.5
A 1.4	B 2.4	C 2.5	C 2.1
C 2.0	A 1.9	A 2.0	B 2.2

这是一个典型的完全随机设计 (completely randomized design, CRD) 的例子,是最简单的一种试验设计. 在这个例子中影响因素只有饲料一个,因此分析这样的数据方法称为单因素方差分析.

为保证样本无偏性, 应用完全随机设计须具备以下两个条件:
(1) 试验材料 (动物、植物、土地) 为同质;
(2) 各处理 (比如饲料配方) 要随机安排试验材料.

假设检验问题为 $H_0 : \mu_1 = \mu_2 = \mu_3 \leftrightarrow H_1 : \exists i, j, i \neq j, i, j = 1, 2, 3, \mu_i \neq \mu_j$(至少有一对处理均值不等).

在进行方差分析之前通常需要将表 4.2 整理成如表 4.3 所示, 便于计算各项均值和方差.

表 4.3 北京鸭体重增加饲料比较数据表   kg

试验 \ 重复	1	2	3	4	合计
A	1.4	1.9	2.0	1.5	6.8
B	2.0	2.4	1.8	2.2	8.4
C	2.6	2.8	2.5	2.1	10.0
合计	6	7.1	6.3	5.8	25.2

各项平方和计算如下:

$$\text{总平方和} \quad \text{SST} = 1.4^2 + \cdots + 2.1^2 - 25.2^2/12 = 2.00,$$

$$\text{处理平方和} \quad \text{SSt} = \frac{1}{4}(6.8^2 + \cdots + 10^2) - 25.2^2/12 = 1.28,$$

$$\text{误差平方和} \quad \text{SSE} = \text{SST} - \text{SSt} = 2 - 1.28 = 0.72.$$

得出方差分析表如表 4.4 所示.

表 4.4 方差分析表

因子	自由度	平方和	均方	F 值	F_α 0.05	0.01
饲料 (t)	2	1.28	0.64	8*	4.26	8.02
误差 (E)	9	0.72	0.08			
总计 (T)	11	2.00				

** 表示 0.01 显著性水平下显著, * 表示 0.05 显著性水平下显著. 以下同.

结论 设 $\alpha = 0.05$, 如表 4.4 所示, $F = 8 > F_{0.05}(2, 9) = 4.26$, 接受 H_1, 表示三种饲料在增加北京鸭体重方面存在差异.

以下是 R 软件中单因素方差分析的函数和结果输出:

```
*** Analysis of Variance Model ***
    >   aov(formula = y ~ x, data = xy, na.action = na.exclude)
    >                x Residuals
Sum of Squares    1.28      0.72
Deg. of Freedom      2         9
```

```
Residual standard error: 0.043
Estimated effects are balanced
            Df  Sum of Sq  Mean Sq   F Value    Pr(F)
       x    2     1.28      0.64        8       0.001
Residuals   9     0.72      0.08
```

2. 完全随机区组设计

在实践中，除了处理之外，往往还有别的因素起作用．假设需要对 A, B, C, D 四种处理血液凝固的方法设计比较试验，每种处理方法重复观测 5 次．换句话说，应该随机将 20 位正常人分为 5 组，每组 4 人，分别接受 4 种不同的处理，共生成 $4 \times 5 = 20$ 份血液，供四种处理方法进行凝血试验比较．由经验可知，由于每个人体质不同，血液自然凝固时间的差异可能比较大．如果恰好自然凝血时间较短的人的血液都分配给较差的处理方法，而凝血时间较长的血液分给较好的处理方法，最后可能测不出哪一种处理方法更有效．这是因为在血液凝固试验中，不同条件的人构成了另一个影响结果的因素，称为 **区组** (block)．如果只取 5 位正常人的血液，每人分成 4 份随机分配 4 种处理方法，这就是完全随机区组设计，其中人为区组．

血液凝固时间见表 4.5，从表中可以看出，影响结果的因素有各处理效应和区组 (人) 两个．

表 4.5　四种凝血时间测量结果表

处理 \ 区组 x_{ij}	I	II	III	IV	V	处理和 $x_{i.}$
A	8.4	10.8	8.6	8.8	8.4	45.0
B	9.4	15.2	9.8	9.8	9.2	53.4
C	9.8	9.8	10.2	8.9	8.5	47.3
D	12.2	14.4	9.8	12.0	9.5	57.9
区组和 $x_{.j}$	39.8	50.3	38.4	39.5	35.6	203.6=$x_{..}$

如果影响的因素有区组的影响，则需要用两因素方差分析模型表示．为简单起见，这里只给出主效应的表示模型，这表示处理因素与区组之间不考虑交互作用，模型如下所示：

$$x_{ij} = \mu + \tau_i + \beta_j + \varepsilon_{ij}, \quad i = 1, 2, \cdots, k(\text{处理数}), \quad j = 1, 2, \cdots, b(\text{区组数}),$$

其中，x_{ij} 表示第 i 个因子的第 j 个区组的观测，每个因子的观测量为 b，每个区组的观测量为 k，τ_i 是第 i 个处理的效应，β_j 是第 j 个区组的效应．

假设检验问题为 $H_0: \mu_1 = \mu_2 = \mu_3 = \mu_4 \leftrightarrow H_1: \mu_i \neq \mu_j, \exists i, j$．

如果随机地把所有处理分配到所有的区组中，使得总的变异可以分解为：

(1) 处理造成的不同;
(2) 区组内的变异;
(3) 区组之间的变异.
对于完全区组试验, 正态总体条件下的检验统计量为

$$F = \frac{\text{MSt}}{\text{MSE}} = \frac{\sum\limits_{i=1}^{k} b(\bar{x}_{i\cdot} - \bar{x})^2/(k-1)}{\sum\limits_{i=1}^{k}\sum\limits_{j=1}^{b}(x_{ij} - \bar{x}_{i\cdot} - \bar{x}_{\cdot j} + \bar{x})^2/[(k-1)(b-1)]},$$

式中, $\bar{x}_{i\cdot} = \sum\limits_{j=1}^{b} x_{ij}/b$, $\bar{x}_{\cdot j} = \sum\limits_{i=1}^{k} x_{ij}/k$, $\bar{x} = \sum\limits_{i=1}^{k}\sum\limits_{j=1}^{b} x_{ij}/n, n = kb$. 统计量 F 在零假设下是自由度为 $(k-1, b-1)$ 的 F 分布. 如果要检验区组之间是否有区别, 只要把上面公式中的 i 和 j 交换、k 和 b 交换并考虑对称的问题即可.

各效应平方和计算如下:

总平方和

$$\begin{aligned}\text{SST} &= \sum\sum(x_{ij} - \bar{x}_{\cdot\cdot})^2 \\ &= \sum\sum x_{ij}^2 - x_{\cdot\cdot}^2/kb \\ &= 8.4^2 + \cdots + 9.5^2 - 203.6^2/20 = 68.672.\end{aligned}$$

区组平方和

$$\begin{aligned}\text{SSB} &= k\sum_{j=1}^{b}(x_{\cdot j} - \bar{x}_{\cdot\cdot})^2 \\ &= \sum x_{\cdot j}^2/k - x_{\cdot\cdot}^2/kb \\ &= \frac{1}{4}(39.8^2 + \cdots + 35.6^2) - 203.6^2/20 \\ &= 31.427.\end{aligned}$$

处理平方和

$$\begin{aligned}\text{SSt} &= b\sum_{i=1}^{k}(\bar{x}_{i\cdot} - \bar{x}_{\cdot\cdot})^2 \\ &= \sum x_{i\cdot}^2/n - x_{\cdot\cdot}^2/kb \\ &= \frac{1}{5}(45.0^2 + \cdots + 57.9^2) - 203.6^2/20 \\ &= 20.604.\end{aligned}$$

误差平方和

$$SSE = SST - SSB - SSt = 16.641.$$

四种血液凝固处理结果如表 4.6 所示,实际区组 $F_b = 5.6654 > F_{0.01,4,12} = 4.77$, 这表示区组 (人) 对血液凝固有显著差异; 处理 $F_t = 4.9524 > F_{0.05,3,12} = 3.49$, 表示不同的处理对凝血效果有差别. 图 4.1 给出四种凝血时间观测值分处理箱线图, 图中也显示了凝血效果处理间的差异. 其处理均值间存在差异, 到底是哪些处理之间存在差异还需要进一步的检验, 这里省略.

表 4.6 双因素方差分析表

因素	自由度	平方和	均方	F 值	F_α	
					0.05	0.01
区组 (B)	$5-1=4$	31.427	7.8568	5.6654**	3.26	5.41
处理 (t)	$4-1=3$	20.604	6.8680	4.9524*	3.49	5.95
误差 (E)	$19-7=12$	16.641	1.3868			
总计 (T)	$20-1=19$	68.672				

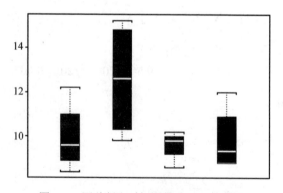

图 4.1　四种凝血时间测量分处理箱线图

完全区组的试验设计的基本使用条件如下:

(1) 试验材料为异质, 试验者根据需要将其分为几组, 几个性质相近的试验单位成一区组 (如一个人的血液分成四份, 此人即同一区组, 不同人为不同区组), 使区组内试验个体之间的差异相对较小, 而区组间的差异相对较大;

(2) 每一个区组内的试验个体按照随机安排全部参加试验的各种处理;

(3) 每个区组内的试验数等于处理数.

3. 均衡的不完全区组设计

以上介绍的完全随机区组设计要求每一个处理都出现在每一个区组中, 但在实际问题中, 不一定能够保证每一个区组都能有对应的样本出现. 此时就有了不完全区组设计. 当处理组非常大, 而同一区组的所有样本数又不允许太大时, 在一个区组中可能不能包含所有的处理, 此时只能在同一区组内安排部分处理, 即不是所有的处理都被用于各区组的试验中, 这种区组设计称为不完全区组设计 (incomplete block). 在不完全区组设计中, 最常用的就是均衡不完全区组设计 (balanced incomplete block design), 简称 BIB 随机区组设计. 具体而言, 每个区组安排相等处理数的不完全区组设计. 假定有 k 个处理和 b 个区组, 区组样本量为 t(它表示区组中最多可以安排的处理个数), 均衡的不完全区组设计 BIB(k, b, r, t, λ) 满足以下条件:

(1) 每个处理在同一区组中最多出现一次;
(2) 区组样本量为 t, t 为每个区组设计的样本量, t 小于处理个数 k;
(3) 每个处理出现在相同多的 r 个区组中;
(4) 每两个处理相遇的区组次数一样 (λ 次).

用数学的语言来说, 这些参数满足:

(1) $kr = bt$;
(2) $\lambda(k-1) = r(t-1)$;
(3) $b \geqslant r$ 或 $k > t$.

如果 $t = k, r = b$, 则为完全随机区组设计.

例 4.2 比较 4 家保险公司 A,B,C,D 在 I, II, III, IV 四个不同城市的保险经营业绩, 假设以当年签订保险协议的份数作为衡量业绩的标志. 由于 4 家保险公司未必在四所城市都有经营网点, 或即便有经营网点, 但分支机构的经营年限各有不同, 导致某些数据不可直接参与比较, 因此采取 BIB 设计, 得到如表 4.7 所示的数据 (单位: 万).

表 4.7 不同城市保险公司绩效的 BIB 设计

保险公司 (处理) \ 城市 (区组)	I	II	III	IV
A	34	28		59
B		30	36	45
C	36	44	48	
D	40		54	60

很容易看出 BIB 设计的均衡性质. 这里 $(k, b, r, t, \lambda) = (4, 4, 3, 3, 2)$.

4.2 Kruskal-Wallis 单因素方差分析

1. Kruskal-Wallis 检验的基本原理

Kruskal-Wallis 检验是 1952 年由 Kruskal 和 Wallis 二人提出的. 它是一个将两样本 W-M-W 检验推广到三个或更多组检验的方法. 回想两样本中心位置检验

的 W-M-W 检验：首先混合两个样本，找出各个观测值在混合样本中的秩，按各自样本组求和，如果差异过大，则可以认为两组数据的中心位置存在差异. 这里的想法是类似的，如果数据取自完全随机设计，先把多个样本混合起来求秩，再按样本组求秩和. 考虑到各个处理的观测数可能不同，可以比较各个处理之间的平均秩差异，从而达到比较的目的. 在计算所有数据混合样本秩时，如果遇到有相同的观测值，则像从前一样用秩平均法定秩. Kruskal-Wallis 方法也称为 H 检验. H 检验方法的基本前提是数据的分布是连续的，除位置参数不同以外，分布是相似的.

对检验问题 (4.1)，完全随机设计的数据如表 4.8 所示.

表 4.8 完全随机设计数据形态

测量次数 \ 总体数	总体 1	总体 2	$\cdots$	总体 k
1	x_{11}	x_{12}	$\cdots$	x_{1k}
2	x_{21}	x_{22}	$\cdots$	x_{2k}
$\vdots$	$\vdots$	$\vdots$		$\vdots$
n_1	x_{n_11}	x_{n_22}	$\cdots$	x_{n_kk}

记 x_{ij} 代表第 j 总体的第 i 个观测值，n_j 为第 j 个总体中样本的重复次数 (replication). 现在将表 4.8 所有数据从大到小给秩，最小值给秩 1，次小值给秩 2，依次类推，最大值的秩为 $n = n_1 + n_2 + \cdots + n_k$. 如果有相同秩，则采取平均秩. 令 R_{ij} 为观测值 x_{ij} 的秩，每个观测值的秩如表 4.9 所示.

表 4.9 完全随机设计数据的秩

测量次数 \ 总体数	总体 1	总体 2	$\cdots$	总体 k
1	R_{11}	R_{12}	$\cdots$	R_{1k}
2	R_{21}	R_{22}	$\cdots$	R_{2k}
$\vdots$	$\vdots$	$\vdots$		$\vdots$
n_1	R_{n_11}	R_{n_22}	$\cdots$	R_{n_kk}
秩和	$R_{\cdot 1}$	$R_{\cdot 2}$	$\cdots$	$R_{\cdot k}$

假设检验问题为

$H_0:$ k 个总体位置相同 (即 $\mu_1 = \mu_2 = \cdots = \mu_k = \mu$),

$H_1:$ k 个总体位置不同 (即 $\exists i \neq j$ 使得 $\mu_i \neq \mu_j$).

对每一个样本观测值的秩求和得到 $R_{\cdot j} = \sum_{i=1}^{n_j} R_{ij} (j = 1, 2, \cdots, k)$. 第 j 组样本的秩

平均为
$$\bar{R}_{\cdot j} = R_{\cdot j}/n_j.$$

观测值的秩从小到大依次为 $1, 2, \cdots, n$, 则所有数据混合后的秩和为
$$R_{\cdot\cdot} = 1 + 2 + \cdots + n = n(n+1)/2.$$

下面分析 $\bar{R}_{\cdot j}$ 的分布. 假定有 n 个研究对象和 k 种处理方法, 把 n 个研究对象分配给第 j 种处理, 分配后的秩为 $R_{1j}, R_{2j}, \cdots, R_{n_j j}$. 给定 n_j 后, 所有可能的分法为 $\binom{n}{n_1, \cdots, n_k}$ 个, 这是多项分布的系数, 在零假设下, 所有可能的分法都是等可能的, 有

$$P_{H_0}(R_{ij} = r_{ij}, j = 1, 2, \cdots, k, i = 1, 2, \cdots, n_j) = \frac{1}{\binom{n}{n_1, n_2, \cdots, n_k}}.$$

定理 4.1 在零假设下, 有
$$E(\bar{R}_{\cdot j}) = \frac{n+1}{2}, \quad \mathrm{var}(\bar{R}_{\cdot j}) = \frac{(n-n_j)(n+1)}{12 n_j}, \quad \mathrm{cov}(\bar{R}_{\cdot i}, \bar{R}_{\cdot j}) = -\frac{n+1}{12}.$$

因而, 在 H_0 下, $\bar{R}_{\cdot j}$ 应该与 $\dfrac{n+1}{2}$ 非常接近, 如果某些 $\bar{R}_{\cdot j}$ 与 $\dfrac{n+1}{2}$ 相差很远, 则可以考虑零假设不成立.

混合数据各秩的平方和为
$$\sum\sum R_{ij}^2 = 1^2 + 2^2 + \cdots + n^2 = n(n+1)(2n+1)/6.$$

因此混合数据各秩的总平方和为
$$\begin{aligned}
\mathrm{SST} &= \sum_{j=1}^{k}\sum_{i=1}^{n_j}(R_{ij} - \bar{R}_{\cdot\cdot})^2 \\
&= \sum\sum R_{ij}^2 - R_{\cdot\cdot}^2/n \\
&= n(n+1)(2n+1)/6 - [n(n+1)/2]^2/n \\
&= \frac{1}{6}n(n+1)(2n+1) - \frac{1}{4}n(n+1)^2 \\
&= n(n+1)(n-1)/12.
\end{aligned}$$

其总方差估值 (总均方) 为
$$\mathrm{MST} = \mathrm{SST}/(n-1) = n(n+1)/12.$$

各样本处理间平方和为

$$\mathrm{SSt} = \sum_{j=1}^{k} n_j (\bar{R}_{\cdot j} - \bar{R}_{\cdot\cdot})^2$$

$$= \sum_{j=1}^{k} R_{\cdot j}^2 / n_j - R_{\cdot\cdot}^2 / n$$

$$= \sum R_{\cdot j}^2 / n_j - n(n+1)^2 / 4.$$

用处理间平方和除以总均方就得到 Kruskal-Wallis 的 H 值为

$$H = \mathrm{SSt}/\mathrm{MST}$$

$$= \frac{\sum R_{\cdot j}^2 / n_j - n(n+1)^2 / 4}{n(n+1)/12}$$

$$= \frac{12}{n(n+1)} \sum R_{\cdot j}^2 / n_j - 3(n+1). \tag{4.6}$$

在零假设下, H 近似服从自由度为 $k-1$ 的 $\chi^2(k-1)$ 分布.

结论 当统计量 H 的值大于 $\chi_\alpha^2(k-1)$ 时, 拒绝零假设, 接受 H_1 假设, 表示处理间有差异.

当零假设被拒绝时应进一步比较哪两组样本之间有差异. Dunn 于 1964 年提议可以用下列检验公式继续检验两两样本之间的差异:

$$d_{ij} = |\bar{R}_{\cdot i} - \bar{R}_{\cdot j}|/\mathrm{SE}. \tag{4.7}$$

式中, $\bar{R}_{\cdot i}$ 与 $\bar{R}_{\cdot j}$ 分别为第 i 和第 j 处理的平均秩, SE 为两平均秩差的标准误差, 它的计算公式如下:

$$\mathrm{SE} = \sqrt{\mathrm{MST} \left(\frac{1}{n_i} + \frac{1}{n_j} \right)}$$

$$= \sqrt{\frac{n(n+1)}{12} \left(\frac{1}{n_i} + \frac{1}{n_j} \right)}, \quad \forall i, j = 1, 2, \cdots, k, i \neq j. \tag{4.8}$$

当 $n_i = n_j$ 时, 简化为

$$\mathrm{SE} = \sqrt{k(n+1)/6}. \tag{4.9}$$

若 $|d_{ij}| \geqslant Z_{1-\alpha^*}$, 则表示第 i 与第 j 处理间有显著差异; 反之则表示差异不显著. 式中 $\alpha^* = \alpha/k(k-1)$, α 为显著水平, Z 为标准正态分布的分位数值.

例 4.3 为研究 4 种不同的药物对儿童咳嗽的治疗效果, 将 25 个体质相似的病人随机分为 4 组, 各组人数分别为 8 人、4 人、7 人和 6 人, 各自采用 A, B, C, D 4 种药进行治疗. 假定其他条件均保持相同, 5 天后测量每个病人每天的咳嗽次数如表 4.10 所示 (单位: 次数), 试比较这 4 种药物的治疗效果是否相同.

表 4.10 4 种药物治疗效果比较表

	A	秩	B	秩	C	秩	D	秩
重	80	1	133	3	156	4	194	7
	203	8	180	6	295	15	214	9
	236	10	100	2	320	16	272	12
	252	11	160	5	448	21	330	17
	284	14			465	23	386	19
复	368	18			481	25	475	24
	457	22			279	13		
	393	20						
处理内秩和 $R_{\cdot j}$	104		16		117		88	
处理内平均秩 $\bar{R}_{\cdot j}$	13		4		16.7		14.7	

解 假设检验问题为

$$H_0: \mu_1 = \mu_2 = \cdots = \mu_4 = \mu, \quad H_1: 至少有两个 \mu_i \neq \mu_j.$$

统计分析: 由式 (4.6), 有

$$H = \frac{12}{25 \times (25+1)} \left[\frac{104^2}{8} + \frac{16^2}{4} + \frac{117^2}{7} + \frac{88^2}{6} \right] - 3 \times (25+1) = 8.072088.$$

结论: $H = 8.072088 > \chi^2_{0.05,3} = 7.814728$, 故接受 H_1, 显示 4 种药物疗效不等. 在 R 中可以调用 Kruskal-Wallis 检验程序如下:

```
> drug
 [1]  80 203 236 252 284 368 457 393 133 180 100 160 156
[14] 295 320 448 465 481 279 194 214 272 330 386 475
> gr.drug
 [1] 1 1 1 1 1 1 1 1 2 2 2 2 3 3 3 3 3 3 3 4 4 4 4 4 4
> kruskal.test(drug, gr.drug)
    Kruskal-Wallis rank sum test
data:  drug and gr.drug
Kruskal-Wallis chi-square = 8.0721, df = 3, p-value = 0.0445
alternative hypothesis: two.sided
```

既然得到 4 种药物疗效不同, 那么就可以利用 Dunn 方法进行两两之间的比

较. 成对样本共有 $k(k-1)/2 = 4(4-1)/2 = 6$ 组，4 种药物疗效的平均秩分别为

$$\bar{R}_{.1} = 13, \quad \bar{R}_{.2} = 4, \quad \bar{R}_{.3} = 16.7, \quad \bar{R}_{.4} = 14.7;$$

$$n_1 = 8, \quad n_2 = 4, \quad n_3 = 7, \quad n_4 = 6;$$

$$\alpha = 0.05, \quad \alpha^* = 0.05/4(4-1) = 0.0042; \quad Z_{1-0.0042} = Z_{0.9958} = 2.638.$$

由 Dunn 给出的 SE 计算公式 (4.8) 和式 (4.9) 得如下比较表：

比较式	$|\bar{R}_{.i} - \bar{R}_{.j}|$	SE	d_{ij}	$Z_{0.9958}$
A VS B	13−4=9	4.506939	1.9969207	2.638
A VS C	$|13 - 16.7| = 3.7$	3.809059	0.9713686	2.638
A VS D	$|13 - 14.7| = 1.7$	3.974747	0.4277002	2.638
B VS C	$|4 - 16.7| = 12.7$	4.612999	2.7530896*	2.638
B VS D	$|4 - 14.7| = 10.7$	4.750731	2.2522850	2.638
C VS D	$|14.7 - 16.7| = 2$	4.094615	0.4884464	2.638

由上表四种疗效比较结果可知，仅 B 与 C 有显著性差别，其他疗效之间都不存在显著性差异. 这也说明主要的差异在 B 与 C，这与直观比较吻合.

2. 有结点的检验

若各处理观测值有结点时，则 H 校正如下式：

$$H_c = \frac{H}{1 - \dfrac{\sum_{j}^{g}(\tau_j^3 - \tau_j)}{n^3 - n}}, \tag{4.10}$$

式中，τ_j 为第 j 个结的长度，g 为结的个数.

当统计量 H_c 的值大于 $\chi^2_{\alpha, k-1}$ 时，则接受 H_1 假设，表示处理间有差异，这时 Dunn 用于检验任意两组样本之间的差异公式应调整为

$$SE = \sqrt{\left(\frac{n(n+1)}{12} - \frac{\sum_{i}^{g}(\tau_i^3 - \tau_i)}{12(n-1)} \right) \left(\frac{1}{n_i} + \frac{1}{n_j} \right)}. \tag{4.11}$$

若 $|d_{ij}| \geqslant Z_{1-\alpha^*}$，则表示第 i 与第 j 处理间有显著差异；反之则表示差异不显著. 式中 $\alpha^* = \alpha/[k(k-1)]$，$\alpha$ 为显著性水平.

例 4.4 表 4.11 所示为 3 个生产番茄产地的产量 (kg)，试比较 3 种番茄品种的产量是否相同.

表 4.11　番茄品种产量比较表

	A	B	C
	2.6(9)	3.1(14)	2.5(7.5)
	2.4(5.5)	2.9(11.5)	2.2(4)
	2.9(11.5)	3.2(16)	1.5(3)
	3.1(14)	2.5(7.5)	1.2(1)
	2.4(5.5)	2.8(10)	1.4(2)
		3.1(14)	
秩和 $R_{.j}$	45.5	73	17.5
重复	5	6	5
秩平均 $\bar{R}_{.j}$	9.10	12.17	3.50

注：括号内为数据在混合样本中的秩.

解　假设检验问题为

H_0：三种番茄产量相同,　　H_1：三种番茄产量不同.

统计分析：由式 (4.6), 有

$$H = \frac{12}{16 \times (16+1)} \left[\frac{45.5^2}{5} + \frac{73^2}{6} + \frac{17.5^2}{5} \right] - 3(16+1) = 9.1529.$$

由式 (4.10) 得

$$H_c = \frac{9.1529}{1 - \dfrac{42}{16^3 - 16}} = 9.2482.$$

结论　由表 4.12 所示, $H_c = 9.2482 > \chi^2_{0.05,2} = 5.991$, 因而接受 H_1, 表示 3 种番茄产量不相等. 有关任意两种产量之间的差异比较留做作业.

表 4.12　结点校正值计算表

同秩	5.5	7.5	11.5	14	和
τ_i	2	2	2	3	
τ_i^3	6	6	6	24	$\sum (\tau_i^3 - \tau_i) = 42$

通常传统处理这一类问题的参数方法是在正态假设下的 F 检验. 如果总体分布有密度 f, 可以得到 H 对 F 检验的渐近相对效率为

$$\text{ARE}(H, F) = 12\sigma^2 \left(\int_{-\infty}^{\infty} f^2(x) \mathrm{d}x \right)^2.$$

它和前面提到的 Wilcoxon 检验对 t 检验的 ARE 相等, 这是合理的. 因为无论是单样本的 Wilcoxon 检验、两样本的 Mann-Whitney 检验还是多样本的 Kruskal-Wallis

检验，与之相关的估计量都是来源于混合样本秩和的比较方法，而单样本和两样本的 t 检验、多样本的 F 检验都基于正态假设的同样考虑，因而它们之间的渐近相对效率自然与样本组数无关.

4.3　Jonckheere-Terpstra 检验

1. 无结点 Jonckheere-Terpstra 检验

正如一般的假设检验问题有双边检验和单边检验问题一样，多总体问题的备择假设也可能是有方向性的，比如：样本的位置显现出上升和下降的趋势，这种趋势从统计上来看是否显著？

也就是说，假设 k 个独立样本 $X_{11},\cdots,X_{1n_1};\cdots;X_{k1},\cdots,X_{kn_k}$ 分别来自有同样形状的连续分布函数 $F(x-\theta_1);\cdots;F(x-\theta_k)$，我们感兴趣的是有关这些位置参数某一方向的假设检验问题：

$$H_0: \theta_1 = \cdots = \theta_k \leftrightarrow H_1: \theta_1 \leqslant \cdots \leqslant \theta_k,$$

H_1 中至少有一个不等式是严格的. 如果样本呈下降趋势，则 H_1 的不等式反号.

与 Mann-Whitney 检验类似，如果一个样本中观测值小于另一个样本的观测值的个数较多或较少，则可以考虑两总体的位置之间有大小关系. 这里的思路也是类似的.

第一步，计算

$$W_{ij} = 样本\ i\ 中观测值小于样本\ j\ 中观测值的个数$$
$$= \#(X_{iu} < X_{jv}, u = 1, 2, \cdots, n_i, v = 1, 2, \cdots, n_j).$$

第二步，对所有的 W_{ij} 在 $i < j$ 范围求和，这样就产生了 Jonckheere-Terpstra 统计量

$$J = \sum_{i<j} W_{ij}.$$

它从 0 到 $\sum_{i<j} n_i n_j$ 变化，利用 Mann-Whitney 统计量的性质容易得到如下定理.

定理 4.2　在 H_0 成立的条件下，有

$$E_{H_0}(J) = \frac{1}{4}\left(N^2 - \sum_{i=1}^{k} n_i^2\right),$$

$$\text{var}_{H_0}(J) = \frac{1}{72}\left[N^2(2N+3) - \sum_{i=1}^{k} n_i^2(2n_i+3)\right],$$

4.3 Jonckheere-Terpstra 检验

其中, $N = \sum_{i}^{k} n_i$. 类似于 Wilcoxon-Mann-Whitney 统计量, 当 J 大时, 应拒绝零假设. Jonckheere-Terpstra 精确分布表如附表 7 所示. 可以通过查表, 从 (n_1, n_2, n_3) 及检验水平 α 得到在零假设下的临界值 c, 它满足 $P(J \geqslant c) = \alpha$.

当样本量大, 超过表的范围时, 可以用正态近似, 有下面定理.

定理 4.3 在 H_0 成立的条件下, 当 $\min\{n_1, n_2, \cdots, n_k\} \to \infty$, 而且 $\lim_{n_i \to +\infty} \dfrac{n_i}{\sum_{i=1}^{k} n_i} = \lambda_i \in (0, 1)$ 时, 有

$$Z = \frac{J - \left(N^2 - \sum_{i=1}^{k} n_i^2\right)/4}{\sqrt{\left[N^2(2N+3) - \sum_{i=1}^{k} n_i^2(2n_i+3)\right]/72}} \xrightarrow{\mathcal{L}} N(0,1).$$

这样, 在给定水平 α 下, 如果 $J \geqslant E_{H_0}(J) + Z_\alpha \sqrt{\mathrm{var}_{H_0}(J)}$, 则拒绝零假设.

例 4.5 为测试不同的医务防护服的功能, 让三组体质相似的受试者分别着不同的防护服装, 记录受试者每分钟心脏跳动的次数, 每人试验 5 次, 得到 5 次平均数列于表 4.13. 医学理论判断, 这三组受试的心跳次数可能存在如下关系: 第一组 $\leqslant$ 第二组 $\leqslant$ 第三组. 下面用这些数据验证这一论断是否可靠.

表 4.13 三组受试心跳次数测试数据

第一组	125	136	116	101	105	109		
第二组	122	114	131	120	119	127		
第三组	128	142	128	134	135	131	140	129

解 设 $\theta_i (i=1,2,3)$ 表示第 i 组的位置参数, 则假设检验问题为

$$H_0: \theta_1 = \theta_2 = \theta_3 \leftrightarrow H_1: \theta_1 \leqslant \theta_2 \leqslant \theta_3.$$

因此采用 Jonckheere-Terpstra 检验, 计算 W_{ij} 如下:

$$W_{12} = 25, \quad W_{13} = 42, \quad W_{23} = 44.5.$$

因此, $J = W_{12} + W_{13} + W_{23} = 111.5$. 查附表 7, 经图 4.2 计算得 $P(J \geqslant 111.5) = 0.02/2 = 0.01$, 因此有理由拒绝零假设 H_0, 认为医学临床经验在显著性水平 $\alpha \geqslant 0.02$ 下是可靠的.

在大样本情况下, 因为 $n_1 = n_2 = 6, n_3 = 8$, 则有 $E(J) = 66, \sqrt{\mathrm{var}(J)} = 14.38$. 因此, $z = \dfrac{112 - 66}{14.38} = 3.198$, $P(z \geqslant 3.198) = 0.007$. 因此, 可以在水平 $\alpha \geqslant 0.01$ 时

拒绝零假设, 也就是说, 这三个总体的位置的确有上升趋势.

在 R 中, 需要加载软件包 SAGx, 用其中的语句 JT.test 求解 p 值, JT.test 在 R 中的主要作用是判断组的位置参数是否有显著的增长趋势, 它定义了一个反映增长程度的相关系数. 这个相关系数越接近 1, 表示增长趋势越明显, 这与 JT 的设计思想是一致的, 其中的 p 值就是用 JT 统计量的正态分布近似计算出来的.

```
{
    x=c(125,136,116,101,105,109)
    y=c(122,114,131,120,119,127)
    z=c(128,142,128,134,135,131,140,129)

    g=c(rep(1,6),rep(2,6),rep(3,8))
    tapply(c(x,y,z),g,median)
    JT.test(data =t(c(x,y,z)), class = g)
    trend p-value        1     2      3 rank correlation
[1,] 0.001564376    112.5   121  132.5          0.6713659
}
```

另外, 作为比较, 我们也给出 SPSS 的结果如图 4.2 所示.

Jonckheere-Terpstra Test	a
	VAR00001
Number of Levels in VAR00002	3
N	20
Observed J-T Statistic	111.500
Mean J-T Statistic	66.000
Std. Deviation of J-T Statistic	14.375
Std. J-T Statistic	3.165
Asymp. Sig. (2-tailed)	0.002

a. Grouping Variable: VAR00002

图 4.2 SPSS J-T 检验结果

各组数据的箱线图如图 4.3 所示.

2. 带结点的 Jonkheere-Terpstra 检验

如果有结出现, 则 W_{ij} 可稍微变形为

$$W_{ij}^* = \#(X_{ik} < X_{jl}, \quad k=1,2,\cdots,n_i, l=1,2,\cdots,n_j)$$
$$+\frac{1}{2}\#(X_{ik} = X_{jl}, \quad k=1,2,\cdots,n_i, l=1,2,\cdots,n_j) \quad (4.12)$$

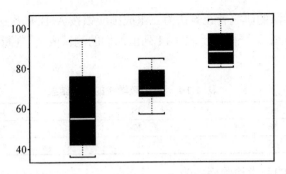

图 4.3 医学防护服的效果比较箱线图

J 也相应地变为

$$J^* = \sum_{i<j} W_{ij}^*. \tag{4.13}$$

类似于 Wilcoxon-Mann-Whitney 统计量, 当 J^* 大时, 应拒绝零假设. 对于有结时 Jonkheere-Terpstra 统计量 J^* 的零分布, 由于它与结统计量有关, 因此造表比较困难. 但是当样本容量较大时, 可用如下的正态近似: 当 $\min\{n_1, n_2, \cdots, n_k\} \to \infty$ 时,

$$\frac{J^* - E_{H_0}(J^*)}{\sqrt{\operatorname{var}_{H_0}(J^*)}} \xrightarrow{\mathcal{L}} N(0,1),$$

其中

$$E_{H_0}(J^*) = \frac{N^2 - \sum_{i=1}^k n_i^2}{4},$$

$$\operatorname{var}_{H_0}(J^*) = \frac{1}{72}\left[N(N-1)(2N+5) - \sum_{i=1}^k n_i(n_i-1)(2n_i+5) - \sum_{i=1}^k \tau_i(\tau_i-1)(2\tau_i+5)\right]$$

$$+ \frac{1}{36N(N-1)(N-2)}\left[\sum_{i=1}^k n_i(n_i-1)(n_i-2)\right] \cdot \left[\sum_{i=1}^k \tau_i(\tau_i-1)(\tau_i-2)\right]$$

$$+ \frac{1}{8N(N-1)}\left[\sum_{i=1}^k n_i(n_i-1)\right] \cdot \left[\sum_{i=1}^k \tau_i(\tau_i-1)\right],$$

这里 $\tau_1, \tau_2, \cdots, \tau_k$ 为混合样本的结统计量. 由大样本近似, 就可以对有结的情况进行检验.

例 4.6 为研究三组教学法对儿童记忆英文单词能力的影响, 将 18 名英文水平、智力、年龄等各方面条件相当的儿童随机分成 A, B, C 三组, 每组分别采用不同的教学法施教. 在学习一段时间后对三组学生记忆英文单词的能力进行测试, 测试成绩如下. 教学法的研究者经验认为三组成绩应该按 A, B, C 次序增加排列 (两个不等号中至少有一个是严格的). 表 4.14 列出他们的测试成绩, 判断研究者的经验是否可靠.

表 4.14 三组教学法的测验结果

A	40	35	38	43	44	41
B	38	40	47	44	40	42
C	48	40	45	43	46	44

解 本例的假设检验问题为

$$H_0: 三组成绩相等 \leftrightarrow H_1: \theta_1 \leqslant \theta_2 \leqslant \theta_3.$$

易得 $W_{12}^* = 22$, $W_{13}^* = 30.5$, $W_{23}^* = 26.5$, 因此由式 (4.13) 得 $J^* = 79$. 查表得 p 值等于 0.02306, 对水平 $\alpha \geqslant 0.02306$ 能拒绝零假设. 如果用正态近似, 有 p 值等于 0.0217, 结果和精确的比较一致.

附注: Jonckheere-Terpstra 检验是由 Terpstra(1952) 和 Jonckheere(1954) 独立提出的, 它比 Kruskal-Wallis 检验有更强的势. Daniel(1978) 和 Leach(1979) 对该检验进行过详细的说明.

4.4 Friedman 秩方差分析法

前面的 Kruskal-Wallis 检验和 Jonckheere-Terpstra 检验都是针对完全随机试验数据的分析方法. 当各处理的样本重复数据存在区组之间的差异时, 必须考虑区组对结果的影响. 对于随机区组的数据, 传统的方差分析要求试验误差是正态分布的, 当数据不符合方差分析的正态前提时, Friedman(1937) 建议采用秩方差分析法. Friedman 检验对试验误差没有正态分布的要求, 仅仅依赖于每个区组内所观测的秩次.

1. Friedman 检验的基本原理

假设有 k 个处理和 b 个区组, 数据观测值如表 4.15 所示.

表 4.15 完全随机区组数据分析结构表

区组\ 样本 x_{ij}	样本 1	样本 2	⋯	样本 k
区组 1	x_{11}	x_{12}	⋯	x_{1k}
区组 2	x_{21}	x_{22}	⋯	x_{2k}
⋮	⋮	⋮		⋮
区组 b	x_{b1}	x_{b2}	⋯	x_{bk}

4.4 Friedman 秩方差分析法

与大部分方差分析的检验问题一样, 这里关于位置参数的假设检验问题为

$$H_0: \theta_1 = \cdots = \theta_k \leftrightarrow H_1: \exists i,j \in 1,2,\cdots,k, \ \theta_i \neq \theta_j. \tag{4.14}$$

由于区组的影响, 不同区组中的秩没有可比性, 比如要对比不同化肥的增产效果, 优质土地即便不施肥, 其产量也可能比施了优等肥的劣质土地的产量高. 但是, 如果按照不同的区组收集数据, 那么同一区组中的不同处理之间的比较是有意义的, 也就是说, 假设其他影响因素相同的情况下, 在劣质土地上比较不同的肥料增产效果是有意义的. 因此, 首先应在每一个区组内分配各处理的秩, 从而得到秩数据表 4.16.

表 4.16 完全随机区组秩数据表

区组\样本 R_{ij}	样本 1	样本 2	...	样本 k	和 $R_{i\cdot}$
区组 1	R_{11}	R_{12}	...	R_{1k}	$\frac{k(k+1)}{2}$
区组 2	R_{21}	R_{22}	...	R_{2k}	$\frac{k(k+1)}{2}$
⋮	⋮	⋮		⋮	⋮
区组 b	R_{b1}	R_{b2}	...	R_{bk}	$\frac{k(k+1)}{2}$
秩和 $R_{\cdot j}$	$R_{\cdot 1}$	$R_{\cdot 2}$	...	$R_{\cdot k}$	$\frac{k(k+1)}{2}$

如果 R_{ij} 表示第 i 个区组中第 j 处理在第 i 区组中的秩, 则秩按照处理求和为

$$R_{\cdot j} = \sum_{i=1}^{b} R_{ij}, \ j=1,2,\cdots,k, \ \bar{R}_{\cdot j} = R_{\cdot j}/b.$$

在零假设成立的情况下, 各处理的平均秩 $\bar{R}_{\cdot j}$ 有下面的性质.

定理 4.4 在零假设 H_0 下, 有

$$E(\bar{R}_{\cdot j}) = \frac{k+1}{2}, \quad \mathrm{var}(\bar{R}_{\cdot j}) = \frac{k^2-1}{12b}, \quad \mathrm{cov}(\bar{R}_{\cdot i}, \bar{R}_{\cdot j}) = -\frac{k+1}{12}.$$

证明 易知

$$R_{\cdot\cdot} = b(1+2+\cdots+k) = bk(k+1)/2,$$

$$\hat{R}_{\cdot\cdot} = R_{\cdot\cdot}/bk = (k+1)/2.$$

$$\mathrm{var}(R_{ij}) = \sum_{i=1}^{b}\sum_{j=1}^{k}(R_{ij} - \bar{R}_{\cdot\cdot})^2/bk$$

$$= \frac{1}{bk}\left[\sum\sum R_{ij}^2 - R_{..}^2/bk\right]$$

$$= \frac{1}{bk}\left[\frac{bk(k+1)(2k+1)}{6} - \frac{bk(k+1)^2}{4}\right]$$

$$= \frac{(k+1)(k-1)}{12}.$$

各处理间平方和为

$$\text{SSt} = \sum_{j=1}^k b(\bar{R}_{\cdot j} - \bar{R}_{\cdot\cdot})^2 = \sum_{j=1}^k R_{\cdot j}^2/b - R_{\cdot\cdot}^2/bk = \sum R_{\cdot j}^2/b - bk(k+1)^2/4.$$

Friedman 的 Q' 公式为

$$Q' = \frac{\text{SSt}}{\text{var}(R_{ij})} = \frac{12}{(k+1)(k-1)}\left[\sum R_{\cdot j}^2/b - bk(k+1)^2/4\right].$$

Friedman 建议用 $(k-1)/k$ 乘 Q' 得校正式

$$\begin{aligned}Q &= \frac{12}{bk(k+1)}\sum R_{\cdot j}^2 - \frac{12bk(k+1)^2(k-1)}{4(k+1)(k-1)k}\\ &= \frac{12}{bk(k+1)}\sum R_{\cdot j}^2 - 3b(k+1).\end{aligned} \quad (4.15)$$

Q 值近似自由度为 $\nu = k-1$ 的 χ^2 分布.

当数据有相同秩时, Q 值校正如下式:

$$Q_c = \frac{Q}{1 - \dfrac{\sum\limits_{i}^{g}(\tau_i^3 - \tau_i)}{bk(k^2-1)}}. \quad (4.16)$$

式中, τ_i 为第 i 个结的长度, g 为结的个数.

结论 若实测 $Q < \chi_{0.05,k-1}^2$, 则不拒绝 H_0, 反之则接受 H_1.

例 4.7 设有来自 A, B, C, D 四个地区的四名厨师制作名菜京城水煮鱼, 想比较它们的品质是否相同. 经四位美食评委评分结果如表 4.17 所示, 试测验四个地区制作的京城水煮鱼这道菜品质有无区别.

解 由于不同评委在口味和美学欣赏上存在差异, 因此适合用 Freidman 检验方法比较.

表 4.17 评委对四名厨师的评分数据表

美食评委 \ 地区	A	B	C	D	
1	85(4)	82(2.5)	82(2.5)	79(1)	
2	87(4)	75(1)	86(3)	82(2)	
3	90(4)	81(3)	80(2)	76(1)	
4	80(3)	75(1.5)	81(4)	75(1.5)	
秩和 $R_{\cdot j}$	15	7.5	12	5.5	$R_{\cdot\cdot} = 40$

注: 表中括号内数据为每位评委品尝四种菜后所给评分的秩.

假设检验问题为

H_0: 四个地区的京城水煮鱼品质相同,

H_1: 四个地区的京城水煮鱼品质不同.

统计分析: $b = 4$(区组数), $k = 4$(处理数).

结点校正如表 4.18 所示.

表 4.18 结点校正计算表

相同的秩	1.5
τ_i	2
$\tau_i^3 - \tau_i$	6

由式 (4.15), 有

$$Q = \frac{12}{4 \times 4 \times (4+1)}[15^2 + 7.5^2 + 12^2 + 5.5^2] - 3 \times 4 \times (4+1) = 8.325.$$

由式 (4.16), 结合表 4.18 有

$$Q_c = \frac{8.325}{1 - \frac{6}{4 \times 4(4^2-1)}} = 8.538462.$$

结论 实际测量 $Q_c = 8.538462 > \chi^2_{0.05,3} = 7.814$, 接受 H_1, 认为四个地区的菜品质上存在显著差异. 在 R 中进行 Friedman 检验的函数语法如下:

```
friedman.test(y, groups, blocks)
```

例 4.7 的运算程序如下:

```
> BeijingFish
 [1] 85 82 82 79 87 75 86 82 90 81 80 76 80 75 81 75
> treat.BF
 [1] 1 2 3 4 1 2 3 4 1 2 3 4 1 2 3 4
> block.BF
 [1] 1 1 1 1 2 2 2 2 3 3 3 3 4 4 4 4
```

```
> friedman.test(BeijingFish, treat.BF, block.BF)
        Friedman rank sum test
data:  BeijingFish and treat.BF and block.BF
Friedman chi-square = 8.5385, df = 3, p-value = 0.0361
alternative hypothesis: two.sided
```

2. Hollander-Wolfe 两处理间比较

当秩方差分析结果样本之间有差异时, Hollander-Wolfe(1973) 提出两样本 (处理) 间的比较公式:

$$D_{ij} = |R_{\cdot i} - R_{\cdot j}|/\mathrm{SE}, \tag{4.17}$$

式中 $R_{\cdot i}$ 与 $R_{\cdot j}$ 为第 i 与第 j 样本 (处理) 秩和. 由

$$\mathrm{var}(b\bar{R}_{\cdot j}) = b^2 \frac{(k+1)(k-1)}{12b} \times \frac{k}{k-1} = \frac{b(k+1)k}{12},$$

$$\mathrm{SE} = \sqrt{\frac{bk(k+1)}{12}\left(\frac{2}{b}\right)} = \sqrt{k(k+1)/6},$$

若有相同秩, 则

$$\mathrm{SE} = \sqrt{\frac{k(k+1)}{6} - \frac{b\sum\limits_{i=1}^{g}(\tau_i^3 - \tau_i)}{6(k-1)}}, \tag{4.18}$$

式中, τ_i 为同秩观测值个数, g 为同秩组数. 当实测 $|D_{ij}| \geqslant Z_{1-\alpha^*}$ 时, 表示两样本间有差异, 反之则无差异. $\alpha^* = \alpha/k(k-1)$, α 为显著水平, $Z_{1-\alpha^*}$ 为标准正态分布分位数.

例 4.8 由例 4.7 知, 四个地区所做的京城水煮鱼品质上有显著差异, 成对样本比较有 $k(k-1)/2 = 4(4-1)/2 = 6$ 种, 四种京城水煮鱼的秩和分别为

$$R_{\cdot 1} = 15, \quad R_{\cdot 2} = 7.5, \quad R_{\cdot 3} = 12, \quad R_{\cdot 4} = 5.5.$$

设 $\alpha = 0.05$, 则

$$\alpha^* = 0.05/6 = 0.00833, \quad Z_{1-0.00833} = Z_{0.99167} = 2.394.$$

由式 (4.18) 得

$$\mathrm{SE} = \sqrt{\frac{4 \times 4(4+1)}{6} - \frac{4 \times 6}{6(4-1)}} = 1.414.$$

再利用式 (4.17) 得比较表 4.19.

表 4.19 两两处理的 Hollander-Wolfe 计算表

比较式	$|R_{.i} - R_{.j}|$	SE	D_{ij}	$Z_{0.99167}$
A VS B	15−7.5=7.5	1.414	5.304(*)	2.394
A VS C	15−12=3	1.414	2.122	2.394
A VS D	15−5.5=9.5	1.414	6.719(*)	2.394
B VS C	$|7.5 - 12| = 4.5$	1.414	3.182(*)	2.394
B VS D	7.5−5.5=2	1.414	1.414	2.394
C VS D	12−5.5=6.5	1.414	4.597(*)	2.394

由上表四种水煮鱼品质比较结果可知, 仅 A 与 B, D 有差别, 其他水煮鱼品质间差异不显著.

4.5 随机区组数据的调整秩和检验

当随机区组设计数据的区组数较大或处理组数较小时, Friedman 检验的效果就不是很好了. 因为 Friedman 检验的编秩是在每一个区组内进行的, 这种编秩的方法仅限于区组内的效应 (response), 所以不同区组间响应的直接比较是无意义的. 为了去除区组效应, 可以用区组的平均值或中位数作为区组效应的估计值, 然后用每个观测值与估计值相减来反映处理之间的差异, 由此就可能消除区组之间的差异, 将问题归为无区组的情况来处理.

于是 Hodges 和 Lehmmann 于 1962 年提出了调整秩和检验 (aligned ranks test), 也称为 Hodges-Lehmmann 检验, 简记为 HL 检验. 对于假设检验问题:

$$H_0: \theta_1 = \cdots = \theta_k \leftrightarrow H_1: \exists i, j \in 1, 2, \cdots, k, \ \theta_i \neq \theta_j.$$

样本结构如表 4.15 所示, 调整秩和检验的主要计算步骤如下.

(1) 对每一个区组 $i(i = 1, 2, \cdots, b)$ 来说, 计算其某一位置估计值, 如均值或中位数. 以下计算以均数为例, 即 $\bar{X}_{i.} = \dfrac{1}{k}\sum_{j=1}^{k} X_{ij}$.

(2) 每一个区组中的每个观测值减去均值, 即 $AX_{ij} = X_{ij} - \bar{X}_{i.}$, 相减后的值称为调整后的观测值 (aligned observation).

(3) 对调整后的观测值, 像 Kruskal-Wallis 检验中一样, 对全部数据求混合后的秩, 相同的用平均秩, AX_{ij} 的秩仍然记为 R_{ij}, 这样编得的秩为调整秩 (aligned ranks).

(4) 用 $\bar{R}_{.j}$ 表示第 j 个处理的平均秩, 即 $\bar{R}_{.j} = \dfrac{1}{b}\sum_{i=1}^{b} R_{ij}$. 在零假设之下, $\bar{R}_{.j}$

应与 $\frac{1}{kb}\sum R_{ij} = \frac{kb+1}{2}$ 相等. 于是可以使用

$$\tilde{Q} = c\sum_{j=1}^{k}\left(\bar{R}_{\cdot j} - \frac{kb+1}{2}\right)^2$$

作为检验统计量, 当 $\tilde{Q}$ 取大值时, 考虑拒绝 H_0.

(5) Hodges-Lehmmann 指出, 当

$$c = \frac{(k-1)b^2}{\sum_{i,j}(R_{ij} - \bar{R}_{i\cdot})^2},$$

这里 $\bar{R}_{i\cdot} = \frac{1}{k}\sum_{j=1}^{k} R_{ij}$, 则

$$\tilde{Q} = \frac{(k-1)b^2}{\sum_{i,j}(R_{ij} - \bar{R}_{i\cdot})^2}\sum_{j=1}^{k}\left(\bar{R}_{\cdot j} - \frac{kb+1}{2}\right)^2$$

$$= \frac{(k-1)\left[\sum_{j=1}^{k} R_{\cdot j}^2 - \frac{kb^2(kb+1)^2}{4}\right]}{\frac{1}{6}kb(kb+1)(2kb+1) - \frac{1}{k}\sum_{i=1}^{b} R_{i\cdot}^2},$$

其中, $R_{\cdot j} = \sum_{i=1}^{b} R_{ij}$, $R_{i\cdot} = \sum_{j=1}^{k} R_{ij}$, 检验统计量的 $\tilde{Q}$ 零假设分布近似于自由度为 $\nu = k-1$ 的 χ^2 分布, 所以结果可以和 χ^2 分布表进行比较, 这里 k 为处理组数.

当数据中有结点存在时, 用平均秩法定秩, 这时 $\tilde{Q}'$ 统计量为

$$\tilde{Q}' = \frac{(k-1)\left[\sum_{j=1}^{k} R_{\cdot j}^2 - \frac{kb^2(kb+1)^2}{4}\right]}{\sum_{i,j} R_{ij}^2 - \frac{1}{k}\sum_{i=1}^{b} R_{i\cdot}^2}.$$

例 4.9 现研究一种高血压患者的血压控制治疗的效果, 经验表明治疗效果与病人本身的肥胖和身高类型有关的. 现将高血压病人按控制方法分为四类: A, B, C, D. 从这四类病人中随机抽取 8 名病人做完全区组设计试验. 进行一段时间的高血压控制治疗后, 测量血压指数 (经过一定变化后) 如表 4.20 所示.

表 4.20　高血压患者血压控制效果数据表

处理＼区组	I	II	III	IV	V	VI	VII	VIII
A	23.1	57.6	10.5	23.6	11.9	54.6	21.0	20.3
B	22.7	53.2	9.7	19.6	13.8	47.1	13.6	23.6
C	22.5	53.7	10.8	21.1	13.7	39.2	13.7	16.3
D	22.6	53.1	8.3	21.6	13.3	37.0	14.8	14.8

试问这 4 种血压控制对四种病人降压效果是否相同？

对于这个问题我们先用 Friedman 检验，求出秩如下表．

表 4.21　Friedman 检验区组内秩表

处理	秩								$R_{\cdot j}$
A	4	4	3	4	1	4	4	3	27
B	3	2	2	1	4	3	1	4	20
C	1	3	4	2	3	2	2	2	19
D	2	1	1	3	2	1	3	1	14

由此可计算得 Friedman 检验统计量 $Q = 6.45$，查表知，此时的 p 值为 0.091，如果取 $\alpha = 0.05$，则不能拒绝原假设．但是从原始数据表中可以看出，区组间的差异是显然的，于是使用 HL 检验如下．

首先计算这 8 个区组效应的估计值分别为

I	II	III	IV	V	VI	VII	VIII
22.735	54.4	9.825	21.475	13.175	44.475	15.775	18.75

由此可以得到下面全体 $X_{ij} - X_{\cdot j}$ 的秩，如表 4.22 所示．

表 4.22　Hodges-Lehmmann 秩数据表

处理	平均秩								秩和
A	21	29	24	27	10	32	31	26	200
B	18	11	16.5	7	23	28	5	30	138.5
C	15	13	25	14	22	2	6	4	101
D	16.5	9	8	19.5	19.5	1	12	3	88.5

计算 HL 检验统计量的值为 8.53．由 χ^2 近似知，其检验的 p 值为 0.036，对于 $\alpha = 0.05$，因而拒绝零假设，即认为对不同的病人采取不同的高血压处理，会产生不同的降压效果．这与直观想像是吻合的，同时这个例子也表明 Friedman 检验与 HL 检验是有着显著不同的．

4.6　Cochran 检验

一个完全区组设计的特殊情况是观测值只取 "是" 或 "否"、"同意" 或 "不同意"、"1" 或 "0" 等二元定性数据．这时，由于有太多的重复数据，秩方法的应用受到限制. Cochran(1950) 提出 Q 检验法, 测量多处理之间的差异是否存在.

假定有 k 个处理和 b 个区组, 样本为计数数据, 其数据形态如表 4.23 所示.

表 4.23 只取二元数据的完全随机区组数据表

区组＼处理	1	2	⋯	k	和
1	n_{11}	n_{12}	⋯	n_{1k}	$n_{1\cdot}$
2	n_{21}	n_{22}	⋯	n_{2k}	$n_{2\cdot}$
⋮	⋮	⋮		⋮	⋮
b	n_{b1}	n_{b2}	⋯	n_{bk}	$n_{b\cdot}$
和	$n_{\cdot 1}$	$n_{\cdot 2}$	⋯	$n_{\cdot k}$	N

假设检验问题为

H_0: k 个总体分布相同 (或各处理发生的概率相等),

H_1: k 个总体分布不同 (或各处理发生的概率不等).

统计分析: 以表 4.23 中观测值 $n_{ij} \in \{0,1\}$ 为计数数据, $n_{\cdot j}$ 为第 j 处理中 1 的个数, 即 $n_{\cdot j} = \sum\limits_{i=1}^{b} n_{ij} (j=1,2,\cdots,k)$, 显然各个处理之间的差异可以由 $n_{\cdot j}$ 之间的差异显示出来. $n_{i\cdot}$ 为每一区组中 1 的个数. $\sum\limits_{j=1}^{k} n_{\cdot j} = \sum\limits_{i=1}^{b} n_{i\cdot} = N$, 每格成功概率用 p_{ij} 表示.

当 H_0 成立时, 每一区组 i 内的成功概率 p_{ij} 相等, 对 $\forall j = 1, 2, \cdots, k, \forall i, p_{i1} = p_{i2} = \cdots = p_{ik} = p_{i\cdot}$, n_{ij} 服从两点分布 $b(1, p_{i\cdot})$.

$\mathrm{var}(n_{\cdot j})$ 为 $n_{\cdot j}$ 的方差:

$$\mathrm{var}(n_{\cdot j}) = \mathrm{var}\left(\sum_{i=1}^{b} n_{ij}\right) = \sum_{i=1}^{b} \mathrm{var}(n_{ij}) = \sum_{i=1}^{b} \hat{p}_{ij}(1-\hat{p}_{ij}). \tag{4.19}$$

将 $\hat{p}_{ij} = \hat{p}_{i\cdot} = n_{i\cdot}\dfrac{1}{k}$ 代入上式, 得

$$\mathrm{var}(n_{\cdot j}) = \sum_{i=1}^{b} n_{i\cdot}\frac{1}{k}\left(1 - n_{i\cdot}\frac{1}{k}\right) = \frac{1}{k^2}\sum_{i=1}^{b}(kn_{i\cdot} - n_{i\cdot}^2).$$

上式的估算值一般都很小, 因而用 $k/(k-1)$ 修正得到下式:

$$\mathrm{var}(n_{ij}) = \frac{n_{i\cdot}(k - n_{i\cdot})}{k(k-1)}. \tag{4.20}$$

4.6 Cochran 检验

将式 (4.20) 代入式 (4.19), 得到估计值为

$$\text{var}(n_{\cdot j}) = \sum_{i=1}^{b} n_{i\cdot}(k - n_{i\cdot})/[k(k-1)]. \tag{4.21}$$

在大样本情况下, $n_{\cdot j}$ 为近似正态分布, 即

$$\frac{n_{\cdot j} - E(n_{\cdot j})}{\sqrt{\text{var}(n_{\cdot j})}} \overset{L}{\sim} N(0, 1), \tag{4.22}$$

式中 $E(n_{\cdot j})$ 为 $n_{\cdot j}$ 的期望值, 一般用样本估计, 即

$$E(n_{\cdot j}) = \frac{1}{k} \sum n_{\cdot j} = \frac{N}{k}. \tag{4.23}$$

一般 $n_{\cdot j}$ 间并非互相独立, 但当 $n_{\cdot j}$ 足够大时, Tate 和 Brown(1970) 认为 $n_{\cdot j}$ 近似独立, 故式 (4.23) 平方后可以累加得自由度 $v = k - 1$ 的近似 χ^2 分布为

$$\sum_{j=1}^{k} \left[\frac{n_{\cdot j} - E(n_{\cdot j})}{\sqrt{\text{var}(n_{\cdot j})}}\right]^2 = \sum_{j=1}^{k} \frac{[n_{\cdot j} - E(n_{\cdot j})]^2}{\text{var}(n_{\cdot j})}. \tag{4.24}$$

将式 (4.23) 及式 (4.21) 代入式 (4.24) 得 Cochran Q 值为

$$Q = \sum_{j=1}^{k} \frac{\left(n_{\cdot j} - \frac{N}{k}\right)^2}{\sum n_{i\cdot}(k - n_{i\cdot})/[k(k-1)]} = \frac{(k-1)\left[\sum n_{\cdot j}^2 - \left(\sum n_{\cdot j}\right)^2/k\right]}{\sum n_{i\cdot} - \sum n_{i\cdot}^2/k}. \tag{4.25}$$

结论: 当检验统计量的值 $Q < \chi^2_{0.05, k-1}$ 时, 不能拒绝 H_0, 反之则接受 H_1.

例 4.10 设有 A, B, C 三种榨汁机分给 10 位家庭主妇使用, 用以比较三种榨汁机受喜爱程度是否相同. 对于喜欢的品牌给 1 分, 否则给 0 分, 调查结果如表 4.24 所示.

表 4.24 家庭主妇对三种榨汁机喜爱与否统计表

榨汁机 \ 主妇	1	2	3	4	5	6	7	8	9	10	和 $n_{\cdot j}$
A	0	0	0	1	0	0	0	0	0	1	2
B	1	1	0	1	0	1	0	0	1	1	6
C	1	1	1	1	1	1	1	1	1	0	9
和 $n_{i\cdot}$	2	2	1	3	1	2	1	1	2	2	17

假设检验问题为

H_0: 三种榨汁机受喜爱程度相同, H_1: 三种榨汁机受喜爱程度不同.

统计分析：由于各主妇每人饮食和做家务的习惯不同，对各榨汁机的功能使用情况也有差异，故应以主妇为区组. 由式 (4.25), 有

$$\sum n_{\cdot j} = \sum R_j = 17, \quad k = 3,$$
$$\sum n_{i\cdot}^2 = 2^2 + 2^2 + \cdots + 2^2 = 33, \quad \sum n_{\cdot j}^2 = 2^2 + 6^2 + 9^2 = 121,$$
$$Q = \frac{(3-1)(121 - 17^2/3)}{17 - 33/3} = \frac{49.3333}{6} = 8.2222.$$

结论：现在实际测得 $Q = 8.2222 > \chi_{0.05,2}^2 = 5.991$，接受 H_1，表示三种榨汁机受喜爱程度不同，以 C 榨汁机较受欢迎. 实际上，从三种榨汁机受喜爱的概率点估计 ($\hat{p}_{\cdot,1} = 0.12, \hat{p}_{\cdot,2} = 0.35, \hat{p}_{\cdot,3} = 0.53$) 也支持了这一结论.

该题的 R 程序如下：

```
candid1=c(0,0,0,1,0,0,0,0,0,1)
candid2=c(1,1,0,1,0,1,0,0,1,1)
candid3=c(1,1,1,1,1,1,1,1,1,0)
candid=matrix(c(candid1,candid2,candid3),nrow=10,ncol=3)
nidot.candid=apply(candid,1,sum)
ndotj.candid=apply(candid,2,sum)
k=ncol(candid)
Q=(k-1)*((k*sum(ndotj.candid^2)-(sum(ndotj.candid))^2))/
+(k*sum(nidot.candid)-sum(nidot.candid^2))
pvalue.candid=pchisq(Q,k-1,lower.tail=F)
pvalue.candid
[1] 0.01638955
```

由于 p 值 0.0164 远小于 0.05, 于是拒绝原假设.

4.7 Durbin 不完全区组分析法

由 4.1 节的预备知识可以知道，当处理组非常大，而区组中可允许样本量有限时，在一个区组中很难包含所有处理，于是出现了不完全的数据设计结构，其中较为常见的是均衡不完全区组 BIB 设计. Durbin 于 1951 年提出一种秩检验，该检验能用于均衡不完全区组设计中.

采用 4.1 节的记号，X_{ij} 表示第 j 个处理第 i 个区组中的观测值，R_{ij} 为在第 i 个区组中第 j 个处理的秩，计算每个处理的秩和，$R_{\cdot j} = \sum_{i=1}^{b} R_{ij}$ ($j = 1, 2, \cdots, k$).

当 H_0 成立时,不难得到

$$E(R_{\cdot j}) = \sum_{i=1}^{b} E(R_{ij}) = r \sum_{j=1}^{t} j \frac{1}{t} = \frac{r(t+1)}{2}, \quad j = 1, 2, \cdots, k.$$

k 个处理的秩和在 H_0 下是非常接近的,秩总平均为 $\frac{r(t+1)}{2}$.

当某处理效应大时,则反映在秩上,其秩和与总平均之间的差异也较大,于是可以构造统计量

$$D = \frac{12(k-1)}{rk(t^2-1)} \sum_{j=1}^{k} \left[R_{\cdot j} - \frac{r(t+1)}{2} \right]^2 \quad (4.26)$$

$$= \frac{12(k-1)}{rk(t^2-1)} \sum_{j=1}^{k} R_{\cdot j}^2 - \frac{3r(k-1)(t+1)}{t-1}. \quad (4.27)$$

显然,在完全区组设计 $(t = k, r = b)$ 时,上面的统计量等同于 Friedman 统计量. 对于显著性水平 α,如果 D 很大,比如大于或等于 $D_{1-\alpha}$,这里 $D_{1-\alpha}$ 为最小的满足 $P_{H_0}(D \geqslant D_{1-\alpha}) = \alpha$ 的值,则可以对于水平 α 拒绝零假设. 零假设下精确分布只对有限的几组 k 和 b 计算过. 实践中人们常用大样本近似. 在零假设下,对于固定的 k 和 t,当 $r \to \infty$ 时,$D \to \chi^2_{(k-1)}$. 对于小样本,该 χ^2 近似不很精确.

此外,当数据中有结存在时,实践表明,只要其长度不大,结统计量对 D 统计量的影响不大.

例 4.11 设需要对 4 种饲料 (处理) 的养猪效果进行试验,用以比较饲料的质量. 选 4 胎母猪所生的小猪进行试验,每头小猪体重相当,选择 3 头进行实验. 3 个月后测量所有小猪增加的体重 (1b) 如表 4.25 所示,试比较 4 种饲料品质有无差别.

表 4.25 4 种饲料的养猪效果数据表

饲料 \ 区组 (胎别)	I	II	III	IV	和 $R_{\cdot j}$
A	73(1)	74(1)		71(1)	3
B		75(2.5)	67(1)	72(2)	5.5
C	74(2)	75(2.5)	68(2)		6.5
D	75(3)		72(3)	75(3)	9

注:括号内的数为各区组内按 4 种处理观测值大小分配的秩.

解 假设检验问题为

H_0:4 种饲料质量相同, H_1:4 种饲料质量不同.

统计分析：由式 (4.27), $t=3$, $k=4$, $r=3$, $b=4$, $\lambda=2$, 则

$$D = \frac{12(4-1)}{3 \times 4(3+1)(3-1)}(3^2 + 5.5^2 + 6.5^2 + 9^2) - \frac{3 \times 3(4-1)(3+1)}{3-1}$$
$$= 60.9375 - 54$$
$$= 6.9375.$$

结论 实测 $D = 6.9375 < \chi^2_{0.05,3} = 7.814$, 不拒绝 H_0, 没有明显迹象表明 4 种饲料质量之间存在差异.

4.8 案 例

收入与学历有多大关系？—— 参数与非参数单因素方差分析

案例背景

一所著名大学图书馆的墙上有这样一条箴言：教育等同收入 (Education equals income). 俗话说, 知识改变命运. 当前我们已经进入知识型社会, 无论从哪个角度说, 知识都可能给你带来益处, 收入是最明显的一种表现.

根据美国人口普查局的统计, 2008 年, 美国高中学历以下的人每周中位收入是 426 美元, 高中学历的人每周中位收入是 591 美元, 大专学历的人每周中位收入是 736 美元, 大学学历的人每周中位收入是 978 美元, 硕士学历的人每周中位收入是 1228 美元, 职业性学历 (如律师、医生等) 的人每周中位收入是 1228 美元, 博士学历的人每周中位收入是 1555 美元 (中华商报, 2009 年第 38 期).

经济合作与发展组织 (OECD) 发布的 2008 年度《教育概览》指出, 各成员国追求高学历动力依然强劲, 在过去 10 年间, 劳动力市场对高学历人才的需求在大幅增加, 大多数情况下, 随着受教育程度的提高, 收入也相应提高.

国内领先的网络招聘企业中华英才网 2008 年 9 月发布的《中华英才网 2008 年度薪酬报告》的人口统计学分析表明, 薪酬关于学历 (大专以下、大专、本科、硕士 (不含 MBA)、博士) 整体上是呈递增关系的, 但是 MBA 的薪酬是高于硕士 (不含 MBA) 和博士的.

另一方面, 与前面的情况相对立的 "读书无用论"、"知识贬值"、"博士薪酬不敌硕士" 诸如此类的报道也并不鲜见.

问题提出

某企业人力资源部关心学历对薪水是否有显著影响, 我们现在拥有该企业人力资源部的相关数据, 想借此来检验一下不同层次学历的人的薪水是否真的存在差异.

数据描述

1. 数据来源：某企业人力资源部数据 (见光盘中第 4 章 employee.txt 文件).

2. 数据格式：txt 纯文本格式.

3. 变量说明：两个变量，一个是 educ(受教育年限)，另一个是 salary(薪水，单位为美元)，都是整型变量.

基本原理与方法

我们要研究的问题是，学历这个分类型变量对薪水这个数值型变量是否有显著影响. 方差分析是解决这类问题的主要方法.

在方差分析中，所要检验的影响元素称为因素或因子 (factor)，比如这里的学历；因素的不同状态称为处理 (treatment) 或水平 (level)，比如不同的学历. 只有一个因素的方差分析称为单因素方差分析，有两个因素的方差分析称为双因素方差分析. 这里的学历影响薪水的问题就属于单因素方差分析问题.

在参数统计推断中，方差分析的基本假定是：各总体 (处理) 服从同方差正态分布；各观测值相互独立.

单因素方差分析的数学表达式是

$$\begin{cases} x_{ij} = \mu + \alpha_j + \varepsilon_{ij}, \ i=1,2,\cdots,n_j; j=1,2,\cdots,k, \\ \varepsilon_{ij} \sim N(0,\sigma^2), \ \text{各} \ \varepsilon_{ij} \ \text{相互独立}, \\ \sum_{j=1}^{k} n_j \alpha_j = 0. \end{cases}$$

其中 x_{ij} 表示第 j 个处理的第 i 个观测，n_j 表示第 j 个处理的观测数，μ 表示总均值 (由各处理的均值按各处理的观测数占总观测数的比例加权平均得到)，$\alpha_j = \mu_j - \mu$ 表示第 j 个处理的效应 (μ_j 是第 j 个处理的均值)，ε_{ij} 表示随机误差.

单因素方差分析的检验假设是

$$H_0: \mu_1 = \mu_2 = \cdots = \mu_k \Leftrightarrow \alpha_1 = \alpha_2 = \cdots = \alpha_k = 0$$
$$\leftrightarrow H_1: \mu_j(j=1,2,\cdots,k) \ \text{不全相等}$$

观测到的数据一般是参差不齐的，我们用总平方和 SST(Sum of Squares for Total) 来度量数据总的变异，将它分解为可追溯到来源的部分变异 (用处理平方和 SSt(Sum of Squares for Treatment) 与误差平方和 SSE(Sum of Squares for Error) 来度量) 之和，即

$$\text{SST} = \text{SSt} + \text{SSE}$$

$$\Updownarrow$$

$$\sum_{i=1}^{n_i}\sum_{j=1}^{k}(x_{ij}-\bar{\bar{x}})^2 = \sum_{j=1}^{k} n_j(\bar{x}_j - \bar{\bar{x}})^2 + \sum_{i=1}^{n_i}\sum_{j=1}^{k}(x_{ij}-\bar{x}_j)^2$$

对上述检验假设,我们构造 F 检验统计量

$$F = \frac{\text{SSt}/(k-1)}{\text{SSE}/(n-k)} = \frac{\text{MSt}}{\text{MSE}} \stackrel{H_0}{\sim} F(k-1, n-k).$$

当 $F > F_\alpha(k-1, n-k)$ 时,拒绝原假设 H_0,这表示分类型自变量对数值型因变量有显著影响,即处理间存在差异.

以上分析过程可以表示成一个如表 4.26 所示的方差分析表.

表 4.26 方差分析表

变异源	平方和	自由度	均方	F 值	P 值	F 临界值
处理	SSt	$k-1$	MSt	MSt/MSE		
误差	SSE	$n-k$	MSE	—	—	—
合计	SST	$n-1$	—	—	—	—

当方差分析拒绝原假设时,为进一步分析到底是哪些均值不相等,可将各均值配对检验,但检验统计量不是 t 统计量,这种方法叫做多重比较.

上面提到,在参数统计推断中,方差分析有正态分布假定,如果先验信息或数据不足以支持正态假定,就需要借助非参数方法来解决. Kruskal-Wallis 单因素方差分析就是这样一种方法.

Kruskal-Wallis 检验是 1952 由 Kruskal 和 Wallis 二人提出的. 它是一个将两样本 W-M-W 检验推广到三个或更多检验的方法. 它先将多个样本混合起来求秩,再将样本组求秩和. 考虑到各个处理的观测数可能不同, 可以比较各处理之间的平均秩差异. 在计算所有数据混合样本秩时,如果遇到有相同的观测值,则用秩平均法定秩. Kruskal-Wallis 方法也称为 H 检验, H 检验的基本前提是:数据的分布是连续的,除位置参数不同以外,分布是相似的.

H 检验有与前述检验假设等价的检验假设,即

$$H_0 : k \text{ 个处理的位置相同} \leftrightarrow H_1 : k \text{ 个处理的位置不同}$$

H 检验统计量为

$$H = \frac{\text{SSt}}{\text{MST}} = \frac{\sum n_j(\bar{R}_{.j} - \bar{R}_{..})^2}{\text{SST}/(n-1)} = \frac{\sum R_{.j}^2/n_j - n(n+1)^2/4}{\sum\sum(R_{ij} - \bar{R}_{..})^2}$$

$$= \frac{\sum R_{.j}^2/n_j - n(n+1)^2/4}{n(n+1)/12} = \frac{12}{n(n+1)}\sum R_{.j}^2/n_j - 3(n+1).$$

在零假设下, H 近似服从自由度为 $k-1$ 的 χ^2 分布. 当 H 的值大于 $\chi^2\alpha$ 上侧分位数时,拒绝零假设,表示处理间有差异. 为进一步分析是哪两组处理之间有差异,可用 Dunn 于 1964 年提出的 d_{ij} 统计量进行两两检验.

数据处理的讨论

原始数据中的变量 educ 的取值是受教育年限, 是一些整数: 8, 12, 15, 16, 17, 18, 19. 但是我们感兴趣的是学历, 因此要将这些整数转化为不同层次的学历. 我们将小于等于 12 的整数赋值为"低学历", 将大于等于 13 且小于等于 16 的整数赋值为"中等学历", 将大于等于 17 的整数赋值为"高等学历", 这样 educ 就变成了分类型变量. 当然也可以将那些不同的整数视作不同的类别, 只不过我们关心的是学历而已.

分析过程

1. 定义变量与选择数据

如上所述, 自变量为学历, 其取值为: "低学历"、"中等学历"、"高等学历"; 因变量为薪水, 其取值为几万的整数. 我们利用这两个变量对应的数据进行方差分析.

2. 用箱线图观察薪水差异

我们不妨先观察一下不同受教育年限下的薪水箱线图, 如图 4.4 所示.

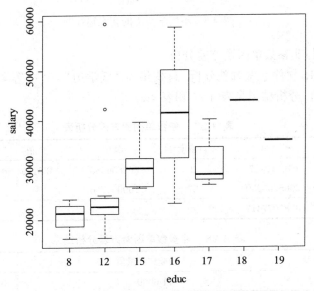

图 4.4　不同受教育年限下职工薪水箱线图

不难看出, 中位薪水大体上是随受教育年限的增加而增加, 不过 17 年的和 19 年的偏低. 另外还可看出, 16 年及以上的中位薪水波动比较大. 那么, 不同学历下的薪水箱线图又是什么样的呢? 请看图 4.5.

可以看出, 中位薪水随学历层次的提高而增加, 且三个层次的学历的中位薪水差别比较大, 这与图 4.4 反映的情况基本一致, 也说明我们将 educ 重新赋值的做法是可取的.

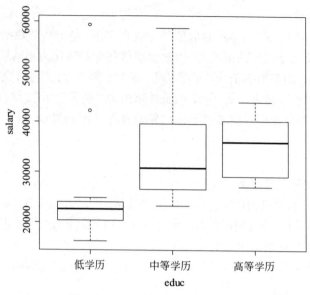

图 4.5 不同学历下的薪水箱线图

3. 参数与非参数单因素方差分析

我们用 R 软件来做方差分析,自变量为"低学历"、"中等学历"、"高等学历"三种取值. 分析结果见表 4.27 和表 4.28.

表 4.27 参数单因素方差分析表

变异源	平方和	自由度	均方	F 值	P 值
处理	619712167	2	309856083	2.8185	0.07732
误差	2968265250	27	109935750	—	—
合计	3587977417	29	—	—	—

表 4.28 非参数单因素方差分析结果

自由度	χ^2 检验统计量值	P 值
2	11.6989	0.002881

可以看出,在 0.05 的显著性水平下,参数方差分析的结果是不显著的,即认为不同层次学历的薪水差别不大. 而非参数方差分析的 P 值相当低,足以拒绝零假设,即认为不同层次学历的薪水是有显著差别的,这与上面的箱线图反映的情况也是一致的,所以我们更有理由相信非参数方差分析的结果.

总结与进一步思考

综上可知,薪水大体上是随受教育年限(或学历)的提高而增加的,且不同层次学历的薪水差别比较明显. 通过参数方法与非参数方法的比较,非参数方法体现出了它的优势,它敏锐地反应出了学历对薪水的影响程度,而且它的限制条件比参数方法更加宽松.

但是,该案例也有一个不足,就是样本量偏少,在较大样本量的情况下,非参数方法是不是也能体现出它的优势呢?这是一个值得探讨的问题.

R 程序代码

```
dat <- read.table("employee.txt", header = T)
attach(dat)
educ <- factor(educ)
plot(salary ~ educ)
detach(dat)
rm(educ)
attach(dat)
v <- educ
low.index <- (v <= 12)
mid.index <- (v >= 13 & v <= 16)
hig.index <- (v >= 17)
v[low.index] <- "A"
v[mid.index] <- "B"
v[hig.index] <- "C"
educ <- factor(v)
windows( )
plot(salary ~ educ, names = c("低学历","中等学历","高等学历"))
dat$educ <- v
F <- factor(dat$educ)
aov.edu <- aov(salary ~ F, data = dat)
summary(aov.edu)
kruskal.test(salary, F)
```

习题

4.1 对 A, B, C 三个灯泡厂生产的灯泡进行寿命测试,每品牌随机试验不等量灯泡,结果得到如下寿命数据(单位:天),试比较三品牌灯泡寿命是否相同.

A	83	64	67	62	70	
B	85	81	80	78		
C	88	89	79	90	95	

4.2 在 R 中编写程序完成例 4.4 的 Dunn 检验.

4.3 在 R 中编写函数完成 Hodges-Lehmmann 调整秩和检验.

4.4 下表是美国三大汽车公司 (A, B, C 三种处理) 的五种不同的车型某年产品的油耗, 试分析不同公司的油耗是否存在差异.

	I	II	III	IV	V
A	20.3	21.2	18.2	18.6	18.5
B	25.6	24.7	19.3	19.3	20.7
C	24.0	23.1	20.6	19.8	21.4

4.5 在一项健康试验中, 有三种生活方式, 它们的减肥效果如下表.

生活方式	1	2	3
一个月后减少的质量（单位 500g）	3.7	7.3	9.0
	3.7	5.2	4.9
	3.0	5.3	7.1
	3.9	5.7	8.7
	2.7	6.5	
n_i	5	5	4

人们想要知道的是从这些数据能否得出它们的减肥效果 (位置参数) 是一样的. 如果减肥效果不等, 试根据上面这些数据选择方法检验哪一种效果最好, 哪一种最差.

4.6 为考察三位推销员甲、乙、丙的推销能力, 设计实验, 让推销员向指定的 12 位客户推销商品, 若客户认为推销员的推销服务满意, 则给 1 分, 否则给 0 分, 所得结果如下. 试测验三位推销员的推销效果是否相同.

推销员＼客户	1	2	3	4	5	6	7	8	9	10	11	12
甲	1	1	1	1	1	0	0	1	1	1	1	0
乙	0	1	0	1	0	0	0	1	0	0	0	0
丙	1	0	1	0	0	1	0	1	0	0	0	1

4.7 现有 A, B, C, D 四种驱蚊药剂, 在南部四个地区试用, 由于试验用蚊不足, 故每种药剂只能使用于三个地方, 每一试验使用 400 只蚊子, 其死亡数 (单位: 只) 如下表. 如何检验四种药剂的药效是否不同?

药剂＼地区	1	2	3	4
A	356	320	359	
B	338	340		385
C	372		380	390
D		308	332	348

第 5 章 分类数据的关联分析

变量与变量之间的关系是统计结构中的重要参数,研究变量与变量之间的关系是统计的核心问题. 统计学根据研究问题的不同, 发展了许多认识和度量变量关系的方法. 变量和变量之间如果不独立, 则一定存在着关联关系, 本章主要关注分类 (定性) 数据关联关系的度量方法.

5.1 $r \times s$ 列联表和 χ^2 独立性检验

假设有 n 个随机试验的结果按照两个变量 A 和 B 分类, A 取值为 $A_1, A_2, \cdots, A_r$, B 取值为 $B_1, B_2, \cdots, B_s$. 将变量 A 和 B 的各种情况的组合用一张 $r \times s$ 列联表表示, 称 $r \times s$ 二维列联表, 如表 5.1 所示, 其中 n_{ij} 表示 A 取 A_i 及 B 取 B_j 的频数, $\sum_{i=1}^{r}\sum_{j=1}^{s} n_{ij} = n$, 其中

$$n_{i\cdot} = \sum_{j=1}^{s} n_{ij}, i=1,2,\cdots,r, \quad \text{表示各行之和};$$

$$n_{\cdot j} = \sum_{i=1}^{r} n_{ij}, j=1,2,\cdots,s, \quad \text{表示各列之和};$$

$$n_{\cdot\cdot} = \sum_{j=1}^{s} n_{\cdot j} = \sum_{i=1}^{s} n_{i\cdot}.$$

表 5.1 $r \times s$ 二维列联表

	B_1	B_2	$\cdots$	B_s	总和
A_1	n_{11}	n_{12}	$\cdots$	n_{1s}	$n_{1\cdot}$
$\vdots$	$\vdots$	$\vdots$		$\vdots$	$\vdots$
A_r	n_{r1}	n_{r2}	$\cdots$	n_{rs}	$n_{r\cdot}$
总和	$n_{\cdot 1}$	$n_{\cdot 2}$		$n_{\cdot s}$	$n_{\cdot\cdot}$

令 $p_{ij} = P(A=A_i, B=B_j), i=1,2,\cdots,r; j=1,2,\cdots,s$. $p_{i\cdot}$ 和 $p_{\cdot j}$ 分别表示 A 和 B 的边缘概率. 对于二维 $r \times s$ 列联表, 如果变量 A 和 B 独立, 或说没有关联, 则 A 和 B 的联合概率应等于 A 和 B 的边缘概率.

于是分类变量独立性的问题可以描述为以下假设检验问题：

$$H_0: p_{ij} = p_{i\cdot}p_{\cdot j}, \quad 1 \leqslant i \leqslant r; 1 \leqslant j \leqslant s.$$

我们注意到如果两个变量之间没有关系，那么观测频数与期望频数之间的总体差异应该很小. 反之, 如果观测频数与期望频数之间的差异足够大, 那么就可以推断两个变量之间存在相互依赖关系. 在零假设下, $r \times s$ 列联表每格中期望值为

$$m_{ij} = \frac{n_{i\cdot}n_{\cdot j}}{n},$$

则可以定义统计量

$$\chi^2 = \sum_{i=1}^{s}\sum_{j=1}^{r}\frac{(n_{ij}-m_{ij})^2}{m_{ij}}. \tag{5.1}$$

如果有 $m_{ij} > 5$, 则 χ^2 近似服从自由度为 $(s-1)(r-1)$ 的卡方分布. 如果 Pearson χ^2 值过大, 或 p 值很小, 则拒绝零假设, 认为行变量与列变量存在关联. 像这样没有指出两变量之间更细微的相关或其他特殊的关系, 称为一般性关联 (general association).

例 5.1 为研究血型与肝病之间的关系, 对 295 名肝病患者及 638 名非肝病患者 (对照组) 调查不同血型的得病情况, 如表 5.2 所示, 问血型与肝病之间是否存在关联?

表 5.2 血型与肝病间的关系

血型	肝炎	肝硬化	对照	合计
O	98	38	289	425
A	67	41	262	370
B	13	8	57	78
AB	18	12	30	60
合计	196	99	638	933

本例中的行和列都是分类变量, 因而可用 chisq.test 求出 Pearsonχ^2 值, 如下所示:

```
> blood <-read.table("bloodtyp.txt",header=T)
> chisq.test(blood)
    Pearson's chi-square test with Yates' continuity correction
data:  blood
X-square = 15.073, df = 6, p-value = 0.020
```

表中输出了 Pearsonχ^2 检验结果, 自由度为 $(3-1)(4-1) = 6$, χ^2 值为 15.073, p 值为 0.020. 由于 p 值小于 0.05, 可以拒绝血型与病种独立的假设, 认为血型与肝病有一定关联.

为达到 χ^2 检验的效果, 一般需要保证在应用 χ^2 检验时满足一些特殊的假定条件. 具体而言, 要测量不同类之间是否独立, 频数过小的格点不能太多. 比如, Siegel 和 Castellan(1988) 指出行数或列数至少其一超过 2, 单元格中期望频数低于 5 的单元格的数目不能超过 20%, 不能允许存在单元格中的期望频数小于 1.

当实际观测次数过少时, Pearson 卡方检验会有很大偏差, Wilk(1995) 建议改用有偏的卡方值公式:

$$G^2 = -2\sum\sum n_{ij}\ln(n_{ij}/m_{ij})$$
$$= -2\left(\sum\sum n_{ij}\ln(n_{ij}) - \sum\sum n_{ij}\ln(m_{ij})\right).$$

G^2 称为似然比卡方值 (likelihood ratio chi-square). G^2 在零假设下与 Pearsonχ^2 统计量分布相同, 近似服从自由度为 $(s-1)(r-1)$ 的卡方分布. 如果 G^2 值过大, 或零假设下 p 值很小, 则拒绝零假设, 认为行变量与列变量存在强关联.

5.2 χ^2 齐性检验

一般关系说明行与列向量有一定关系, 如不同血型的病人患某种疾病较多或较少. 由于行和列的变量都是无序的, 因而它的结果与各行或各列的顺序无关. 另外一类问题是行表示不同的区组, 列表示我们感兴趣的问题, 我们希望回答列变量比例分布在各个区组之间是否一致, 这类检验问题称为齐性检验.

例 5.2 简·奥斯汀 (1775—1817) 是英国著名女作家, 在其短暂的一生中为世界文坛奉献出许多经久不衰的作品, 如《理智与情感》(1811)、《傲慢与偏见》(1813)、《曼斯菲尔德花园》(1814)、《爱玛》(1815) 等. 在其身后, 奥斯汀的哥哥亨利主持了遗作《劝导》和《诺桑觉寺》两部作品的出版, 很多热爱奥斯汀的文学爱好者自发研究后面两部作品与奥斯汀本人的语言风格是否一致. 以下是一个例子, 表 5.3 中收集了她的代表作《理智与情感》、《爱玛》以及遗作《劝导》前两章 (分别以 I, II 标记) 中常用代表词的出现频数, 希望研究不同作品之间在选择常用词汇的比例上是否存在差异, 并借此为作品真迹鉴别提供证据.

表 5.3　不同作品中选词频率统计表

单词	理智与情感	爱玛	劝导 I	劝导 II
a	147	186	101	83
an	25	26	11	29
this	32	39	15	15
that	94	105	37	22
with	59	74	28	43
without	18	10	10	4

齐性检验问题的一般表述为

$$\forall\, i=1,2,\cdots,r, H_0: p_{i1}=\cdots=p_{ir}=p_{i\cdot} \leftrightarrow H_1: 等式不全成立. \quad (5.2)$$

本例中，p_{ij} 是第 i 个词条在第 j 部著作中出现的概率，由节选章节出现该词条的频数估计. 在零假设下，这些概率应视为与不同著作无关，因此 n_{ij} 的期望值为 $e_{ij}=n_{\cdot j}p_{i\cdot}$，$p_{i\cdot}$ 用其零假设下的估计值 $\hat{p}_{i\cdot}=n_{i\cdot}/n_{\cdot\cdot}$ 代替. 这时的观测值为 n_{ij}，而期望值为 $e_{ij}\equiv\dfrac{n_{i\cdot}n_{\cdot j}}{n_{\cdot\cdot}}$，于是构造 χ^2 检验统计量反应观测数和期望数的差异为

$$Q=\sum_{ij}\frac{(n_{ij}-e_{ij})^2}{e_{ij}}=\sum_{i,j}\frac{n_{ij}^2}{e_{ij}}-n_{\cdot\cdot}$$

该 χ^2 统计量和独立性检验的统计量形式上完全一致，近似服从自由度为 $(r-1)(c-1)$ 的 χ^2 分布. 以下是示例程序：

```
Jane=matrix(c(147,186,101,83,25,26,11,29,32,
+39,15,15,94,105,37,22,59,74,28,43,18,10,10,4),byrow=T,,4)
chisq.test(Jane)
Pearson's Chi-squared test
data:  Jane
X-squared = 45.5775, df = 15, p-value = 6.205e-05
```

该例子的 $Q=45.58$，p 值为 6.205×10^{-5}，于是拒绝零假设，认为后两部作品未必全部为简·奥斯汀的真迹.

5.3 Fisher 精确性检验

Pearson χ^2 检验要求二维列联表中只允许 20% 以下格子的期望数小于 5. 对于 2×2 列联表，如果 2×2 列联表中有一个格子（对 $r\times s$ 列联表实际上是 25% 以上的格子）期望数小于 5，则 R 程序会输出警告提示，此时应当用 Fisher 精确检验法 (Fisher's exact test 或 Fisher-Irwin test 及 Fisher-Yates test; Fisher, 1935a,b; Yates, 1934). 下面我们仅以 2×2 列联表为例，介绍 Fisher 检验. 假设有 2×2 列联表如表 5.4 所示.

表 5.4 典型的 2×2 列联表

	B_1	B_2	总和
A_1	n_{11}	n_{12}	$n_{1\cdot}$
A_2	n_{21}	n_{22}	$n_{2\cdot}$
总和	$n_{\cdot1}$	$n_{\cdot2}$	$n_{\cdot\cdot}$

如果固定行和与列和, 那么在零假设条件下出现在四格表中的各数值分别为 n_{11}, n_{12}, n_{21} 及 n_{22}, 假设边缘频数 $n_{1\cdot}, n_{2\cdot}, n_{\cdot 1}, n_{\cdot 2}$ 和 $n_{\cdot\cdot}$ 都是固定的. 在 A 和 B 独立或齐性的零假设下, 对任意的 i, j, n_{ij} 服从超几何分布

$$P\{n_{ij}\} = \frac{n_{1\cdot}! n_{2\cdot}! n_{\cdot 1}! n_{\cdot 2}!}{n! n_{11}! n_{12}! n_{21}! n_{22}!}. \tag{5.3}$$

由于 4 个格点中只要有一个数值确定, 另外 3 个也确定了, 因此只要对 n_{11} 的分布进行分析就足够了. 下面举例说明 n_{11} 的分布.

比如行总数为 5, 3, 列总数为 3, 5 时, 所有可能的表为四种, 如下所示:

$$\begin{matrix} 2 & 3 & & 3 & 2 & & 4 & 1 & & 5 & 0 \\ 3 & 0 & & 2 & 1 & & 1 & 2 & & 0 & 3 \end{matrix}$$

n_{11} 所有的可能取值为 2,3,4,5. 但是在独立的零假设下, 出现这些值的可能性是不同的. 第二个较最后一个表更像是独立或没有齐性的情况, 因此 $P(n_{11} = 3) > P(n_{11} = 5)$, 用上面的公式也容易计算出 n_{11} 取这些值的概率为

2	3	4	5
0.1785714	0.5357143	0.2678571	0.01785714

当然, n_{11} 取各种可能值的概率之和为 1. 由此很容易得到各种有关的概率, 比如

$$P(n_{11} \leqslant 3) = P(n_{11} = 2) + P(n_{11} = 3) = 0.1785714 + 0.5357143 = 0.7142857.$$

在零假设下 (齐性或独立性), n_{ij} 的各种取值都不会是小概率事件, 如果 n_{11} 过大或过小都可能导致拒绝零假设, 由此可以进行各种检验.

将式 (5.3) 化简为

$$En_{11} = \frac{n_{\cdot 1} n_{1\cdot}}{n_{\cdot 1} + n_{\cdot 2}}, \tag{5.4}$$

$$\mathrm{var} n_{11} = \frac{n_{\cdot 1} n_{1\cdot} n_{2\cdot} n_{\cdot 2}}{n^2 (n-1)}. \tag{5.5}$$

在大样本情况, 及零假设下, n_{11} 近似服从正态分布. 将 n_{11} 标准化为

$$z = \frac{\sqrt{n_{\cdot\cdot}}(n_{11} n_{22} - n_{12} n_{21})}{\sqrt{n_{1\cdot} n_{2\cdot} n_{\cdot 1} n_{\cdot 2}}} \xrightarrow{\mathcal{L}} N(0, 1).$$

我们注意到分子正好是 2×2 列联表所对应方阵的行列式. 行列式越大表示行列关系越强, 行列式接近零表示方阵降秩, 这正是两变量独立的典型特征.

例 5.3 为了解某种药物的治疗效果, 采集药物 A 与 B 的疗效数据整理成二维列联表, 如表 5.5 所示.

表 5.5 两种药物对某病的治疗结果

药物 \ 疗效	有 效	无 效	合 计
A	8	2	10
B	7	23	30
合计	15	25	40

解 在这个问题中, 某些类别的例数较少, 因而一般的 χ^2 检验不适用, 只能采用精确检验法.

统计计算: 如果固定边缘值 (15,25,10,30), 那么在零假设条件下出现在四格表中的各数值分别为 n_{11}, n_{12}, n_{21} 及 n_{22} 的概率按超几何分布为

$$P\{n_{11}=8\} = \frac{n_1.!n_2.!n_{.1}!n_{.2}!}{n!n_{11}!n_{12}!n_{21}!n_{22}!} = \frac{15!25!10!30!}{40!8!2!7!23!} = 0.0023. \tag{5.6}$$

如果用 fisher.test 函数可以计算得到 $P(n_{11} \geqslant 8) = 0.0024$. 作为比较, 我们还用了 χ^2 检验, 此时 Pearson 统计量为 2.6921, p 值为 0.1008, 程序和相应的输出如下所示:

```
> fisher.test(medicine)
    Fisher's Exact Test for Count Data
data:  medicine
p-value = 0.002429
alternative hypothesis: true odds ratio is not equal to 1

> chisq.test(medicine)
    Pearson's Chi-squared test with Yates' continuity correction
data:  medicine
X-squared = 8, df = 1, p-value = 0.004678
Warning message:
Chi-squared asymptotic algorithm may not be correct in: chisq.test
    (medicine)
```

在上面的程序中, 进行 χ^2 检验时出现了警告信息, 另外也发现格点中数据量较少的时候, 用 χ^2 检验近似得到的 p 值与 Fisher 精确检验的 p 值相差较大.

Fisher 检验当然也可以应用于 $r \times s$ 列联表, 原理与 2×2 列联表类似, 但各交叉处数值的联合分布服从多元超几何分布 (multivariate hypergeometric destribution). 由于计算十分繁杂, 这里就不详细介绍.

5.4　Mantel-Haenszel 检验

很多研究都涉及分层数据结构, 比如产品研究中, 需要根据城市和农村特点分别研究不同人群对产品或服务的满意程度; 不同类型的医院由于收治的病人特征不同, 要对不同的医院研究不同的治疗方案对病人的恢复效果. 这里城市和农村是问题的两个层, 研究所涉及的不同医院也是不同的层. 于是在回答处理与反应结果之间是否独立的问题时, 需要首先按层计算差异, 再将各层的差异进行综合比较, 从而做出综合的判断. 一个较为简单的情况是每层都有一个 2×2 列联表, 于是多个层涉及多个 2×2 列联表. 例如在 3 个中心临床试验中, 每个医院随机地把病人分为试验组和对照组, 疗效分为有效和无效, 每个医院形成一个 2×2 列联表数据.

以医院为例, 令分层结构 $h = 1, 2, \cdots, k, n_{hij}$ 表示第 h 层四格列联表观测频数, h 表示多层四格表的第 h 层, 第 h 层观测病案数为 n_h, $\sum_{h=1}^{k} n_h = n$.

假设检验问题为

H_0: 试验组与对照组在治疗效果上没有差异;

H_1: 试验组与对照组在治疗效果上存在差异.

下表是第 h 层四格表的符号表示.

组别 \ 效果	有效	无效	合计
试验组	n_{h11}	n_{h12}	$n_{h1\cdot}$
对照组	n_{h21}	n_{h22}	$n_{h2\cdot}$
合计	$n_{h\cdot 1}$	$n_{h\cdot 2}$	n_h

当零假设 H_0 成立时, 先求出第 h 层 n_{h11} 的期望 En_{h11} 和方差 $\text{var}(n_{h11})$:

$$En_{h11} = \frac{n_{h1\cdot} n_{h\cdot 1}}{n_h}, \quad \text{var}(n_{h11}) = \frac{n_{h1\cdot} n_{h2\cdot} n_{h\cdot 1} n_{h\cdot 2}}{n_h^2 (n_h - 1)}.$$

不同组与疗效之间的关系可用 Mantel-Haenszel 于 1959 年提出的 Q_{MH} 统计量表示

$$Q_{MH} = \frac{\left(\sum_{h=1}^{k} n_{h11} - \sum_{h=1}^{k} En_{h11}\right)^2}{\sum_{h=1}^{k} \text{var}(n_{h11})},$$

式中, k 为层数.

定理 5.1 $\forall h = 1, 2, \cdots, k$ 层, $\forall i = 1, 2$ 行, $n_{hi\cdot} = \sum_{j=1}^{2} n_{hij}$ 不小于 30 时, 统计量 Q_{MH} 近似服从自由度等于 1 的卡方分布.

例 5.4 对两家医院考察某治癌药的治癌效果, 试验组 A 与对照组 B(安慰剂) 对比记录其疗效, 如表 5.6 所示.

表 5.6 不同医院治癌药治癌效果比较

药品	医院 1			医院 2		
	有效	无效	合计	有效	无效	合计
A	50	15	65	47	135	182
B	92	90	182	5	60	65
	142	105	247	52	195	247

解 检验的 R 程序如下:

```
HA=matrix(c(50,92,15,90),2)
HB=matrix(c(47,5,135,60),2)
m=c(HA,HB); x=array(m,c(2,2,2))
mantelhaen.test(x)

Mantel-Haenszel chi-squared test with continuity correction
data:  x Mantel-Haenszel X-squared = 21.9443, df = 1, p-value =
2.807e-06 alternative hypothesis: true common odds ratio is not
equal to 1 95 percent confidence interval:
 2.080167 6.099585
sample estimates: common odds ratio
  3.562044
```

以上得到 Mantel-Haenszel 检验的结果 $Q_{MH} = 21.9443$, p 值为 2.807×10^{-6}, 通过检验, 说明治癌药有效果. 进一步比较各层, 发现在第一家医院, 药品 A 相对于安慰剂疗效显著; 在第二家医院, 无论是药品 A 还是药品 B, 疗效都倾向于不明显.

进一步计算发现, 如果不按分层结构计算分类变量的关系, 则只能出现两分类变量无关的结论, 请见习题 5.6.

Mantel-Haenszel 方法消除了层次因素的干扰而提高了检验出变量关联性的可靠性.

5.5 关联规则

前面几节中,我们给出了两个分类变量的关系度量和检验方法,这些方法都是针对两个固定变量进行的测量. 实际中,常常会碰到大规模变量的选择问题. 比如,超市的购物篮数据中,哪些物品在选购时相比另一些物品而言,更倾向于同时被选中,这是消费者购买行为分析中的核心问题. 比如,购买面包和牛奶的人,是否更倾向于购买牛肉汉堡和番茄酱. 如何从为数众多的变量中用最快的方法将关联性最强的两组或更多组变量选出来,是值得关注的一个技术问题. 该问题自然引发了大规模数据探索分析中的核心技术问题,即关联规则的有效取得.

5.5.1 关联规则基本概念

给定一个事务数据表 D,设有 m 个待研究的不同变量的取值构成有限项集 $I = \{i_1, i_2, \cdots, i_m\}$,其中每一条记录 T 是 I 中 k 项组成的集合,称为 k **项集**,即 $T \subseteq I$,如果对于 I 的子集 X,有 $X \subseteq T$,则称该交易 T 包含 X. 一条 **关联规则** 是一个形如 $X \rightarrow Y$ 的形式,其中 $X \subseteq I$,$Y \subseteq I$,且 $X \bigcap Y = \varnothing$. X 称为关联规则的前项,Y 称为关联规则的后项. 我们关注的是两组变量对应的项集 X 和项集 Y 之间因果依存的可能性. 关联规则中常涉及两个基本的度量:支持度和可信度.

关联规则的 **支持度** S 定义为 X 与 Y 同时出现在一次事务中的可能性,由 X 项和 Y 项在 D 中同时出现的事务数占总事务的比例估计,反映 X 与 Y 同时出现的可能性,即

$$S(X \Rightarrow Y) = |T(X \vee Y)|/|T|,$$

其中,$|T(X \vee Y)|$ 表示同时包含 X 和 Y 的事务数,$|T|$ 表示总事务数. 关联规则的支持度 (support) 用于测度关联规则在数据库中的普适程度,是对关联规则重要性 (或适用性) 的衡量. 如果支持度高,表示规则具有较好的代表性.

关联规则的 **可信度**(confidence) 用于测度后项对前项的依赖程度,定义为:在出现项目 X 的事务中出现项目 Y 的比例,即

$$C(X \Rightarrow Y) = |T(X \vee Y)|/|T(X)|,$$

其中,$|T(X)|$ 表示包含 X 的事务数,$|T(X \vee Y)|$ 表示同时出现 X 和 Y 的事务数. 可信度高说明 X 发生引起 Y 发生的可能性高. 可信度是一个相对指标,是对关联规则准确度的衡量,可信度高,表示规则 Y 依赖于 X 的可能性比较高.

关联规则的支持度和可信度都是位于 $0 \sim 100\%$ 之间的数. 关联规则的主要目的是建立变量值之间的可信度和支持度都比较高的关联规则. 最常见的关联规则是最小支持度 – 可信度关联规则,即找到支持度 – 可信度都在给定的最小支持度和最

小可信度以上的关联规则, 表示为 $X \Rightarrow Y$ (支持度 S, 置信度 C) 关联规则. Apriori 算法是这类关联规则的代表.

5.5.2 Apriori 算法

常用的关联规则算法有 Apriori 算法和 CARMA 算法, 其中 Apriori 算法是由 Agrawal, Imielinski 和 Swami 于 1993 年设计的对静态数据库计算关联规则的代表性算法, Apriori 还是许多序列规则和分类算法的重要组成部分. 而 CARMA 算法则是动态计算关联规则的代表. Apriori 是发现布尔关联规则所需频繁项集的基本算法, 即每个变量只取 1 或 0.

Apriori 算法主要以搜索满足最小支持度和可信度的频繁 k 项集为目的, 频繁项集的搜索是算法的核心内容. 如果 k_1 项集 A 是 k_2 项集 B 的子集 $(k_1 < k_2)$, 那么称 B 由 A 生成. 我们知道 k_1 项集 A 的支持度不小于任何它的生成集 k_2 项集 B. 支持度随项数增加呈递减规律, 于是可以从较小的 k 开始向下逐层搜索 k 项集, 如果较低的 k 项集不满足最小支持度条件, 则由该 k 项集生成的 n 项集 $(n > k)$ 都不满足最小条件, 从而可能有效地截断大项集的生长, 削减非频繁项集的候选项集, 有效地遍历满足条件的大项集.

具体而言, 首先从频繁 1 项集开始, 支持度满足最小条件的项集记作 L_1. 从 L_1 寻找频繁 2 项集的集合 L_2, 如此下去, 直到频繁 k 项集为空, 找每个 L_k 扫描一次数据库.

下表是人为编制的一个购物篮数据, 这个数据有 5 次购买记录, 我们以此为例说明 Apriori 算法的原理.

Basket-Id	A	B	C
t_1	1	0	0
t_2	0	1	0
t_3	1	1	1
t_4	1	1	0
t_5	0	1	1

在上表中, t_i 表示第 i 笔购物交易, $A = 1$ 表示某次交易中, 用户购买了 A, 显然可以将上表转化为项集形式:

Tid	items
t_1	A
t_2	B
t_3	ABC
t_4	AB
t_5	BC

预先将支持度和置信度分别设定为 0.4 和 0.6, 执行 Apriori 算法如下：

(1) 扫描数据库，搜索 1 项集，从中找出频繁 1 项集 $L_1 = \{A, B, C\}$。

(2) 在频繁 1 项集中将任意二项组合生成候选 2 项集 C_2, 比如，从 1 项集 L_1 可生成候选二项集 $C_2 = \{AB, AC, BC\}$, 扫描数据库找出频繁 2 项集, $L_2 = \{AB, BC\}$。

(3) 从频繁 2 项集按照第二步的方法构成 3 项候选集 C_3, 找出频繁 3 项集. 因为 $s(A \vee B \vee C) = 20\%$, 低于设定的最小支持度，所以到第三步算法停止, $L_3 = \varnothing$.

找出频繁项集之后将构造关联规则，继续上面的例子，下面是构造出的一些规则.

规则 1：支持度 0.4, 可信度 0.67,

$$A \Rightarrow B.$$

规则 2：支持度 0.4, 可信度 0.5,

$$B \Rightarrow A.$$

规则 3：支持度 0.4, 可信度 1,

$$C \Rightarrow B.$$

例 5.5 Adult 数据取自 1994 年美国人口调查局数据库，最初是用来预测个人年收入是否超过 5 万美元. 它包括 age(年龄), workclass(工作类型), education(教育), race(种族), sex(性别) 等 15 个变量, 48842 个观测值. 我们对这个数据集运用 Apriori 算法发现了一些有意义的规则. 下面是 R 软件的程序.

```
install.packages("arules")
library(arules)
library(Matrix)
library(lattice); data("Adult") ## Mine association rules
myrules=apriori(Adult, parameter
= list(supp = 0.5, conf = 0.9,target = "rules"))
WRITE(myrules[1:10])
```

值得注意的是，并非可信度越高的规则都是有意义的. 比如，某超市里, 80% 的女性 (A) 购买了某类商品 (B)($A \to B$), 但这个商品的购买率也是 80%, 也就是说，女性购买率和男性购买率是一样的, 即 $P(B|A) = P(B|\overline{A})$, 通常这类规则实用性不大. 如果 $P(B|A) > P(B)$, 则说明由 A 决定的 B 更有意义, 于是就产生了评价关联规则的第三个概念——提升度 (lift). 提升度定义为

$$L(A \Rightarrow B) = \frac{C(A \Rightarrow B)}{T(B)},$$

它是关联度量 $P(A,B)/(P(A)P(B))$ 的一个估计. 当 $P(B) > \frac{1}{2}$ 时, 可以证明当提升度 $L(A \Rightarrow B) > 1$ 时, 有 $P(B|A) > P(\overline{B}|A)$, 这表示 $A \Rightarrow B$ 规则的集中度较好.

5.6 Ridit 检验法

实际中经常需要对某个抽象概念进行测量, 比如, 通过测量病人对几种药物治疗的反应程度, 以判断不同药物的反应程度之间是否存在差异, 如果存在差异, 这些差异的感知顺序是怎样的? 类似的问题在行为学上同样存在, 在几个不同的项目设定量表测量用户对产品或服务的满意程度, 问题是要确定不同项目用户感知差异的顺序. 这类问题的共同特征是采用量表测量受访者的感知, 由于人为和个体差异, 不一定总能理想地测量到真实的数据. 比如, 通过病人对于药物的反应程度进行药物评价或分级时可能会存在一定缺陷. 例如, 4 级痛感不能代表 1 级痛感的 4 倍; 10 分钟精神忧郁感也不可认为是 1 分钟忧郁感的 10 倍; 药物使 4 级痛感减轻至 3 级不会与 2 级痛感减轻至 1 级的痛感一致. 总之, 我们只能测量到顺序级别的数据, 这些不同的项目之间不具有完整的事实独立性, 因而单纯应用定距分级或评分进行各处理强弱的比较, 数据的量关系可能与客观实际不符. 一个自然的想法是考虑将不能明显显示顺序的得分合并, 重新计算量表评级, 降低人为干扰, 从而作出更客观的评价.

Bross 于 1958 年提出一种非参数检验 Ridit 分析方法. Ridit 是 relative to identified distribution 的缩写和 Unit 的词尾 it 的组合, 有时也称为参照单位分析法. 它的基本原理是: 取一个样本数较多的组或将几组数据汇总成为参照组, 根据参照组的样本结构将原来各组响应数变换为参照得分——Ridit 得分, 利用变换后的 Ridit 得分进行各处理之间强弱的公平比较.

1. Ridit 得分及计算

考虑 $r \times s$ 双向列联表, 如表 5.7 所示.

表 5.7 $r \times s$ 二维列联表

	B_1	B_2	$\cdots$	B_s	总和
A_1	O_{11}	O_{12}	$\cdots$	O_{1s}	$O_{1.}$
$\vdots$	$\vdots$	$\vdots$		$\vdots$	$\vdots$
A_r	O_{r1}	O_{r2}	$\cdots$	O_{rs}	$O_{r.}$
总和	$O_{.1}$	$O_{.2}$	$\cdots$	$O_{.s}$	$O_{..}$

行向量 A 是关于不同比较组, 或不同处理的分类变量, $A_1, A_2, \cdots, A_r$ 表示不同的处理; 列向量 B 是顺序尺度变量, 不失一般性, 一般假定 $B_1 < B_2 < \cdots < B_s$.

O_{ij} 表示回答第 i 处理 (类) 在第 j 个顺序类上的响应数. 需要检验的问题是: $A_1, A_2, \cdots, A_r$ 个不同处理的强弱程度是否存在差异.

假设检验问题为

$$H_0 : A_1, A_2, \cdots, A_r \text{之间没有强弱顺序};$$
$$\leftrightarrow H_1 : \text{至少存在一对} A_i, A_j, \text{使得} A_i \neq A_j \text{成立}. \quad (5.7)$$

为比较不同处理之间的强弱顺序, 回想在 Kruskal-Wallis 检验中, 我们用每个处理的秩和或平均秩作为代表值, 参与处理之间的差异的比较. 秩和或平均秩可以理解为各不同处理的综合得分, 这是多总体位置比较的基础. 假定每个处理的得分分布在不同的 s 个顺序类上, 假设 r_j 是第 j 个顺序类的得分, 那么可以如下计算第 i 个处理的得分:

$$R_i = \sum_{j=1}^{s} r_j p(j|i) = \sum_{j=1}^{s} r_j \frac{p_{ij}}{p_{i\cdot}}.$$

式中, $p_{i\cdot}$ 是第 i 个处理类的边缘概率, p_{ij} 是第 i 个处理第 j 个顺序类的联合概率, $p(j|i)$ 是条件概率. 但是, 一般 r_j 在很多情况下很不明确, 有时为了计算方便, 则以等距数据替代. 比如: 在 Likert5 级量表中, $s = 5, r_j$ 按照 $j = 1, 2, \cdots, 5$ 分别表示非常不重要、不重要、一般、重要和非常重要. 这些顺序常常以 1, 2, 3, 4, 5 表示, 1 表示弱, 5 表示强. 但是, 正如本节起始段落所言, 如此人为指定等距得分进行计算的结果常常与事实不符.

Ridit 得分选择用累积概率得分表示各顺序真实的强弱顺序, 假设顺序类别中第 j 类的边缘分布是 $p_{\cdot j}(j = 1, 2, \cdots, s)$. 第 j 类的顺序强度如下定义:

$$r_1 = \frac{1}{2} p_{\cdot 1},$$
$$\vdots$$
$$r_j = \sum_{k=1}^{j-1} p_{\cdot k} + \frac{1}{2} p_{\cdot j} = \frac{F_{j-1}^B + F_j^B}{2}, \ j = 2, 3, \cdots, s,$$

其中

$$F_j^B = \sum_{k=1}^{j} p_{\cdot k}, \ j = 2, 3, \cdots, s.$$

式中, F_j^B 是 B 的累积概率. 从上面的定义来看, $r_1 < r_2 < \cdots < r_s$, 这符合顺序类别等级度量特征.

定理 5.2 如上定义的 Ridit 得分，满足如下性质：

$$R = \sum_{j=1}^{s} r_j p_{\cdot j} \equiv \frac{1}{2}.$$

如果定义

$$R_i = \sum_{j=1}^{s} r_j p(j|i), \tag{5.8}$$

则 $R = \sum_{i=1}^{r} R_i p_{i\cdot} \equiv \frac{1}{2}$.

证明 为简单起见，只证明第一个等式，第二个等式留给读者自己证明.

$$\begin{aligned}
R &= \sum_{j=1}^{s} r_j p_{\cdot j} = \sum_{j=1}^{s} \frac{F_{j-1} + F_j}{2} p_{\cdot j} \\
&= \frac{1}{2} \left(\sum_{j=1}^{s} \sum_{k=1}^{j-1} p_{\cdot j} p_{\cdot k} + \sum_{j=1}^{s} \sum_{k=1}^{j} p_{\cdot j} p_{\cdot k} \right) \\
&= \frac{1}{2} \left(2 \sum_{j=1}^{s} \sum_{k=1}^{j-1} p_{\cdot j} p_{\cdot k} + \sum_{j=1}^{s} p_{\cdot j}^2 \right) \\
&= \frac{1}{2} \left(\sum_{j=1}^{s} p_{\cdot j} \right)^2 = \frac{1}{2}.
\end{aligned}$$

另外，注意到 Ridit 得分是用累积概率 F_j^B 定义的，这正是 Ridit 得分法区别于人为定分的实质所在. 通常的 Likert 量表采用的是均匀分布，如果各顺序类响应数均匀，则这样假设是可能的. 但是，如果各类响应人数不等，则如此定级可能就不客观. 在实际计算中，F_j^B 需要用样本估计，为方便计算，下面给出 Ridit 计算的步骤，并将计算过程显示于表 5.8 中.

(1) 计算各顺序类别响应总数的一半 $H_j = \frac{1}{2} O_{\cdot j}$，得到行 (1).

(2) 将行 (1) 右移一格，第一格为 0，其余为累计前一级 $(j-1)$ 的累积频率 C_j，$C_j = \sum_{k=1}^{j-1} O_{\cdot k}$，得到行 (2).

(3) 将行 (1) 与行 (2) 对应位置相加，即得到行 (3)，行 (3) 中 $N_j = H_j + C_j$.

(4) 计算各顺序类别的 Ridit 得分 $R_{\cdot j} = \frac{N_j}{O_{\cdot\cdot}}$，得到行 (4).

(5) 将 R_j 的值按照 O_{ij} 占 $O_{i\cdot}$ 的权重重新配置第 i,j 位置的 Ridit 得分：$R_{ij} = \dfrac{O_{ij}}{O_{i\cdot}} R_{\cdot j}$.

(6) 计算第 i 处理 (类) 的 Ridit 得分：$R_i = \sum\limits_{j=1}^{s} R_{ij}$，这些 Ridit 得分的期望为 0.5.

表 5.8　各顺序级别 R_j 计算表

步骤		B_1	B_2	$\cdots$	B_s	合计
	A_1	O_{11}	O_{12}	$\cdots$	O_{1s}	$O_{1\cdot}$
	$\vdots$	$\vdots$	$\vdots$		$\vdots$	$\vdots$
	A_r	O_{r1}	O_{r2}	$\cdots$	O_{rs}	$O_{r\cdot}$
	总和	$O_{\cdot 1}$	$O_{\cdot 2}$	$\cdots$	$O_{\cdot s}$	$O_{\cdot\cdot}$
(1)		$H_1 = \frac{1}{2}O_{\cdot 1}$	$H_2 = \frac{1}{2}O_{\cdot 2}$	$H_j = \frac{1}{2}O_{\cdot j}$	$H_s = \frac{1}{2}O_{\cdot s}$	
(2)		0	$C_2 = \sum\limits_{k=1}^{1} O_{\cdot j}$	$C_j = \sum\limits_{k=1}^{j-1} O_{\cdot k}$	$C_s = \sum\limits_{k=1}^{s-1} O_{\cdot k}$	
(3)		N_1	N_2	$N_j = H_j + C_j$	N_s	
(4)		R_1	R_2	$R_{\cdot j} = \dfrac{N_j}{O_{\cdot\cdot}}$	R_s	

2. Ridit 得分及假设检验

对假设检验问题 (5.7)：

$H_0 : A_1, A_2, \cdots, A_r$ 之间没有强弱顺序；

$\leftrightarrow H_1 :$ 至少存在一对 A_i, A_j，使得 $A_i \neq A_j$ 成立.

有了 R_j，如果需要比较几个处理强弱是否存在差异，可以用 Kruskal-Wallis 检验方法：

$$W = \dfrac{12 O_{\cdot\cdot}}{(O_{\cdot\cdot} + 1) T} \sum_{i=1}^{r} O_{i\cdot} (R_{i\cdot} - 0.5)^2,$$

其中，T 为打结校正因子. Agresti 于 1984 年指出当样本量足够大时，T 的值趋近于 1，所以检验统计量简化为

$$W = 12 \sum_{i=1}^{r} O_{i\cdot} (R_{i\cdot} - 0.5)^2.$$

当 H_0 成立，W 近似服从自由度为 $\nu = r - 1$ 的 χ^2 分布，当 W 过大都考虑拒绝零假设.

3. 根据置信区间分组

R_i 是按照公式 (5.8) 计算得到的，Agresti 于 1984 年指出，R_i 在大样本情况下服从正态分布，其 95% 置信区间为

$$\bar{R}_i \pm 1.96\hat{\sigma}_{R_i}.$$

如果希望通过置信区间来比较第 i 处理与参照组之间的差异，可以用 $\hat{\sigma}_{R_i}$ 的最大值简化上式，即

$$\max(\hat{\sigma}_{R_i}) = \frac{1}{\sqrt{12O_{i\cdot}}}.$$

取 $\alpha < 0.05$，因而得到近似公式

$$\bar{R}_i \pm 1/\sqrt{3O_{i\cdot}}. \tag{5.9}$$

其中 $O_{i\cdot}$ 为第 i 处理的响应数。

由第 1 章置信区间与假设检验之间的关系，可以根据参照组的平均 $\text{Ridit}\bar{R}$ 与处理组的平均 $\text{Ridit}\bar{R}_i$ 得分的差别来进行两两对比检验，如果 $\text{Ridit}\bar{R}$ 与 $\text{Ridit}\bar{R}_i$ 的置信区间没有重叠，则说明两组存在显著性差别 ($\alpha < 0.05$)。

例 5.6 表 5.9 所示为用头针治疗瘫痪 800 例的疗效分析，不同病因的疗效可以不一样，究竟哪一种病因所引起的瘫痪用头针的治疗效果最佳，哪些次之，哪些最差，是医务人员希望通过数据回答的问题。

表 5.9 头针治疗瘫痪 800 例的疗效分析

组别 \ 级别	基本痊愈	显效	有效	无效	恶化	死亡	总数
1. 脑血栓形成及后遗症	194	134	182	28	1	0	539
2. 脑出血及后遗症	9	38	73	11	0	1	132
3. 脑栓塞及后遗症	20	13	20	6	0	0	59
4. 颅内损失及后遗症	4	12	33	5	0	0	54
5. 急性感染性多发性神经炎	4	2	3	1	0	0	10
6. 脊髓疾病	1	3	0	2	0	0	6
总病例数	232	202	311	53	1	1	800

解 本例中，从治疗效果看，各治愈数存在较大差异，因而不易采用人为定级的方法，可以考虑使用 Ridit 分析。首先将总数 800 例的疗效结果作为参照组，而以各病因组 (1~6 组) 的疗效结果作比较组。参照组的 Ridit 得分的计算步骤如表 5.10 所示，这里为书写方便采用按列计算的方式排列计算步骤，其中最后一列表示各顺序类 Ridit 得分。

表 5.10 头针治疗瘫痪 800 例疗效的 Ridit 计算步骤

步骤 \ 级别	基本痊愈	显效	有效	无效	恶化	死亡
(Ⅰ)(病例数总计)	232	202	311	53	1	1
(Ⅱ)(病例数 ×1/2)	116	101	155.5	26.5	0.5	0.5
(Ⅲ) 累积	0	232	434	745	798	799
(Ⅱ)+(Ⅲ)	116	333	589.5	771.5	798.5	799.5
$R = \dfrac{Ⅱ+Ⅲ}{800}$	0.145	0.416	0.737	0.964	0.998	0.999
合计	33.64	84.082	229.168	51.11	0.998	0.999

从表 5.10 最后一行合计项总数为 400，可以证实参照组平均 $\text{Ridit}\,\bar{R} = 0.5$.

根据公式 (5.9) 可得出其 95% 置信限为 $0.5 \pm 0.020 = (0.480, 0.520)$，将表 5.9 的第一组即脑血栓形成及后遗症 539 例组的疗效结果作比较，如表 5.11 所示.

表 5.11 脑血栓形成及后遗症疗效结果的 Ridit 得分

等级	(1)	(2)	(3)
基本痊愈	194	0.145	28.130
显效	134	0.416	55.744
有效	182	0.737	134.134
无效	28	0.964	26.992
恶化	1	0.998	0.998
死亡	0	0.999	0
合计	539		222.246

其余各项 Ridit 得分计算类似. 得出 95% 可信限为 $(0.431, 0.481)$，由于 $\bar{R}_1 < \bar{R}$，可认为第 1 组的治疗效果对总数 800 例的效果来讲较好. 又由于两置信区间互不相交，说明第 1 组与总数 800 例的疗效差别是显著的 ($\alpha < 0.05$). 用相同方法可得出第 2~6 组的平均 Ridit 及 95% 可信限如下：

$$R_2 = 0.63 \pm 0.045 = (0.575, 0.675)$$

$$R_3 = 0.49 \pm 0.075 = (0.415, 0.565)$$

$$R_4 = 0.64 \pm 0.079 = (0.561, 0.719)$$

$$R_5 = 0.46 \pm 0.183 = (0.277, 0.643)$$

$$R_6 = 0.55 \pm 0.236 = (0.314, 0.786)$$

Ridit 分析的结果也可用图来表示，图 5.1 表示了不同组 Ridit 值置信区间，中横线是参照单位 0.5，第 1 组在中横线下方，说明疗效较参照组 (800 例) 好；第 3 组的平均 Ridit 虽也在参照单位 0.5 的下方，但其 95% 置信限与参照组相交叠，因此差别不显著; 第 2 组与第 4 组皆在上方, 且其 95% 置信限皆不与参照组相交叠, 说明疗效较差; 第 5, 6 组由于病例数较少. 病症的治疗情况分成 3 组, 第 1 组最好, 第 3, 5, 6 组差异不大, 第 2, 4 组较差.

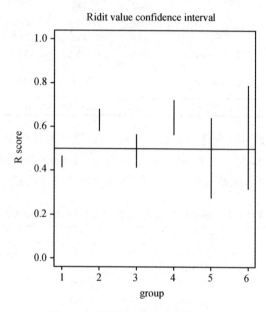

图 5.1 不同组 Ridit 值置信区间

如果要对各处理组 (除参照组) 进行比较, 可将比较的两组平均 Ridit 相减后再加 0.5 得出. 例如第 1 组与第 4 组比较为 $\bar{R}_1 - \bar{R}_4 + 0.5 = 0.3$, 这表示第 1 组病人治疗效果差于第 4 组的概率为 0.3, 或者第 1 组病人治疗效果优于第 4 组的概率为 0.7, 即在 10 个病人中, 平均有 7 人优于第 4 组, 仅 3 个病人差于第 4 组.

从例子中发现, Ridit 分析不仅能比较处理之间的优劣, 而且能说明优劣的程度, 这是普通的秩检验难以做到的.

5.7 对数线性模型

由前面的章节可知, 列联表是研究分类变量独立性和依赖性的重要工具. 列联表主要以假设检验为研究方法, 研究结果只能反映事件发生的相对频率, 不能反映事件的相对强度等更多或更深层的信息; 与之相比, 定量数据之间的依赖关系多采用模型法, 比如线性模型, 它强调参数估计和检验, 这些结果都是列联表不能产生的. 但是线性模型需要研究者事先确定哪些变量是响应变量, 而哪些变量是解释变量. 但有时, 研究者无需区分响应变量和解释变量, 特别对于定性数据而言, 想了解的是变量的哪些取值之间有关联、强度如何等. 这就需要一个介于列联分析和线性模型之间的工具, 对数线性模型正是把列联表问题和线性模型统一起来的研究方法. 与线性模型相比, 它更强调模型的拟合优度、交互效应和网格频数估计, 这些信息可以更好地揭示变量之间的关系强度, 也可以像模型一样预测网格点的频数.

有关对数线性模型的理论和内容非常丰富, 也不仅限于独立性问题, 这里为与列联表比照起见, 仅给出对数线性模型的基本概念和应用.

5.7.1 对数线性模型的基本概念

考虑定性变量 A 和 B 的联合分布, 其中 A 取值 $A_1, A_2, \cdots, A_r$, B 取值 B_1, $B_2, \cdots, B_s$, 根据 A 与 B 交叉出现的频数统计成 $r \times s$ 双向列联表, 如下所示.

	B_1	B_2	$\cdots$	B_s	总和
A_1	p_{11}	p_{12}	$\cdots$	p_{1s}	$p_{1\cdot}$
$\vdots$	$\vdots$	$\vdots$		$\vdots$	$\vdots$
A_r	p_{r1}	n_{r2}	$\cdots$	p_{rs}	$p_{r\cdot}$
总和	$p_{\cdot 1}$	$p_{\cdot 2}$	$\cdots$	$p_{\cdot s}$	$p_{\cdot\cdot}$

其中, $p_{i\cdot} = \sum_{j=1}^{s} p_{ij}$, $p_{\cdot j} = \sum_{i=1}^{r} p_{ij}$ 分别表示变量 A 与变量 B 的边缘分布.

如果两个变量独立, 则有

$$p_{ij} = p_{i\cdot} \cdot p_{\cdot j} = \frac{1}{rs}[rp_{i\cdot}][sp_{\cdot j}]$$
$$= \frac{1}{rs}\left[\frac{p_{i\cdot}}{\frac{1}{r}}\right]\left[\frac{p_{\cdot j}}{\frac{1}{s}}\right], \ i=1,2,\cdots,r; j=1,2,\cdots,s. \tag{5.10}$$

对两个分类变量的一般情况, p_{ij} 有类似的表达形式

$$p_{ij} = \frac{1}{rs}\left[\frac{p_{i\cdot}}{\frac{1}{r}}\right]\left[\frac{p_{\cdot j}}{\frac{1}{s}}\right]\left[\frac{p_{ij}}{p_{i\cdot}p_{\cdot j}}\right]. \tag{5.11}$$

注意到我们将每个格子的概率 p_{ij} 分解为四项, $1/rs$ 是每个格子的期望概率; $\frac{p_{i\cdot}}{1/r}$ 是第 i 行概率相对于行期望概率的比例; $\frac{p_{\cdot j}}{1/s}$ 是第 j 列边缘概率相对于列期望概率的比例; 最后一项是联合概率偏离独立性的大小, 如果该值为 1, 则表示独立, 大于 1 或小于 1 均表示行和列之间有依赖关系. 这与二因子方差分析模型有些相像. 这里也涉及了两个因子, 分别是行和列变量, 各自有 r 和 s 个水平. 仿照二因子方差分析模型, 可以将 p_{ij} 的平均变异原因分解为总体平均效应、行效应、列效

应以及行列的交互作用. 但是与方差分析的不同在于, 行和列对 p_{ij} 的作用不是相加的作用, 而是乘法作用.

$$p_{ij} = 常数 \times 行主效应 \times 列主效应 \times 因子行列交互效应.$$

两边取对数就可以将乘法模型转换为加法模型:

$$\ln(p_{ij}) = \ln 常数 + \ln(行主效应) + \ln(列的主效应) + \ln(行列交互效应).$$

上述模型每一项是相对比例, 一般在列联表的不同位置上不均衡, 因此一般使用几何平均数表达各效应的平均情况. 记 $r \times s$ 格子的几何平均概率为 $\bar{p}_{..}^G$, 则

$$\ln \bar{p}_{..}^G = \frac{1}{rs} \sum_{j=1}^{s} \sum_{i=1}^{r} \ln p_{ij}.$$

行边缘分布的几何平均概率记为 $\bar{p}_{i.}^G$, 列边缘分布的几何平均概率记为 $\bar{p}_{.j}^G$, 则

$$\ln \bar{p}_{i.}^G = \frac{1}{s} \sum_{j=1}^{s} \ln p_{ij}, \quad \ln \bar{p}_{.j}^G = \frac{1}{r} \sum_{i=1}^{r} \ln p_{ij}.$$

注意到独立性的表达式如下:

$$\ln p_{ij} = \ln p_{i.} + \ln p_{.j}.$$

将联合概率重新表达成如下的加法形式:

$$\begin{aligned}\ln p_{ij} =& \ln \bar{p}_{..}^G + [\ln \bar{p}_{i.}^G - \ln \bar{p}_{..}^G] + [\ln \bar{p}_{.j}^G - \ln \bar{p}_{..}^G] \\ &+ [\ln p_{ij} - \ln \bar{p}_{i.}^G - \ln \bar{p}_{.j}^G + \ln \bar{p}_{..}^G].\end{aligned} \tag{5.12}$$

式中

$$\mu = \ln \bar{p}_{..}^G = \frac{1}{rs} \sum_{j=1}^{s} \sum_{i=1}^{r} \ln p_{ij},$$

$$\mu_{A(i)} = \ln \bar{p}_{i.}^G - \mu = \frac{1}{s} \sum_{j=1}^{s} \ln p_{ij} - \ln \bar{p}_{..}^G, \quad \mu_{B(j)} = \ln \bar{p}_{.j}^G - \mu = \frac{1}{r} \sum_{i=1}^{r} \ln p_{ij} - \ln \bar{p}_{..}^G,$$

$$\mu_{AB(ij)} = \ln p_{ij} - \ln \bar{p}_{i.}^G - \ln \bar{p}_{.j}^G + \ln \bar{p}_{..}^G = \ln p_{ij} - \mu - \mu_{A(i)} - \mu_{B(j)}.$$

将式 (5.12) 改写为

$$\begin{cases} \ln p_{ij} = \mu + \mu_{A(i)} + \mu_{B(j)} + \mu_{AB(ij)}, \\ 其中, \sum_{i=1}^{r} \mu_{A(i)} = 0, \sum_{j=1}^{s} \mu_{B(j)} = 0, \sum_{i=1}^{r} \mu_{AB(ij)} = 0, \sum_{j=1}^{s} \mu_{AB(ij)} = 0. \end{cases} \tag{5.13}$$

式 (5.13) 就是二维对数线性模型的一般形式, 如果行变量 A 和列变量 B 独立, 那么

$$p_{ij}p_{kl} = p_{kj}p_{il}, \forall i, k = 1, 2, \cdots, r; j, l = 1, 2, \cdots, s.$$

即

$$p_{ij} = \frac{\bar{p}_{i\cdot}^G \bar{p}_{\cdot j}^G}{\bar{p}_{\cdot\cdot}^G}.$$

这相当于

$$\begin{cases} \ln \bar{p}_{\cdot\cdot}^G + \ln p_{ij} = \ln \bar{p}_{\cdot j}^G + \ln \bar{p}_{i\cdot}^G, \\ \mu_{AB(ij)} = 0. \end{cases} \tag{5.14}$$

因而独立性假设下的对数线性模型可以改写为

$$\begin{cases} \ln p_{ij} = \mu + \mu_{A(i)} + \mu_{B(j)}, \\ \sum_{i=1}^{r} \mu_{A(i)} = 0, \quad \sum_{j=1}^{s} \mu_{B(j)} = 0. \end{cases} \tag{5.15}$$

模型 (5.15) 称为独立性模型, 而式 (5.13) 称为饱和模型.

例 5.7 为研究不同年龄人群对某地区缺水问题的态度, 按年龄调查了该地区部分居民, 要求他们评价缺水问题的严重程度, 得到表 5.12 所示的数据表.

表 5.12 不同年龄居民对缺水情况的态度 —— 联合分布频率表 p_{ij}

年龄组 \ 严重程度	不严重	稍严重	严重	很严重	列合计
30 岁以下	0.015	0.076	0.121	0.055	0.267
30~40 岁	0.017	0.117	0.111	0.037	0.282
40~50 岁	0.012	0.074	0.104	0.032	0.222
50~60 岁	0.007	0.034	0.072	0.020	0.133
60 岁及以上	0.001	0.027	0.038	0.030	0.096
行合计	0.052	0.328	0.446	0.174	1.000

要求利用该表建立一个对数线性模型.

解 表中 x_{ij} 为年龄第 i 组, 回答第 j 项目的频率, 它是两因子联合概率分布的估计值. 我们的目的是研究不同年龄层对缺水严重程度的回答是否一致, 即不同年龄的回答是否相同 (A 因子主效应), 同样也要检验不同严重程度之间的回答比例是否相同 (B 因子主效应), 还要检验年龄与严重程度之间的关系 (A, B 两因子交互效应). 首先, 计算年龄和对缺水意见的交互作用, 如表 5.13 所示.

表 5.13 联合分布概率 $\dfrac{p_{ij}}{p_{i\cdot}p_{\cdot j}}$

年龄组 \ 严重程度	不严重	稍严重	严重	很严重
30 岁以下	1.08	0.87	1.01	1.19
30~40 岁	1.14	1.27	0.88	0.75
40~50 岁	1.07	1.01	1.05	0.83
50~60 岁	1.03	0.78	1.22	0.85
60 岁及以上	<u>0.18</u>	0.85	0.89	<u>1.81</u>

表 5.13 中表示了缺水意见与年龄的交互作用与 1 比较的大小. 表中最小值 0.18 和最大值 1.81 均显示了偏离独立性的特点. 最小值和最大值都在最大年龄这一层, 这说明高年龄组中, 有少部分人认为缺水的问题不严重, 但相当多的人认为缺水情况很严重. 在 30~50 岁的年龄组中, 只有很少人认为当前缺水问题很严重, 这说明, 年龄与对缺水问题的态度是有关系的.

不同年龄组对缺水情况的格子分布概率计算如表 5.14 所示.

表 5.14 不同年龄组对缺水情况的态度 —— 格子分布概率的对数

年龄组 \ 严重程度	不严重	稍严重	严重	很严重	列合计	列平均
30 岁以下	−4.200	−2.577	−2.112	−2.900	−11.789	−2.947
30~40 岁	−4.075	−2.146	−2.198	−3.297	−11.716	−2.929
40~50 岁	−4.423	−2.604	−2.263	−3.442	−12.732	−3.183
50~60 岁	−4.962	−3.381	−2.631	−3.912	−14.886	−3.722
60 岁及以上	−6.908	−3.612	−3.27	−3.507	−17.297	−4.324
行合计	−24.568	−14.320	−12.474	−17.058	−68.420	
行平均	−4.914	−2.864	−2.495	−3.412		−3.421

由表 5.14 可得

$$\mu = \ln \bar{p}_{\cdot\cdot}^G = -3.421,$$

$$\mu_{B(1)} = \frac{1}{r}\sum_{i=1}^{r} \ln p_{i1} - \ln \bar{p}_{\cdot\cdot}^G = -4.914 - (-3.421) = -1.493,$$

$$\mu_{B(2)} = \frac{1}{r}\sum_{i=1}^{r} \ln p_{i2} - \ln \bar{p}_{\cdot\cdot}^G = -2.864 - (-3.421) = 0.577,$$

$$\mu_{B(3)} = \frac{1}{r}\sum_{i=1}^{r} \ln p_{i3} - \ln \bar{p}_{\cdot\cdot}^G = -2.495 - (-3.421) = 0.926,$$

$$\mu_{B(4)} = \frac{1}{r}\sum_{i=1}^{r}\ln p_{i4} - \ln \bar{p}_{..}^{G} = -3.412 - (-3.421) = 0.009,$$

$$\mu_{A(1)} = \frac{1}{s}\sum_{j=1}^{s}\ln p_{1j} - \ln \bar{p}_{..}^{G} = -2.947 - (-3.421) = 0.474,$$

$$\mu_{A(2)} = \frac{1}{s}\sum_{j=1}^{s}\ln p_{2j} - \ln \bar{p}_{..}^{G} = -2.929 - (-3.421) = 0.492,$$

$$\mu_{A(3)} = \frac{1}{s}\sum_{j=1}^{s}\ln p_{3j} - \ln \bar{p}_{..}^{G} = -3.183 - (-3.421) = 0.238,$$

$$\mu_{A(4)} = \frac{1}{s}\sum_{j=1}^{s}\ln p_{4j} - \ln \bar{p}_{..}^{G} = -3.722 - (-3.421) = -0.301,$$

$$\mu_{A(5)} = \frac{1}{s}\sum_{j=1}^{s}\ln p_{5j} - \ln \bar{p}_{..}^{G} = -4.324 - (-3.421) = -0.903.$$

$\ln p_{ij} - \mu - \mu_{A(i)} - \mu_{B(j)}$ 表示偏离独立性的大小,可以用交互作用参数 $\mu_{AB(ij)}$ 表示. 将 $\mu_{AB(ij)}$ 用表 5.15 表示,其中 $A(i)$ 和 $B(j)$ 相交的位置处表示 $\mu_{AB(ij)}$.

表 5.15 A 与 B 交互作用的期望值

B	$B(1)$	$B(2)$	$B(3)$	$B(4)$
$A(1)$	4.455	2.466	2.142	2.993
$A(2)$	4.438	2.489	2.114	2.956
$A(3)$	4.687	2.700	2.361	3.206
$A(4)$	5.221	3.199	2.868	3.732
$A(5)$	5.817	3.794	3.436	4.345

其中列和与行和都为零. 从交互作用来看,回答不严重类中,与零差距最大的是 $\mu_{AB(51)}$;在认为最严重的一类中,与零差距最大的是 $\mu_{AB(54)}$. 将这些结果代入式 (5.13) 就得到一个对数线性模型.

上面给出的对数线性模型是以频率或概率对数的形式出现的,实际上从格点频数对数的角度也可以得到模型. 这里不再赘述过程,只给出一般的定义,如下所示:

$$\begin{cases} \ln M_{ij} = \mu + \mu_{A(i)} + \mu_{B(j)} + \mu_{AB(ij)}, i=1,2,\cdots,r; j=1,2,\cdots,s; \\ \text{其中:} \\ \sum_{i=1}^{r}\mu_{A(i)} = \sum_{i=1}^{r}\left(\ln \bar{p}_{i.}^{G} - \mu\right) = \sum_{i=1}^{r}\left(\frac{1}{s}\sum_{j=1}^{s}\ln p_{ij} - \ln p_{..}^{G}\right) = 0, \\ \sum_{j=1}^{s}\mu_{B(j)} = \sum_{j=1}^{s}\left(\ln \bar{p}_{.j}^{G} - \mu\right) = \sum_{j=1}^{s}\left(\frac{1}{r}\sum_{i=1}^{r}\ln p_{ij} - \ln p_{..}^{G}\right) = 0. \end{cases}$$

上式中

$$\mu = \frac{1}{rs} \sum_{j=1}^{s} \sum_{i=1}^{r} \ln M_{ij},$$

$$\mu_{A(i)} = \frac{1}{s} \sum_{j=1}^{s} \ln M_{ij} - \mu, \quad \mu_{B(j)} = \frac{1}{r} \sum_{i=1}^{r} \ln M_{ij} - \mu,$$

$$\mu_{AB(ij)} = \ln M_{ij} - \mu - \mu_{A(i)} - \mu_{B(j)}.$$

用频数定义的最大好处是更方便通过参数估计和模型, 直接估计出每个格点的期望频数. 然后可以根据这些期望频数的分布规律, 进一步分析各变量水平之间的关系.

5.7.2 模型的设计矩阵

和多元线性模型一样, 对数线性模型也有矩阵的表现形式. 利用矩阵形式可以更方便进行参数估计和检验. 这里我们仅以 2×2 列联表为例, 说明设计矩阵的表现形式. 在二维对数线性模型中, 令 4 个参数为 $\beta_0, \beta_1, \beta_2, \beta_3$, 用 L_{ij} 表示 $\ln p_{ij} (i = 1, 2, \cdots, r; j = 1, 2, \cdots, s)$, 模型可以用以下矩阵表示:

$$\boldsymbol{L} = \boldsymbol{X}\boldsymbol{\beta} + \boldsymbol{\varepsilon}.$$

式中

$$\boldsymbol{L} = \begin{pmatrix} L_{11} \\ L_{12} \\ L_{21} \\ L_{22} \end{pmatrix}, \quad \boldsymbol{X} = \begin{pmatrix} 1 & 1 & 1 & 1 \\ 1 & 1 & -1 & -1 \\ 1 & -1 & 1 & -1 \\ 1 & -1 & -1 & 1 \end{pmatrix}, \quad \boldsymbol{\beta} = \begin{pmatrix} \beta_0 \\ \beta_1 \\ \beta_2 \\ \beta_3 \end{pmatrix}.$$

实际上, 由式 (5.13), 对于 $r \times s = 2 \times 2$ 列联表数据结构特征, 由于 $\ln p_{ij} = \mu + \mu_{A(i)} + \mu_{B(j)} + \mu_{AB(ij)}$, 因而有

$$\begin{cases} \ln p_{11} = \mu + \mu_{A(1)} + \mu_{B(1)} + \mu_{AB(11)}, \\ \ln p_{12} = \mu + \mu_{A(1)} + \mu_{B(2)} + \mu_{AB(12)}, \\ \ln p_{21} = \mu + \mu_{A(2)} + \mu_{B(1)} + \mu_{AB(21)}, \\ \ln p_{22} = \mu + \mu_{A(2)} + \mu_{B(2)} + \mu_{AB(22)}. \end{cases} \quad (5.16)$$

联立方程组 (5.16) 中有 9 个未知数, 但只有 4 个观测值, 再加入下列限制条件:

$$\mu_{A(1)} + \mu_{A(2)} = 0, \mu_{B(1)} + \mu_{B(2)} = 0, \text{即} \sum \mu_{A(i)} = 0, \sum \mu_{B(j)} = 0 \text{ 及}$$

$$\begin{cases} \mu_{AB(11)} + \mu_{AB(21)} = 0, \\ \mu_{AB(12)} + \mu_{AB(22)} = 0; \end{cases}$$

$$\begin{cases} \mu_{AB(11)} + \mu_{AB(12)} = 0, \\ \mu_{AB(21)} + \mu_{AB(22)} = 0. \end{cases}$$

因此 9 个未知参数减少到 4 个, 式 (5.16) 改写为

$$\begin{cases} \ln(p_{11}) = \mu + \mu_{A(1)} + \mu_{B(1)} + \mu_{AB(11)}, \\ \ln(p_{12}) = \mu + \mu_{A(1)} - \mu_{B(1)} - \mu_{AB(11)}, \\ \ln(p_{21}) = \mu - \mu_{A(1)} + \mu_{B(1)} - \mu_{AB(11)}, \\ \ln(p_{22}) = \mu - \mu_{A(1)} - \mu_{B(1)} + \mu_{AB(11)}. \end{cases} \tag{5.17}$$

注意到 $\sum_{ij} p_{ij} = 1$, 因此实际上模型还可以化简为

$$Y = X\beta + \varepsilon.$$

用矩阵表示如下:

$$Y = \begin{pmatrix} y_1 = \ln(p_{11}/p_{22}) \\ y_2 = \ln(p_{12}/p_{22}) \\ y_3 = \ln(p_{21}/p_{22}) \end{pmatrix} = \begin{pmatrix} 2 & 2 & 0 \\ 2 & 0 & -2 \\ 0 & 2 & -2 \end{pmatrix} \begin{pmatrix} \mu_{A(1)} \\ \mu_{B(1)} \\ \mu_{AB(11)} \end{pmatrix} + \varepsilon,$$

其中只有 3 个需要估计的参数.

5.7.3 模型的估计和检验

建立对数线性模型后, 就可以估计参数 $B = \{\beta_1, \beta_2, \beta_3\}$ 以及它们的方差 $\text{var}(B)$, 以便检验各效应是否存在. 对于饱和模型, 通常可以采用加权最小二乘法 (weighted-least squares estimation) 或极大似然估计法, 但对于不饱和模型通常采用极大似然估计算法估计模型参数, 这里不详细介绍.

模型的拟合优度 (goodness of fit test) 用于检验模型拟合的效果. 以 $r \times s$ 二维列联表为例, 模型的独立参数有 3 个, 设为 $\beta_1, \beta_2, \beta_3$, 则假设检验问题为

$$H_0: \beta_i = 0, i = 1, 2, 3 \leftrightarrow H_1: \exists i \ \beta_i \neq 0.$$

常用的检验统计量有两个: 一个是 Pearsonχ^2 统计量; 另一个是对数似然比统计量, 分别表示为

$$\chi^2 = \sum_{i,j}^{rs} \frac{(n_{ij} - m_{ij})^2}{m_{ij}}; \tag{5.18}$$

$$G^2 = -2 \sum_{i,j}^{rs} n_{ij} \ln \frac{n_{ij}}{m_{ij}}. \tag{5.19}$$

其中，n_{ij} 表示列联表中第 i 行第 j 列的观察频数，m_{ij} 表示该格的期望频数. 在零假设之下，两个统计量都近似服从自由度 $df = rs - k$ 的 χ^2 分布，k 是模型中独立参数的个数.

根据对数线性模型 (5.13) 的数学表达式和限制条件可知，变量 A 的主效应有 $r-1$ 个独立参数，变量 B 的主效应有 $s-1$ 个独立参数，变量 A 和变量 B 的交互效应有 $(r-1)\times(s-1)$ 个独立参数，再加上常数项，应该有 $1+(r-1)+(s-1)+(r-1)(s-1) = rs$ 个独立参数，而没有交互项的独立模型只有 $1+(r-1)+(s-1) = r+s-1$ 个独立参数. 模型的自由度等于数据提供的信息量减去模型中独立参数的个数. 对列联表数据而言，所有的格子的个数就是整个信息量，即 rs. 因此模型 (5.12) 的自由度为 0，独立模型的自由度 $df = rs - (r+s-1) = (r-1)(s-1)$.

5.7.4 高维对数线性模型和独立性

类似二维列联表，也有高维列联表的对数线性模型. 以 $r \times s \times t$ 三维表为例，假设有三个分类变量 A, B, C，A 变量有 r 个水平，B 变量有 s 个水平，C 变量有 t 个水平，它们构成一个 $r \times s \times t$ 的三层列联表. 令 X_{ijk} 为第 i 行 j 列 k 层格子的观测值，p_{ijk} 为 X_{ijk} 的理论概率值，三维对数线性模型的一般形式为

$$\ln p_{ij} = \mu + \mu_{A(i)} + \mu_{B(j)} + \mu_{C(k)}$$
$$+ \mu_{AB(ij)} + \mu_{BC(ij)} + \mu_{AC(ij)} + \mu_{ABC(ijk)}$$
$$i = 1, 2, \cdots, r; j = 1, 2, \cdots, s; k = 1, 2, \cdots, t.$$

其中

$$\sum_{i=1}^{r} \mu_{A(i)} = \sum_{j=1}^{s} \mu_{B(j)} = \sum_{k=1}^{t} \mu_{C(k)} \equiv 0,$$

$$\sum_{i=1}^{r} \mu_{AB(ij)} = \sum_{j=1}^{s} \mu_{AB(ij)} \equiv 0,$$

$$\sum_{i=1}^{r} \mu_{AC(ik)} = \sum_{k=1}^{t} \mu_{AC(ik)} \equiv 0,$$

$$\sum_{j=1}^{s} \mu_{BC(jk)} = \sum_{k=1}^{t} \mu_{BC(jk)} \equiv 0,$$

$$\sum_{i=1}^{r} \mu_{ABC(ijk)} = \sum_{j=1}^{s} \mu_{ABC(ijk)} = \sum_{k=1}^{t} \mu_{ABC(ijk)} \equiv 0.$$

如果三个变量 A, B, C 独立，则对数线性模型为

$$\ln p_{ij} = \mu + \mu_{A(i)} + \mu_{B(j)} + \mu_{C(k)}. \tag{5.20}$$

三维列联表的独立性共有 4 种情况，如表 5.16 所示.

表 5.16 三维列联表的独立类型

标记	独立类型	定义说明
I 型	边缘独立	三维列联表的任意两个变量独立
II 型	条件独立	当一个变量固定不变，另外两个变量独立
III 型	联合独立	将两个变量组合，形成新变量，新变量和第三个变量独立
IV 型	相互独立	三个变量中任何一个变量与另外两个变量联合独立

值得注意的是，四种独立性之间存在如下关系.

(1) (IV $\Rightarrow$ III)：若 X, Y, Z 相互独立，则任意两个变量组合成的新变量与剩余的第三个变量独立.

(2) (III $\Rightarrow$ I, III $\Rightarrow$ II)：若 X 与 Y, Z 联合独立，则 X 与 Y，X 与 Z 边缘独立；给定 Y，X 与 Z 条件独立，给定 Z，X 与 Y 条件独立.

但是，条件独立不能得到边缘独立.

(3) (II 和 I 不能互推)：若 X 与 Y 条件独立，不一定有 X 与 Y 边缘独立. 反之，X 与 Y 边缘独立，也不一定有 X 与 Y 条独立.

可以作不同的独立性检验，如表 5.17 所示.

表 5.17 三维列联表可作的不同独立性检验

模型记号	可作的检验	独立类型
(X, Y, Z)	X, Y, Z 相互独立	IV 型
(XY, Z)	(X, Y) 与 Z 独立	III 型
(Y, XZ)	(X, Z) 与 Y 独立	III 型
(X, YZ)	X 与 (Y, Z) 独立	III 型
(XZ, YZ)	给定 Z 时 X 与 Y 独立	II 型
(XY, YZ)	给定 Y 时 X 与 Z 独立	II 型
(XY, XZ)	给定 X 时 Y 与 Z 独立	II 型

为叙述方便，用 (XYZ) 表示饱和模型，(X, Y, Z) 表示独立性模型. 中间一些模型用这三个字母的一些组合来代表. 比如 (Y, XZ) 代表模型中包含 X, Z 的交互作用 (没有和 Y 的交互作用) 及所有出现的字母所代表的主效应的模型，即

$$\ln m_{ijk} = \mu + \lambda_i^X + \lambda_j^Y + \lambda_k^Z + \lambda_{ik}^{XZ};$$

而 (XY, XZ) 代表有 X, Y 及 X, Z 两个交互作用及所有主效应的模型，即饱和模型去掉 λ_{ijk}^{XYZ} 和 λ_{jk}^{YZ} 项.

在各种模型下, 可以作不同的独立性检验, 对于上面所说的各种变量的独立性, 和二维一样可以用 Pearson 统计量, 或似然比统计量进行 χ^2 检验. 如果真实模型和零假设下的模型不一致, 则这两个统计量会偏大.

例 5.8   下面是对三所学校五年级分学生性别统计的近视观察数据:

近视因素 (Z)	性别因素 (X)	学校因素 (Y)					
		甲		乙		丙	
		男	女	男	女	男	女
近视		55	58	66	85	66	50
不近视		45	41	87	70	41	39

研究的目标是想了解哪些变量独立, 哪些不独立.

解   令 X 表示性别, Y 表示学校, Z 表示近视, 下面就 3 个变量可能感兴趣的独立性问题做出检验, 结果如表 5.18 所示 (显著性水平 $\alpha = 0.10$).

表 5.18   对数线性模型的模型拟合优度检验结果

模型	d.f.	LRT G^2	p 值	Pearson Q	p 值	结论
(X,Y,Z)	7	12.17481	0.09495578	12.11569	0.09681789	不独立
(XY,Z)	5	10.91254	0.05314193	10.90389	0.05331917	不独立
(X,YZ)	5	6.360043	0.2727443	6.346698	0.27393	独立
(Y,XZ)	6	10.85204	0.09305822	10.92613	0.09068638	不独立
(XY,XZ)	4	9.589775	0.04793489	9.538042	0.04897142	不独立
(XY,YZ)	3	5.097773	0.1647761	5.088329	0.1654423	独立
(XZ,YZ)	4	5.037279	0.2834937	5.024954	0.2847466	独立

由表中可以看出, 近视、性别和学校之间存在关联性. 到底关联性是怎样产生的? 由具体的独立性分析可知, 没有发现任意一所学校中近视与性别有关, 也没有发现近视学生中, 不同的性别和学校有关. 但是无法拒绝因素 (X) 和其他两因素 (YZ) 的独立性, 而 Y 和 Z 是有交互作用 (不独立) 的. 也就是说, 不同学校之间的性别之间是有关系的. 对数线性模型中应加入 Y 和 Z 的交互作用项.

在 R 中进行对数线性模型独立性检验的示例程序如下:

```
f=function(x)
 {
 df=x$df    #求自由度
 lrt=x$lrt  #似然比检验统计量
 p.lrt=1-pchisq(x$lrt,x$df)  #似然比检验统计量的p值
 Q=x$pear   #pearson检验统计量Q
 p.pear=1-pchisq(x$pear,x$df)  #pearson检验统计量Q的p值
```

```
    if(p.lrt<0.05|p.pear<0.05){conclusion="不独立"}else{conclusion="独立"}
    list(df,lrt,p.lrt,Q,p.pear,conclusion)
   }
A=matrix(c(55,58,66,85,66,50),nrow=2)
B=matrix(c(45,41,87,70,41,39),nrow=2)
a=array(c(A,B),dim=c(2,3,2))
m1=loglin(a,list(1,2,3))   #模型(X,Y,Z)
##2 iterations: deviation 1.136868e-13
f1=f(m1)
  ⁝
```

5.8 案 例

相机购买决策的影响因素——基于 Ridit 分析的变量筛选

案例背景

很多朋友在选购数码相机的时候都会碰到左右为难的情况,选多少像素的相机? 需要多少倍光学变焦? 选多大的液晶屏? 需不需要带手动功能等. 的确,目前数码相机的种类品牌繁多,更新换代的频率越来越快,大家不仅在购机的时候要绞尽脑汁,而且想要熟练掌握手中的爱机,也需要不断学习. 究竟大家在选购相机时会注重哪些内容? 本案例基于相关的问卷调查数据通过 Ridit 变量筛选,分析人们(尤其是非专业人士)在选购数码相机时普遍考虑的重要因素.

数据描述

本案例所用到的数据来源于一项问卷调查,目的是根据不同客户特征,对数码相机进行产品定位,探讨影响消费者购买决策的因素. 根据日常经验和以往的研究结果,影响非专业人士数码相机购买决策的因素主要包括相机的外观和相机的功能配置两大类,除此之外,客户定群特征也是影响购买决策的一类因素. 将这三者结合起来,在调查问卷中设立 17 个可测变量,最终调查数据共得到了 859 个可用样本. 变量设定如表 5.19 示.

表 5.19 变量设定

对外观重视程度		对功能配置的重视程度		客户定群	
携带方便	c01	连动拍摄	c11	性别	d1
新潮	c02	任意角度拍摄	c12	年龄	d2
颜色多样	c03	定时拍摄	c13	职业	d3
搭配流行图案	c04	可接三角架	c14	是否使用过	a01
操作简单	c05	可更换镜头	c15	使用目的	a02
		可上网	c16	可接受价格范围	a03

对外观重视程度 (outlook) 和对功能重视程度 (function) 所对应的可测变量均为有序分类变量，每道题均将重视程度分为非常不重视、不重视、普通、重视、非常重视五项，分别用 1～5 的整数来表示，重视程度随 1～5 逐次增加。由于客户定群类变量并非全部为分类有序变量，故本案例以分析前两类变量为主。

分析思路

分别对 outlook 类变量和 function 类变量进行 Ridit 分析。以 outlook 类变量为例，其包含 5 个可测变量，将这 5 个变量视为 5 个处理，顺序尺度变量按重视程度从低到高依次为：非常不重视、不重视、普通、重视、非常重视 5 个顺序类。在 R 中运用 table() 函数统计出每个处理在各个顺序类上的响应数，汇总成数据阵 ridit_outlook。根据 Ridit 分析的原理，编写出 Ridit 检验的程序 ridit.test，该函数返回每个处理的得分、95% 的置信区间、统计量 W 值以及 Kruskal-Wallis 检验的 p 值。

分析过程

首先，加载 R 包 foreign 来读取数据 camera-chisq2.sav

```
library(foreign)   #为了读取SPSS类型的数据加载该程序包
camera=read.spss(file="camera-chisq2.sav")
attach(camera)
```

利用 table() 函数 outlook 类变量和 function 变量汇总成 Ridit 分析需要的二维列联表形式

```
ridit_outlook = rbind(table(c01),table(c02),table(c03),table(c04),
           table(c05))
ridit_outlook
```

	非常不重视	不重视	普通	重视	非常重视
[1,]	20	112	342	309	86
[2,]	7	77	203	459	123
[3,]	11	61	402	339	56
[4,]	10	62	342	369	86
[5,]	9	11	162	388	299

```
ridit_fun = rbind(table(c11),table(c12),table(c13),table(c14),table(c15),
           table(c16))
ridit_fun
```

	非常不重视	不重视	普通	重视	非常重视
[1,]	6	22	132	378	331
[2,]	8	15	135	364	347

```
[3,]          11      22      308     332     196
[4,]          10      40      358     281     180
[5,]          10      32      324     304     199
[6,]          20      79      415     290     65
```

按照 5.6 节中的 Ridit 检验法原理, 编写 ridit.test() 函数

```
ridit.test=function(x)
{
  order.num=ncol(x)
  treat.num=nrow(x)
  rowsum=rowSums(x)#Oi.
  colsum=colSums(x)#O.j
  total=sum(rowsum)
  N=(colsum/2)[1:order.num]+c(0,(cumsum(colsum))[1:order.num-1])
  ri=N/total                            #每个顺序类的得分
  p_coni=x/outer(rowsum,rep(1,order.num),"*")
                    #概率阵--i水平下属于第j顺序类的概率
  pi.=rowsum/total                      #属于第i水平的概率
  score=p_coni%*%ri   #每个处理的得分
  confi_inter=matrix(c(score-1/sqrt(3*rowsum),score+1/sqrt(3*rowsum)),
    byrow=F,ncol=2)
  if(length(rle(sort(ri))$lengths)==length(ri))      #不打结
  {w=(12*total/(total+1))*sum(rowsum*(score-0.5)^2)}
  if(length(rle(sort(ri))$lengths)<=length(ri))      #打结
  {tao=rle(sort(ri))$lengths
    T=1-sum(tao^3-tao)/(order.num^3-order.num)
    w=(12*total/((total+1)*T))*sum(rowsum*(score-0.5)^2)}
  pvalue=pchisq(w,treat.num-1,lower.tail=FALSE)
  list(score,confi_inter=confi_inter,W=w,Pvalue=pvalue)
}
options(digits=4)                                 #设置结果为4位小数
```

根据已编写的 ridit.test() 函数对已准备好的数据进行检验并画出 Ridit 得分置信区间图

```
res_outlook = ridit.test(ridit_outlook)        #outlook变量的Ridit分析
graph_outlook = res_outlook$confi_inter
plot(0,0,ylim=c(0,1),xlim=c(1,5),xlab="outlook",ylab="",
    main="Ridit value confidence interval",col="gray7")
abline(h=0.5)
for(i in 1:nrow(graph_outlook)) lines(c(i,i),graph_outlook[i,], lwd=2)
```

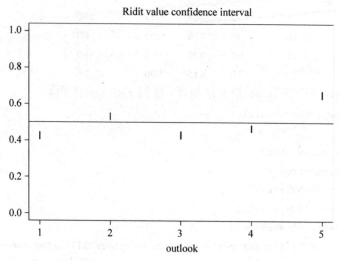

图 5.2 outlook 变量的 Ridit 分析

```
res_fun = ridit.test(ridit_fun)    #function变量的Ridit分析
graph_fun = res_fun$confi_inter
plot(0,0,ylim=c(0,1),xlim=c(1,6),xlab="function",ylab="",
    main="Ridit value cofidenceinterval",col="gray7")
abline(h=0.5)
for(i in 1:nrow(graph_fun)) lines(c(i,i),graph_fun[i,], lwd=2)
```

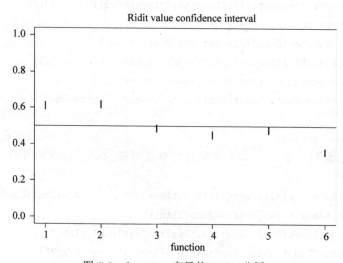

图 5.3 function 变量的 Ridit 分析

表 5.20 Ridit 分析结果汇总

		Ridit score	Confidence interval		W	p-value
对外观 重视程度 潜变量	c01	0.4244419	0.4048567	0.4440272	370.2662	7.371318e-79
	c02	**0.5307789**	0.5111936	0.5503641		
	c03	0.4290026	0.4094173	0.4485878		
	c04	0.4653789	0.4457936	0.4849642		
	c05	**0.6503977**	0.6308125	0.6699830		
对功能配 置重视程 度潜变量	**c11**	**0.6097196**	0.5901344	0.6293049	513.2581	1.097179e-108
	c12	**0.6172648**	0.5976796	0.6368501		
	c13	0.4875348	0.4679495	0.5071200		
	c14	0.4514941	0.4319089	0.4710794		
	c15	0.4767880	0.4572027	0.4963732		
	c16	0.3571987	0.3376134	0.3767839		

取 $\alpha = 0.05$, 两类变量均通过了检验, 即各类变量下的各个可测变量之间的差别是显著的. Ridit 分析的结果也可以用图来表示, 图 5.2、图 5.3 表示了两类变量不同组 Ridit 值的置信区间, 中间的横线是参照单位 0.5. 对于 outlook 变量而言, c01、c03、c04 在横线下方, 不与参照组相交叠, 说明重视程度与参照组相比客户的重视程度较低, c02(新潮) 和 c05(操作简单) 在横线上方, 且其 95% 的置信限皆不与参照组相交叠, 说明客户对这两个变量的重视程度较高, 是比较重要的变量, 尤其是 c05.

对于 function 变量 (对功能配置的重视程度) 可以看到 c14、c15、c16 变量完全在中横线下方, 说明客户对这三个变量的重视程度较低, c13 变量与中横线略有交叠, 大部分在横线下方, 说明客户对这个变量的重视程度比参照组略低. 表现较好的是 c11(连动拍摄) 和 c12(多角度拍摄) 变量.

结论

非专业人士选购数码相机时, 普遍关注数码相机两方面的表现和性能:

(1) 数码相机的外观. 新潮的相机外观设计和简单的操作是吸引非专业人士的两大特点; 相比之下, 相机颜色、方便携带以及流行图案并不是影响相机购买的主要外观因素.

(2) 数码相机的功能. 连动拍摄和多角度拍摄功能是非专业人士更为喜欢的功能; 而可接三脚架、可更换镜头这样的功能一般 (单反) 数码相机都可以实现, 并不是人们选购相机的主要标准; 而上网这样比较先进的功能在国内 (无线网络覆盖较差) 并不容易实现, 所以人们并不在意这项功能.

习题

5.1 在一个有 3 个主要大型商场的商贸中心, 调查 479 个不同年龄段的人首先去 3 个商场中的哪一个, 结果如表 5.21 所示.

表 5.21　不同商场客户的倾向性研究

年龄段 \ 商场	1	2	3	总和
≤ 30	83	70	45	198
31 ~ 50	91	86	15	192
> 50	41	38	10	89
总和	215	194	70	479

问题: 不同年龄段人对各商场的购物倾向性是否存在差异?

5.2　美国某年总统选举前, 由社会调查总部 (general social survey) 抽查黑白种族与支持不同政党是否有关, 得到表 5.22.

表 5.22　黑白种族与支持不同政党之间的关系

种族	民主党	共和党	无党
白人	341	405	105
黑人	103	11	15

问: 不同种族与所支持的政党之间是否存在独立性?

5.3　下面是一个医学例子, 研究某类肺炎患者和以前是否曾经患过该类肺炎之间的疾病继承性关系. 下面是 30 个人按照当前患某类肺炎和曾经患某类肺炎之间的 2×2 分类表.

表 5.23　某类肺炎继承性研究数据表

	当前有过某类肺炎	当前没有某类肺炎	总和
以前有过某类肺炎	6	4	10
以前没有某类肺炎	1	19	20
总和	7	23	30

5.4　对 479 个不同年龄段的人调查他们对各种不同类型电视节目的喜爱情况, 要求每人只能选出他们最喜欢观看的电视节目类型, 结果如表 5.24 所示.

表 5.24　不同年龄层次的人与电视节目类型之间的关系

年龄段 \ 节目类型	体育类 1	电视剧类 2	综艺类 3	总和
≤ 30	83	70	45	198
31 ~ 50	91	86	15	192
> 50	41	38	10	89
总和	215	194	70	479

问: 不同观众对三类节目的关注率是否一样?

5.5　有人认为当代学生和 20 世纪 60 年代的学生之间存在很大差异. 他在某学校做了一些跟踪调查试验, 问了学生如下问题: 以下哪个因素是你选择大学深造的主要原因 (单项选择)? (a) 丰富人生哲学; (b) 增强对周围世界的了解; (c) 找到好工作; (d) 不清楚. 同样的问题 1965

年也向在校学生提问过, 以下是两个调查结果:

	1965 年	1998 年
丰富人生哲学	15	8
增加对周围世界的了解	53	48
找到好工作	25	57
不清楚	27	47

作者能够根据这些数据判断出两代大学生之间的差异吗?

5.6 继续例 5.4 的分析, 如果不按照分层结构直接计算分类变量, 能得到怎样的结论?

5.7 对三类不同学校, 分别考察学生家庭经济情况与其高考成绩之间的关系, 用经济状况好 (A) 与经济状况一般 (B) 对比记录其结果, 如下表:

学校	经济状况	一类学校	二类学校
1	A	43	65
	B	87	77
2	A	9	73
	B	15	30
3	A	7	18
	B	9	11

试分析学生家庭经济情况与其高考成绩之间的关系.

5.8 令 S 是一个有限项集.

(1) 令 A, B 是 S 的子集, 试定义下列规则的支持度 (support)、可信度 (confidence)、提升 (lift):

$$A \Rightarrow B$$

(2) 一个强规则的定义是满足最小支持度 s_0 和最小可信度 c_0 的规则. 试对 $s_0 = 0.6$ 和 $c_0 = 0.8$, 从下面的数据发现所有形式为: $\{x_1, x_2\} \Rightarrow \{y\} (x_1, x_2, y \in S, x_1 \neq x_2 \neq y)$ 的强规则.

交易	项集
1	$\{a, b, d, k\}$
2	$\{a, b, c, d, e\}$
3	$\{a, b, c, e\}$
4	$\{a, b, d\}$

5.9 见光盘 shopping-basket.xls 数据, 是对一个超市的购买记录. 其特征变量为: sex(性别), hometown(是否本地), income(收入), age(年龄), fruitveg(果蔬), freshmeat(鲜肉), dairy(乳品), cannedveg(罐头蔬菜), cannedmeat(罐头肉), frozenmeat(冻肉), wine(酒), softdrink(软饮料), fish(鱼), confectionery (糖果) 共 1000 个观测. 试用 Apriori 算法找出这个数据中有意义的规则, 把支持度和可信度都设定为 0.8.

5.10 证明定理 5.2 中关于 Ridit 得分的第二个等式.

5.11 假设某电信公司调查某款便携式手机的售后产品及服务满意度，统计得到调查数据表如表 5.25 所示。

表 5.25 手机售后满意度统计表

问 项	非常不满意	不满意	一般	满意	非常满意	总数
1. 对手机信号的满意度	90	23	53	21	13	200
2. 对手机外型的满意度	47	34	28	18	5	132
3. 对手机维修质量的满意度	20	13	10	5	2	50
4. 对手机功能的满意度	28	32	33	45	16	154
5. 对手机操作方便的满意度	34	28	52	40	10	164
总数	219	130	176	129	46	700

选择方法分析各个问项满意度之间是否存在差异？

5.12 设春秋两个雨季在某山坡上造林，在栽种的部分土穴中放有机肥，另外一些土穴中不放有机肥，结果树种成活数量与不成活的数量如表 5.26 所示。试用对数线性模式检验春秋雨季与是否填埋有机肥对树的成活数是否存在差异，以及交互作用是否存在。

表 5.26 不同季节施肥和树苗成活情况统计表

季节 \ 是否放有机肥	放有机肥		无有机肥	
	活	死	活	死
春	385	48	400	115
秋	198	50	375	120

第 6 章 秩相关和分位数回归

第 5 章主要涉及分类变量间的关联性. 对定量数据而言, 更多的是研究变量之间的相互依赖关系. 相关关系是变量间最一般的关系, 在参数统计中, 常用的是 Pearson 相关系数. 本章将介绍基于秩的两个变量之间的相关分析和多变量之间的协同关系, 两种中位回归方法和分位数回归.

6.1 Spearman 秩相关检验

基本理论

设量为 n 的样本 $(\boldsymbol{X},\boldsymbol{Y}) = \{(X_1,Y_1),\cdots,(X_n,Y_n)\} \stackrel{i.i.d.}{\sim} F(x,y)$. 假设检验问题为

$$H_0 : \boldsymbol{X} 与 \boldsymbol{Y} 不相关 \leftrightarrow H_1 : \boldsymbol{X} 与 \boldsymbol{Y} 正相关. \tag{6.1}$$

对上面的假设检验问题, 当 H_1 成立时, 说明随着 $\boldsymbol{X}$ 的增加 $\boldsymbol{Y}$ 也增加, 即 $\boldsymbol{X}$ 与 $\boldsymbol{Y}$ 具有某种同步性. 在参数推断中, 两个随机变量之间的相关性常通过相关系数度量, Pearson 相关系数定义为

$$r(\boldsymbol{X},\boldsymbol{Y}) = \frac{\sum_i [(X_i - \bar{X})(Y_i - \bar{Y})]}{\sqrt{\sum_i (X_i - \bar{X})^2 \sum_i (Y_i - \bar{Y})^2}},$$

其中, $-1 < r < +1$. 当 $r > 0$ 时, 表示 $\boldsymbol{X}$ 与 $\boldsymbol{Y}$ 正相关; 当 $r < 0$ 时, 表示 $\boldsymbol{X}$ 与 $\boldsymbol{Y}$ 负相关; 当 $r = 0$ 时, 表示 $\boldsymbol{X}$ 与 $\boldsymbol{Y}$ 不相关.

在学生 IQ 和 EQ 数据中, 如果使用常规的 Pearson 相关系数, 会发现在观测到的学生中, IQ 与 EQ 的相关性非常高, 达到 0.9184, 这似乎是学生学业好处世能力一定强的有力佐证. 但是我们在第 1 章散点图上, 清晰地发现两组数据本质上是没有关系的, 导致两组数据呈现高度相关性的一个直接原因是出现了一个 IQ 和 EQ 都很高的特殊学生, 这个学生的情况和大部分学生的特点不同, 放在一个分布之下进行分析是不合理的. 是否有其他的方法在我们肉眼观测不到的时候将这种异常的情况显现出来 (比如数据量很大, 作图并不实用)? 剔除这些影响数据整体关系的干扰元素, 将主体相关性比较客观地计算出来, 这就是本节和 6.2 节介绍的秩相关系数.

令 R_i 表示 X_i 在 $(X_1, X_2, \cdots, X_n)$ 中的秩,Q_i 表示 Y_i 在 $(Y_1, Y_2, \cdots, Y_n)$ 中的秩,如果 X_i 与 Y_i 具有同步性,那么 R_i 与 Q_i 也表现出同步性,反之亦然. 仿照样本相关系数 $r(X,Y)$ 的计算方法,定义秩之间的一致性,因而有了 Spearman 相关系数:

$$r_S = \frac{\sum_{i=1}^n \left[\left(R_i - \frac{1}{n}\sum_{i=1}^n R_i\right)\left(Q_i - \frac{1}{n}\sum_{i=1}^n Q_i\right)\right]}{\sqrt{\sum_{i=1}^n \left(R_i - \frac{1}{n}\sum_{i=1}^n R_i\right)^2}\sqrt{\sum_{i=1}^n \left(Q_i - \frac{1}{n}\sum_{i=1}^n Q_i\right)^2}}. \tag{6.2}$$

注意到

$$\sum_{i=1}^n R_i = \sum_{i=1}^n Q_i = \frac{n(n+1)}{2}, \quad \sum_{i=1}^n R_i^2 = \sum_{i=1}^n Q_i^2 = \frac{n(n+1)(2n+1)}{6},$$

因此 r_S 可以简化为

$$r_S = 1 - \frac{6}{n(n^2-1)}\sum_{i=1}^n (R_i - Q_i)^2. \tag{6.3}$$

参数统计中用 t 检验来进行相关性检验,在零假设之下,也可以类似的定义 T 检验统计量

$$T = r_S\sqrt{\frac{n-2}{1-r_S^2}}. \tag{6.4}$$

该统计量在零假设之下服从 $\nu = n-2$ 的 t 分布,当 $T > t_{\alpha,\nu}$ 时,表示两变量有相关关系,反之则无. 如果数据中有重复数据,可以采用平均秩法定秩,当结不多时,仍然可以使用 r_S 定义秩相关系数,T 检验仍然可以使用.

例 6.1 有研究发现,学生的中学学习成绩与大学学习成绩之间有相关关系,现收集某大学部分学生一年级英语期末成绩,与其高考英语成绩进行比较,调查 12 位学生的结果如表 6.1 所示,用 Spearman 秩相关系数检验.

表 6.1 学生高考成绩和大学成绩比较表

高考成绩 x	65	79	67	66	89	85	84	73	88	80	86	75
大学成绩 y	62	66	50	68	88	86	64	62	92	64	81	80

假设检验问题为

H_0:学生英语高考成绩与大学成绩不相关,

H_1:学生高考成绩与大学成绩相关.

6.1 Spearman 秩相关检验

将上表中学生的分数定秩后如表 6.2 所示.

表 6.2 学生高考成绩和大学成绩秩计算表

x 秩	1	6	3	2	12	9	8	4	11	7	10	5
y 秩	2.5	6	1	7	11	10	4.5	2.5	12	4.5	9	8
$R_i - Q_i$	−1.5	0	2	−5	1	−1	3.5	1.5	−1	2.5	1	−3

计算秩差的平方和为

$$\sum (R_i - Q_i)^2 = (-1.5)^2 + \cdots + (-3)^2 = 65.$$

由式 (6.3) 得

$$r_S = 1 - \frac{6 \times 65}{12^3 - 12} = 1 - 0.2273 = 0.7727.$$

由式 (6.4) 得

$$T = 0.7727 \sqrt{\frac{12 - 2}{1 - 0.7727^2}} = 3.8494.$$

实测 $T = 3.8494 > t_{0.01, 10} = 3.169$, 接受 H_1 假设, 认为学生英语高考成绩与大学成绩有关. R 检验程序如下:

```
score.highschool=c(65,79,67,66,89,85,84,73,88,80,86,75)
score.univ=c(62,66,50,68,88,86,64,62,92,64,81,80)

cor.test(score.highschool, score.univ, meth="spearman")
        Spearman's rank correlation rho
data:  score.highschool and score.univ
S = 65.2267, p-value = 0.003265
alternative hypothesis: true rho is not equal to 0
sample estimates:
      rho
0.7719346
```

程序中的 rho 就是 spearman 相关系数. $S = 65.2267$ 表示秩平方差 $\sum (R_i - Q_i)^2$.

关于 r_S 在零假设的分布有下面定理.

定理 6.1 在零假设之下, Spearman 秩相关系数分布满足:

(1) $E_{H_0}(r_S) = 0, \text{var}_{H_0}(r_S) = \dfrac{1}{n-1}$;

(2) 关于原点 0 对称.

证明 在零假设之下，$(R_1, R_2, \cdots, R_n)$ 在空间 $R=\{(i_1, i_2, \cdots, i_n): (i_1, i_2, \cdots, i_n)$ 是 $(1, 2, \cdots, n)$ 的排列$\}$ 上服从均匀分布. 注意到 r_S 的分布只与 $\sum_{i=1}^{n}(R_i - Q_i)^2$ 有关，因此，首先计算

$$\sum_{i=1}^{n}(R_i - Q_i)^2 = \frac{n(n+1)(2n+1)}{3} - 2\sum_{i=1}^{n}(iR_i).$$

由推论 1.3 易知

$$E_{H_0}\left(\sum_{i=1}^{n}(R_i - Q_i)^2\right) = \frac{n(n^2-1)}{6}, \quad \text{var}_{H_0}\left(\sum_{i=1}^{n}(R_i - Q_i)^2\right) = \frac{n^2(n+1)^2(n-1)}{36}.$$

下面证明对称性.

在 H_0 下，$(R_1, R_2, \cdots, R_n)$ 与 $(n+1-R_1, \cdots, n+1-R_i)$ 同分布，即 $(R_1, R_2, \cdots, R_n) \stackrel{d}{=} (n+1-R_1, \cdots, n+1-R_i)$. 于是在 H_0 下，

$$\sum_{i=1}^{n}(iR_i) - \frac{n(n+1)^2}{4} = \sum_{i=1}^{n} i\left[\frac{n+1}{2} - (n+1-R_i)\right]$$

$$= \sum_{i=1}^{n} i\left(\frac{n+1}{2} - R_i\right)$$

$$= \frac{n(n+1)^2}{4} - \sum_{i=1}^{n}(iR_i).$$

即统计量 $\sum_{i}^{n}(R_i - Q_i)^2$ 在 H_0 下关于

$$E_{H_0}\left(\sum_{i}^{n}(R_i - Q_i)^2\right) = \frac{n(n+1)(2n+1)}{3} - 2\frac{n(n+1)^2}{4} = \frac{n(n^2-1)}{6}$$

对称.

根据定理 6.1 可以方便地构造 Spearman 秩相关系数零分布表. 如果令 $\alpha(2)$ 表示双边假设 $H_0: X$ 与 Y 不相关 $\leftrightarrow H_1: X$ 与 Y 相关的显著性水平，$\alpha(1)$ 则为单边假设 $H_0: X$ 与 Y 不相关 $\leftrightarrow H_1: X$ 与 Y 正相关的显著性水平. 经上面分析，当 $r_S \geqslant c_{\alpha(1)}$(双边时为 $r_S \geqslant c_{\alpha(2)}$ 或者 $r_S \leqslant c_{\alpha(2)}$) 时拒绝 H_0.

当 n 较大时，Hotelling 等人于 1936 年证明，Spearman 秩相关系数有如下的大样本性质：

当 $n \to \infty$ 时，

$$\sqrt{n-1}\, r_S \stackrel{\mathcal{L}}{\to} N(0, 1).$$

因此在大样本时，可用正态分布近似.

当 X 或 Y 样本中有结存在时, 可按平均秩法定秩, 相应的 Spearman 相关系数

$$r^* = \frac{\dfrac{n(n^2-1)}{6} - \dfrac{1}{12}\left[\sum_i (\tau_i^3(x) - \tau_i(x)) + \sum_j (\tau_j^3(y) - \tau_j(y))\right] - \sum_{i=1}^n (R_i - Q_i)^2}{2\sqrt{\left[\dfrac{n(n^2-1)}{12} - \dfrac{1}{12}\sum_i (\tau_i^3(x) - \tau_i(x))\right]\left[\dfrac{n(n^2-1)}{12} - \dfrac{1}{12}\sum_j (\tau_j^3(y) - \tau_j(y))\right]}}$$

作为检验统计量, 其中 $\tau_i(x),\tau_j(y)$ 分别表示 X,Y 样本中的结统计量.

当结的长度较小时, 关于 r^* 的零分布仍可用无结时的零分布近似, 当 n 较大时, 也可用下面的极限分布:

$$r^*\sqrt{n-1} \xrightarrow{\mathcal{L}} N(0,1)$$

进行大样本检验.

关于 Spearman 秩相关系数对传统的样本相关系数的效率比较, Hotelling 和 Pabst 于 1936 年估算 Spearman 的等级相关系数的效率约为 Pearson 相关系数的 91%; 关于后一种相关系数检验, Bhattacharyya 等在 1970 年指出: 当分布函数 $F(x,y)$ 为 $N(\mu_1,\mu_2,\sigma_1,\sigma_2;\rho)$ 时, Spearman 秩相关系数对样本相关系数 $r(X,Y)$ 的渐近相对效率为 $\dfrac{9}{\pi^2} \approx 0.912$. 这些结果说明在正态分布假定之下, 二者在效率方面是等价的. 但它们的效率都比较低, 而对于非正态分布的数据, 采用秩相关比较合适.

例 6.2(IQ 和 EQ 数据) 计算 Spearman 相关系数为: $r^* = 0.3032$, 检验 p 值为 0.097, 所以不能拒绝零假设, 不支持学生 IQ 与 EQ 强相关性存在.

例 6.3(例 6.1 续) 因为数据中有秩, 因而按照有结情况计算:

$$\sum (R_i - Q_i)^2 = (-1.5)^2 + \cdots + (-3)^2 = 65.$$

相应的 Spearman 相关系数为

$$r^* = 0.7719, \quad r^*\sqrt{n-1} = 2.56.$$

标准正态分布 $\alpha = 0.05$, 对应的分位数 $c_\alpha = 1.96 < 2.56$, 所以, 拒绝零假设, 接受 H_1 假设, 认为学生英语高考成绩与大学成绩有关, 两种检验结果一致.

6.2 Kendall τ 相关检验

同样考虑假设检验问题: $H_0 : X$ 与 Y 不相关 $\leftrightarrow H_1 : X$ 与 Y 正相关.

Kendall 于 1938 年提出另一种与 Spearman 秩相关相似的检验法. 他从两变量 $(x_i,y_i)(i = 1,2,\cdots,n)$ 是否协同一致的角度出发检验两变量之间是否存在相关性.

首先引入协同的概念,假设有 n 对观测值 $(x_1,y_1), (x_2,y_2), \cdots, (x_n,y_n)$,如果乘积 $(x_j - x_i)(y_j - y_i) > 0, \forall j > i, i, j = 1, 2, \cdots, n$,称数对 (x_i, y_i) 与 (x_j, y_j) 满足协同性 (concordant)。或者说,它们的变化方向一致。反之,如果乘积 $(x_j - x_i)(y_j - y_i) < 0, \forall j > i, i, j = 1, 2, \cdots, n$,则称该数对不协同 (disconcordant),表示变化方向相反。也就是说,协同性测量了前后两个数对的秩大小变化同向还是反向,若前一对均比后一对秩小,则说明前后数对具有同向性;反之,若前一对的秩比后一对大,则前后两对数对 (x_i, y_i) 与 (x_j, y_j) 反向。

全部数据所有可能前后数对共有 $\binom{n}{2} = n(n-1)/2$ 对。如果用 N_c 表示同向数对的数目,N_d 表示反向数对的数目,则 $N_c + N_d = n(n-1)/2$,Kendall 相关系数统计量由二者的平均差定义,即

$$\tau = \frac{N_c - N_d}{n(n-1)/2} = \frac{2S}{n(n-1)}. \tag{6.5}$$

式中,$S = N_c - N_d$,若所有数对协同一致,则 $N_c = n(n-1)/2$,$N_d = 0$,$\tau = 1$,表示两组数据正相关;若所有数对全反向,则 $N_c = 0$,$N_d = n(n-1)/2$,$\tau = -1$,表示两组数据负相关;Kendall τ 为零,表示数据中同向和反向的数对势力均衡,没有明显的趋势,这与相关性的含义是一致的。总之,Kendall τ 在 $-1 \leqslant \tau \leqslant +1$ 之间,反映了两组数据的变化一致性。该统计量是 Kendall 于 1938 年提出的,因而称为 Kendall τ 检验统计量。H_0 的拒绝域为 τ 取大值。Kaarsemaker 和 Wijingaarden 于 1953 年给出了 Kendall τ 检验的零分布。

另外,我们注意到,如果定义

$$\text{sign}((X_1 - X_2)(Y_1 - Y_2)) = \begin{cases} 1, & (X_1 - X_2)(Y_1 - Y_2) > 0, \\ 0, & (X_1 - X_2)(Y_1 - Y_2) = 0, \\ -1, & (X_1 - X_2)(Y_1 - Y_2) < 0; \end{cases}$$

则

$$\tau = \frac{2}{n(n-1)} \sum_{1 \leqslant i < j \leqslant n} \text{sign}((x_i - x_j)(y_i - y_j)).$$

式中,$\text{sign}((x_1 - x_2)(y_1 - y_2))$ 是 $P((x_1 - x_2)(y_1 - y_2) > 0)$ 的核估计量,因而 τ 是 U 统计量。用 U 统计量的方法,不难证明下面的定理。

定理 6.2 在零假设 H_0 成立时,

(1) $E_{H_0}(\tau) = 0$, $\text{var}_{H_0}(\tau) = \dfrac{2(2n+5)}{9n(n-1)}$;

(2) 关于原点 0 对称。

当 H_1 成立时,$E\tau > 0$。于是,当样本量 n 很大时,根据 U 统计量的性质,在

H_0 下可以证明，当 $n \to \infty$ 时，有

$$\tau\sqrt{\frac{9n(n-1)}{2(2n+5)}} \xrightarrow{\mathcal{L}} N(0,1).$$

实际中，不失一般性，假定 x_i 已从小到大或从大到小排序，因此协同性问题就转化为 y_i 秩的变化。令 $d_1, d_2, \cdots, d_n$ 为 $y_1, y_2, \cdots, y_n$ 的秩，因而 x, y 的秩形成 $(1, d_1), (2, d_2), \cdots, (n, d_n)$；$\forall 1 \leqslant i \leqslant n$，记

$$p_i = \sum_{j>i} I(d_j > d_i), i = 1, 2, \cdots, n; \qquad q_i = \sum_{j>i} I(d_j < d_i), i = 1, 2, \cdots, n.$$

令 $P = \sum_{i=1}^{n} p_i, Q = \sum_{i=1}^{n} q_i$；则 Kendall τ 统计量的值为 $K = \dfrac{P-Q}{n(n-1)/2}$。也就是说，对每一个 y_i 求当前位置后比 y_i 大的数据的个数，将这些数相加所得就是 N_c。同理可以计算 N_d。具体计算如例 6.4。

例 6.4 现在想研究体重和肺活量的关系，调查某地 10 名女初中生的体重和肺活量的数据如表 6.3 所示，进行相关性检验。

表 6.3 学生体重和肺活量比较表

学生编号 指标	1	2	3	4	5	6	7	8	9	10
体重 (x)	75	95	85	70	76	68	60	66	80	88
肺活量 (y)	2.62	2.91	2.94	2.11	2.17	1.98	2.04	2.20	2.65	2.69
肺活量秩	6	9	10	3	4	1	2	5	7	8

解 假设检验问题为

H_0：体重和肺活量没有相关关系， H_1：体重和肺活量有相关关系。

计算每个变量的秩如下表：

学生编号 秩	7	8	6	4	1	5	9	3	10	2
体重 (x) 顺序	1	2	3	4	5	6	7	8	9	10
肺活量 (y) 对应秩	2	5	1	3	6	4	7	10	8	9

N_c 与 N_d 的求解方法如下：

$$N_c = 38, \quad N_d = 7, \quad S = N_c - N_d = 31;$$
$$n = 10, \quad n(n-1) = 10(10-1) = 90.$$

秩 (x_i, y_i)	N_c	N_d
1 2	8	1
2 5	5	3
3 1	7	0
4 3	6	0
5 6	4	1
6 4	4	0
7 7	3	0
8 10	0	2
9 8	1	0
10 9	0	0
	38	7

由式 (6.5) 得

$$\tau = \frac{2 \times 31}{90} = 0.6889.$$

R 程序如下:

cor.test(Weight,Lung,meth="kendall")

  Kendall's rank correlation tau

data: Weight and Lung

T = 38, p-value = 0.004687

alternative hypothesis: true tau is not equal to 0

sample estimates:

  tau

0.6888889

p 值很小, 接受 H_1, 认为体重与肺活量有关, 体重重的学生, 肺活量也大.

若 x_i 或 y_i 有相等秩时, 用平均秩计算各自的秩, Kendall 的 τ 公式校正如下:

$$\tau = \frac{S}{\sqrt{n(n-1)/2 - T_x}\sqrt{n(n-1)/2 - T_y}}.$$

式中, $T_x = \frac{1}{2}\sum_{}^{g_x}(\tau_x^3 - \tau_x)$, $T_y = \frac{1}{2}\sum_{}^{g_y}(\tau_y^3 - \tau_y)$, τ_x, τ_y 分别为 $\{x_i\}, \{y_i\}$ 的结长, g_x, g_y 分别为两变量中结的个数.

关于 Kendall τ 的效率,Bhattacharyya 等人于 1970 年指出, 两者间的 ARE 为 $\frac{9}{\pi^2} \approx 0.912$. 有人也将 Spearman 相关系数和 τ 做了比较, 就 Pitman 的 ARE 而言, 对所有的总体分布 $\text{ARE}(r_S, \tau) = 1$. 这也表明两者对于样本相关系数的 ARE 是相同的. Lehmann (1975) 发现, 对于所有的总体分布有 $0.746 \leqslant \text{ARE}(r_S, r) < \infty$. 而对于一种形式的备择假设, Konijn (1956) 给出了表 6.4 所示结果.

表 6.4　相关系数 r_S 的效率

总体分布	正态	均匀	抛物	重指数
ARE(r_S,τ)	0.912	1	0.857	1.266

6.3　多变量 Kendall 协和系数检验

前两节所介绍的 Spearman 和 Kendall τ 两种检验方法都是针对两变量的相关性, 这种相关的概念可以延拓至多变量间的相关. 比如, 在实际问题中人们感兴趣的是几个变量之间是否具有同步或相关性, 如为了诊断病情, 通常病人要做许多项检查, 这些结果彼此之间是否存在着相关? 歌手大奖赛上, 有诸多评委对歌手进行打分, 就同一个歌手而言, 不同评委之间意见是否是一致的呢? 也就是说, 从平均的意义来看, 某个歌手被某个专家给予高分, 是否意味着其他专家也对他打了高分呢? Kendall 和 Babington 于 1939 年提出的多变量协和系数检验 (concordance of variables), 就是针对这类问题的. 变量间的协和系数检验是以多变量秩检验为基础所建立起来的.

假设有 k 个变量 $\boldsymbol{X}_1, \boldsymbol{X}_2, \cdots, \boldsymbol{X}_k$, 每个变量有 n 个观测值, 设第 j 个变量 $\boldsymbol{X}_j = (X_{1j}, X_{2j}, \cdots, X_{nj})$, 假设检验问题为

$$H_0: k\text{个变量不相关} \leftrightarrow H_1: k\text{个变量相关}. \tag{6.6}$$

记 R_{ij} 为 X_{ij} 在 $(X_{1_j}, X_{2_j}, \cdots, X_{n_j})$ 的秩, 表示成如下数据表形式:

表 6.5　多变量的秩表示

	变量 1	变量 2	$\cdots$	变量 k	和
秩	R_{11}	R_{12}	$\cdots$	R_{1k}	$R_{1\cdot}$
	R_{21}	R_{22}	$\cdots$	R_{2k}	$R_{2\cdot}$
	$\vdots$	$\vdots$		$\vdots$	$\vdots$
	R_{n1}	R_{n2}	$\cdots$	R_{nk}	$R_{n\cdot}$

在 H_0 成立下, 各个变量应没有相关性, 因而从每一行来看, 各秩和应相差不大; 但在 H_1 下, 由于各变量有一致性, 因而存在某一行的秩和较大, 也存在某一行的秩和很小. 在 H_1 下, 各行向量的秩和可能相差很大, 如果记 $R_{i\cdot} = \sum_{j=1}^{k} R_{ij}, i = 1, 2, \cdots, n$, 所有秩和 $R_{\cdot\cdot} = \sum_{i=1}^{n} \sum_{j=1}^{k} R_{ij} = kn(n+1)/2$, 则可用统计量

$$\sum_{i=1}^{n} \left(R_{i\cdot} - \frac{R_{\cdot\cdot}}{n} \right)^2$$

检验假设. 在零假设之下, 我们有

$$\begin{aligned}
\text{SST} &= \sum\sum R_{ij}^2 - R_{..}^2/nk \\
&= k(1^2 + 2^2 + \cdots + n^2) - \frac{k^2n^2(n+1)^2}{4nk} \\
&= \frac{kn(n+1)(2n+1)}{6} - \frac{kn(n+1)^2}{4} \\
&= kn(n+1)\left(\frac{2n+1}{6} - \frac{n+1}{4}\right) \\
&= kn(n+1)(n-1)/12 = k(n^3 - n)/12, \\
\text{SSR} &= \sum R_{i\cdot}^2/k - \left(\sum R_{i\cdot}\right)^2/nk \\
&= \sum R_{i\cdot}^2/k - k^2n^2(n+1)^2/4nk \\
&= \sum R_{i\cdot}^2/k - kn(n+1)^2/4.
\end{aligned}$$

因此 Kendall 协和系数 W 可以表示为

$$W = \frac{\text{SSR}}{\text{SST}} = \frac{\sum R_{i\cdot}^2/k - kn(n+1)^2/4}{k(n^3-n)/12} = \frac{\sum R_{i\cdot}^2 - k^2n(n+1)^2/4}{k^2(n^3-n)/12}. \tag{6.7}$$

关于 Kendall 协和系数检验 W 的零分布表可以通过下列 χ^2 公式简单推导得到.

由于

$$\begin{aligned}
\text{var}(R_{ij}) &= \frac{\text{SST}}{n-1} \cdot \frac{n}{n-1} \quad \left(\text{以} \frac{n}{n-1} \text{为校正系数}\right) \\
&= \frac{kn(n+1)(n-1)}{12nk} \cdot \frac{n}{n-1} = \frac{n(n+1)}{12},
\end{aligned}$$

因此

$$\chi^2 = \frac{\text{SSR}}{\text{var}(R_{ij})} = \frac{\sum R_{i\cdot}^2/k - kn(n+1)^2/4}{\frac{n(n+1)}{12}} = \frac{\sum R_{i\cdot}^2 - k^2n(n+1)^2/4}{kn(n+1)/12}.$$

由于

$$\begin{aligned}
W &= \frac{\sum R_{i\cdot}^2 - k^2n(n+1)^2/4}{k^2n(n+1)(n-1)/12} \\
&= \frac{1}{k(n-1)} \frac{\sum R_{i\cdot}^2 - k^2n(n+1)^2/4}{kn(n+1)/12} \\
&= \frac{1}{k(n-1)} \chi^2,
\end{aligned}$$

6.3 多变量 Kendall 协和系数检验

因此，Kendall 指出，对于固定的 n，当 $k \to \infty$ 时，有

$$k(n-1)W \to \chi^2_{n-1}. \tag{6.8}$$

这样，对于较大的 k，就可以用极限分布进行检验.

当样本中有结时，用平均秩方法定秩，记号不变，

$$W_c = \frac{\sum_{i=1}^{n} R_{i\cdot}^2 - \left(\sum R_{i\cdot}\right)^2/n}{\dfrac{k^2(n^3-n) - k\sum T}{12}} = \frac{12\sum R_{i\cdot}^2 - 3k^2 n(n+1)^2}{k^2(n^3-n) - k\sum T}. \tag{6.9}$$

式中，$\sum T = \sum_{i=1}^{g}(\tau_i^3 - \tau_i)$，$\tau_i$ 为结长，g 为结的个数.

例 6.5 鹈鹕是我国珍稀保护动物，现测量 10 只鹈鹕的翼长 (X_1)、体长 (X_2) 及嘴长 (X_3) 如表 6.6 所示，试检验这三组数据是否相关.

表 6.6 10 只鹈鹕的翼长 (X_1)、体长 (X_2) 及嘴长 (X_3) 数据表

鹈鹕编号	翼长 (X_1/cm)		体长 (X_2/cm)		嘴长 (X_3/cm)		秩和 ($R_{i\cdot}$)
	数据	秩	数据	秩	数据	秩	
1	41	7.5	55.7	8	8.6	7.5	23
2	43	9	56.3	9	9.2	9	27
3	39.5	4	54.5	4	8	5.5	13.5
4	38	1	54.2	1.5	5.6	1	3.5
5	40.5	6	55.1	6	6.8	2	14
6	41	7.5	55.4	7	8	5.5	20
7	40	5	54.5	4	8.6	7.5	16.5
8	38.5	2	54.2	1.5	7.4	3.5	7
9	44	10	56.9	10	9.8	10	30
10	39	3	54.5	4	7.4	3.5	10.5
							165

解 假设检验问题为

H_0：翼长、体长及嘴长不相关， H_1：翼长、体长及嘴长相关.

计算秩统计量如下：

$$\sum R_{i\cdot}^2 - \left(\sum R_{i\cdot}\right)^2/n = 23^2 + \cdots + 10.5^2 - 165^2/10$$
$$= 3380 - 2722.5 = 657.5,$$
$$k^2(n^3-n) = 3^2 \times (10^3 - 10) = 8910,$$
$$\sum T = (2^3 - 2) + (2^3 - 2) + (3^3 - 3) + (2^3 - 2)$$
$$+ (2^3 - 2) + (2^3 - 2) = 54.$$

由式 (6.9) 得

$$W_c = \frac{657.5}{\frac{8910 - 3 \times 54}{12}} = \frac{657.5}{729} = 0.9019.$$

由式 (6.8), 有

$$\nu = n - 1 = 10 - 1 = 9,$$

$$\chi_\nu^2 = 3 \times (10-1) \times 0.9019 = 24.3513 > \chi_{0.05,9}^2 = 16.9190.$$

由上式 χ^2 的检验结果, 接受 H_1, 翼长、体长及嘴长相关, 呈现一致性.

6.4 Kappa 一致性检验

实际中在做重大决策的时候, 有时需要针对同一研究对象, 进行两组或更多组独立的评判, 如果不同组的结果吻合, 决策更可靠. 反之, 如果两组结果不吻合, 说明决策可能存在着一定的风险, 因而产生了不同组评判结果的一致性检验问题. 这称为结果的一致性问题.

例如, 两家不同医院的专家、医师对同一 X 光片会诊诊断结果是否相同; 对同一位求职面试者, 假定他经过两个阶段的面试, 前后两阶段的考官组的评分结果是否一致, 或同一研究者, 在不同时间对同一事件的观点是否一致, 等等.

本节仅以两个变量为例, 说明一致性检验的基本原理. 即有假设检验问题:

$$H_0: 两种方法不一致 \leftrightarrow H_1: 两种方法一致. \tag{6.10}$$

假设评分是分类或顺序变量, 所有可能的类别为 r 个. 可以用 $r \times r$ 列联表表示两组结果一致或不一致的频数. 设 p_{ij} 为对同一事件第一组判为第 i 类而第二组判为第 j 类的概率. 若两组判别结果皆相同, 也就是说, 不同专家得到的两组结果完全吻合, 则 $p_{ij} = 0, i \neq j$. 而概率和为

$$P_0 = \sum_{i=1}^{r} p_{ii}, \quad r 为类别项数.$$

与一致性结果相反的是独立性, 若各类别的观测值相互独立, 则判断结果皆相同的概率应满足

$$P_e = \sum p_{i\cdot} p_{\cdot i}.$$

式中, $p_{i\cdot}$ 为第一组专家判为第 i 类的边缘概率, $p_{\cdot i}$ 为第二组专家判为第 i 类的边缘概率, P_e 表示的是一致性期望概率, 因而 $P_0 - P_e$ 为实际与独立判断结果概率之差. Cohen(1960) 提出用 Kappa 统计量表示同一事件, 多次判断结果一致性的度量值如下式所示:

$$K = \frac{P_0 - P_e}{1 - P_e}, \tag{6.11}$$

当 $P_0 = 1$ 时, $K = 1$, 这表示 $r \times r$ 列联表中非对角线上的数据都为 0, 一致性非常好. 若 $P_0 = P_e$, 即 $K = 0$, 则认为一致性较差, 其判断结果完全是由随机产生的独立事件. 另外, K 越接近于 1, 表示有越高的一致性, 若 K 接近于 0, 则表示一致性较低. 有时 K 也会有负值, 但很少发生.

经验指出, K 的取值与一致性有下表的关系:

$K < 0.4$	$0.4 < K < 0.8$	$K \geqslant 0.8$
一致性较低	中等一致性	一致性理想

有了估计量, 也可以通过检验判断 K 值是否为 0. 首先计算 K 的方差如下:

$$\text{var}(K) = \frac{1}{n(1-P_e)^2}\left[P_e + P_e^2 - \sum p_{i\cdot}p_{\cdot i}(p_{i\cdot} + p_{\cdot i})\right] \quad (6.12)$$

Cohen 于 1960 年指出, K 在大样本下有正态近似:

$$Z = \frac{K}{\sqrt{\text{var}(K)}}, \quad (6.13)$$

如果 $Z > Z_{0.05/2} = 1.96$, 则表示 $K > 0$, 表示有一致性.

例 6.6 假设某啤酒大赛中, 多种品牌的啤酒由来自甲、乙两地的专业品酒师进行评分, 每个品牌只允许选送一种酒作为代表参评, 每位品酒师对每种啤酒将按照 3 个级别评分, 结果如表 6.7 所示, 其中第 i,j 位置的 n_{ij} 表示甲评分为 i, 而乙评分为 j 的累积品牌数.

按公式 (6.11) 计算概率:

表 6.7 两组品酒师评分频数交叉列联表

甲地		乙地 (级别)			行和
		1	2	3	
级	1	18(0.36)	2(0.04)	0(0)	20(0.40)
	2	4(0.08)	12(0.24)	1(0.02)	17(0.34)
别	3	2(0.04)	1(0.02)	10(0.20)	13(0.26)
列和		24(0.48)	15(0.30)	11(0.22)	50(1.00)

$$P_0 = 0.36 + 0.24 + 0.20 = 0.80,$$
$$P_e = 0.4 \times 0.48 + 0.34 \times 0.30 + 0.26 \times 0.22 = 0.3512,$$
$$K = \frac{0.80 - 0.3512}{1 - 0.3512} = \frac{0.4488}{0.6488} = 0.6917.$$

由式 (6.12) 及式 (6.13)，得

$$\begin{aligned}\operatorname{var}(K) &= \frac{1}{50(1-0.3512)^2}\{0.3512 + 0.3512^2 \\ &\quad - [0.4\times 0.48(0.4+0.48) + 0.34\times 0.3(0.34+0.3) \\ &\quad + 0.26\times 0.22(0.26+0.22)]\} \\ &= \frac{0.2128454}{21.04707} = 0.0101128, \\ \sqrt{\operatorname{var}(K)} &= \sqrt{0.0101128} = 0.1005624, \\ Z &= \frac{0.6917}{0.1005624} = 6.8783 > Z_{0.05/2} = 1.96.\end{aligned}$$

因此一致性不为 0，而 $K = 0.6917$，表示甲、乙两地品酒师的评分保持较好的一致性.

6.5 中位数回归系数估计法

回归分析是统计学中应用最广泛的方法之一. 回归分析主要是刻画变量和变量之间的依赖关系. 一个简单的一元回归模型如下定义：给定数据点 $(X_i, Y_i)(i = 1, 2, \cdots, n)$，假定 Y 的平均变动由 X 决定，那么不能由 X 解释的部分用噪声 ε 表示. Y 与 X 的关系表示如下：

$$Y_i = \alpha + \beta X_i + \varepsilon_i, \quad i = 1, 2, \cdots, n, \tag{6.14}$$

其中 α, β 是待估的未知参数，ε_i 为来自某未知分布函数 $F(x)$ 的误差. ε_i 一般要满足 Gauss-Markov 假设条件，即

$$\begin{aligned} E\varepsilon_i &= 0, \quad i = 1, 2, \cdots, n; \\ \operatorname{cov}(\varepsilon_i, \varepsilon_j) &= \begin{cases} \sigma^2, & i = j, \\ 0, & i \neq j, i, j = 1, 2, \cdots, n. \end{cases} \end{aligned} \tag{6.15}$$

实际中许多问题不满足诸如此类的假设条件，比如等方差假设就很难满足，最小二乘法估计回归系数的方法受到了挑战，结果就产生了非参数系数估计的方法. 这里我们介绍两种基于秩的非参数系数估计法——Brown-Mood 法和 Theil 法.

6.5.1 Brown-Mood 方法

该方法是由 Brown 和 Mood 于 1951 年在一次会议中提出的. 为了估计 α 和 β，首先找到 X 的中位数 X_{med}，将数据按照 X_i 是否小于 X_{med} 分成两组 I、II，第 I 组数据中 $X_i < X_{\mathrm{med}}$，第 II 组数据中 $X_i > X_{\mathrm{med}}$；然后，在两组数据中分别找到

两个代表值, 令 $X'_{\text{med}}, Y'_{\text{med}}$ 分别是第 I 组样本的中位数, $X''_{\text{med}}, Y''_{\text{med}}$ 分别是第 II 组样本的中位数, β 的估计值为

$$\hat{\beta}_{BM} = \frac{Y'_{\text{med}} - Y''_{\text{med}}}{X'_{\text{med}} - X''_{\text{med}}}, \tag{6.16}$$

这个估计值是回归直线的斜率的估计. 因而, 回归直线在 Y 轴上的截距 α 的估计值为

$$\hat{\alpha}_{BM} = \text{median}\{Y_i - \hat{\beta}_{BM} X_i, i = 1, 2, \cdots, n\}.$$

例 6.7 参见南非心脏病数据 (数据光盘 saheart.txt) 中的 ldl(低密度脂蛋白), adiposity(肥胖指标), 这两项指标之间存在着一定的关系. 首先通过画这 15 个点的散点图 (见图 6.1) 可以看出, ldl(低密度脂蛋白) 增大, adiposity(肥胖指标) 有增加趋势. 我们编写如下程序计算中位数回归直线:

```
yy=adiposity
xx=ldl

cyx=coef(lm(yy~xx))

md=median(xx)
xx1=xx[xx<=md]   #实际编程中为避免删除数据丢失信息将不超过中位数的归为一类
xx2=xx[xx>md]
yy1=yy[xx<=md]
yy2=yy[xx>md]
md1=median(xx1)
md2=median(xx2)
mw1=median(yy1)
mw2=median(yy2)
beta=(mw2-mw1)/(md2-md1)
alpha=median(yy-beta*xx)
plot(xx,yy)
abline(alpha,beta)
abline(c(cyx),lty=2)
title("Brown-Mood median regression")
```

由计算公式得 $\hat{\beta}_{BM} = 2.9523, \hat{\alpha}_{BM} = 11.5552$, 于是所求中位数回归直线为: adiposity = 2.95ldl + 11.555. 图 6.1 中的长虚线是最小二乘估计, 回归方程为 adiposity = 1.65ldl + 17.562, 从图中看, 最小二乘估计显然偏离了主体数据的走向, 原因是它较易受到异常数据的拉动影响.

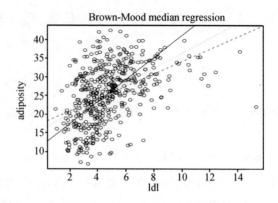

图 6.1 Brown-Mood 和 Theil 中位数回归图

6.5.2 Theil 方法

6.5.1 小节介绍的 Brown-Mood 方法估计回归系数的方法较为粗糙,它只用到样本中位数的信息,没有用到样本中更多的信息. 与之相比,Theil 于 1950 年提出的 Theil 方法则将 Brown-Mood 方法发展到所有的样本上. 他的基本原理在于,对于任意两个横坐标不相等的点,如 $(X_i,Y_i),(X_j,Y_j)$,根据斜率 β 的几何意义,可以用 $\dfrac{Y_j-Y_i}{X_j-X_i}$ 估计一个 β_{ij},将所有斜率平均则可以作为 β 的估计值,于是有了下面的估计.

假设自变量 X 中没有重复数据,任给 $i<j$,记 $s_{ij}=\dfrac{Y_j-Y_i}{X_j-X_i}$,则 β 的估计为

$$\tilde{\beta}_T = \text{median}\{s_{ij} : 1 \leqslant i < j \leqslant n\}.$$

相应地,α 的估计值取为

$$\tilde{\alpha}_T = \text{median}\{Y_j - \tilde{\beta}_T X_j : j=1,2,\cdots,n\}.$$

当自变量 X 中有相等数据存在时,如 $(X_1,Y_1),\cdots,(X_1,Y_l)$. 记 $Y^* = \text{median}\{Y_i : 1 \leqslant i \leqslant l\}$,也就是说用一个点 (X_1,Y^*) 代替上面的 l 个样本点后,再用无结点方法计算 $\tilde{\alpha}$ 和 $\tilde{\beta}$ 即可.

例 6.8(例 6.7 续) 对于例 6.7 中的数据,用 Theil 方法重新计算 β_T 和 α_T 的估计值为 $\tilde{\beta}_T = 2.029, \tilde{\alpha}_T = 16.024$,于是回归直线为 adiposity = 16.024 + 2.029ldl. 我们发现 Theil 方法得到的趋势线界于 Brown-Mood 方法和最小二乘回归直线之间.

6.5.3 关于 α 和 β 的检验

关于 α 和 β 的假设检验, 我们感兴趣的假设检验可能有如下两种:

$$H_0: \alpha=\alpha_0\ \beta=\beta_0 \leftrightarrow H_1: \alpha\neq\alpha_0\ \text{或}\ \beta\neq\beta_0. \tag{6.17}$$

$$H_0': \beta=\beta_0 \leftrightarrow H_1': \beta\neq\beta_0. \tag{6.18}$$

对于第一种假设问题 $H_0 \leftrightarrow H_1$, 主要判断回归直线是否比较均衡地反映了数据的分布, 我们介绍 Brown-Mood 检验作为代表; 对于第二种假设问题, 以 Theil 检验为代表. 无论哪一种检验, 对上面两种方法都适用.

1. Brown-Mood 检验

对于假设问题 (6.17), 在 H_0 下回归直线为 $y=\alpha_0+\beta_0 x$, 如果回归直线比较理想, 则所有的数据点应该比较均匀地分布在回归直线的上下两侧, 也就是说, 回归直线上下两侧 (X_i, Y_i) 的个数应比较接近 $n/2$. 仅仅如此还是不够的, 如果回归直线左右样本点不均衡, 比如较大的自变量更倾向于在回归直线的下方, 而另一侧则堆积了更多自变量较小的样本点, 那么就表示回归直线不理想. 于是可以用回归直线的左上与右下的样本点个数是否相等来衡量原假设 H_0.

具体而言, 记 $X_{\text{med}} = \text{median}\{X_1, X_2, \cdots, X_n\}$,

$$n_1 = \#\{(X_i, Y_i): X_i < X_{\text{med}},\ Y_i > \alpha_0+\beta_0 X_i\},$$
$$n_2 = \#\{(X_i, Y_i): X_i > X_{\text{med}},\ Y_i < \alpha_0+\beta_0 X_i\}.$$

由上面分析可知, 当 H_0 成立时, $n_1 \approx n_2 \approx \dfrac{n}{4}$; 而当 H_1 成立时, n_1 与 n_2 中至少有一个远离 $\dfrac{n}{4}$. 于是我们可以用

$$\left(n_1-\frac{n}{4}\right)^2+\left(n_2-\frac{n}{4}\right)^2$$

作为检验统计量, 其取大值时拒绝 H_0.

为了大样本近似的方便, Brown 和 Mood 于 1951 年提出用

$$\text{BM} = \frac{8}{n}\left[\left(n_1-\frac{n}{4}\right)^2+\left(n_2-\frac{n}{4}\right)^2\right]$$

作为检验统计量, 称为 Brown-Mood 检验统计量. 当 BM 取大值时拒绝 H_0. 关于 Brown-Mood 检验的零分布表, 没有现成表可用. 但是, 二人于 1950 年还证明, 当 $n\to\infty$ 时, 有

$$\text{BM} \longrightarrow \chi^2(2).$$

类似于关于 $H_0 \leftrightarrow H_1$ 的 Brown-Mood 检验统计量的得出, Brown 和 Mood 在同一篇文章中提出, 关于假设 $H_0' \leftrightarrow H_1'$, 可以用统计量

$$\text{BM}' = \frac{16}{n}\left(n_1 - \frac{n}{4}\right)^2$$

检验, 其中

$$n_1 = \#\{(X_i, Y_i): \quad X_i < X_{\text{med}}, \quad Y_i > a + \beta_0 X_i\}.$$

H_0 的拒绝域为其取大值. 我们也称为 Brown-Mood 检验.

另外, Brown 和 Mood 证明, 当 $n \to \infty$ 时, 有

$$\text{BM}' \to \chi^2(1).$$

例 6.9(例 6.7 续) 对于例 6.7 中的数据, 通过 Brown-Mood 估计, 估计回归直线为 $y = 2.952x + 11.555$. 以下用 Brown-Mood 检验对回归直线的均衡性进行检验, 即要检验

$$H_0: \alpha = 11.5555, \quad \beta = 2.952,$$

$n_1 = 126, \ n_2 = 104.$ 经计算得

$$\text{BM} = \frac{8}{462}\left[\left(126 - \frac{462}{4}\right)^2 + \left(104 - \frac{462}{4}\right)^2\right] \approx 4.1991.$$

双边检验 p 值为 0.12, 因而没有理由拒绝 H_0, 没有违背均衡性. 如果将同样的过程应用于 OLS 回归直线 $y = 1.6548x + 17.5626$, 计算得 $\text{BM} = 6.7965$, 双边检验 p 值为 $0.033 < 0.1$, 认为回归直线违背均衡性, 这一结论与图形观察结果是一致的. Theil 方法建立的回归方程的均衡性检验留作习题.

2. Theil 检验

对于假设问题 (6.18), 还有一种基于 Kendall τ 检验和 Spearman 秩相关系数给出的处理方法. 我们注意到, 当回归直线 $y = \alpha + \beta_0 x$ 拟合数据 $(X_1, Y_1), \cdots, (X_n, Y_n)$ 较好时, 说明 $Y_i - \beta_0 X_i$ 只受一个系统因素 α 和随机误差的影响, 而与自变量 X_i 没有什么关系, 于是我们可以用 X_i 与 $Y_i - \beta_0 X_i$ 相关与否衡量 $H_0': \beta = \beta_0$. 如果相关性很大, 则认为假设检验 $H_0': \beta = \beta_0$ 不成立, 测量相关性, 我们讲过可以用 Kendall τ 和 Spearman 秩相关系数等检验. 这样, Theil 于 1950 年提出用基于 Kendall τ 的方法来检验 $H_0' \leftrightarrow H_1'$. 只是注意到, 此时的 R_i, Q_i 分别表示 $X_i, Y_i - \beta_0 X_i$ 在 $(X_1, \cdots, X_n)$ 和 $(Y_1 - \beta_0 X_1, \cdots, Y_n - \beta_0 X_n)$ 中的秩或者平均秩, 故我们称为 Theil 检验.

例 6.10(例 6.7 续) 对于例 6.7 中的数据, 如果用 Theil 检验, Theil 中位数回归假设 $H_0: \beta = 2.209$ 如下: 利用 Theil 回归的 β 的估计 (即 $\beta_0 = 2.209$), 得到一

系列残差 reyTH= $\{e_i\}$. 相应的关于 $(x_1,e_1),\cdots,(x_{25},e_{25})$ 的 Kendall 相关系数计算如以下程序：

```
cor.test(reyTH,x,me="kendall")
        Kendall's rank correlation tau
data:   reyTH and xx
z = -0.0051, p-value = 0.996
alternative hypothesis: true tau is not equal to 0
sample estimates:
          tau
-0.000159776
```

Kendall 相关系数 $\tau = 0.00016$. 零假设下的 p 值为 0.996, 双边检验协同意义下, 没有理由拒绝零假设 $H_0 : \beta = 2.209$ 这个回归系数.

6.6 线性分位回归模型

分位回归 (quantile regression) 是由 Koenker 和 Bassett 于 1978 年提出的, 其基本思想是建立因变量 Y 对自变量 X 的条件分位数回归拟合模型, 即

$$Q_Y(\tau|X) = f(X),$$

其中, τ 是因变量 Y 在 X 条件下的分位数. $f(X)$ 拟合 Y 的第 τ 分位数, 于是中位数回归就是 0.5 分位回归. 如果将 τ 从 $0.1, 0.2, \cdots, 0.9$ 取值, 就可以解出 9 个回归方程.

传统的回归建立在假设因变量 Y 和自变量 X 有如下关系的基础上：

$$E(Y|X) = f(X) + \epsilon.$$

对任意的 $X = x$, 当 ϵ 满足正态和齐性 (方差相等) 条件时, 可以用最小二乘法建立回归预测模型. 实际情况下, 这两个假设往往得不到满足, 比如 ϵ 左偏或右偏, 用最小二乘拟合回归模型稳定性很差. 分位回归对分位数进行回归, 不需要分布和齐性方面过强的假设, 在 ϵ 非正态和非齐性的情况下也能较好地把握数据的主要规律. 分位回归以其稳健的性质已经开始在经济和医学领域广泛应用, Koenker 和 Hallock (2001) 给出了这方面的很多应用. 本节我们着重介绍线性分位回归模型及应用.

已知观测 $(\boldsymbol{X}, Y) = \{(\boldsymbol{x}_i, y_i), i = 1, 2, \cdots, n, y_i \in \mathbb{R}, \boldsymbol{x}_i \in \mathbb{R}^p\}$. X 对 Y 的线性分位回归模型为

$$Q_Y(\tau|\boldsymbol{X}) = \boldsymbol{X}^{\mathrm{T}}\boldsymbol{\beta}. \tag{6.19}$$

怎样求解其参数？线性回归通过最小化残差平方和求解，中位数回归通过最小化残差的绝对值求解，显然线性分位回归可以通过最小化残差绝对值加权求和，只是在绝对值前应增加分位点权重系数即可. 于是线性分位回归的最优化问题表示为

$$\hat{\beta} = \underset{\beta \in \mathbb{R}^p}{\operatorname{argmin}} \sum_{i=1}^{n} \rho_\tau(y_i - \boldsymbol{x}_i^{\mathrm{T}} \boldsymbol{\beta}). \tag{6.20}$$

式中，ρ_τ 是权重函数，表示实际值与拟合值位置关系的权重比例. τ 分位回归中小于分位点的可能性为 τ, τ 分位回归中不小于分位点的可能性为 $1-\tau$. ρ_τ 如下理解：

$$\rho_\tau(u) = \begin{cases} \tau u, & u \geqslant 0, \\ (1-\tau)|u|, & u < 0. \end{cases}$$

给定 τ, 注意到式 (6.20) 等价于

$$\hat{\beta}(\tau) = \underset{\beta}{\operatorname{argmin}} \left[\sum_{i \in \{i: y_i \geqslant \boldsymbol{x}_i^{\mathrm{T}} \boldsymbol{\beta}(\tau)\}} \tau |y_i - \boldsymbol{x}_i^{\mathrm{T}} \boldsymbol{\beta}(\tau)|_+ + \sum_{i \in \{i: y_i < \boldsymbol{x}_i^{\mathrm{T}} \boldsymbol{\beta}(\tau)\}} (1-\tau) |y_i - \boldsymbol{x}_i^{\mathrm{T}} \boldsymbol{\beta}(\tau)|_- \right].$$

Koenker 和 Orey(1993) 利用运筹学中的单纯形法求解线性分位回归，其思想是：任选一个顶点，沿着可行解围成的多边形边界搜索，直到找到最优点. 该算法估计出来的参数具有很好的稳定性，但是在处理大型数据时运算的速度会显著降低. 目前流行的还有内点算法 (interior point method) 和平滑算法 (smoothing method) 等. 由于分位回归需要借助大量计算，模型的参数估计要比传统的线性回归模型的求解复杂.

除参数回归模型、分位回归模型外，还有非参数回归模型、半参数回归模型等，不同的模型都有相应的估计方法.

与线性最小二乘回归相比较，分位回归的优点体现在以下几方面：

(1) 分位回归对模型中的随机误差项不需对分布做具体的假定，有广泛的适用性；

(2) 分位回归没有使用连接函数描述因变量与自变量的相互关系，因此分位回归体现了数据驱动的建模思想；

(3) 分位回归对分位数 τ 进行回归，于是对于异常值不敏感，模型结果比较稳定；

(4) 由分位回归解出的系列回归模型可更为全面地体现分布特点.

例 6.11 这是 Koenker 给出的一个例题, Engel Data(恩格尔数据) 研究者对 235 个比利时家庭的当年家庭收入 (income) 和当年家庭用于食品支出的费用

(foodexp) 进行观测. 在 R 中用分位回归建立恩格尔数据的等间隔分位回归. R 参考程序如下:

```
install.packages("quantreg") ;library(quantreg); library(SparseM)
par(mfrow=c(1,3)); data(engel); attach(engel);
plot(income,foodexp,xlab="Household Income", ylab="Food
Expenditure",type = "n", cex=.5) points(income,foodexp,cex=.5);taus
=seq(0.1,0.9,0.1); f=coef(rq((foodexp)~(income),tau=taus)); for(i in
1:length(taus)){
        abline(f[,i][1],f[,i][2],lty=2)
        }
abline(lm(foodexp ~ income),lty=9)
abline(rq(foodexp~income,tau=0.5))
legend(3000,700,c("mean","median","otherquantile"),lty = c(9,1,2))
plot(taus,f[1,]);
lines(taus,f[1,]),plot(taus,f[2,]);lines(taus,f[2,]);
```

在图 6.2 中, 从下至上的虚线分别为分位数回归 ($\tau = 0.1, \cdots, 0.9$), 分位数间隔 0.1, 实线为最小二乘回归. 注意到, 家庭食品支出随家庭收入增长而呈现增长趋势. 不同 τ 值的分位回归直线从上至下的间隙先窄后宽说明了食品支出是左偏的, 这一点从分位数系数随分位数增加变化图 (最右侧的点) 中也可以得到验证. 即在固定收入的时候, 家庭支出密集在较高的位置, 少数家庭支出偏低. 中位数回归直线始终位于最小二乘回归直线之上, 截距显著不同, 说明最小二乘回归显然受到两个异常点 (高家庭收入低食品支出) 的影响较大, 这种不稳定的结果, 就是对贫穷家庭的平均家庭收入预测较差, 高估了他们的生活质量.

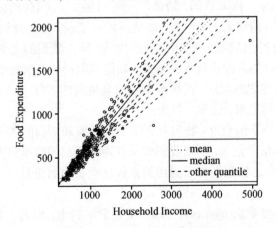

图 6.2 恩格尔数据分位回归

6.7 案 例

智商与情商有关系吗？——几种相关系数的比较

案例背景

《三国演义》中的周瑜，善于领兵打仗，年纪轻轻就当了大都督. 火烧赤壁、大败曹军的时候，周瑜才 33 岁，深得众人钦佩. 周瑜乃青年才俊，智商定然很高. 智商这么高的一个人，后来怎么死的呢？是被诸葛亮三气而死的. 周瑜断气之前，仰天长叹："既生瑜，何生亮？"年仅 36 岁的周瑜，事业正是如日中天，但是他在顺境之时趾高气扬，遭遇逆境的时候感慨"既生瑜，何生亮？". 他易动怒，患得失，心胸狭窄，嫉贤妒能. 终于，他的低情商导致了他无法掌控自己的情绪，过早地撒手人寰.

同样在三国时代的曹操，也是个足智多谋的人，虽然吃过周瑜的败仗，但是他的情商要比周瑜高出许多，他广纳贤能，他能屈能伸，所以终成一方霸业.

上面耳熟能详的三国故事中提到了"智商"和"情商"这两个现代名词，到底什么是"智商"、什么是"情商"呢？它们之间又是什么关系呢？

智商，即通常所说的 IQ (Intelligence Quotient)，意为智力商数 (简称智商)，最早是由德国心理学 L.W. Stern 提出来的，它是测量个体智力发展水平的一种指标，其计算公式为

$$IQ = \frac{MA(智力年龄)}{CA(实际年龄)} \times 100.$$

情商，亦即 EQ (Emotional Quotient)，又称为情绪智力. 它是一个人自我情绪管理以及管理他人情绪的能力指数. 1991 年，耶鲁大学心理学家彼得·塞拉维和新罕布什尔大学的琼·梅耶首创"情商"一词. 1995 年，《纽约时报》专栏作家丹尼尔·戈尔曼出版《情绪智力》一书，将情商推向高潮，使情商很快风靡全世界.

有的人智商高、情商低，除了古代的周瑜，现在我们的大学校园中这类人似乎还不在少数. 而有的人没有超人的智慧，却能够取得比高智商的人更大的成功，现在流传着一种有意思的说法：高智商的人给高情商的人打工. 当然也有两者俱高的难得人才，比如周恩来、比尔·盖茨.

然而，从统计学的角度，我们怎么来看待智商和情商的关系呢？我们知道，统计学是数据的科学和艺术，所以我们要从智商和情商的数据出发，构造统计量来检验两者的关系. 在这里我们要用到相关系数这个有力的工具.

数据描述

1. 来源：光盘数据 iqeq.txt，这是 31 个学生的 IQ 和 EQ 数据；

2. 变量说明：两个变量 IQ 和 EQ (为了符合常规，特将原数据变量名 iq 和 eq 都改成了大写).

方法基本原理

我们要研究的是智商 (IQ) 和情商 (EQ) 这两个数值型变量的相互依赖关系，在统计学上，我们常用相关系数来度量这种关系. 用假设检验语言来描述就是

$$H_0 : \rho(\text{IQ}, \text{EQ}) = 0 \leftrightarrow H_1 : \rho(\text{IQ}, \text{EQ}) \neq 0.$$

其中 $\rho(\text{IQ}, \text{EQ})$ 表示 IQ 和 EQ 的总体相关系数. 若拒绝了 H_0，表明随着 IQ 增加 EQ 也增加 (或减少)，即智商与情商有某种正向或反向的同步性；若不能拒绝 H_0，则认为 IQ 和 EQ 不存在相关性.

在参数推断中，两个随机变量 $\boldsymbol{X}$ 和 $\boldsymbol{Y}$ 间的相关性通常用 Pearson 相关系数来度量，其定义为

$$r(\boldsymbol{X}, \boldsymbol{Y}) = \frac{\sum[(X_i - \bar{X})(Y_i - \bar{Y})]}{\sqrt{\sum(X_i - \bar{X})^2 \sum(Y_i - \bar{Y})^2}},$$

其中 $(\boldsymbol{X}, \boldsymbol{Y}) = ((X_1, Y_1), \cdots, (X_n, Y_n))$，且假定这 n 个样本独立服从相同二元正态分布. r 满足 $-1 < r < 1$. 当 $r > 0$ 时，表明 $\boldsymbol{X}$ 和 $\boldsymbol{Y}$ 正相关；当 $r < 0$ 时，表明 $\boldsymbol{X}$ 和 $\boldsymbol{Y}$ 负相关；当 $r = 0$ 时，表明 $\boldsymbol{X}$ 和 $\boldsymbol{Y}$ 不相关.

Pearson 相关性检验的假设为

$$H_0 : \rho = 0 \leftrightarrow H_1 : \rho \neq 0.$$

Pearson 相关性检验的检验统计量为

$$t = \frac{r\sqrt{n-2}}{\sqrt{1-r^2}} \overset{H_0}{\sim} t(n-2).$$

当 $t > t_\alpha(n-2)$ 时，拒绝原假设，即认为两变量是相关的.

当数据不满足正态性时，不宜使用 Pearson 相关性检验，可以考虑非参数推断方法，比如 Spearman 秩相关系数检验或 Kendall τ 相关系数检验.

令 R_i 表示 X_i 在 $(X_1, X_2, \cdots, X_n)$ 中的秩，Q_i 表示 Y_i 在 $(Y_1, Y_2, \cdots, Y_n)$ 中的秩，如果 X_i 与 Y_i 具有同步性，那么 R_i 与 Q_i 也表现出同步性，反之亦然. 仿照 Pearson 相关系数的计算方法，定义秩之间的一致性，因而有了 Spearman 相关系数

$$r_S = \frac{\sum[(R_i - \bar{R})(Q_i - \bar{Q})]}{\sqrt{\sum(R_i - \bar{R})^2 \sum(Q_i - \bar{Q})^2}} = 1 - \frac{6}{n(n^2-1)}\sum(R_i - Q_i)^2.$$

相应的检验统计量为

$$T = \frac{r_S\sqrt{n-2}}{\sqrt{1-r_S^2}} \overset{H_0}{\sim} t(n-2).$$

当 $T > t_\alpha(n-2)$ 时,表示两变量有相关关系,反之则无. 如果有重复数据,可以采用平均秩法定秩,当结不多时,仍然可以使用 r_S 定义秩相关系数, T 检验仍然可以使用.

Kendall 于 1938 年提出另一种与 Spearman 秩相关系数检验相似的检验法. 他从两变量 (X_i, Y_i) 是否协同一致的角度出发检验两变量之间是否存在相关性. 首先引入协同的概念,假设有 n 对观测值 $(X_1, Y_1), \cdots, (X_n, Y_n)$,如果乘积 $(X_j - X_i)(Y_j - Y_i) > 0, \forall j > i$,则称数对 (X_i, Y_i) 与 (X_j, Y_j) 满足协同性. 反之,如果乘积 $(X_j - X_i)(Y_j - Y_i) < 0, \forall j > i$,则称该数对不协同.

全部数据所有可能的前后数对共有 $n(n-2)/2$ 对,如果用 N_c 表示协同数对的数目, N_d 表示不协同数对的数目,则 $N_c + N_d = n(n-2)/2$,Kendall 相关系数统计量由二者的平均差定义如下

$$\tau = \frac{N_c - N_d}{n(n-1)/2} = \frac{2S}{n(n-1)}$$

式中 $S = N_c + N_d$,若所有数对协同一致,则 $N_c = n(n-2)/2$, $N_d = 0$, $\tau = 1$,表示两组数据正相关;若所有数据都不协同一致,则 $N_c = 0$, $N_d = n(n-2)/2$, $\tau = -1$,表示两组数据负相关;若 $\tau = 0$,表示数据中协同和不协同的数对势力均衡,没有明显的趋势,这与相关性含义是一致的. 总之 $-1 \leqslant \tau \leqslant 1$,反映了两组数据变化的一致性. 零假设的拒绝域为 $|\tau|$ 取大值.

研究思路

研究变量的相关性一般是先用图形这种直观的方法观察一下变量观测数据的特征,看看数据像不像正态分布,看看数据有没有某种相关性、有没有离群值等. 有时候甚至有必要进行正态性检验. 然后我们要选择合适的相关性检验方法. 如果数据符合正态性,则使用 Pearson 相关系数检验法比较好;如果数据不符合正态特征或者有离群值,这时候还使用 Pearson 相关系数检验法,则很可能得出与实际不符的结论. 若改用非参数方法,则情况可能会得到改观.

分析过程

1. 画数据的直方图和散点图

我们使用 R 软件来画 IQ 和 EQ 各自的直方图和两者的散点图,如图 6.3、图 6.4.

如图 6.3 所示,很难看出两变量数据的分布是对称的,因而数据有可能不是来自正态分布总体,使用 Pearson 相关系数检验要慎重. 还可以看出 IQ 或 EQ 绝大部分集中在 40 ~ 80,在很右边的 140 ~ 160 区间有 IQ 和 EQ 均很高的离群值. 若用 Pearson 相关系数检验,上述的离群值很可能对检验结果造成很大干扰.

如图 6.4 所示,IQ 和 EQ 似乎没有明显的相关性,另外右上角有一个离群点,这与上面直方图显示的是一致的.

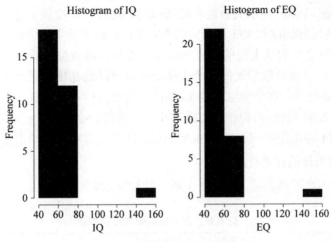

图 6.3 IQ 和 EQ 直方图

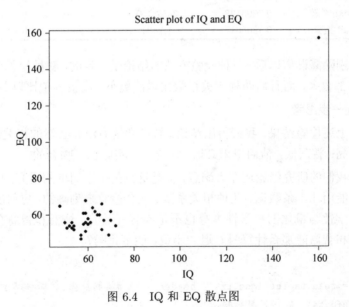

图 6.4 IQ 和 EQ 散点图

2. 用上述三种相关性检验方法进行比较检验

检验结果如表 6.8.

表 6.8 三种检验结果

检验方法	相关系数值	检验统计量值	p 值	结论
Pearson 检验	0.918385	12.4989	3.346e-13	IQ 与 EQ 正相关
Spearman 检验	0.3032082	3456.087	0.0973	IQ 与 EQ 不相关
Kendall 检验	0.2066687	1.5888	0.1121	IQ 与 EQ 不相关

可以看出，Pearson 相关系数非常高，达到 0.918385，检验 p 值几乎为 0(在 0.05 的水平下足以拒绝 IQ 与 EQ 不相关的零假设)，这似乎是学生学业好处事能力一定强的佐证，但是我们从上面的散点图清晰地发现两组数据本质上几乎没有关系，导致这组数据呈现高度相关的一个直接原因很可能就是出现了一个 IQ 和 EQ 都很高的特殊的学生，这个学生和绝大部分学生的特点不同，放在一个分布之下进行分析是不合理的. 而后两种检验方法的相关系数都较小，检验 p 值在 0.1 左右 (在 0.05 水平下不能拒绝零假设)，将主体的相关性比较客观地反映出来了.

3. 删去离群值在进行检验

将上述的离群值剔除，再重复上述三种检验，结果如表 6.9.

表 6.9 删除离群值的三种检验

检验方法	相关系数值	检验统计量值	p 值	结论
Pearson 检验	0.1221071	0.651	0.5204	IQ 与 EQ 不相关
Spearman 检验	0.2308122	3457.499	0.2198	IQ 与 EQ 不相关
Kendall 检验	0.1500017	1.1304	0.2583	IQ 与 EQ 不相关

可见剔除离群值以后，三种检验方法的结论是一致的，三种相关系数都很小，检验 p 值都很大，而且后两种相关系数比以前更小，检验 p 值比以前更大。

总结及进一步思考

综合上述检验结果，我们得出结论：智商和情商没有必然的相关性，智商高，情商未必高；智低，情商也未必低. 这与生活实际也是吻合的.

虽然我们的研究结论还令人满意，但是这只是个很简单的研究，情商和智商关系远不是能用几十条数据、几种相关系数、几个检验来刻画的. 更何况情商和智商定义的科学性与量化的科学性本身也不是不容置疑的. 情商和智商有绝然的界限吗？情商和智商能那么计算吗？退一步说，能量化吗？

R 程序

```
data = read.table("iqeq.txt", header = T) #读取数据(数据存储于R的工作目录)
attach(data)  # 绑定数据框
par(mfrow = c(1, 2))
hist(IQ, border=F, col="gray7")  # 画IQ数据的直方图
hist(EQ, border = F, col="gray7")  # 画EQ数据的直方图x11()
plot(IQ, EQ, main = "Scatter plot of IQ and EQ")
                        #以IQ、EQ为横、纵坐标画散点图
cor.test(IQ, EQ)  # 做Pearson相关系数检验
cor.test(IQ, EQ, meth = "spearman")  # 做Spearman秩相关系数检验
cor.test(IQ, EQ, meth = "kendall")  # 做Kendall τ相关系数检验
```

```
data1 = data[1:30, ]    # 删除数据最后一行的离群值, 下面重复前面的检验
attach(data1)
cor.test(IQ, EQ)
cor.test(IQ, EQ, meth = "spearman")
cor.test(IQ, EQ, meth = "kendall")
```

习题

6.1 从中国 30 个省区抽样的文盲率 (单位: ‰) 和各省人均 GDP(单位: 元) 的数据如下:

文盲率	7.33	10.80	15.60	8.86	9.70	18.52	17.71	21.24	23.20	14.24
人均 GDP	15044	12270	5345	7730	22275	8447	9455	8136	6834	9513
文盲率	13.82	17.97	10.00	10.15	17.05	10.94	20.97	16.40	16.59	17.40
人均 GDP	4081	5500	5163	4220	4259	6468	3881	3715	4032	5122
文盲率	14.12	18.99	30.18	28.48	61.13	21.00	32.88	42.14	25.02	14.65
人均 GDP	4130	3763	2093	3715	2732	3313	2901	3748	3731	5167

运用 Pearon, Spearman 和 Kendall 检验统计量检验文盲率和人均 GDP 之间是否相关, 是正相关还是负相关.

6.2 某公司销售一种特殊的化妆用品, 该公司观测了 15 个城市在某季度对该化妆品的销售量 Y(单位: 万件) 和该地区的人均收入 X(单位: 百元), 如表 6.10 所示.

表 6.10 两地区化妆品销售量与地区人口表

序号	1	2	3	4	5	6	7	8
地区 X	9.1	8.3	7.2	7.5	6.3	5.8	7.6	8.1
人口 Y	8.7	9.6	6.1	8.4	6.8	5.5	7.1	8.0
序号	9	10	11	12	13	14	15	
地区 X	7.0	7.3	6.5	6.9	8.2	6.8	5.5	
地区 Y	6.6	7.9	7.6	7.8	9.0	7.0	6.3	

以往的经验表明, 销售量与人均收入之间存在线性关系, 试写出由人均收入解释销售量的中位数线性回归直线.

6.3 在歌手大奖赛中, 裁判是根据歌手的演唱进行打分的, 但有时也可能带有某种主观色彩. 此时作为大赛公证人员有必要对裁判的打分是否一致进行检验, 如果一致, 则说明裁判组的综合专家评判的结果是可靠的. 下面是 1986 年全国第二届青年歌手电视大奖赛业组民族唱法决赛成绩的统计表, 试进行一致性检验.

裁判	歌手成绩									
	1	2	3	4	5	6	7	8	9	10
1	9.15	9.00	9.17	9.03	9.16	9.04	9.35	9.02	9.10	9.20
2	9.28	9.30	9.31	8.80	9.15	9.00	9.28	9.29	9.10	9.30
3	9.18	8.95	9.24	8.93	9.17	8.85	9.28	9.05	9.10	9.20
4	9.12	9.32	8.83	8.86	9.31	8.81	9.38	9.16	9.17	9.10
5	9.15	9.20	8.80	9.17	9.18	9.00	9.45	9.15	9.40	9.35
6	9.35	8.92	8.91	8.93	9.12	9.25	9.45	9.21	8.98	9.18
7	9.30	9.15	9.10	9.05	9.15	9.15	9.40	9.30	9.10	9.20
8	9.15	9.01	9.28	9.21	9.18	9.19	9.29	8.91	9.14	9.12
9	9.21	8.90	9.05	9.15	9.00	9.18	9.35	9.21	9.17	9.24
10	9.24	9.02	9.20	8.90	9.05	9.15	9.32	9.28	9.06	9.05
11	9.21	9.23	9.20	9.21	9.24	9.24	9.30	9.20	9.22	9.30
12	9.07	9.20	9.29	9.05	9.15	9.32	9.24	9.21	9.29	9.29

6.4 100 名牙疾患者，先后经过两位不同的牙医的诊治，两位牙医在是否需要进行某项处理时给出的诊治方案不完全一致．现将两位牙医的不同意见数据列表如下，试分析两位医生的治疗方案是否完全一致．

		牙医乙		
		需要处理	不需要处理	合计
牙医甲	需要处理	40	5	45
	不需要处理	25	30	55
	合计	65	35	100

6.5 为测量某种材料的保温性能，把用其覆盖的容器从室内移到温度为 x 的室外，3h 后记录其内部温度 y．经过若干次试验，产生如下记录 (单位：华氏度)．该容器放到室外前的内部温度是一样的．

x	33	45	30	20	39	34	34	21	27	38	30
y	76	103	69	50	86	85	74	58	62	88	210

试用 Theil 和 Brown-Mood 方法作线性回归．两个线性方程是否一致，是否存在离群点？如果存在，请指出，并删除它后重新拟合．

6.6 用 Brown-Mood 方法检验用 Theil 方法建立的回归方程的均衡性．

6.7 检验例 6.5 中用 Theil 法估计得到的回归系数．

6.8 有关分位回归，回答以下问题：

(1) 简述分位回归模型．

(2) 简述分位回归模型参数估计的最优化问题．

(3) 分位回归相比于线性回归的优点有哪些？为什么具备这些优点？

(4) 用分位回归方法拟合光盘中的 infant-birthweight 数据，并进行解释．

第 7 章 非参数密度估计

概率分布是统计推断的核心，从某种意义上看，联合概率密度提供了关于所要分析变量的全部信息，有了联合密度，则可以回答变量子集之间的任何问题. 从广义上看，参数估计是在假定数据总体密度形式下对参数的估计，比如：我们所熟知的 $\bar{X}$ 是两点分布中 p 的一致性估计，$S_n^2 = \frac{1}{n}\sum_{i=1}^n (X_i - \bar{X}_i)^2$ 是一元正态总体方差的极大似然估计等. 而 $\boldsymbol{X}_{n\times p}\hat{\boldsymbol{B}}_{p\times q} = \boldsymbol{X}_{n\times p}(\boldsymbol{X}'\boldsymbol{X})^{-1}_{p\times p}\boldsymbol{X}'\boldsymbol{Y}_{n\times q}$ 是多元正态分布均值的最小二乘估计等. 一旦参数确定，则分布完全确定，因而可以说参数统计推断的核心内容就是对密度的估计. 实际中，很多数据的分布是无法事先假定的，加上决策的可靠性要求不断提高，因此需要适应性更广的密度估计方法. 最近几年尤其是随着数据库的广泛应用和数据挖掘技术的兴起，概率密度估计成为模式分类技术的重要内容得到广泛关注.

7.1 直方图密度估计

7.1.1 基本概念

在基础的统计课程中，直方图经常用来描述数据的频率，使研究者对所研究的数据有一个较好的理解. 这里，我们介绍如何使用直方图估计一个随机变量的密度. 直方图密度估计与用直方图估计频率的差别在于，在直方图密度估计中，我们需要对频率估计进行归一化，使其成为一个密度函数的估计. 直方图是最基本的非参数密度估计方法，有着广泛的应用.

以一元为例，假定有数据 $x_1, x_2, \cdots, x_n \in [a,b)$. 对区间 $[a,b)$ 做如下划分，即 $a = a_0 < a_1 < a_2 < \cdots < a_k = b$, $I_i = [a_{i-1}, a_i)$, $i = 1, 2, \cdots, k$. 我们有 $\bigcup_{i=1}^k I_i = [a,b)$, $I_i \cap I_j = \varnothing, i \neq j$. 令 $n_i = \#\{x_i \in I_i\}$ 为落在 I_i 中数据的个数.

我们如下定义直方图密度估计，

$$\hat{p}(x) = \begin{cases} \dfrac{n_i}{n(a_i - a_{i-1})}, & \text{当 } x \in I_i; \\ 0, & \text{当 } x \notin [a,b), \end{cases}$$

在实际操作中，我们经常取相同的区间，即 I_i ($i = 1, 2, \cdots, k$) 的宽度均为 h, 在此

情况下, 有
$$\hat{p}(x) = \begin{cases} \dfrac{n_i}{nh}, & \text{当} x \in I_i; \\ 0, & \text{当} x \notin [a,b). \end{cases}$$

上式中, h 既是归一化参数, 又表示每一组的组距, 称为带宽或窗宽. 另外, 我们可以看到
$$\int_a^b \hat{p}(x)\mathrm{d}x = \sum_{i=1}^k \int_{I_i} n_i/(nh)\mathrm{d}x = \sum_{i=1}^k n_i/n = 1.$$

由于位于同一组内所有点的直方图密度估计均相等, 因而直方图所对应的分布函数 $\hat{F}_h(x)$ 是单调增的阶梯函数. 这与经验分布函数形状类似. 实际上, 当分组间隔 h 缩小到每组中最多只有一个数据时, 直方图的分布函数就是经验分布函数, 即 $h \to 0$, 有 $\hat{F}_h(x) \to \hat{F}_n(x)$.

定理 7.1 固定 x 和 h, 令估计的密度是 $\hat{p}(x)$, 如果 $x \in I_j, p_j = \int_{I_j} \hat{p}(x)\,\mathrm{d}x$, 有
$$E\hat{p}(x) = p_j/h, \quad \mathrm{var}\hat{p}(x) = \frac{p_j(1-p_j)}{nh^2}.$$

证明提示: 注意到 $E\hat{p}_j = n_j/n = \int_{I_j} \hat{p}(x)\,\mathrm{d}x, \mathrm{var}\hat{p}_j = p_j(1-p_j)/n.$

例 7.1 (见光盘数据 fish.txt) 光盘中给出了鲑鱼和鲈鱼两种鱼类长度的观测数据, 共计 230 条. 在图 7.1 中, 我们从左到右, 分别采用逐渐增加的带宽间隔: $h_l = 0.75, h_m = 4, h_r = 10$ 制作了 3 个直方图. 可以发现当带宽很小的时候, 个体特征比较明显, 从图中可以看到多个峰值; 而带宽过大的最右边的图上, 很多峰都不明显了. 中间的图比较合适, 它有两个主要的峰, 提供了最为重要的特征信息. 实际上, 参与直方图运算的是鲑鱼和鲈鱼两种鱼类长度的混合数据, 经验表明, 大部分鲈鱼具有身长比鲑鱼长的特点, 因而两个峰是合适的. 这也说明直方图的技巧在于确定组距和组数, 组数过多或过少, 都会淹没主要特征. R 程序如下:

```
fish=read.table("......../fish.txt", header=T)
length=fish[,1]
par(mfrow=c(1,3))
hist(length,breaks=0:35*0.75, freq=T, xlab="bodysize",
     main="Bandwidth=0.75")
hist(length,breaks=0:7*4, freq=T, xlab="bodysize", main="Bandwidth=4")
hist(length,breaks=0:3*10, freq=T, xlab="bodysize", main="Bandwidth=10")
```

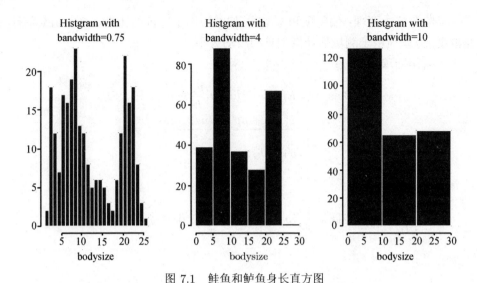

图 7.1 鲑鱼和鲈鱼身长直方图

7.1.2 理论性质和最优带宽

由上面的例子，我们可以看出，选择不同的带宽，我们会得到不同的结果. 选择合适的带宽, 对于得到好的密度估计是很重要的. 在计算最优带宽前，我们先定义 $\hat{p}$ 的平方损失风险 $R(\hat{p}, p) = \int (\hat{p}(x) - p(x))^2 \, dx$.

定理 7.2 $\int p'(x) \, dx < +\infty$, 则在平方损失风险下, 有

$$R(\hat{p}, p) \approx \frac{h^2}{12} \int (p'(u))^2 \, du + \frac{1}{nh}.$$

极小化上式, 得到理想带宽为

$$h^* = \frac{1}{n^{1/3}} \left(\frac{6}{\int p'(x)^2 \, dx} \right)^{1/3}.$$

于是理想的带宽为 $h = Cn^{-1/3}$.

证明 考察平方损失风险:

$$R(\hat{p}, p) = EL(\hat{p}(x), p(x)) = E \int (\hat{p}(x) - p(x))^2 dx$$

$$= \int (E\hat{p}(x) - p(x))^2 dx + E \int (\hat{p}(x) - E\hat{p}(x))^2 dx$$

$$= \int \text{Bias}^2(x) dx + \int V(x) dx.$$

风险分解为两项：偏差项和方差项. 偏差项用于评价估计量对真实函数估计的精准度，方差项用于测量估计量本身的波动大小.

先看第一项偏差项：

$$\text{Bias}(x) = E\hat{p}(x) - p(x) = \frac{p_j}{h} - p(x)$$
$$= \frac{p(x)h + hp'(x)(h/2 - x)}{h} - p(x)$$
$$= p'(x)(h/2 - x).$$

注意到

$$\int_{I_j} \text{Bias}^2(x) dx = \int_{I_j} (p'(x))^2 (h/2 - x)^2 \, dx \approx (p'(\xi_j))^2 \frac{h^3}{12},$$

于是

$$\int \text{Bias}^2(x) dx = \sum_{j=1}^{m} \int_{I_j} \text{Bias}^2(x) dx \approx \sum_{j=1}^{m} p'(\xi)^2 \frac{h^3}{12} \approx \frac{h^2}{12} \int p'(x)^2 dx.$$

再看第二项方差项：

$$V(x) = \frac{p_j}{nh^2} = \frac{p(x)h + hp'(x)(h/2 - x)}{nh^2} \approx p(x)/nh.$$

一般当 h 未知的时候，可以用更实用的方式选择窗宽,

$$R(h) = \int (\hat{p} - p(x))^2 dx$$
$$= \int \hat{p}^2 dx - 2 \int \hat{p} p dx + \int p^2(x) dx$$
$$= J(h) + \int p^2(x) dx.$$

注意到后面一项与 h 无关，第一项可以用交叉验证方法估计：

$$\hat{J}(h) = \int (\hat{p})^2 dx - \frac{2}{n} \sum_{i=1}^{n} \hat{p}_{(-i)}(x_i).$$

其中, $\hat{p}_{(-i)}(x_i)$ 是去掉第 i 个观测值后对直方图的估计, $\hat{J}(h)$ 称为交叉验证得分. 证毕.

在大多数情况下，我们不知道密度 $p(x)$，因此也不知道 $p'(x)$. 对于理想带宽 $h^* = \frac{1}{n^{1/3}} \left(\frac{6}{\int p'(x)^2 \, dx} \right)^{1/3}$ 也无法计算，在实际操作中，经常假设 $p(x)$ 为一个标准正态分布，并进而得到一个带宽 $h_0 \approx 3.5 n^{-1/3}$.

直方图密度估计的优势在于简单易懂,在计算过程中也不涉及复杂的模型计算,只需要计算 I_j 中样本点的个数. 另一方面,直方图密度估计只能给出一个阶梯函数,该估计不够光滑. 另外一个问题是直方图密度估计的收敛速度比较慢,也就是说, $\hat{p}(x) \longrightarrow p(x)$ 比较慢.

7.1.3 多维直方图

直方图的密度定义公式很容易扩展到任意维空间. 设有 n 个观测点 $\boldsymbol{x}_1, \boldsymbol{x}_2, \cdots, \boldsymbol{x}_n$,将空间分成若干小区域 R, V 是区域 R 所包含的体积. 如果有 k 个点落入 R,则可以得到如下密度公式: $p(\boldsymbol{x})$ 的估计为

$$p(\boldsymbol{x}) \approx \frac{k/n}{V}. \tag{7.1}$$

如果这个体积和所有的样本体积相比很小,就会得到一个很不稳定的估计,这时,密度值局部变化很大,呈现多峰不稳定的特点; 反之,如果这个体积太大,则会圈进大量样本,从而使估计过于平滑. 在稳定与过度光滑之间寻找平衡就引导出下面两种可能的解决方法.

(1) 固定体积 V 不变,它与样本总数呈反比关系即可. 注意到,在直方图密度估计中,每一点的密度估计只与它是否属于某个 I_i 有关,而 I_i 是预先给定的与该点无关的区域. 不仅如此,区域 I_i 中每个点共有相等的密度,这相当于待估点的密度取邻域 R 的平均密度. 现在以待估点为中心,作体积为 V 的邻域,令该点的密度估计与纳入该邻域中的样本点的多少呈正比,如果纳入的点多,则取密度大,反之亦然. 这一点还可以进一步扩展开去,将密度估计不再局限于 R 内的带内,而是将体积 V 合理拆分到所有样本点对待估计点贡献的加权平均,同时保证距离远的点取较小的权,距离近的点取较大的权,这样就形成了核函数密度估计法的基本思想. 后面我们将看到,这些方法都可能获得较为稳健而适度光滑的估计.

(2) 固定 k 值不变,它与样本总数呈一定关系即可. 根据数据之间的疏密情况调整 V,这样就导致了另外一种密度估计方法——k 近邻法.

下面介绍核估计和 k 近邻估计两种非参数方法.

7.2 核密度估计

7.2.1 核函数的基本概念

在上节中,介绍了直方图密度估计. 但是通过直方图得到密度估计不是一个光滑函数. 为了克服这个缺点,我们介绍核函数密度估计. 核函数密度估计有着广泛的应用,其理论性质也已经得到了很好的研究. 这里我们首先介绍一维的情况.

定义 7.1 假设数据 $x_1, x_2, \cdots, x_n$ 取自连续分布 $p(x)$, 在任意点 x 处的一种核密度估计定义为

$$\hat{p}(x) = \frac{1}{nh} \sum_{i=1}^{n} \omega_i = \frac{1}{nh} \sum_{i=1}^{n} K\left(\frac{x-x_i}{h}\right), \tag{7.2}$$

其中 $K(\cdot)$ 称为核函数 (kernel function)。为保证 $\hat{p}(x)$ 作为概率密度函数的合理性，既要保证其值非负，又要保证积分的结果为 1。这一点可以通过要求核函数 $K(x)$ 是分布密度得到保证，即

$$K(x) \geqslant 0, \quad \int K(x) \, \mathrm{d}x = 1.$$

实际上有

$$\begin{aligned}
\int \hat{p}(x) \mathrm{d}x &= \int \frac{1}{n} \sum_{i=1}^{n} \frac{1}{h} K\left(\frac{x-x_i}{h}\right) \mathrm{d}x = \frac{1}{n} \sum_{i=1}^{n} \int \frac{1}{h} K\left(\frac{x-x_i}{h}\right) \mathrm{d}x \\
&= \frac{1}{n} \sum_{i=1}^{n} \int K(u) \, \mathrm{d}u = \frac{1}{n} \cdot n = 1 \quad \left(\text{其中 } u = \frac{x-x_i}{h}\right).
\end{aligned} \tag{7.3}$$

由 $\int \hat{p}(x) \mathrm{d}x = 1$ 可知，上述定义的 $\hat{p}(x)$ 是一个合理的密度估计函数。

核密度估计中，一个重要的部分就是核函数。以一维为例，常用的核函数如表 7.1 所示。

表 7.1 常用核函数

核函数名称	核函数 $K(u)$	R 中
Parzen 窗 (Uniform)	$\frac{1}{2} I(\lvert u \rvert \leqslant 1)$	√
三角 (Triangle)	$(1-\lvert u \rvert) I(\lvert u \rvert \leqslant 1)$	√
Epanechikov	$\frac{3}{4}(1-u^2) I(\lvert u \rvert \leqslant 1)$	
四次 (Quartic)	$\frac{15}{16}(1-u^2)^2 I(\lvert u \rvert \leqslant 1)$	
三权 (Triweight)	$\frac{35}{32}(1-u^2)^3 I(\lvert u \rvert \leqslant 1)$	
高斯 (Gauss)	$\frac{1}{\sqrt{2\pi}} \exp\left(-\frac{1}{2} u^2\right)$	√
余弦 (Cosinus)	$\frac{\pi}{4} \cos\left(\frac{\pi}{2} u\right) I(\lvert u \rvert \leqslant 1)$	√
指数 (Exponent)	$\exp\{-\lvert u \rvert\}$	

表 7.1 中最后一列 √ 表示 R 的密度估计中可能选择的函数，不同的核函数表达了根据距离分配各个样本点对密度贡献的不同情况。

例 7.2(例 7.1 续) 图 7.2 给出了各种带宽之下根据正态核函数做出的密度估计曲线. 由图可知, 带宽 $h=10$ 是最平滑的 (右边), 相反带宽 $h=1$ 噪声很多, 它在密度中引入了很多虚假的波形. 从图中比较, 带宽 $h=5$ 是较为理想的, 它在不稳定和过于平滑之间作了较好的折中.

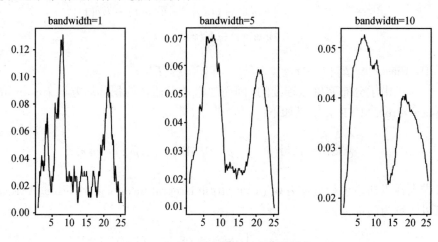

图 7.2 鲑鱼和鲈鱼身长的密度核估计

```
plot(density(length,kernel="gaussian",bw=1), main="Bandwidth=1")
plot(density(length,kernel="gaussian",bw=5), main="Bandwidth=2")
plot(density(length,kernel="gaussian",bw=10), main="Bandwidth=8")
```

7.2.2 理论性质和带宽

核函数的形状通常不是密度估计中最关键的因素, 和直方图一样, 带宽对模型光滑程度的影响作用较大. 因为如果 h 非常大, 将有更多的点对 x 处的密度产生影响. 由于分布是归一化的, 即

$$\int \omega_i(x-x_i)\mathrm{d}x = \int \frac{1}{h}K\left(\frac{x-x_i}{h}\right)\mathrm{d}x = \int K(u)\,\mathrm{d}u = 1,$$

因而距离 x_i 较远的点也分担了对 x 的部分权重, 从而较近的点的权重 ω_i 减弱, 距离远和距离近的点的权重相差不大. 在这种情况下, $\hat{p}(x)$ 是 n 个变化幅度不大的函数的叠加, 因此 $\hat{p}(x)$ 非常平滑; 反之, 如果 h 很小, 则各点之间的权重由于距离的影响而出现大的落差, 因而 $\hat{p}(x)$ 是 n 个以样本点为中心的尖脉冲的叠加, 就好像是一个充满噪声的估计.

如何选择合适的带宽, 是核函数密度估计能够成功应用的关键. 类似于定性数据联合分布的误差平方和的分解, 理论上选择最优带宽也是从密度估计与真实密度之间的误差开始的.

对于每个固定的 x, 我们可以使用均方误 (Mean Squared Error, MSE). 均方误可以分解为两个部分

$$\begin{aligned}\mathrm{MSE}(x;h) &= E\{\widehat{p}(x) - p(x)\}^2 \\ &= \{E\widehat{p}(x) - p(x)\}^2 + E\{\widehat{p}(x) - E\widehat{p}(x)\}^2 \\ &= \mathrm{Bias}(x)^2 + V(x).\end{aligned}$$

其中, $\mathrm{Bias}(x) = E\widehat{p}(x) - p(x)$, $V(x) = E\{\widehat{p}(x) - E\widehat{p}(x)\}^2$.

这里由于分布密度是连续的, 因而通常考虑估计的积分均方误 (mean integral square error, MISE), 定义如下:

$$\mathrm{MISE} = E\left[\int (\widehat{p}(x) - p(x))^2 \, \mathrm{d}x\right] = E(\widehat{p}(x) - p(x))^2.$$

考虑大样本的渐近积分均方误 (asymptotic integral mean square error, AMISE), 它可以分解为两部分:

$$\mathrm{AMISE} = \int [(\mathrm{Bias}(x))^2 + \mathrm{var}(x)] \, \mathrm{d}x.$$

等式右边分别为积分偏差平方 (以下简称偏差) 与方差.

与直方图类似, 也可以得到大样本情况下核估计的如下一些基本结论.

我们先来估计 $\mathrm{Bias}(\widehat{p})$. 首先, 令 $(x - x_i)/h = t$ 则 $x_i = x - ht$, 计算可得

$$\begin{aligned}\int h^{-1} K\left(\frac{x - x_i}{h}\right) p(x_i) \mathrm{d}x_i &= \int h^{-1} K(u) p(x - ht) \mathrm{d}(x - ht) \\ &= \int h^{-1} K(u) p(x - ht) |-h| \mathrm{d}t \\ &= \int K(u) p(x - ht) \mathrm{d}t.\end{aligned}$$

使用泰勒展开 $p(x - ht) - p(x) = -htp'(x) + \frac{1}{2}h^2 t^2 p''(x) + O(h^3)$, 则得

$$\begin{aligned}\int h^{-1} K\left(\frac{x - x_i}{h}\right) p(x_i) \mathrm{d}x_i - p(x) &= \int K(u)\{p(x - ht) - p(x)\} \mathrm{d}t \\ &= -hp'(x) \int tK(t) \mathrm{d}t + \frac{1}{2}h^2 p^{(2)}(x) \int t^2 K(t) \mathrm{d}t + O(h^3) \\ &= \frac{h^2}{2} \mu_2(K) p^{(2)}(x) + O(h^3),\end{aligned}$$

其中 $\mu_2(K) = \int t^2 K(t) \mathrm{d}t$.

定理 7.3 假设 $\hat{p}(x)$ 定义如式 (7.2), 是 $p(x)$ 的核估计, 令 $\mathrm{supp}(p) = \{x : p(x) > 0\}$ 是密度 p 的支撑. 设 $x \in \mathrm{supp}(p) \subset \mathbb{R}$ 为 $\mathrm{supp}(p)$ 的内点 (非边界点), 当 $n \to +\infty$ 时, $h \to 0$, $nh \to +\infty$, 核估计有如下性质:

$$\mathrm{Bias}(x) = \frac{h^2}{2}\mu_2(K)p^{(2)}(x) + O(h^2);$$
$$\mathrm{V}(x) = (nh)^{-1}p(x)R(K) + O((nh)^{-1}) + O(n^{-1}).$$

若 $\sqrt{(nh)}\, h^2 \longrightarrow 0$, 则

$$\sqrt{(nh)}(\hat{p}_n(x) - p(x)) \longrightarrow N(0, p(x)R(K)).$$

其中 $R(K) = \int K(x)^2 \mathrm{d}x$.

从均方误的偏差和方差分解来看, 带宽 h 越小, 核估计的偏差越小, 但核估计的方差越大; 反之, 带宽 h 增大, 则核估计的方差变小, 但核估计偏差却增大. 所以, 带宽 h 的变化不可能一方面使核估计的偏差减小, 同时又使核估计的方差减小. 因而, 最佳带宽选择的标准必须在核估计的偏差和方差之间作一个权衡, 使积分均方误达最小. 实际上, 由定理 7.3, 我们可以得到渐近积分均方误 (AMISE) $\frac{h^4}{4}\mu_2^2 \int p^{(2)}(x)^2 \mathrm{d}x + n^{-1}h^{-1}\int K(x)^2 \mathrm{d}x$, 由此可知, 最优带宽为

$$h_{\mathrm{opt}} = \mu_2(K)^{-4/5} \left\{\int K(x)^2 \mathrm{d}x\right\}^{1/5} \left\{\int p^{(2)}(x)^2 \mathrm{d}x\right\}^{-1/5} n^{-1/5}.$$

对于上式中的最优带宽, 核函数 $K(u)$ 是已知的, 但是密度函数 $p(x)$ 是未知的. 在实际操作中, 我们经常把 $p(x)$ 看成正态分布去求解, 即 $\int p^{(2)}(x)^2 \mathrm{d}x = \frac{3}{8}\pi^{-1/2}\sigma^{-5}$, 这样, 对于不同的核函数, 我们可以得到相应的最优带宽. 例如当核函数是高斯时, 可以得到 $\mu_2 = 1$, $\int K(u)^2 \mathrm{d}u = \int \frac{1}{2\pi}\exp(-u^2)\mathrm{d}u = \pi^{-1/2}$, 这样, 最优带宽就是 $h_{\mathrm{opt}} = 1.06\sigma n^{-1/5}$.

除了上述的方法, 从实际计算的角度, Rudemo(1982) 和 Bowman(1984) 提出用交叉验证法确定最终带宽的递推方法. 具体来说, 考虑积分平方误

$$\mathrm{ISE}(h) = \int (\hat{p}(x) - p(x))^2 \mathrm{d}x = \int \hat{p}^2 \mathrm{d}x + \int p^2 \mathrm{d}x - 2\int \hat{p}p\, \mathrm{d}x \tag{7.4}$$

达到最小, 将右边展开, 因此这等价于最小化式:

$$\mathrm{ISE}(h)_{\mathrm{opt}} = \int \hat{p}^2 \mathrm{d}x - 2\int \hat{p}p\, \mathrm{d}x. \tag{7.5}$$

注意到等式的第二项为 $\int \hat{p}p\,\mathrm{d}x = E(\hat{p})$，因此，可以用 $\int \hat{p}p\,\mathrm{d}x$ 的一个无偏估计 $n^{-1}\sum_{i=1}^{n}\hat{p}_{-i}(X_i)$ 来估计，其中 $\hat{p}_{-i}$ 是将第 i 个观测点剔除后的概率密度估计。下面只要估计第一项即可。

将核估计定义式代入第一项，不难验证：

$$\int \hat{p}^2\,\mathrm{d}x = n^{-2}h^{-2}\sum_{i=1}^{n}\sum_{j=1}^{n}\int_x K\left(\frac{X_i - x}{h}\right)K\left(\frac{X_j - x}{h}\right)\mathrm{d}x$$

$$= n^{-2}h^{-1}\sum_{i=1}^{n}\sum_{j=1}^{n}\int_t K\left(\frac{X_i - X_j}{h} - t\right)K(t)\,\mathrm{d}t,$$

于是，$\int \hat{p}^2\,\mathrm{d}x$ 可用 $n^{-2}h^{-1}\sum_{i=1}^{n}\sum_{j=1}^{n}K\cdot K\left(\frac{X_i - X_j}{h}\right)$ 估计，其中 $K\cdot K(u) = \int_t K(u-t)K(t)\mathrm{d}t$ 是卷积。所以，Rudemo 和 Bowman 提出的交叉验证法 (cross validation) 实际上是选择 h 使下一步

$$\mathrm{ISE}(h)_1 = n^{-2}h^{-1}\sum_{i=1}^{n}\sum_{j=1}^{n}K\cdot K\left(\frac{X_i - X_j}{h}\right) - 2n^{-1}\sum_{i=1}^{n}\hat{p}_{-i}(X_i) \tag{7.6}$$

达到最小。当 K 是标准正态密度函数时，$K\cdot K$ 是 $N(0,2)$ 密度函数，有

$$\mathrm{ISE}(h)_1 = \frac{1}{2\sqrt{\pi}n^2 h}\sum_i\sum_j \exp\left[-\frac{1}{4}\left(\frac{X_i - X_j}{h}\right)^2\right]$$

$$- \frac{2}{\sqrt{2\pi}n(n-1)h}\sum_i\sum_{j\neq i}\exp\left[-\frac{1}{2}\left(\frac{X_i - X_j}{h}\right)^2\right].$$

7.2.3 多维核密度估计

以上我们考虑的是一维情况下的核密度估计，下面我们考虑多维情况下的核密度估计。

定义 7.2 假设数据 $\boldsymbol{x}_1, \boldsymbol{x}_2, \cdots, \boldsymbol{x}_n$ 是 d 维向量，并取自一个连续分布 $p(\boldsymbol{x})$，在任意点 $\boldsymbol{x}$ 处的一种核密度估计定义为

$$\hat{p}(\boldsymbol{x}) = \frac{1}{nh^d}\sum_{i=1}^{n}K\left(\frac{\boldsymbol{x} - \boldsymbol{x}_i}{h}\right), \tag{7.7}$$

注意到这里 $p(\boldsymbol{x})$ 是一个 d 维随机变量的密度函数。$K(\cdot)$ 是定义在 d 维空间上的核函数，即 $K:\mathbb{R}^d \to \mathbb{R}$，并满足如下条件：

$$K(\boldsymbol{x}) \geqslant 0, \quad \int K(\boldsymbol{x})\,\mathrm{d}\boldsymbol{u} = 1.$$

7.2 核密度估计

类似于一维情况，可以证明 $\int_{\mathbb{R}^d} \hat{p}(\boldsymbol{x})\mathrm{d}\boldsymbol{x} = 1$，进而可知，$\hat{p}(\boldsymbol{x})$ 是一个密度估计.

对于核函数的选择，我们经常选取对称的多维密度函数来作为核函数. 例如可以选取多维标准正态密度函数来作为核函数，$K_n(\boldsymbol{x}) = (2\pi)^{-d/2}\exp(-\boldsymbol{x}^{\mathrm{T}}\boldsymbol{x}/2)$. 其他常用的核函数还有

$$K_2(\boldsymbol{x}) = 3\pi^{-1}(1 - \boldsymbol{x}^{\mathrm{T}}\boldsymbol{x})^2 I(\boldsymbol{x}^{\mathrm{T}}\boldsymbol{x} < 1),$$
$$K_3(\boldsymbol{x}) = 4\pi^{-1}(1 - \boldsymbol{x}^{\mathrm{T}}\boldsymbol{x})^3 I(\boldsymbol{x}^{\mathrm{T}}\boldsymbol{x} < 1),$$
$$K_e(\boldsymbol{x}) = \frac{1}{2}c_d^{-1}(d+2)(1 - \boldsymbol{x}^{\mathrm{T}}\boldsymbol{x})I(\boldsymbol{x}^{\mathrm{T}}\boldsymbol{x} < 1).$$

K_e 被称为多维 Epanechinikow 核函数，其中 c_d 是一个和维度有关的常数，$c_1 = 2$, $c_2 = \pi$, $c_3 = 4\pi/3$.

上述的多维核密度估计中，我们只使用了一个带宽参数 h，这意味着在不同方向上，我们取的带宽是一样的. 事实上，我们可以对不同方向取不同的带宽参数，即

$$\hat{p}(\boldsymbol{x}) = \frac{1}{nh_1\cdots h_d}\sum_{i=1}^{n}K\left(\frac{\boldsymbol{x} - \boldsymbol{x}_i}{\boldsymbol{h}}\right).$$

其中，$\boldsymbol{h} = (h_1, h_2, \cdots, h_d)$ 是一个 d 维向量. 在实际数据中，有时候一个维度上的数据比另外一个维度上的数据分散得多，这个时候上述的核函数就有用了. 比如说数据在一个维度上分布在 $(0, 100)$ 区间上，而在另一个维度上仅仅分布在区间 $(0, 1)$ 上，这时候采用不同带宽的多维核函数就比较合理了.

例 7.3 下例是美国黄石国家公园的 Old Faithful Geyser 数据，它包含 272 对数据，分别为喷发时间和喷发的间隔时间. 我们以此数据估计喷发时间和喷发的间隔时间的联合密度函数.

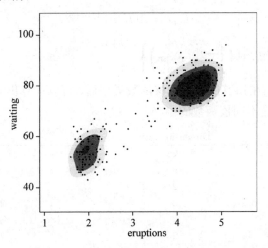

图 7.3 喷发时间和喷发的间隔时间的联合密度函数估计

```
library(ks)
data(faithful)
H <- Hpi(x=faithful)
fhat <- kde(x=faithful, H=H)
plot(fhat, display="filled.contour2")
points(faithful, cex=0.5, pch=16)
```

关于最优带宽的选择,我们也有类似一维情况下的结论. 对于多维核密度估计,利用多维泰勒展开,有

$$\text{Bias}(\boldsymbol{x}) \approx \frac{1}{2}h^2\alpha\nabla^2 p(\boldsymbol{x}),$$
$$V(\widehat{p}(\boldsymbol{x})) \approx n^{-1}h^{-d}\beta p(\boldsymbol{x}).$$

其中, $\alpha = \int \boldsymbol{x}^2 K(\boldsymbol{x})\mathrm{d}\boldsymbol{x}$, $\beta = \int K(\boldsymbol{x})^2 \mathrm{d}\boldsymbol{x}$.

因此我们可以得到渐进积分均方误

$$\text{AMISE} = \frac{1}{4}h^4\alpha^2 \int \nabla^2 p(\boldsymbol{x})\mathrm{d}\boldsymbol{x} + n^{-1}h^{-d}\beta.$$

由此可得最优带宽为

$$h_{\text{opt}} = \left\{d\beta\alpha^{-2}\left(\int \nabla^2 p(\boldsymbol{x})\mathrm{d}\boldsymbol{x}\right)\right\}^{1/(d+4)} n^{-1/(d+4)}.$$

在上述的最优带宽中,真实密度 $p(\boldsymbol{x})$ 是未知的,因此我们可以采用多维正态密度 $\phi(\boldsymbol{x})$ 来代替,进而得到

$$h_{\text{opt}} = A(K)n^{-1/(d+4)},$$

其中 $A(K) = \left\{d\beta\alpha^{-2}\left(\int \nabla^2 \phi(\boldsymbol{x})\mathrm{d}\boldsymbol{x}\right)\right\}^{1/(d+4)}$.

对于 $A(K)$,在知道估计中的核函数类型后,可以计算出来,并进而得到最优带宽 h_{opt}. 以下是不同核函数的 $A(K)$:

Kernel	Dimensionality	$A(K)$
K_n	2	1
K_n	d	$\{4/(d+2)\}^{1/(d+4)}$
K_e	2	2.40
K_e	3	2.49
K_e	d	$\{8c_d^{-1}(d+4)(2\sqrt{\pi})\}^{1/(d+4)}$
K_2	2	2.78
K_3	2	3.12

7.2.4 贝叶斯决策和非参数密度估计

分类决策是对一个概念的归属作决定的过程, 比如, 生物物种的分类、手写文字的识别、西瓜是否成熟、疾病的诊断等. 如果一个概念的自然状态是相对确定的, 要对比不同决策的优劣是相对容易的. 比如, 一个人国籍身份的归属, 根据我国国籍法规定"父母双方或一方为中国公民, 本人出生在中国, 具有中国国籍". 即父母的身份和一个人的出生地可以作为公民国籍归属的基本识别属性. 一个不在中国出生的婴儿如果已有他国国籍, 则不具有中国国籍. 这是一个概念规则相对比较清晰的例子, 然而现实中更多问题的根本是需要形成较为清晰的、可操作性较强的分类规则, 比如, 信用评价问题、垃圾邮件识别问题、欺诈侦测问题等. 在诸如此类的问题中, 我们可能收集到信用不良事件和信用良好事件的线索记录, 比如发生时间、发生地点、当事人历史记录等, 希望通过对收集到的信息进行分析比较, 从而找出可用于信用概念评价的一些识别属性, 完成分类规则建制的基本任务.

不仅如此, 由于决策过程常常面对的是一个信息不充分的环境, 这就是说决策不可避免地会犯错误, 于是决策研究中对分类决策的评价就成为不可或缺的核心内容. 综上所述, 一个分类框架一般由 4 项基本元素构成.

(1) 参数集: 概念所有可能的不同自然状态. 在分类问题中, 自然参数是可数个, 用 $\Theta = \{\theta_0, \theta_1, \cdots\}$ 表示.

(2) 决策集: 所有可能的决策结果 $\mathcal{A} = \{a\}$. 比如: 买或卖、是否癌症、是否为垃圾邮件, 在分类问题中, 决策结果就是决策类别的归属, 所以决策集与参数集往往是一致的.

(3) 决策函数集: $\Delta = \{\delta\}$, 函数 $\delta : \Theta \to \mathcal{A}$.

(4) 损失函数: 联系于参数和决策之间的一个损失函数. 如果概念和参数都是有限可数的, 那么所有的概念和相应的决策所对应的损失就构成了一个矩阵.

例 7.4 两类问题中, 真实的参数集为 θ_1 和 θ_0(分别简记为 1 或 0), 可能的决策集由 4 个可能的决策构成 $\Delta = \{\delta_{1,1}, \delta_{0,0}, \delta_{0,1}, \delta_{1,0}\}$. 其中, $\delta_{i,j}$ 表示把 i 判为 $j, i, j = 0, 1$, 相应的损失矩阵可能为

$$L = \begin{pmatrix} 0 & 1 \\ 1 & 0 \end{pmatrix}.$$

这表示判对没有损失, 判错有损失. 真实的情况为 1 判为 0, 或真实的情况为 0 判为 1, 则发生损失 1, 称为 "0-1" 损失.

从分布的角度来看, 分类问题本质上是概念属性分布的辨识问题, 于是可能通过密度估计回答概念归属的问题. 以两类问题为例: 真实的参数集为 θ_1 和 θ_0, 在没有观测之前, 对 θ_1 和 θ_0 的决策函数可以应用先验 $p(\theta_1)$ 和 $p(\theta_0)$ 确定, 即定义决

策函数

$$\delta = \begin{cases} \theta_1, & p(\theta_1) > p(\theta_0), \\ \theta_0, & p(\theta_1) < p(\theta_0). \end{cases}$$

很多情况下,我们对概念能够收集到更多的观测数据,于是可以建立类条件概率密度 $p(x|\theta_1), p(x|\theta_0)$. 显然,两个不同的概念在一些关键属性上一定存在差异,这表现为两个类别在某些属性上面分布呈现差异. 综合先验信息,可以对类别的归属通过贝叶斯公式重新组织,即

$$p(\theta_1|x) = \frac{p(x|\theta_1)p(\theta_1)}{p(x)}, \quad p(\theta_0|x) = \frac{p(x|\theta_0)p(\theta_0)}{p(x)}.$$

根据贝叶斯公式,我们可以通过后验分布制定决策:

$$\delta = \begin{cases} \theta_1, & p(\theta_1|x) > p(\theta_0|x), \\ \theta_0, & p(\theta_1|x) < p(\theta_0|x). \end{cases}$$

注意到后验概率比较中,本质的部分是分子,所以上式等价于

$$\delta = \begin{cases} \theta_1, & p(x|\theta_1)p(\theta_1) > p(x|\theta_0)p(\theta_0), \\ \theta_0, & p(x|\theta_1)p(\theta_1) < p(x|\theta_0)p(\theta_0). \end{cases}$$

定理 7.4 后验概率最大化分类决策是"0-1"损失下的最优风险.

证明 注意到条件风险

$$R(\theta_1|x) = p(\theta_0|x)L(\theta_0, \theta_1) + p(\theta_1|x)L(\theta_1, \theta_1) = 1 - p(\theta_1|x).$$

上述定理很容易扩展到 $k, k \geqslant 3$ 个不同的分类 (此处不再赘述,留作练习). 后验概率最大相当于"0-1"损失下的最小风险.

于是给出如下的非参数核密度估计分类计算步骤:

后验分布构造贝叶斯分类
1. $\forall i = 1, 2, \cdots, k, \theta_i$ 下观测 $x_{i1}, x_{i2}, \cdots, x_{in} \sim p(x|\theta_i)$;
2. 估计 $p(\theta_i), i = 1, 2, \cdots, k$;
3. 估计 $p(x|\theta_i), i = 1, 2, \cdots, k$;
4. 对新待分类点 x,计算 $p(x|\theta_i)p(\theta_i)$;
5. 计算 $\theta^* = \operatorname{argmax}\{p(x|\theta_i)p(\theta_i)\}$.

例 7.5(例 7.1 续) 根据核密度估计贝叶斯分类对例 7.1 中的两类鱼进行分类.

解 假设 θ_1 表示鲑鱼,θ_0 表示鲈鱼,记两类鱼的先验分布为

$$鲑鱼: \hat{p}(\theta_1) \quad \leftrightarrow \quad 鲈鱼: \hat{p}(\theta_0).$$

用两类分别占全部数据的频率估计先验概率. 在本例中, 由于鲑鱼为 100 条, 鲈鱼为 130 条, 两类先验概率分别估计为: $p(\theta_1) = 100/230 = 0.4348$; $p(\theta_0) = 130/230 = 0.5652$.

接着, 对每一类别独立估计概率密度, 两类鱼身长的核概率密度分别记为

$$\text{鲑鱼}:p(x|\theta_1) \quad \leftrightarrow \quad \text{鲈鱼}:p(x|\theta_0).$$

根据"最大后验概率"的原则进行分类制定如下判别原则: 对 $\forall x$,

$$\delta_x \in \begin{cases} \theta_0, & \text{当 } p(\theta_0|x) > p(\theta_1|x), \\ \theta_1, & \text{当 } p(\theta_1|x) > p(\theta_0|x). \end{cases}$$

下面我们针对一组数据点, 得到表 7.2 所示的分类结果.

表 7.2 用核密度估计对鲑鱼和鲈鱼的分类结果表

位置	数值	$p^*(\theta_1|x)$	$p^*(\theta_0|x)$	真实的类别	判断的类别
83	19.6	0.0506	0.0071	1	1
82	22.3	0.0593	0.0069	1	1
220	14.07	0.0076	0.0179	0	0
89	8.5	0.0046	0.0634	<u>1</u>	0
93	17.3	0.0135	0.0112	1	1
167	7.6	0.0044	0.0777	0	0
140	6.3	0.0051	0.0583	0	0
107	2	0.0001	0.0293	0	0

注: p^* 表示没有归一化的分布密度.

核函数密度曲线如图 7.4 所示.

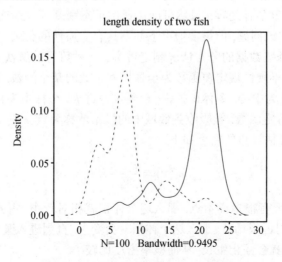

图 7.4 鲑鱼和鲈鱼核函数密度曲线图

表中有下滑线的数据表示分类错误. 如上结果有 8 个数据, 7 个分类正确, 1 个分类错误, 在表 7.2 中用下划线标记.

上述的概率密度估计和分类的例子已经较好地说明了非参数密度估计的优点. 如果能采集足够多的训练样本, 无论实际采取哪一种核函数形式, 从理论上最终可以得到一个可靠的收敛于密度的估计结果. 概率密度估计和分类例子的主要缺点是为了获得满意的密度估计, 实际需要的样本量却是非常惊人的. 非参数估计要求的样本量远超过在已知分布参数形式下估计所需要的样本量. 这种方法对时间和内存空间的消耗都是巨大的, 人们也正在努力寻找有效降低估计样本量的方法.

然而, 非参数密度估计最严重的问题是高维应用问题. 一般在高维空间上, 会考虑定义一个 d 维核函数为一维核函数的乘积, 每个核函数有自己的带宽, 记为 $h_1, h_2, \cdots, h_d$, 参数数量与空间维数呈线性关系. 然而在高维空间中, 任何一个点的邻域里没有数据点是很正常的, 因而出现了体积很小的邻域中的任意两个点之间的距离却很远, 比如 10 维空间上位于一个体积为 0.001 的小邻域内的两个点的距离可以允许高到 0.5, 这样基于体积概念定义的核函数没有样本点估计. 这种现象被称为"维数灾难"问题 (curse of dimensionality). 为了使核估计能够应用, 则需要更多的样本作为代价. 因此这也严重限制了非参数密度估计在高维空间上的应用.

7.3　k 近邻估计

Parzen 窗估计一个潜在的问题是每个点都选用固定的体积. 如果 h_n 定的过大, 则那些分布较密的点由于受到过多点的支持, 使得本应突出的尖峰变得扁平; 而对于另一些相对稀疏的位置或离群点, 则可能因为体积设定过小, 而没有样本点纳入邻域, 从而使密度估计为零. 虽然可能选择像正态密度等一些连续核函数, 能够在一定程度上弱化该问题, 但很多情况下并不具有实质性的突破, 仍然没有一个标准指明应该按照哪些数据的分布情况制定带宽. 一种可行的解决方法就是让体积成为样本的函数, 不硬性规定窗函数为全体样本个数的某个函数, 而是固定贡献的样本点数, 以点 x 为中心, 令体积扩张, 直到包含进 k_n 个样本为止, 其中的 k_n 是关于 n 的某一个特定函数. 被吸收到邻域中的样本就称为点 x 的 k_n 个最近邻. 用停止时的体积定义估计点的密度如下:

$$\tilde{p}_n(\boldsymbol{x}) = \frac{k_n/n}{V_n}. \tag{7.8}$$

如果在点 x 附近有很多样本点, 那么这个体积就相对较小, 得到很大的概率密度; 而如果在点 x 附近很稀疏, 那么这个体积就会变大, 直到进入某个概率密度很高的区域, 这个体积就会停止生长, 从而概率密度比较小.

如果样本点增多, 则 k_n 也相应增大, 以防止 V_n 快速增大导致密度趋于无穷.

另一方面, 我们还希望 k_n 的增加能够足够慢, 使得为了包含进 k_n 个样本的体积能够逐渐地趋于零. 在选择 k_n 方面, Fukunaga 和 Hosterler(1973) 给出了一个计算 $k(n)$ 的公式, 对于正态分布而言:

$$k = k_0 n^{4/(d+4)}. \tag{7.9}$$

式中, k_0 是常数, 与样本量 n 和空间维数 d 无关.

如果取 $k_n = \sqrt{n}$, 并且假设 $\tilde{p}_n(\boldsymbol{x})$ 是 $p(\boldsymbol{x})$ 的一个较准确的估计, 那么根据方程式 (7.9), 有 $V_n \approx 1/(\sqrt{n}p(\boldsymbol{x}))$. 这与核函数中的情况是一样的. 但是这里的初始体积是根据样本数据的具体情况确定的, 而不是事先选定的. 而且不连续梯度的点常常并不出现在样本点处, 见图 7.5.

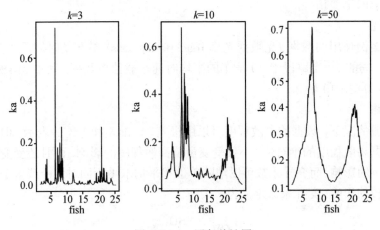

图 7.5　k_n 近邻估计图

与核函数一样, k_n 近邻估计也同样存在维度问题. 除此之外, 虽然 $\tilde{p}_n(\boldsymbol{x})$ 是连续的, 但 k 近邻密度估计的梯度却不一定连续. k_n 近邻估计需要的计算量相当大, 同时还要防止 k_n 增加过慢导致密度估计扩散到无穷. 这些缺点使得用 k_n 近邻法产生密度并不多见, k_n 近邻法更常用于分类问题.

7.4　案　　例

道路安全预警——基于车载监控路段数据

案例背景

　　根据统计调查数据, 2011 年我国共发生公路交通事故 210812 起, 造成 237421 人受伤, 62387 人死亡, 我国交通事故死亡人数已连续十年高居世界第一. 因此, 如何对道路交通安全做出实时的、准确的预警、降低交通事故的发生率显得尤为要.

目前在交通安全方面的预警应用还相对较少. 国内现有的指标体系主要关注于静态的历史数据, 典型的研究如邵祖峰于 2005 年从驾车人的个体属性、车辆性能特征、道路的安全性以及交通管理四个方面构建的城市道路交通安全预警指标体系; 冯忠祥等人于 2008 年通过利用传感技术建立了从信息采集、传输、处理到最后输出的交通事故预警系统; 王晓辉等人于 2010 年根据不同范围的城市道路交通事故成因, 从宏观和微观两个角度分别建立了道路交通安全预警指标体系. 这些预警体系主要着眼于驾驶员的教育程度, 车辆性能以及事故率等静态的历史数据, 对安全行驶过程中的道路风险的识别具有一定的滞后性而且很难度量风险因子. 在对实时车速作为风险预警的指标研究中, 往往只使用平均速度这一单一指标. 研究表明, 车速对道路安全的影响十分显著, 车速分布的离散性、波动性都是衡量道路安全状况的重要指标.

数据描述

本案例使用的数据 (见数据光盘 roadspeedstu.xls) 是在某时间段 "北京 — 北戴河"之间的 20 个路段上 19 辆车的平均时速车载监控数据. 其中 s1-s20 是指 20 个路段, ID 指 19 辆车.

研究思路

一般情况下, 数据的离散程度可以用极差、标准差和方差等表示, 但它们都是反映数据离散程度的绝对值, 不仅受变量值离散程度的影响, 而且还受变量值平均水平大小的影响. 而变异系数可以消除单位和平均水平不同对两个或多个资料变异程度比较的影响. 变异系数定义为

$$\text{CV} = \frac{\text{SD}(x)}{\text{mean}(x)}.$$

根据吴义虎和武志平于 2008 年的研究, 车速的变异系数与事故率之间有显著的正相关关系, 即车速变异系数越大, 则路段事故率越高. 因此引进变异系数这一指标作为道路安全预警的指标. 直观来看, 变异系数越大, 越容易发生交通事故, 预警级别越高, 反之则相对比较安全.

本案例从路段角度出发构建道路安全预警指标, 研究过程如下:
(1) 数据描述统计, 观察和对比各路段车速分布, 发现规律;
(2) 计算变异系数, 探索车辆时速与方差大小之间的规律;
(3) 利用 Cox-Staut 方法进行趋势性检验, 建议应该进行预警的"危险区域".

研究内容

R 语言的数据读取, 数据描述, 变异系数, Cox-Staut 趋势性检验.

研究过程

(1) 读入 Excel 格式的数据 roadspeedstu.xls

```
#方法一
rs = read.table("clipboard", header = T, sep = '\t')
#运行此语句之前，先打开需要读入的Excel，复制全部内容
rownames(rs) = as.character(rs[,1])
rs = rs[,-1]

#方法二
library(RODBC)
channel = odbcConnectExcel("roadspeedstu.xls")
#注意，先用setwd()设置数据所在的工作目录
rs = sqlFetch(channel, "roadspeedstu")
#roadspeedstu is the sheet name to be imported odbcClose(channel)
```

(2) 每个路段都有 19 辆汽车的车速数据，首先寻找路段之间的车速差异. 在 R 里画出直方图和密度曲线 (图 7.6) 观察每个路段上车速的分布情况

```
par(mfrow=c(4,5), mar = rep(0.9,4))     #设置画布、边距
apply(rs[,-1], 2, function(x)
{hist(x, freq=F,main="",border=F,col="gray47")
lines(density(x), lwd=2, col="gray1")})
```

输出结果：

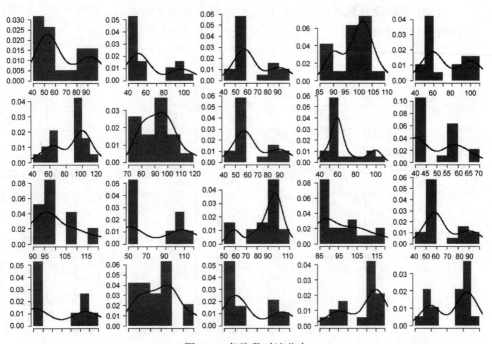

图 7.6　各路段时速分布

(3) 车速分布拟合

可以发现, 大部分路段上的车速分布呈现双分布特征, 采用极大似然的方法对各路段的车速进行拟合, 对比单分布拟合和双分布拟合, 并根据 AIC 赤池信息量来选择较为合适的拟合形式. 对正态混合分布, 当为 k 正态混合分布 ($k \geqslant 2$) 时, 其概率密度函数为

$$p(x) = \sum_{i=1}^{k} \pi_i p_i(x).$$

这里 π_i 表示权重, 且有 $\sum_{i=1}^{k} \pi_i = 1$. $p_i(x)$ 是第 i 个正态分布的概率密度函数

$$p_i(x) = \frac{1}{\sqrt{2\pi}\sigma_i} \exp\left(-\frac{(x-\mu_i)^2}{2\sigma_i^2}\right),$$

其中 μ_i 和 σ_i^2 分别是第 i 个正态分布的均值和方差.

采用两正态混合分布拟合车速数据, 即当 k 取 2 时的情形. 其概率密度函数为

$$p(x) = \sum_{i=1}^{2} \frac{\pi_i}{\sqrt{2\pi}\sigma_i} \exp\left(-\frac{(x-\mu_i)^2}{2\sigma_i^2}\right).$$

对 20 个路段分别用正态分布和两正态混合分布进行拟合 (见图 7.7), 并对比各路段拟合的赤池信息量, 见表 7.3(该部分使用 JMP 软件分析).

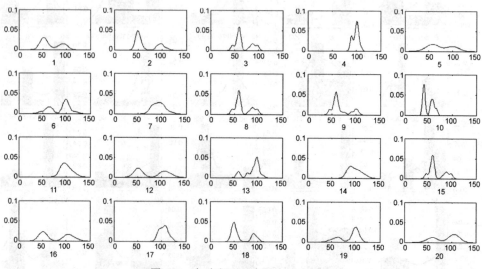

图 7.7 各路段两正态混合分布拟合

表 7.3 各路段赤池信息量

路段	1	2	3	4	5	6	7	8	9	10
两正态混合分布 (A)	161	151	158	128	165	170	160	158	161	123
正态分布 (B)	172	177	165	127	175	174	152	165	167	146
路段	11	12	13	14	15	16	17	18	19	20
两正态混合分布 (A)	150	155	163	149	158	156	148	146	163	158
正态分布 (B)	144	186	161	151	165	186	140	173	172	178

其中阴影部分表示 AIC 较小的一项, 即拟合效果较好的分布. 可以发现, 除了 4, 7, 11, 13, 17 这 5 个路段用正态分布拟合效果更好外, 其余 15 个路段用两正态混合分布拟合效果更好. 这一结果表明:

①大多数路段的车速分布呈现双峰分布. 简单来说, 大部分路段既有速度很快的车辆, 又有车速很慢的车辆, 但很少有以中间速度行驶的车辆. 由此可以推断路段上车辆按照车速可以大致分为两类.

②但在少数路段 (4, 7, 11, 13, 17 路段), 大多数车辆几乎以相同的速度行驶, 这可能是路况不好、堵车导致.

(4) 变异系数

用现有 20 个路段平均时速数据, 计算每个路段的变异系数 (见表 7.4), 并由小到大排列画出直方图 (见图 7.8).

表 7.4 路段变异系数

路段	4	17	11	14	7	13	10	19	6	3
变异系数	0.06	0.08	0.10	0.12	0.13	0.17	0.21	0.23	0.25	0.25
路段	8	15	20	9	5	1	18	2	16	12
变异系数	0.25	0.25	0.27	0.27	0.30	0.30	0.33	0.36	0.38	0.38

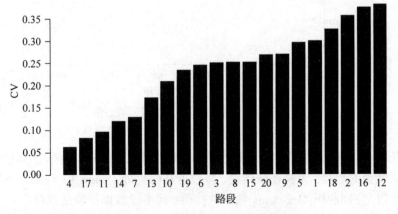

图 7.8 各路段变异系数排序图

```
options(digits=2)    #输出两位小数的结果
CV = sort(apply(rs[,-1],2,function(x) sd(x)/mean(x)))#CV是各路段的变异系数
barplot(CV,border=F,col="gray1", xlab="路段",ylab="CV")
```

可以看出,不同路段的变异系数差距较大,其中 4 路段变异系数最小为 0.06,可以认为该路段的实时安全性较好,16 和 12 路段的变异系数最大为 0.380733,认为该路段的实时安全性最差,其事故发生可能性较大.

(5) 进一步探索车辆时速与方差大小之间的规律

从现有数据出发,将每条路段车辆时速标准差数据按对应的平均时速升序排列,绘制散点图 (参见图 7.9),并用 LOWESS 稳健回归方法拟合.

```
m = colMeans(rs[,-1])
SD = apply(rs[,-1], 2, sd)
par(mfrow=c(1,1), mar=rep(5.5,4))
plot(m, SD, pch=19, cex=1, cex.lab=1.5, xlab="路段平均时速", ylab="路段时速标准差", las=1)
lines(lowess(x=m, y=SD), type="l")
points(78,25,pch=0,cex=20,col="gray38", lwd=2)
```

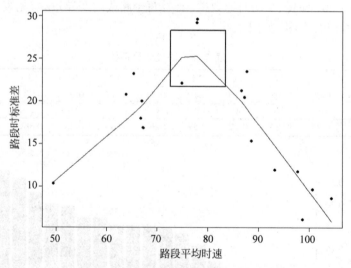

图 7.9 平均时速及时速标准差散点图

从图 7.9 中容易发现,随着路段平均速度的增大,不同车辆车速的方差呈现先增大后减少的趋势. 为验证该结论,将数据从峰值处 (80km/h) 截断,分为前半段与后半段,分别利用 Cox-staut 趋势性检验:前半段数据检验是否存在上升趋势,后半段检验是否存在下降趋势.

编写 Cox-Staut 趋势性检验函数 coxs.test() 如下:

```
coxs.test =
function(x,alpha)
{
  n=length(x)
  D=c()
  if(n%%2==0) {c=n/2}
  else {c=(n+1)/2}
  for(i in 1:(c-1)) { D[i]=x[i]-x[i+c] }
  Splus = sum(D>0)
  Sminus = sum(D<0)
  n.new = Splus+Sminus
  K = min(Splus,Sminus)
  p = pbinom(K, n.new, 0.5)
  if(p < alpha)
  {return( paste( "拒绝原假设, p值为", p))}
  else
  {return( paste( "不拒绝原假设, p值为",p))}
}
```

以路段平均时速80km/h为界, 对两部分路段时速标准差进行检验:

```
m1 = m[which(m<80)]
m2 = m[which(m>=80)]
SD1 = SD[which(m<80)]
SD2 = SD[which(m>=80)]


coxs.test(SD1[order(m1)], 0.1)
coxs.test(SD2[order(m2)], 0.1)
```

分别得到检验的 p 值为 0.5 和 0.0625. 在 $\alpha = 0.1$ 时, 检验结果表明前半段数据没有上升趋势, 后半段数据有显著下降趋势.

这说明当平均时速小于临界值时, 随着平均时速的增大, 平均时速的方差并没有显著的上升趋势 (Cox-Staut 趋势存在性检验没有通过, 但是也可能是因为样本数量太小); 当平均速度达到临界值 (约为 80km/h) 时, 时速的方差达到最大值; 当平均速度大于峰值时, 随着平均时速的增大, 平均时速的方差有显著的下降趋势. 图 7.9 中方框标注的区域为均值处于中间水平, 而方差较大, 此时路段上较快的车辆和较慢的车辆均达到了一定数目, 安全性水平比较差, 建议为应该进行预警的 "危险区域". 吴义虎等人的研究也表明, 车速方差和事故率呈现显著的正相关关系. 这一发现可以作为我国道路安全预警体系中判断道路实时安全性理论的基础, 为安全预警提供新的思路.

结论

本案例基于车载监控数据, 从路段角度出发构建道路安全预警指标, 为安全预警提供两点建议:

(1) 当路段上较快的车辆和较慢车辆同时达到一定数量时, 容易发生交通事故, 这表现为路段车速呈现双峰分布. 所以, 对特定路线 (本案例中"北京"—"北戴河") 进行预警时, 可以尝试通过分布拟合发现车速的混合分布, 车速呈现双峰分布的路段要比车速呈现单峰分布的路段更加危险.

(2) 路段的变异系数提供了安全预警的量化指标, 变异系数越大的路段更为危险.

习题

7.1 对老忠实温泉数据的间隔时间在 R 软件中作核估计.

(1) 取 $h = 0.3$, 选用标准正态密度函数、Parzen 窗函数和三角函数分别作图, 分析不同窗函数对结果的影响.

(2) 固定核函数为标准正态密度, 取 h 为 4 个不同的值: $h = 0.3, 0.5, 1$ 和 1.5, 从图上分析带宽对核密度估计的影响.

7.2 对鲑鱼和鲈鱼识别数据, 利用 k_n 方法估计两类的分布密度, 再利用贝叶斯方法设计分类器.

(1) 选择所使用的 k 近邻数.

(2) 在不同的 k 之下计算训练误差率.

7.3 考虑一个正态分布 $p(x) \sim N(\mu, \sigma^2)$ 和核函数 $K(x) \sim N(0,1)$. 证明 Parzen 窗估计 $p_n(x) = \dfrac{1}{nh_n} \sum_{i=1}^{n} K\left(\dfrac{x - x_i}{h_n}\right)$ 有如下性质.

(1) $\bar{p_n}(x) \sim N(\mu, \sigma^2 + h_n^2)$.

(2) $\mathrm{var}[p_n(x)] \approx \dfrac{1}{2nh_n\sqrt{\pi}} p(x)$.

(3) 当 h_n 较小时, $p(x) - \bar{p_n}(x) \approx \dfrac{1}{2} \left(\dfrac{h_n}{\sigma}\right)^2 \left[1 - \left(\dfrac{x - \mu}{\sigma}\right)^2\right] p(x)$. 注意, 如果 $h_n = h_1/\sqrt{n}$, 那么这个结果表示由于偏差而导致的误差率以 $1/n$ 的速度趋向于零.

7.4 令 $p(x) \sim U(0, a)$ 为 0 到 a 之间的均匀分布, 而 Parzen 窗函数为当 $x > 0$ 时, $\varphi(x) = \mathrm{e}^{-x}$, 当 $x \leqslant 0$ 时则为零.

(1) 证明 Parzen 窗估计的均值为

$$\bar{p}_n(x) = \begin{cases} 0, & x < 0, \\ \dfrac{1}{a}(1 - e^{-x/h_n}), & 0 \leqslant x \leqslant a, \\ \dfrac{1}{a}(e^{a/h_n} - 1)e^{-x/h_n}, & a \leqslant x. \end{cases}$$

(2) 画出当 $a = 1$, h_n 分别等于 $1, 1/4, 1/16$ 时的 $\bar{p}_n(x)$ 关于 x 的函数图像.

(3) 在这种情况下, 即 $a = 1$ 时, 求 h_n 的值. 并且画出区间 $0 \leqslant x \leqslant 0.05$ 的 $\bar{p}_n(x)$ 的函数图像.

7.5 假设 x_1, x_2 相互独立且满足 $(0,1)$ 间的均匀分布, 考虑指数核函数 $K(u) = \exp\{-|u|\}/2$.

(1) 写出核函数密度估计的表达式 $\hat{p}(x)$.

(2) 计算 $\text{Bias}(x) = E\hat{p}(x) - p(x)$.

7.6 对于多维核密度函数 $K_e(\boldsymbol{x}) = \frac{1}{2}c_d^{-1}(d+2)(1 - \boldsymbol{x}^T\boldsymbol{x})I(\boldsymbol{x}^T\boldsymbol{x} < 1)$, 其中 d 是多元核函数的维度

(1) 当 $d = 2$ 和 3 时, 分别计算 c_d 的值并写出对应的多维核密度函数的表达式.

(2) 当 $d = 2$ 时, 我们有数据 $(1,1), (1,2), (2,1), (2,2)$, 试计算核密度估计 $\hat{p}(\boldsymbol{x})$ 在 $\boldsymbol{x} = (1.5, 1.5)$ 的值.

(3) 当 $d = 3$ 时, 我们有数据 $(1,1,1), (1,2,1), (2,1,1), (2,2,2)$, 试计算核密度估计 $\hat{p}(\boldsymbol{x})$ 在 $\boldsymbol{x} = (1,1,2)$ 的值.

7.7 信用卡信用被分为三级, 试利用光盘上所给的 Credit.txt 数据根据核估计法和后验概率来构造分类器. 尝试 R 中的所有可能的核函数, 并比较不同的结果.

第 8 章　一元非参数回归

在实际中，我们经常要研究两个变量 X 与 Y 的函数关系，最基本的情况是用一个一元线性回归描述二者的关系. 如果一元线性关系不成立，比如：当回归函数可能存在非线性，误差非正态或不独立时，可能会考虑通过修改模型结构或用类似于上一章所示的非参数系数估计法估计参数，这样都可能改善模型的描述能力. 但是，越来越多的例子表明，很多函数关系结构或参数形式是不可能任意假定的. 有些即便可能通过修改模型或调整估计方法得到的关系，也可能存在一些潜在的问题.

图 8.1 所示为两幅二元函数的散点图，左图是由观测鱼的体长 (length) 和光泽度 (luminous) 的数据 (数据详见光盘 fish.txt) 绘制的散点图. X 和 Y 看似存在某种非线性函数关系，可以尝试非线性回归，比如用多项式回归代替线性模型，这的确能够在一定程度上改善线性模型的拟合优度. 但是，多项式回归最大的缺点就在于它非常强烈地依赖于几个关键点，对这些点的变化非常敏感，如果这些点出现小的扰动，则可能会波及远离这些点的一些点的估计以及它们附近的曲线走向. 右图是很多统计学家都研究过的摩托车碰撞模拟数据 (见光盘数据 motor.txt) 的散点图，由 133 个成对数据构成. X 为模拟的摩托车发生相撞事故后的某一短暂时刻 (单位为百万分之一秒)，Y 是该时刻驾驶员头部的加速度 (单位为重力加速度 g). X 和 Y 之间直觉上是有某种函数关系的，但是很难用参数方法进行回归，也很难用普通的多项式回归拟合. 因此考虑如下更一般的模型.

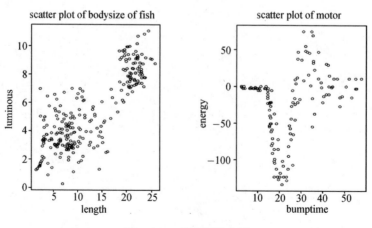

图 8.1　二元数据散点图

给定一组样本观测值 $(Y_1, X_1), (Y_2, X_2), \cdots, (Y_n, X_n)$, X_i 和 Y_i 之间的任意函数模型表示为

$$Y_i = m(X_i) + \varepsilon_i, \quad i = 1, 2, \cdots, n. \tag{8.1}$$

其中 $m(\cdot) = E(Y|X)$, ε 为随机误差项. 一般假定 $E(\varepsilon|X = x) = 0$, $\text{var}(\varepsilon|X = x) = \sigma^2$, 不必是常数.

8.1 核回归光滑模型

回顾上一章刚刚介绍过的核密度估计法, 它相当于求 x 附近的平均点数. 平均点数的求法是对可能影响到 x 的样本点, 按照距离 x 的远近作距离加权平均. 核回归光滑的基本思路与之类似, 这里不是求平均点数, 而是估计点 x 处 y 的取值. 仍然按照距离 x 的远近对样本观测值 y_i 加权即可. 这就是 Nadaraya 及 Watson(1964) 提出的 Nadaraya-Watson 核回归的基本思想.

定义 8.1 选定原点对称的概率密度函数 $K(\cdot)$ 为核函数及带宽 $h_n > 0$,

$$\int K(u) \mathrm{d}u = 1. \tag{8.2}$$

定义加权平均核为

$$\omega_i(x) = \frac{K_{h_n}(X_i - x)}{\sum\limits_{j=1}^{n} K_{h_n}(X_j - x)}, \quad i = 1, 2, \cdots, n, \tag{8.3}$$

其中 $K_{h_n}(u) = h_n^{-1} K(u h_n^{-1})$ 也是一个概率密度函数. Nadaraya-Watson 核估计定义为

$$\hat{m}_n(x) = \sum_{i=1}^{n} \omega_i(x) Y_i. \tag{8.4}$$

注意到

$$\hat{\theta} = \min_{\theta} \sum_{i=1}^{n} \omega_i(x)(Y_i - \theta)^2 = \sum_{i=1}^{n} \frac{\omega_i Y_i}{\sum\limits_{i=1}^{n} \omega_i}, \tag{8.5}$$

因此, 核估计等价于局部加权最小二乘估计. 权重 $\omega_i = K(X_i - x)$. 常用的核函数与上一章的表 7.1 类似.

若 $K(\cdot)$ 是 $[-1,1]$ 上的均匀概率密度函数,则 $m(x)$ 的 Nadaraya-Watson 核估计就是落在 $[x-h_n, x+h_n]$ 上的 X_i 对应的 Y_i 的简单算术平均值. 称参数 h_n 为带宽, h_n 越小, 参与平均的 Y_i 就越少; h_n 越大, 参与平均的 Y_i 就越多.

若 $K(\cdot)$ 是 $[-1,1]$ 上的概率密度函数,则 $m(x)$ 的 Nadaraya-Watson 核估计就是落在 $[x-h_n, x+h_n]$ 上的 X_i 对应的 Y_i 的加权算术平均值.

若 $K(\cdot)$ 是 $(-\infty, +\infty)$ 上关于原点对称的标准正态密度函数,则 $m(x)$ 的 Nadaraya-Watson 核估计就是 Y_i 的加权算术平均值. 当 X_i 离 x 越近时, 权数就越大; 离 x 越远时, 权数就越小; 当 X_i 落在 $[x-3h_n, x+3h_n]$ 之外时, 权数为零.

Nadaraya-Watson 核估计直接使用密度加权, 但是在实际估计参数和计算带宽的时候, 可能需要对权重取导数运算, 这时将核表达为密度积分的形式是比较方便的, 这就导致了另一种核估计——Gasser-Müller 核估计:

$$\hat{m}(x) = \sum_{i=1}^{n} \int_{s_{i-1}}^{s_i} K\left(\frac{u-x}{h}\right) \mathrm{d}u \, y_i.$$

式中, $s_i = (x_i + x_{i+1})/2, x_0 = -\infty, x_{n+1} = +\infty$. 显然它是用面积而不是密度本身作为权重.

例 8.1(核回归的例子) 图 8.2 所示为鲑鱼和鲈鱼体长与光泽度之间的 Nadaraya-Watson 核回归光滑. 为了说明带宽 h 的作用, 这里的 h 分别取 3, 1.5, 0.5 和 0.1.

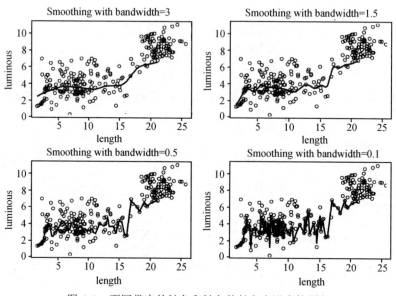

图 8.2 不同带宽的鲑鱼和鲈鱼体长和光泽度核回归

8.2 局部多项式回归

8.2.1 局部线性回归

核估计虽然实现了局部加权,但是这个权重在局部邻域内是常量,由于加权是基于整个样本点的,因此在边界往往估计不理想.如图 8.3 所示,真实的曲线用实线表示,Nadaraya-Watson 核回归拟合曲线用虚线表示.在左边和右边的边界点处,曲线真实的走向有很大的线性斜率,但是在拟合曲线上,显然边界的估计有高估的现象.这是因为核函数是对称的,因而在边界点处,起决定作用的是内点,比如影响左边界点走势的主要是右边的点.同样,影响到右边界点走势的主要是左边的点.越到边界这种情况越突出.显然问题并非仅对外点而言,如果内部数据分布不均匀,则那些恰好位于高密度附近的内点的核估计也会存在较大偏差.

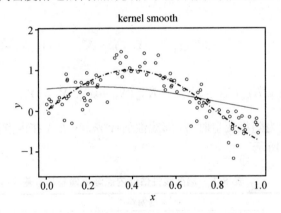

图 8.3 核回归和真实函数曲线的比较

解决的方法是用一个变动的函数取代局部固定的权,这样就可能避免这种边界效应.最直接的做法就是在待估计点 x 的邻域内用一个线性函数 $Y_i = a(x) + b(x)X_i$, $X_i \in [x-h, x+h]$ 取代 Y_i 的平均,其中 $a(x)$ 和 $b(x)$ 是两个局部参数.因而就得到了局部线性估计.

具体而言,局部线性估计为最小化

$$\sum_{i=1}^{n}\{Y_i - a(x) - b(x)X_i\}^2 K_{h_n}(X_i - x), \tag{8.6}$$

其中 $K_{h_n}(u) = h_n^{-1}K(h_n^{-1}u)$, $K(\cdot)$ 为概率密度函数.若 $K(\cdot)$ 是 $[-1,1]$ 上的均匀概率密度函数 $K_0(\cdot)$,则 $m(x)$ 的局部线性估计就落在 $[x-h_n, x+h_n]$ 的 X_i 与其对应的 Y_i 关于局部模型

$$\hat{m}(x) = \hat{a}(x) + \hat{b}(x)X_i \tag{8.7}$$

的最小二乘估计.

若 $K(\cdot)$ 是 $[-1,1]$ 上的概率密度函数 $K_2(\cdot)$, 则 $m(x)$ 的局部线性估计就落在 $[x-h_n, x+h_n]$ 的 X_i 与其对应的 Y_i 关于局部模型 (8.6) 的加权最小二乘估计. 当 X_i 越接近 x 时, 对应 Y_i 的权数就越大; 反之, 则越小.

若 $K(\cdot)$ 是 $(-\infty, +\infty)$ 上关于原点对称的标准正态密度函数 $K_2(\cdot)$, 则 $m(x)$ 的局部线性估计就是局部模型 (8.6) 的加权最小二乘估计. 当 X_i 落在离 x 越近时, 权数就越大; 反之, 就越小. 当 X_i 落在 $[x-3h_n, x+3h_n]$ 之外时, 权数基本上为零.

$m(x)$ 的局部线性估计的矩阵表示为

$$\hat{m}_n(x, h_n) = \boldsymbol{e}_1^{\mathrm{T}} (\boldsymbol{X}_x^{\mathrm{T}} \boldsymbol{W}_x \boldsymbol{X}_x)^{-1} \boldsymbol{X}_x^{\mathrm{T}} \boldsymbol{W}_x \boldsymbol{Y} = \sum_{i=1}^n l_i(x) y_i. \tag{8.8}$$

其中

$$\boldsymbol{e}_1 = (1,0)^{\mathrm{T}}, \quad \boldsymbol{X}_x = (X_{x,1}, \cdots, X_{x,n})^{\mathrm{T}}, \quad \boldsymbol{X}_{x,i} = (1, (X_i - x))^{\mathrm{T}},$$

$$\boldsymbol{W}_x = \mathrm{diag}[K_{h_n}(X_1 - x), \cdots, K_{h_n}(X_n - x)], \quad \boldsymbol{Y} = [Y_1, \cdots, Y_n]^{\mathrm{T}}.$$

当解释变量为随机变量时, 局部线性估计 $\hat{m}_n(x, h_n)$ 在内点处的逐点渐近偏差和方差如表 8.1 所示.

表 8.1 局部线性估计内点渐近偏差和方差

	渐近偏差	渐近方差
总变异	$h_n^2 \dfrac{m''(x)}{2} \mu_2(K)$	$\dfrac{\sigma^2(x)}{nh_n f(x)} R(K)$

使得 $\hat{m}_n(x, h_n)$ 的均方误差达最小的最佳窗宽为

$$h_n = cn^{-1/5}. \tag{8.9}$$

其中 c 与 n 无关, 只与回归函数、解释变量的密度函数和核函数有关. 在内点, 使得 $\hat{m}_n(x, h_n)$ 的均方误差达到最小的最优的核函数为 $K(z) = 0.75(1-z^2)_+$, 此时, 局部线性估计可达到收敛速度 $O(n^{-2/5})$.

例 8.2 如图 8.4 显示了用局部线性回归对图 8.3 关系的重新拟合, 可见边界效应问题有所缓解, 即其在边界点的收敛速度与内点几乎一样, 且等于核估计在内点处的收敛速度, 它的偏差比核估计小, 而且其偏差与解释变量的密度函数无关. 此外, 局部线性估计在估计出回归函数 $m(x)$ 的同时也估计出回归函数的导函数 $m'(x)$, 导数在实际中可用于分析边际变化率.

8.2.2 局部多项式回归的基本原理

如图 8.4 所示, 与真实函数比较起来, 局部线性回归虽然较好地克服了边界的偏差, 但在曲线导数符号改变的附近, 仍然产生偏差, 又由于导数改变的点通常为极值点, 因而呈现出"山头被削, 谷底添满"的光滑效果, 这时就需要考虑高阶局部多项式的情况. 局部线性回归很容易扩展到一般的局部多项式回归.

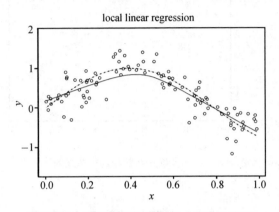

图 8.4 局部线性回归和真实曲线的比较图

考虑二元数据对 $\{(X_1, Y_1), \cdots, (X_n, Y_n)\}$, 它们独立同分布取自总体 (X, Y), 待估的回归函数是: $m(x) = E(Y|X=x)$, 它的各阶导数记为 $m'(x), m''(x), \cdots, m^{(p)}(x)$.

定义 8.2 局部 p 阶多项式估计为最小化 p 阶多项式

$$\sum_{i=1}^{n}[Y_i - \beta_0 - \cdots - \beta_p(X_i - x)^p]^2 K\left(\frac{X_i - x}{h}\right), \tag{8.10}$$

这里的记号与前面雷同. h 是带宽, K 是核函数.

令

$$\boldsymbol{X} = \begin{pmatrix} 1 & X_1 - x & \cdots & (X_1 - x)^p \\ \vdots & \vdots & & \vdots \\ 1 & X_n - x & \cdots & (X_n - x)^p \end{pmatrix},$$

$$\boldsymbol{\beta} = \begin{bmatrix} \hat{\beta}_0 \\ \hat{\beta}_1 \\ \vdots \\ \hat{\beta}_p \end{bmatrix}_{(p+1) \times 1}, \quad \boldsymbol{y} = \begin{bmatrix} Y_1 \\ Y_2 \\ \vdots \\ Y_n \end{bmatrix}_{n \times 1},$$

$$\boldsymbol{W} = h^{-1} \text{diag}\left[K\left(\frac{X_1 - x}{h}\right), \cdots, K\left(\frac{X_n - x}{h}\right)\right].$$

因此有加权最小二乘问题的估计 $\hat{\boldsymbol{\beta}} = (\boldsymbol{X'WX})^{-1}\boldsymbol{X'WY}$.

例 8.3 如图 8.5 所示, 图中实线表示真实曲线走向, 虚线显示了用局部二项回归对图 8.4 关系的重新拟合, 可见极值点的问题有所缓解.

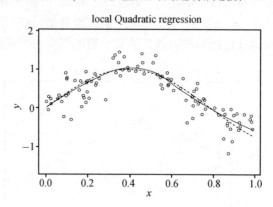

图 8.5 局部多项式回归和真实曲线的比较图

8.3 LOWESS 稳健回归

异常点可能造成线性回归模型最小二乘估计发生偏差, 因而有必要改进局部线性拟合方法来降低异常点对估计结果的影响. LOWESS(locally weighted scatter plot smoothing) 稳健估计方法就是在这样的背景条件下产生的, 它是由 Cleveland(1979) 提出的, 目前已在国际上得到了广泛的应用. LOWESS 的基本思想是先用局部线性估计进行拟合, 然后定义稳健的权数并进行平滑, 重复运算几次后就可消除异常值的影响, 从而得到稳健的估计. LOWESS 稳健估计的计算步骤如下.

第一步: 对模型 (8.6) 进行局部线性估计, 得到 $m(X_i)$ 的估计 $\hat{m}(X_i)$, 进而得到残差 $r_i = Y_i - \hat{m}(X_i)$.

第二步: 计算稳健权数 $\delta_i = B(r_i/(6 \cdot \text{median}(|r_1|,|r_2|,\cdots,|r_n|)))$, 其中 $B(t) = (1-|t|^2)^2 I_{[-1,1]}(t)$. 式中

$$I_{[-1,1]}(t) = \begin{cases} 1, & \text{当} |t| \leqslant 1 \text{时}, \\ 0, & \text{当} |t| > 1 \text{时}. \end{cases}$$

第三步: 使用权 $\delta_i K(h_n^{-1}(X_i - x))$ 对模型 (8.1) 进行局部加权最小二乘估计, 就可得到新的 r_i.

第四步: 重复第二步和第三步 s 次后就可得到稳健估计.

由于稳健权数 δ_i 可将异常值排除在外, 并且初始残差大 (小) 的观测值在下一次局部线性回归中的权数就小 (大), 因而, 重复几次后就可将异常值不断地排除在

外，并最终得到稳健的估计. Cleveland(1979) 推荐 $s = 3$.

例 8.4(见光盘数据 fish.txt) 本例仍然是关于鲑鱼和鲈鱼两种鱼类长度和光泽度之间关系的进一步研究，假设现在有 3 个异常点被加入，3 个异常点分别为：$x_1 = (22.03784, -18.22867)$，$x_2 = (24.21510, -20.62153)$，$x_3 = (22.70523, -20.90481)$. 这些异常点可能是由于仪器损坏、人为疏漏或黑客侵犯等原因造成的. 图 8.6 左图为局部线性核最小二乘估计的拟合值与鲑鱼和鲈鱼两种鱼类长度和光泽度之间散点图的比较，右图为 LOWESS 稳健估计的拟合值和实际值散点图的比较. 左图曲线的右端显然有向下的偏差，这是异常值造成的，而右边图形中向下的偏差并不明显. 由此可见，LOWESS 稳健估计方法通过三次对异常点权重的减少，基本上消除了异常点对非参数回归模型估计的影响. 而且该方法不需要知道异常点的位置，简单易行，因而在国际上得到广泛的应用.

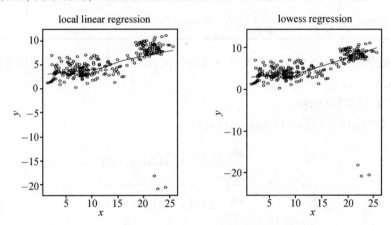

图 8.6 局部线性回归和 LOWESS 稳健回归拟合效果比较图

8.4 k 近邻回归

与 k 近邻密度估计类似，这里也有 k 近邻回归，它的基本原理是用距离待估计点最近的 k 个样本点处 y_i 的值来估计当前点的取值. 按照是否对这些点按距离加权，k 近邻回归又分为普通 k 近邻估计和 k 近邻核加权回归两类，下面分别介绍两者的应用.

1. k 近邻估计

令 $1 < k < n$，记

$$I_{x,k} = \{i : X_i \text{是离} x \text{最近的} k \text{个观测值之一}\}. \tag{8.11}$$

非参数回归模型 (8.1) 的 k 近邻估计为

$$\hat{m}_n(x,k) = \sum_{i=1}^{n} w_i(x,k) Y_i. \tag{8.12}$$

其中

$$w_i(x,k) = \begin{cases} 1/k, & i \in I_{x,k}, \\ 0, & i \notin I_{x,k}. \end{cases}$$

当解释变量为随机变量时,如果当 $n \to \infty$ 时,$k \to \infty$,$k/n \to 0$,则 $\hat{m}_n(x,k)$ 在内点处逐点渐近偏差和方差如表 9.2 所示. 此外,在适当的条件下,$\hat{m}_n(x,k)$ 还具有一致性和渐近正态性.

表 8.2 k 近邻估计内点逐点渐近偏差和方差

	渐近偏差	渐近方差
总变异	$\dfrac{1}{24f(x)^3}[(m''f + 2m'f')(x)](k/n)^2$	$\dfrac{\sigma^2(x)}{k}$

k 近邻估计既适合于解释变量是确定性的模型,也适合于解释变量是随机变量的模型.

2. k 近邻核估计

非参数回归模型 (8.1) 的近邻核估计为

$$\hat{m}_n(x,k) = \frac{\sum_{i=1}^{n} K((X_i - x)/R(x,k)) Y_i}{\sum_{i=1}^{n} K((X_i - x)/R(x,k))}. \tag{8.13}$$

其中 $R(x,k) = \max\{|X_i - x| : i \in I_{x,k}\}$.

由上式可见,k 近邻估计是 k 近邻核估计的特例. 由式 (8.12) 可知,k 近邻估计就是用最靠近 x 的 k 个观测值进行加权平均. 它的基本原理与核估计相似,性质也相似. 当解释变量为随机变量时,当 $n \to \infty$ 时,$k \to \infty$,$k/n \to 0$,则 $\hat{m}_n(x,k)$ 在内点处的逐点渐近偏差和方差如表 8.3 所示. 此外,在适当的条件下,$\hat{m}_n(x,k)$ 还具有一致性和渐近正态性. 易见,k 近邻估计在内点处的收敛速度可达到 $O(n^{-2/5})$.

表 8.3 k 近邻核估计的内点逐点渐近偏差和方差

	渐近偏差	渐近方差
总变异	$\dfrac{\mu(K)}{8f(x)^3}[(m''f + 2m'f')(x)](k/n)^2$	$2\dfrac{\sigma^2(x)}{k}R(K)$

例 8.5 本例是关于鲑鱼和鲈鱼两种鱼类长度和光泽度之间关系的 k 近邻回归, 图 8.7 左图表示 $k = 3$ 时的近邻估计, 右图表示 $k = 6$ 时的近邻估计. 我们发

现随着 k 的增加，曲线的光滑度也在增加，但是与核回归比较，k 近邻回归显然在 k 较小的时候不够光滑。

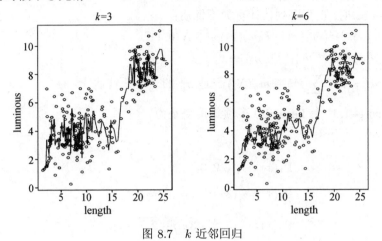

图 8.7 k 近邻回归

8.5 正交序列回归

前面介绍了非参数回归模型的核估计、局部线性估计和近邻估计属局部估计方法，局部估计方法用于预测时只能预测数据区域内的回归函数值，对于附近没有观察点的回归函数值则无法预测，因而全局估计法仍然需要。本节将简单介绍正交序列估计的基本原理。

设回归函数 $m(x) \in C[a,b]$，假设 $\{\varphi_i\}_{i=0}^{\infty}$ 构成 $[a,b]$ 上的一组正交基，即

$$\int_a^b \varphi_i(x)\varphi_j(x)\mathrm{d}x = \delta_{ij} = \begin{cases} 0, & i \neq j, \\ c_i, & i = j, \end{cases}$$

则 $m(x)$ 有正交序列展开 $m(x) = \sum_{i=1}^{\infty} \theta_i \varphi_i(x)$. 可将非参数回归模型 (8.1) 近似为

$$Y_i = \sum_{j=1}^{m} \theta_j \varphi_j(X_i) + \nu_i. \tag{8.14}$$

对模型 (8.14) 进行最小二乘估计，得到

$$\hat{\boldsymbol{\theta}} = (\boldsymbol{Z}^\mathrm{T}\boldsymbol{Z})^{-1}\boldsymbol{Z}^\mathrm{T}\boldsymbol{Y}, \tag{8.15}$$

其中 $\boldsymbol{Z} = (\boldsymbol{Z}_1, \cdots, \boldsymbol{Z}_m)$，$\boldsymbol{Z}_i = (\varphi_i(X_1), \cdots, \varphi_i(X_n))^\mathrm{T}$. 于是，$m(x)$ 有正交序列估计

$$\hat{m}_n(x) = \boldsymbol{z}(x)^\mathrm{T}\hat{\boldsymbol{\theta}}, \tag{8.16}$$

其中 $z(x) = (\varphi_1(x), \cdots, \varphi_m(x))^T$.

设解释变量为确定性变量. 记 $\nu(x) = \sigma_u^2(z(x)^T(Z^TZ)^{-1}z(x))$, 则当 $n \to \infty$, $m \to \infty$ 时, 正交序列估计有如下性质:

① $\nu(x)^{-1/2}(\hat{m}_n(x) - E\hat{m}_n(x)) \xrightarrow{\mathcal{L}} N(0,1)$;

② $\nu(x)^{-1/2}(E\hat{m}_n(x) - m) \to 0$;

③ $\hat{\sigma}_u^2 = n^{-1}\sum_{i=1}^{n}(Y_i - \hat{m}_n(X_i))^2$ 是 σ_u^2 的一个一致估计.

区间 $[-1,1]$ 上 Legendre 多项式正交基为

$$P_0(x) = 1/\sqrt{2},$$
$$P_1(x) = x/\sqrt{2/3},$$
$$P_2(x) = \frac{1}{2}(3x^2 - 1)/\sqrt{2/5},$$
$$P_3(x) = \frac{1}{2}(5x^3 - 3x)/\sqrt{2/7},$$
$$P_4(x) = \frac{1}{8}(35x^4 - 30x^2 + 3)/\sqrt{2/9},$$
$$P_5(x) = \frac{1}{8}(63x^5 - 70x^3 + 15x)/\sqrt{2/11}.$$

其他高阶 Legendre 多项式可由下式递推地推出:

$$(m+1)P_{m+1}(x) = (2m+1)xP_m(x) - mP_{m-1}(x). \tag{8.17}$$

Legendre 多项式正交基 $\{P_j(x)\}_{j=0}^{\infty}$ 满足

$$\int_{-1}^{1} P_i(x)P_j(x)dx = \begin{cases} 0, & i \neq j, \\ 1, & i = j. \end{cases}$$

例 8.6 图 8.8 给出了前 6 个 Legendre 多项式的图像.

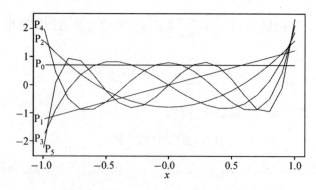

图 8.8 Legendre 多项式函数图

例 8.7 图 8.9 是对摩托车数据采用 Legendre 多项式正交基进行正交序列估计的拟合效果图. 若解释变量 X 在区间 $[a,b]$ 上取值, 则必须作变量替换 $Z = \dfrac{2X-a-b}{b-a}$, 使得变量 Z 的取值区间为 $[-1,1]$.

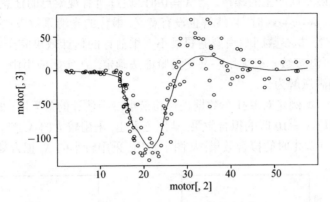

图 8.9 Legendre 多项式正交函数拟合摩托车数据趋势线图

8.6 罚最小二乘法

考虑在普通最小二乘问题中, 求函数 m 使得

$$\sum_{i=1}^{n}[Y_i - m(X_i)]^2 \tag{8.18}$$

达到最小, 该问题有无穷多解. 比如: 通过所有观察点的折线和通过所有观察点的任意阶多项式光滑曲线都是解. 但这些解没有应用价值, 它们的残差全为 0, 虽然完整地拟合了数据, 但是模型的泛化能力和预测效果都很差, 随机误差项产生的噪声没有在模型中得到体现, 这样的问题称为 "过度拟合" 现象. 因而这些解并非我们真正需要的. 为了寻求既可排除随机误差项产生的噪声, 又使得解具有一定的光滑性 (二阶导数连续), 罚方法是一个选择, 其中较为有代表性的是二次罚, 就是使

$$\sum_{i=1}^{n}(Y_i - m(X_i))^2 + \lambda \int_0^1 (m''(x))^2 \mathrm{d}x \tag{8.19}$$

达到最小的解 $\hat{m}_{n,\lambda}(\cdot)(\lambda > 0)$. 式中, λ 称为平滑参数.

该问题有唯一解, 它的解可以表示为 $Y_i (i=1,2,\cdots,n)$ 的线性组合. 由于求解过程复杂且解也没有显示表达式, 因而这里省略.

对于通过所有观察点的折线, 虽然使得式 (8.19) 第一项平方和为零, 但它不满足光滑性; 对于直线, 式 (8.19) 第二项为零, 但却会使得式 (8.19) 的第一项平方和过大. 因而, 罚最小二乘法实际上是在最小二乘法和解的光滑性之间的平衡. 式 (8.19) 的第二项实际上就是对第一项平方和过小的一个罚系数, 称为光滑系数. 罚最小二乘法的光滑系数 λ 可以人为确定, 并不是对每一个 λ, 罚最小二乘法的解都能够充分排除随机误差项产生的噪声. 当 $\lambda = 0$ 时, 通过所有观察点的任意光滑曲线的解没有意义; 当 $\lambda = +\infty$ 时, 直线解也没有意义. 最优的光滑系数应该界于 0 和 $+\infty$ 之间. 应该说, 非参数回归模型的罚最小二乘估计的估计效果完全取决于 λ 的选择. 最佳的平滑参数一般采用广义交叉验证法确定. 在实际应用中, 应该不断调整 λ, 直到找到满意解为止.

例 8.8 本例是对摩托车数据进行罚最小二乘估计的效果图, 如图 8.10 所示. 左图显示的是 $\lambda = 10$ 时的拟合效果, 从图上看出, 采用较大的 λ, 拟合效果不好; 右图显示的是 $\lambda = 3$ 时的拟合效果, 从图上看出, 采用较小的 λ, 拟合效果较好.

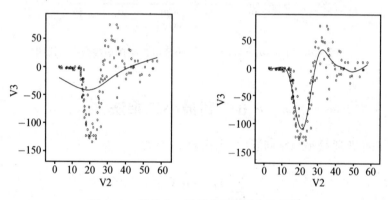

图 8.10 罚最小二乘拟合的摩托车数据图

值得一提的是, 罚方法不仅用于直接对函数部分进行惩罚, 更多的则是表现在系数求罚上, 从而也使得罚方法成为模型选择的重要组成部分.

8.7 样条回归

8.7.1 模型

假设我们观测到如下 n 组数据 $(x_1, y_1), (x_2, y_2), \cdots, (x_n, y_n)$, 其中 $x_i \in [a, b]$. 在很多情况下, 我们并不知道 (x_i, y_i) 满足什么关系, 在这种情况下, 我们假设 (x_i, y_i) 满足如下关系

$$y_i = f(x_i) + \varepsilon_i, \quad i = 1, 2, \cdots, n,$$

其中 $f(x)$ 是关于 x 的未知函数, ε_i 是独立同分布的正态分布 $N(0, \sigma^2)$. 在上述假

设下，我们有 $E(y) = f(x)$.

对于未知的函数 $f(x)$，我们采用样条基函数去估计，这里我们以线性样条基函数来介绍样条回归模型. 首先介绍线性样条基函数. 对于 $x \in [a,b]$，x 的线性样条基函数定义为

$$1, x, (x-\kappa_1)_+, (x-\kappa_2)_+, \cdots, (x-\kappa_K)_+,$$

这里 $\kappa_j \in [a,b]$ 称为节点. 我们可以采用上述样条基函数去逼近 $f(x)$，即

$$f(x) \approx \beta_0 + \beta_1 x_i + \sum_{k=1}^{K} b_k (x_i - \kappa_k)_+.$$

在本节后面的部分，我们假设存在一组基函数，使得 $f(x) = \beta_0 + \beta_1 x_i + \sum_{k=1}^{K} b_k (x_i - \kappa_k)_+$. 当然，事实上，等号一般是不能取到的，但如果差别足够小，我们可以认为上述的假设是合理的.

定义 8.3 一个样条模型 (Spline Model) 可以写成

$$y_i = \beta_0 + \beta_1 x_i + \sum_{k=1}^{K} b_k (x_i - \kappa_k)_+ + \varepsilon_i, \quad i = 1, 2, \cdots, n. \tag{8.20}$$

我们引入以下的记号，$\boldsymbol{y} = (y_1, y_2, \cdots, y_n)^\mathrm{T}$ 代表观测到的应变量，设计矩阵为

$$\boldsymbol{X} = \begin{bmatrix} 1 & x_1 & (x_1 - \kappa_1)_+ & (x_1 - \kappa_2)_+ & \cdots & (x_1 - \kappa_K)_+ \\ 1 & x_2 & (x_2 - \kappa_1)_+ & (x_2 - \kappa_2)_+ & \cdots & (x_2 - \kappa_K)_+ \\ \vdots & \vdots & \vdots & \vdots & & \vdots \\ 1 & x_n & (x_n - \kappa_1)_+ & (x_n - \kappa_2)_+ & \cdots & (x_n - \kappa_K)_+ \end{bmatrix}.$$

和多元线性回归类似，参数 $(\beta_0, \beta_1, b_1, b_2, \cdots, b_K)$ 的估计值为

$$\widehat{\boldsymbol{\beta}} = (\widehat{\beta}_0, \widehat{\beta}_1, \widehat{b}_1, \widehat{b}_2, \cdots, \widehat{b}_K)^\mathrm{T} = (\boldsymbol{X}^\mathrm{T} \boldsymbol{X})^{-1} \boldsymbol{X}^\mathrm{T} \boldsymbol{y},$$

$f(x)$ 的估计值为

$$\widehat{f}(x) = \widehat{\beta}_0 + \widehat{\beta}_1 x_i + \sum_{k=1}^{K} \widehat{b}_k (x_i - \kappa_k)_+.$$

8.7.2 样条回归模型的节点

对于样条回归模型，一个重要的问题是如何选择节点. 节点的选择有如下两种方法，第一种方法是根据点的疏密程度人为地选择. 基本原则是如果 x_i 比较均匀的分布在区间 $[a,b]$ 上，我们可以取等距的节点. 如果 x_i 在有些区域比较密，

我们可以在该区域上多取一些节点. 上述的方法比较主观, 另一种方法则是把样条基函数看成多元线性模型中的自变量, 然后通过常用的模型选择的方法, 例如 AIC 规则.

除了对节点进行选择外, 我们还可以通过控制这些节点的影响. 即在 $\boldsymbol{\beta}^{\mathrm{T}} \boldsymbol{D} \boldsymbol{\beta} \leqslant C$ 的条件下, 最小化如下公式

$$\|\boldsymbol{y} - \boldsymbol{X}\boldsymbol{\beta}\|^2 \tag{8.21}$$

这里 $\boldsymbol{\beta} = (\beta_0, \beta_1, b_1, \cdots, b_K)$, $\boldsymbol{D} = \begin{bmatrix} \boldsymbol{0}_{2 \times 2} & \boldsymbol{0}_{2 \times K} \\ \boldsymbol{0}_{K \times 2} & \boldsymbol{\mathcal{I}}_K \end{bmatrix}$. 其中 $\boldsymbol{0}_{m \times n}$ 是 $m \times n$ 零矩阵, $\boldsymbol{\mathcal{I}}_K$ 是 K 阶单位矩阵.

类似于岭回归, 上述问题可以等价地转化为如下的最小化问题

$$\|\boldsymbol{y} - \boldsymbol{X}\boldsymbol{\beta}\|^2 + \lambda \boldsymbol{\beta}^{\mathrm{T}} \boldsymbol{D} \boldsymbol{\beta}.$$

观察上述公式, 容易看出来 $\boldsymbol{\beta}^{\mathrm{T}} \boldsymbol{D} \boldsymbol{\beta} = \sum_{i=1}^{K} b_i^2$, 因此可以看到我们只是对带有节点的基函数 $(x - \kappa_1)_+, (x - \kappa_2)_+, \cdots, (x - \kappa_K)_+$ 进行了限制, 对没有节点的基函数 $1, x$ 没有限制.

对于上述问题, 参数 $(\beta_0, \beta_1, b_1, b_2, \cdots, b_K)$ 的估计值为

$$\widehat{\boldsymbol{\beta}} = (\widehat{\beta}_0, \widehat{\beta}_1, \widehat{b}_1, \widehat{b}_2, \cdots, \widehat{b}_K)^{\mathrm{T}} = (\boldsymbol{X}^{\mathrm{T}} \boldsymbol{X} + \lambda \boldsymbol{D})^{-1} \boldsymbol{X}^{\mathrm{T}} \boldsymbol{y},$$

$f(x)$ 的估计值为

$$\widehat{f}(x) = \widehat{\beta}_0 + \widehat{\beta}_1 x_i + \sum_{k=1}^{K} \widehat{b}_k (x_i - \kappa_k)_+.$$

我们把样条回归模型对 motor 数据进行分析, 对 3 个不同的 λ 值, 即 $\lambda = 1, 10, 100$ 给出结果, 如图 8.11 所示. 可以看到, λ 比较小时, 估计值波动比较多, 随着 λ 的增大, 估计值逐渐光滑, 但是当 λ 过大时, 估计值会过于光滑.

8.7.3 常用的样条基函数

上面的线性样条基函数在节点处不光滑 (不可导). 为了克服这个缺点, 我们可以采用二次样条基函数 (quadratic spline basis functions):

$$1, x, x^2, (x - \kappa_1)^2, (x - \kappa_2)^2, \cdots, (x - \kappa_K)^2$$

我们可以看到, 二次样条基函数在节点处是可导的.

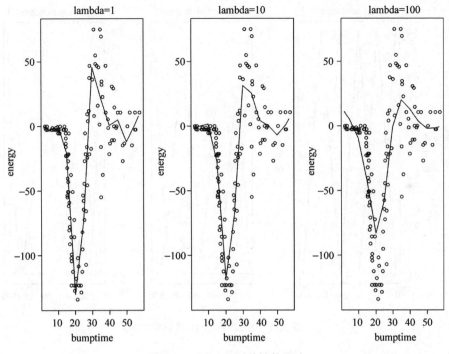

图 8.11 不同 λ 对估计的影响

我们也可以扩张线性样条基函数, 引入 p 阶截断样条基函数 (truncated power basis of degree p), 即

$$1, x, \cdots, x^p, (x-\kappa_1)_+^p, (x-\kappa_2)_+^p, \cdots, (x-\kappa_K)_+^p.$$

容易看到, 当 $p=1$ 时, 截断样条基函数即为线性样条基函数. 当 $p \geqslant 2$ 时, 截断样条基函数在节点处是可导的.

另一类常用的样条基函数称为 B-样条基函数 (B-spline basis functions). B-样条基函数是通过递推公式来定义的, 0 阶 B-样条基函数定义为

$$B_{j,0}(x) = I(\kappa_j \leqslant x < \kappa_{j+1}),$$

这里的 $I(\cdot)$ 是示性函数. p 阶 B-样条基函数通过如下递推公式定义:

$$B_{i,p} = \frac{x-\kappa_i}{\kappa_{i+p-1}-\kappa_i} B_{i,p-1}(x) + \frac{\kappa_{i+p}-x}{\kappa_{i+p}-\kappa_{i+}} B_{i+1,p-1}(x).$$

下面我们给出 $1, 2, 3$ 阶 B-样条基函数, 如图 8.12 所示.

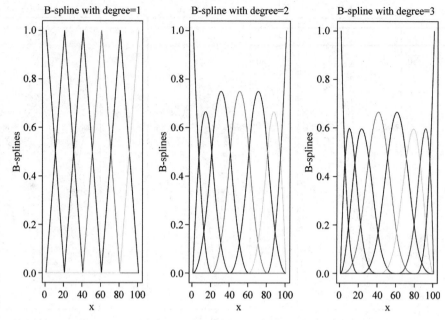

图 8.12 1,2,3 阶的 B-样条基函数

8.7.4 样条模型的自由度

这里我们来看误差的自由度. 对于样本模型

$$y_i = f(x_i) + \varepsilon_i, \quad i = 1, 2, \cdots, n,$$

通过最小罚二乘法, 我们知道参数的估计值为 $\widehat{\boldsymbol{\beta}} = (\boldsymbol{X}^T\boldsymbol{X} + \lambda\boldsymbol{D})^{-1}\boldsymbol{X}^T\boldsymbol{y}$, $f(x)$ 的估计值为

$$\widehat{\boldsymbol{y}} = \boldsymbol{S}_\lambda \boldsymbol{y},$$

其中 $\boldsymbol{S}_\lambda = \boldsymbol{X}(\boldsymbol{X}^T\boldsymbol{X} + \lambda\boldsymbol{D})^{-1}\boldsymbol{X}^T$.

这里误差的自由度定义为

$$df_{res} = n - 2\mathrm{tr}(\boldsymbol{S}_\lambda) + \mathrm{tr}(\boldsymbol{S}_\lambda \boldsymbol{S}_\lambda^T).$$

令残差平方和 $\mathrm{SSE} = (\widehat{\boldsymbol{y}} - \boldsymbol{y})^T(\widehat{\boldsymbol{y}} - \boldsymbol{y})$, 通过计算我们可以知道

$$\begin{aligned}
E(\mathrm{SSE}) &= E\{(\widehat{\boldsymbol{y}} - \boldsymbol{y})^T(\widehat{\boldsymbol{y}} - \boldsymbol{y})\} \\
&= E\{\boldsymbol{y}^T(\boldsymbol{S}_\lambda - \boldsymbol{I})^T(\boldsymbol{S}_\lambda - \boldsymbol{I})\boldsymbol{y}\} \\
&= \boldsymbol{y}^T(\boldsymbol{S}_\lambda - \boldsymbol{I})^T(\boldsymbol{S}_\lambda - \boldsymbol{I})\boldsymbol{y} + \sigma^2\mathrm{tr}\{(\boldsymbol{S}_\lambda - \boldsymbol{I})^T(\boldsymbol{S}_\lambda - \boldsymbol{I})\} \\
&= \dot{\boldsymbol{y}}^T(\boldsymbol{S}_\lambda - \boldsymbol{I})^T(\boldsymbol{S}_\lambda - \boldsymbol{I})\boldsymbol{y} + \sigma^2 df_{res}.
\end{aligned}$$

上面我们用到公式: 对于任意随机向量 v 和对称矩阵 A, 有 $E(v^{\mathrm{T}}Av) = E(v)^{\mathrm{T}}AE(v) + \mathrm{tr}\{A\mathrm{Cov}(v)\}$.

如果 $y^{\mathrm{T}}(S_\lambda - I)^{\mathrm{T}}(S_\lambda - I)y$ 比较小, 那么 SSE/df_{res} 是对 σ^2 的一个估计. 可以把上面的结果和参数线性模型进行比较, 在线性模型中, S_λ 对应的是 $H = X(X^{\mathrm{T}}X)^{-1}X^{\mathrm{T}}$, 并且 $HH^{\mathrm{T}} = H$. 在 df_{res} 的定义中, 用 H 代替 S_λ, 则有

$$df_{res} = n - 2\mathrm{tr}(H) + \mathrm{tr}(HH^T) = n - \mathrm{tr}(H) = n - p.$$

因此 df_{res} 可以看成是对线性模型中误差自由度的推广.

8.8 案 例

排放物 NO_x 成分与燃料-空气当量比和发动机压缩比

案例背景

随着城市汽车保有量的增加, 汽车尾气排放对环境的影响越来越大. 节能降耗、降低汽车尾气排放, 减少对大气的污染, 已成为当今社会亟待解决的问题. 通过改进发动机使用清洁燃料, 能够有效控制汽车尾气的排放量. 尾气排放受发动机压缩比技术性能和燃料空气当量比的影响. 发动机压缩比指混合气被压缩的程度, 高压缩比发动机可输出较大的动能, 但较大压缩比发动机高温时, 在中高负荷时出现高温轻微爆燃现象, 就会导致 NO_x 排放的增加. 另一方面, 发动机的燃料空气当量比也影响发动机的动力性能和尾气排放. 燃料空气当量比是发动机空燃比的重要组成部分, 用于测量汽油与空气混合燃烧时, 发动机进气冲程中吸入气缸的燃料(汽油)重量与空气的重量之比, 燃料与混合气中的空气的比例在 1 附近, 对应着空气量多或者少时空气都不能完全燃烧, 造成燃烧效率低下, 从而产生较多的尾气, 污染环境. 因此, 研究发动机尾气排放量与发动机压缩比和燃料空气当量比之间的关系对于检测车辆尾气超标情况, 推动清洁能源使用, 设计环保尾气过滤装置以及倡导绿色出行都有积极意义.

数据描述

此案例中 ethanol 数据集 (数据光盘 ethanol.csv) 所用的 NO_x 排放物数据来自于一项以纯乙醇作为单缸发动机的燃料的调查研究 (Brinkman,1980).

1. ethanol 数据集共有 88 个样本;

2. 2 个连续数值型自变量, CompRatio 表示发动机压缩比, EquivRatio 表示燃料-空气当量比, NO_x 表示氮氧化物, 主要成分有一氧化碳 (CO)、碳氢化合物 (HC)

等以及微粒污染物 (或称颗粒污染物). 在许多大城市的空气质量监测点 NO_x 已成为左右空气污染指数的首要污染物.

3. 无缺失值.

数据分析

排放物 NO_x 成分取决于两个预测变量, 燃料-空气当量比 (EquivRatio) 和发动机的压缩比 (CompRatio10). 首先给出排放物 NO_x 的密度直方图 (参见图 8.13):

```
## first we read in the data
ethanol=read.csv("e:\\data\\ethanol.csv",header=T,sep=",")
#density histogram and add density curve
hist(ethanol$NOx,freq=FALSE,breaks=15)
lines(density(ethanol$NOx))
```

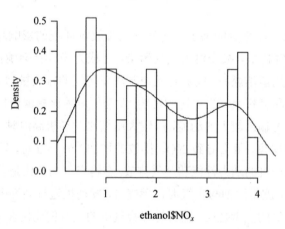

图 8.13　NO_x 排放量的直方图和密度曲线

从直方图和核密度估计曲线中, 可以发现 NO_x 排放量呈现明显的双峰分布, NO_x 排放量较低的分布和 NO_x 排放量较高的分布. 于是需要从两个预测变量 EquivRatio 和 CompRatio 分析这些因素对两个分布的解释作用.

1. CompRatio 对 NO_x 排放量的边际影响.

```
library(locfit)
plot(NOx~CompRatio,data=ethanol)
```

从图 8.14(a) 可以看出 CompRatio 对排放物 NO_x 边际影响并不显著.

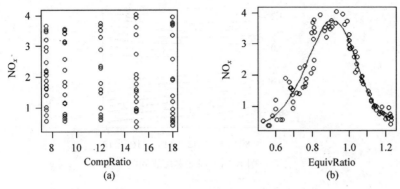

图 8.14 (a) CompRatio 对 NO_x 排放量的边际影响;
(b) EquivRatio 对 NO_x 排放量的边际影响

2. EquivRatio 对 NO_x 排放量的边际影响

```
## local polynomial regression of NOx on the equivalence ratio
## fit with a 50% nearest neighbor bandwidth.
fit<- locfit(NOx~lp(EquivRatio,nn=0.5),data=ethanol)
plot(EquivRatio,NOx,data,data=ethanol)
lines(fit)
```

如图 8.14(b) 所示, 贫燃区 EquivRatio<1, 由于燃料与进气量的比值随 EquivRatio 的升高而增大, 系统中 NO_x 生成的总量随 EquivRatio 值的升高而增加, 所以尾气中 NO_x 质量浓度随 EquivRatio 的升高而升高; 而在氧化区 EquivRatio=1 附近, 燃料越多, 燃料燃烧越充分, 转化为 NO_x 越少, 从而造成单位 NO_x 生成量随 EquivRatio 值的增加而减小; 随着 EquivRatio 继续增大, 燃烧环境转换为还原区, 燃料更有利于转化为 HCN 或 NH 混合物, 而且已生成的 NO_x 也更倾向于通过均相还原反应转化为 N_2. 另外, CO 体积浓度迅速升高抑制了 NO_x 的生成量, 所以 NO_x 生成量随 EquivRatio 的增加而减少.

3. 燃料空气当量比与发动机压缩比对 NO_x 排放量的影响

我们使用了多项式回归拟合, 结果如图 8.15 所示.

```
fit1=locfit(NOx~lp(CompRatio,EquivRatio,nn=0.5,scale=0),data=no)
plot(fit1)
```

图 8.15 给出用两个解释变量拟合 NO_x 的局部多项式回归模型和拟合值等高线. 等高线指出排放物 NO_x 值在大约为 0.9 时最大, 但当当量比离开 0.9(任意方向的) 时, 排放物 NO_x 值立即减小. 而且在发动机动力压缩比较大或较小时, 当燃料当量比较大或较小时, 尾气中 NO_x 的排放量比较容易取小值.

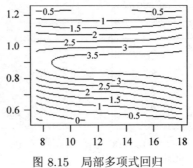

图 8.15 局部多项式回归

习题

8.1 令 $u_i \sim N(0, 0.025), i = 1, 2, \cdots, 300$，令 $X_i = i/300$，则 $X_i \in [0, 1]$. 模拟产生如下数据：$Y_i = \sin(2\exp(X_i + 1)) + u_i$，尝试 R 中所有可能的核函数估计 X 与 Y 的函数曲线.

8.2 对于 Nadaraya-Watson 核估计 $\widehat{m}_n(x) = \sum\limits_{i=1}^{n} w_i(x) Y_i$. 在给定的点 x，假设 $Y_1, Y_2, \cdots, Y_n$ 满足独立同分布 $N(m(x), \sigma^2)$，计算 $E(\widehat{m}_n(x))$ 和 $\text{var}(\widehat{m}_n(x))$.

8.3 令 $X_i \sim N(0, 1), u_i \sim N(0, 0.025 X_i^2)(i = 1, 2, \cdots, 300)$ 为相互独立的变量. 模拟产生如下数据：$Y_i = \exp(|X_i|) + u_i$，用局部线性和局部二项式估计 X 与 Y 的函数曲线.

8.4 用求导的方法最小化 (8.6)，写出具体步骤并给出 $a(x)$ 和 $b(x)$ 的估计公式.

8.5 数据见光盘文件 Indchina.txt，记 $Y_t =$ 居民消费价格指数，$X_t =$ 商品进出口额 (亿美元). 本文采用 1993 年 4 月到 1998 年 11 月 68 个月的月度资料，应用 LOWESS 稳健估计方法对通货膨胀与进出口的关系进行非参数回归模型估计.

8.6 产生 B-样条基函数，定义域为 $[0, 100]$，节点为 $0, 20, 50, 90, 100$. 写出 B-样条基函数在 $d = 0, 1, 2$ 的形式.

8.7 用 B-样条基函数拟合摩托车数据 (见光盘数据 motor.txt). 注明所用的节点，d 和 λ.

第 9 章 数据挖掘与机器学习

计算机的飞速发展为人类提供了更多可以利用的技术，使得我们可能在更广泛的领域上更便捷地收集大量表现事实的数据. 然而在如何恰当使用数据生成有用的信息方面，还没有明确的答案，这个问题一直困扰着商业、生物、医学等领域. 数据挖掘是从大规模数据中寻找数据规律的方法和技术，是试图建立数据和信息关系的方法，是包括统计学、信息学、机器学习、最优化在内的计算机科学的交叉学科. 在这些众多的学科中，机器学习技术是构成数据挖掘技术的核心，这些技术正在包括股票交易、机器人、机器翻译、计算机可视化和生物医学等领域获得越来越深入的应用.

本章主要介绍数据挖掘与机器学习中的主要方法，内容包括：k 近邻、Logistic 回归、决策树、随机森林树、支持向量机、Boosting 方法和 MARS 方法.

9.1 一般分类问题

分类问题的一般定义是：给定 $(X_1, Y_1), \cdots, (X_n, Y_n)$，$Y_i$ 取离散值，表示每个样例的分类，目标是找到一个函数 $\hat{f}$，对于新观测点 X，能够用 $\hat{f}(X)$ 预测分类 Y. 分类问题是普遍存在的，比如：垃圾邮件抽象概念的辨认，不同种群概念的认识等问题. 分类是揭示事物本质的基本途径. 分类与传统的统计回归明显的一个区别是，回归的目标变量常常是连续型的，分类的目标变量则是离散型的. 但这一点区别并非本质，本质是两类模型长期以来代表着两种不同的建模思想. 以回归为代表的传统统计建模代表着解释型模型的建立思想，模型的结构是预设的，模型计算中对模型形式的选择较少，主要突出模型的解释作用，适用于概念相对比较清晰、需要探测问题内在结构的结构化问题. 而机器学习中的很多分类算法则更体现着过程建模的思想，突出数据驱动和算法选择建模的过程，强调分类效果，适用于非结构化或半结构化的问题. 当然，区别不是绝对的，一个复杂的问题可能一部分是清晰的，而另一部分则更倾向于不清晰. 为适应复杂的应用，预测模型的建立一般既强调模型的预测效果，又兼顾模型的解释性能.

通过大量观察数据建立分类函数或分类器是解决分类问题的一般方法. 具体而言：首先收集一个有代表性的训练集，训练集中每个样例的类别是明确的，使用分类算法建立分类模型，该模型再用于另一组分类也已知的测试集，检验训练模型的效果. 对分类模型的评价常常采用损失函数的方法.

定义预测的损失函数为 $L(y,f)$，拟合函数 f 所带来的预测风险定义为

$$R(\beta) = E_{x,y} L(y, f(x,\beta)),$$

预测风险最小的参数估计定义为

$$\beta^* = \underset{\beta}{\mathrm{argmin}} R(\beta).$$

由于建立模型之前数据的联合分布未知，所以实际中无法通过准确给出 E 的具体形式计算风险的极小值点．用风险的矩估计经验风险替代预测风险如下：

$$\hat{R}(\beta) = \frac{1}{n} \sum_{i=1}^{n} L(y_i, f(x_i, \beta)).$$

经验风险最小的参数估计定义为

$$\hat{\beta}^* = \underset{\beta}{\mathrm{argmin}} \hat{R}(\beta).$$

如果 $n/p \to \infty$，根据估计的一般理论，期望风险 $R(\hat{\beta}^*) \to R(\beta^*)$，经验风险 $\hat{R}(\hat{\beta}^*) \to R(\beta^*)$．但当样本量 n 相对于预测变量数不足或远小于 p 时，这两个不等式都不成立．事实上，根据 Vladimir N.Vapnik(1995) 估算：在 $N/VC(n) < 20$ 时的小样本问题中，有

$$R(\hat{\beta}^*) \leqslant \hat{R}(\hat{\beta}^*) + \frac{B\epsilon}{2} \left[1 + \sqrt{1 + \frac{4\hat{R}(\hat{\beta}^*)}{B\epsilon}} \right].$$

以上给出了期望风险与经验风险之间的关系．一个好的预测模型应该令上式右侧的两项同时小，但是注意到，第一项取决于函数，第二项取决于函数的复杂度，要使实际的风险最小，可以通过设计控制函数的复杂性，在逐步实现模型预测能力提高的过程中实现最优风险模型的建立目标．这一建立模型的算法方法称为 **结构风险最小化** 设计方法．结构风险最小化的建模思想是统计机器学习的核心概念，它定义了由给定数据选择模型逼近精度和复杂性之间折中的算法过程，通过搜索复杂性递增的嵌套函数集逐渐实现对最优模型的选择．

9.2 Logistic 回归

普通回归是对连续变量依赖关系建模的过程．然而，现实中大部分概念是以类别的形态表现出来的，于是建立分类变量和可能构成概念的相关因素之间的数学关系就很有必要．比如发生借贷逾期未还行为的商户有怎样的特征？电信用户流

失前几个月的话费情况表现如何？发病的关键个体因素和环境因素有哪些？等等.
这里,目标概念因变量 Y 是分类变量,要回答的问题是用其他变量充分表示这个概念. 典型的情况是两类问题,可称为 0-1 变量,如发病 $Y=1$ 与不发病 $Y=0$. 一个直接的想法是,将 Y 作为因变量直接建立普通的线性回归. 设收集到数据对 $(\boldsymbol{x}_1,y_1),(\boldsymbol{x}_2,y_2),\cdots,(\boldsymbol{x}_n,y_n)$, $\boldsymbol{x}_i=(x_{i1},\cdots,x_{ip})^{\mathrm{T}}$, p 是变量数, n 是样本量, 相应的多元回归模型如下:

$$y_i = \beta_0 + \sum_{j=1}^{p} \beta_i x_{ij} + \epsilon_i, \quad i=1,2,\cdots,n;$$
$$y_i \in \{0,1\}.$$

于是

$$E(y_i|\boldsymbol{x}_i) = \beta_0 + \sum_{j=1}^{p} \beta_i x_{ij}, \quad i=1,2,\cdots,n.$$

直接对 Y 或后验概率 $P(Y=1|\boldsymbol{x})$ 建立模型至少存在以下两方面的问题.

(1) 一般假设因变量服从正态分布,随机误差项有 0 均值,但是因变量此时是分类变量,服从两点分布,残差的分布显然非正态. 而且很难保证残差方差齐性. 因为此时

$$\mathrm{var}(\epsilon) = p_i q_i = \left(\beta_0 + \sum_{i=1}^{p} \beta_i x_{ip}\right)\left(1 - \beta_0 - \sum_{i=1}^{p} \beta_i x_{ip}\right).$$

(2) 线性回归模型估计的概率值很容易在 $\boldsymbol{x}$ 很大或很小的时候,超出 $[0,1]$ 区间.

所以,一般不直接对 Y 或后验概率 $P(Y=1|\boldsymbol{x})$ 建立模型,而是对 Y 进行一个变换. Logistic 回归是对后验概率 $P(Y=1|\boldsymbol{x})$ 作 Logit 变换,然后进行线性建模的方法.

9.2.1 Logistic 回归模型

训练数据: $(\boldsymbol{x}_1,y_1),(\boldsymbol{x}_2,y_2),\cdots,(\boldsymbol{x}_n,y_n)$, n 为样本量, 其中 $\boldsymbol{x}_i \in \mathbb{R}^p$ 为特征向量; $y_i \in \{0,1\}$ 为分类变量. 当特征变量取值 $\boldsymbol{x}$ 时, $Y=1$ 的概率记为 $P(Y=1|\boldsymbol{x})$, $Y=0$ 的概率为 $1-P(Y=1|\boldsymbol{x})$.

Logit 变换: $(0,1) \to (-\infty,+\infty)$,

$$\ln \frac{p}{1-p}.$$

Logistic 回归是对后验概率 $P(Y=1|\boldsymbol{x})$ 作 Logit 变换,建立线性模型:

$$\ln \frac{P(Y=1|\boldsymbol{x})}{1-P(Y=1|\boldsymbol{x})} = \beta_0 + \boldsymbol{\beta}_1^{\mathrm{T}} \boldsymbol{x}. \tag{9.1}$$

其中 x 是 p 维观测, β_1 为 p 维列向量.

从上式可以很方便地计算得出 Logistic 回归的判别函数:

$$\ln\frac{P(Y=1|x)}{P(Y=0|x)} = \beta_0 + \beta_1^T x. \tag{9.2}$$

当 $\beta_0 + \beta_1^T x > 0$ 时, x 被分为 1 类, 否则分为 0 类, Logistic 回归的分界面为

$$\{x : \beta_0 + \beta_1^T x = 0\}, \tag{9.3}$$

注意到该分界面是线性的.

从 Logistic 回归模型可以直接得到

$$P(Y=1|x) = \frac{\exp(\beta_0 + \beta_1^T x)}{1 + \exp(\beta_0 + \beta_1^T x)}. \tag{9.4}$$

Logit 变换的好处是, 当 p 接近 1 或 0 的时候, 一些因素即便有很大变化, 也不可能使 p 有较大变化. 从数学上来看, p 对 x 的变化在 0 和 1 附近不敏感, 这表示对远离分界面点的分类确定性应该是稳定的, 分到某一类的可能性不应发生较大变化, 而 p 在 0.5 附近变化比较大, 这反映了分界面附近点的不确定性, 这一函数特点与建立稳健决策面算法的设计思想是一致的, 这也是选择 Logit 函数作为变换的一个基本理由.

9.2.2 Logistic 回归模型的极大似然估计

Logistic 回归参数的拟合一般采用极大似然估计 (maximum likelihood,ML). 极大似然估计的基本原理是写出待估参数的样本联合分布, 求对数似然函数, 再使对数似然函数最大化, 求解相应的参数估计值. 为此, 考虑 Logistic 回归的似然函数为

$$L = \prod_{i=1}^{n} P(Y=1|x_i)^{y_i}(1 - P(Y=1|x_i))^{1-y_i}, \quad i = 1, 2, \cdots, n. \tag{9.5}$$

取对数化简为对数似然函数:

$$\ln L = \sum_{i=1}^{n} [y_i \ln P(Y=1|x_i) + (1-y_i)\ln(1 - P(Y=1|x_i))]. \tag{9.6}$$

为使对数似然函数最大, 令导数为零:

$$\frac{\partial \ln L}{\partial \beta_j} = \sum_{i=1}^{n} x_i(y_i - P(Y=1|x_i)) = 0, \quad j = 0, 1, 2, \cdots, p. \tag{9.7}$$

以上是 $p+1$ 个有关 β 的非线性方程.

为解式 (9.7), 常用 Newton-Raphson 算法. 这需要二阶导数矩阵:

$$\frac{\partial^2 \ln L}{\partial \boldsymbol{\beta} \partial \boldsymbol{\beta}^{\mathrm{T}}} = -\sum_{i=1}^{n} \boldsymbol{x}_i \boldsymbol{x}_i^{\mathrm{T}} P(Y=1|\boldsymbol{x}_i)(1 - P(Y=1|\boldsymbol{x}_i)). \tag{9.8}$$

Newton-Raphson 算法的迭代为

$$\boldsymbol{\beta}^{\mathrm{new}} = \boldsymbol{\beta}^{\mathrm{old}} - \left(\frac{\partial^2 \ln L}{\partial \beta_i \partial \beta_j}\right)^{-1} \frac{\partial \ln L}{\partial \boldsymbol{\beta}}\bigg|_{\boldsymbol{\beta}^{\mathrm{old}}}. \tag{9.9}$$

式中, $\left(\dfrac{\partial^2 \ln L}{\partial \beta_i \partial \beta_j}\right)$ 是 Jacobi 矩阵. 由上式可以迭代求出 Logistic 回归参数的估计: $\hat{\beta}_0, \hat{\beta}_1, \hat{\beta}_2, \cdots, \hat{\beta}_p$.

9.2.3　Logistic 回归和线性判别函数 LDA 的比较

回顾线性判别函数 LDA, 假设类别变量 $Y \in \{c_1, c_2, \cdots, c_d\}$, c_k 表示第 k 类, c_k 类密度函数假定为正态分布如下:

$$P(\boldsymbol{x}|c_k) = \frac{1}{(2\pi)^p |\boldsymbol{\Sigma}_k|^{1/2}} \exp^{-\frac{1}{2}(\boldsymbol{x}-\boldsymbol{\mu}_k)^{\mathrm{T}} \boldsymbol{\Sigma}_k^{-1} (\boldsymbol{x}-\boldsymbol{\mu}_k)}.$$

简单的情形是每类协方差矩阵都相等, $\boldsymbol{\Sigma}_k = \boldsymbol{\Sigma}$, 由贝叶斯公式可以得到判别函数为

$$\ln \frac{P(c_k|\boldsymbol{x})}{P(c_l|\boldsymbol{x})} = \ln \frac{P(c_k)}{P(c_l)} - \frac{1}{2}(\boldsymbol{\mu}_k + \boldsymbol{\mu}_l)^{\mathrm{T}} \boldsymbol{\Sigma}^{-1}(\boldsymbol{\mu}_k - \boldsymbol{\mu}_l) + \boldsymbol{x}^{\mathrm{T}} \boldsymbol{\Sigma}^{-1}(\boldsymbol{\mu}_k - \boldsymbol{\mu}_l).$$

注意到 LDA 的判别函数在 $\boldsymbol{x}$ 上是线性的:

$$\ln \frac{P(c_k|\boldsymbol{x})}{P(c_0|\boldsymbol{x})} = \ln \frac{P(c_k)}{P(c_0)} - \frac{1}{2}(\boldsymbol{\mu}_k + \boldsymbol{\mu}_0)^{\mathrm{T}} \boldsymbol{\Sigma}^{-1}(\boldsymbol{\mu}_k - \boldsymbol{\mu}_0) + \boldsymbol{x}^{\mathrm{T}} \boldsymbol{\Sigma}^{-1}(\boldsymbol{\mu}_k - \boldsymbol{\mu}_0)$$
$$= \alpha_{kl0} + \boldsymbol{\alpha}_{kl1}^{\mathrm{T}} \boldsymbol{x},$$

而 Logistic 回归也可以简化为

$$\ln \frac{P(c_1|\boldsymbol{x})}{P(c_0|\boldsymbol{x})} = \beta_0 + \boldsymbol{\beta}_1^{\mathrm{T}} \boldsymbol{x}.$$

从形式上来看, 在类分布正态和等方差假定下, Logistic 回归和 LDA 判别函数都给出了线性解. 但方差不等的一般情形或非正态分布下, LDA 判别函数则不一定是线性的. 另外, 二者对系数的估计方法是不同的, LDA 是极大化联合似然函数 $p(Y, X)$, 这使得该方法受到联合分布假设的限制; 而 Logistic 回归极大化条件似然 $p(Y|X)$, Logistic 回归没有对类条件密度做更多的假定, 从参数估计的过程来看, 有更广泛的适用性.

例 9.1(见光盘数据 saheart.txt) 南非心脏病数据收集了 160 名患心脏病的病人病历数据,对照组为没有患心脏病的正常人 302 名,收集 10 个相关指标变量,希望建立病人患心脏病的关系模型. chd 是目标变量: 病人是否患有心脏病. 9 个影响变量为: sbp(收缩压), tobacco(累计吸烟量), ldl(低密度脂蛋白), adiposity(肥胖指标), famhist(家族心脏病史), obesity(脂肪指标), alcohol(酒精量), typea(A 型行为), age(年龄). 现在我们在 R 中用 Logistic 回归方法对 462 个观测构成的训练数据建立模型,估计训练误差率. R 程序如下:

```
attach(SAheart)
SAheart.glm=glm(chd~sbp+tobacco+ldl+famhist+obesity
+alcohol+age,data=SAheart,family="binomial")
py=SAheart.glm$fitted
chdpred=chd
chdpred[py>0.5]=1
chdpred[py<=0.5]=0
TE=sum(chdpred!=chd)/length(chd)  training error
TE
[1]  0.2705628
table(chdpred,chd)
       chd
 chdpred   0   1
       0 255  78
       1  47  82
summary(SAheart.glm);SAheart.glm
       Coefficients:
             Estimate Std. Error z value Pr(>|z|)
(Intercept)  -4.1295997  0.9641558  -4.283 1.84e-05 ***
sbp           0.0057607  0.0056326   1.023 0.30643
tobacco       0.0795256  0.0262150   3.034 0.00242 **
ldl           0.1847793  0.0574115   3.219 0.00129 **
famhist       0.9391855  0.2248691   4.177 2.96e-05 ***
obesity      -0.0345434  0.0291053  -1.187 0.23529
alcohol       0.0006065  0.0044550   0.136 0.89171
age           0.0425412  0.0101749   4.181 2.90e-05 ***
Degrees of Freedom: 461 Total (i.e. Null);   454 Residual
Null Deviance:       596.1
Residual Deviance:   483.2        AIC: 499.2
Coefficients:
```

(Intercept)	sbp	tobacco	ldl
-4.1295997	0.0057607	0.0795256	0.1847793
famhist	obesity	alcohol	age
0.9391855	-0.0345434	0.0006065	0.0425412

在上面的程序中,我们首先调用 Logistic 回归函数 glm 建立 Logistic 回归方程,求出训练数据的回归解 py, py 的计算是根据后验概率公式 (9.4) 得到的. 由 py 对每一条数据计算患心脏病的预测值 chdpred, 再计算训练误差 TE=0.27, 其中将无病的判为有病的 47 例, 将有病的判为无病的 78 例. 从回归结果看, 影响比较显著的变量有常数项 -4.13, tobacco 系数 0.08, ldl 系数 0.185, famhist 系数 0.94, age 系数 0.043, 其中 AIC=499.2, 从这些结果分析, 可以看到吸烟习惯、肥胖、家族病史和年龄是影响到患心脏病的关键因素.

9.3 k 近邻

近邻是一种分类方法,基本原理是对一个待分类的数据对象 x, 从训练数据集中找出与之空间距离最近的 k 个点, 取这 k 个点的众数类作为该数据点的类赋给这个新对象. 具体而言, 令训练集收集到数据对 $\mathcal{T} = (x_1, y_1), (x_2, y_2), \cdots, (x_n, y_n)$, $x_i = (x_{i1}, \cdots, x_{ip})^\mathrm{T}$, 令 $\mathcal{D} = \{d_i = d(x_i, x)\}$ 是训练集与 x 的距离, 待分类点 x 的 k 邻域表示为 $N_k(x) = \{x_i \in \mathcal{T}, r(d_i) \leqslant k, i = 1, 2, \cdots, n\}$, $r(\cdot)$ 定义了训练数据与 x 距离的秩. 那么 x 的分类 y 定义为

$$\hat{y} = \frac{1}{k} \sum_{y_i \in N_k(x)} y_i.$$

我们看到, k 近邻法是在对数据分布没有过多假定的前提下, 建立响应变量 y 与 p 个预测或解释变量 $x = (x_1, x_2, \cdots, x_p)$ 之间的分类函数 $f(x_1, x_2, \cdots, x_p)$. 对 f 唯一的要求是函数应该满足光滑性. 我们注意到, 建立分类的过程与传统的统计函数建立过程有所不同, 并非事先假定数据分布结构, 再通过参数估计过程确定函数, 而是直接针对每个待判点, 根据距离该点最近的训练样本的分类或取值情况做出分类. 因此 k 近邻方法是典型的非参数方法, 也是非线性分类模型的良好选择.

k 近邻法最感兴趣的问题是 k 如何选取. 最简单的情况是取 $k=1$, 这样得到的分类模型相当不稳定, 每个点的状态仅由离它最近的点的类别决定, 这样的分类模型显然很不稳定, 对训练数据过于敏感. 提高 k 值, 可以得到较为平滑且方差小的模型, 但过大的 k 将导致取平均的范围过大, 从而增大了估计的偏差, 预测误差会比较大. 于是又一次产生了模型选择中的偏差和方差平衡问题. 这个问题在技术上通常有两种方法. ① 误差平衡法: 选定测试集, 将 k 由小变大逐渐递增, 计算测试

误差,制作 k 与测试误差的曲线图,从中确定使测试误差最小且适中的 k 值. ② 交叉验证法:对于较小的数据集,为了分离出测试集合而减小训练集合是不明智的,因为最佳的 k 值显然依赖于训练数据集中数据点的个数. 一种有效的策略(尤其是对于小数据集)是采用 "留出一个"(leaving-one-out) 交叉验证评分函数替代前面的一次性测试误差来选择 k.

k 近邻法的第二个问题是维数问题,利用空间距离远近作为训练样本之间的差距的最大问题在于维数灾难. 增加变量的维数,会使数据变得越来越稀疏,这会导致每一点附近的真实密度估计出现较大偏差. 所以,k 近邻法更适用于低维的问题.

另外,不同测量的尺度也会极大地影响分类模型,因为距离的计算中那些尺度较大的变量会较尺度较小的变量更容易对分类结果产生重要影响,所以一般在运用 k 近邻之前对所有变量实行标准化.

例 9.2 对鸢尾花数据应用 Sepal.Length,Setal.Width 两个输入变量,用 R 中的 knn 函数构造分类模型,并计算训练分类错误率,示范程序如下:

```
library(class)
attach(iris)
train<-iris[,1:2]
y<-as.numeric(Species)
x<-train
fit<-knn(x,x,y)
1-sum(y==fit)/length(y)
```

上例中,R 中的 knn() 函数使用的是欧氏距离,可以设定不同的 k,默认时 $k=1$. 本例中,我们的输出训练误差在 0.07 左右,每次结果不完全相同,原因是 k 近邻的点可能多于 k 个,即其中有多于一个点到待判点的距离相同,这时 R 中采取的是随机选点的方式,从而出现重复程序结果不一致的情况.

9.4 决 策 树

9.4.1 决策树基本概念

决策树 (decision tree) 是一种树状分类结构模型. 它是一种通过变量值拆分建立分类规则,又利用树形图分割形成概念路径的数据分析技术. 决策树的基本思想由两个关键步骤组成:第一步对特征空间按变量对分类效果影响大小进行变量和变量值选择;第二步用选出的变量和变量值对数据区域进行矩形划分,在不同的划分区间进行效果和模型复杂性比较,从而确定最合适的划分,分类结果由最终划分区域优势类确定. 决策树主要用于分类,也可以用于回归,与分类的主要差异在于选择变量的标准不是分类的效果,而是预测误差.

20 世纪 60 年代, 两位社会学家 Morgan 及 Sonquist 在密歇根大学 (university of michigan) 社会科学研究所发展了 AID(Automatic Interaction Detection) 程序, 这可以看成是决策树的早期萌芽. 1973 年 Leo Breiman 和 J.Friedman 独立将决策树方法用于分类问题的研究上, 20 世纪 70 年代末, 机器学习研究者 J.R.Quinlan 开发出决策树 ID3 算法, 提出用信息论中的信息增益 (information gain) 作为决策树属性拆分节点的选择, 从而产生分类结构的程序. 20 世纪 80 年代以后决策树发展飞快, 1984 年 Leo Breiman 将决策树的想法整理成 CART(Classification and Regression Trees) 算法; 1986 年, J.C.Schlinner 提出 ID4 算法; 1988 年, P.E.U.tgoff 提出 ID5R 算法; 1993 年, Quinlan 在 ID3 算法的基础上研究开发出 C4.5, C5.0 系列算法. 这些算法标志着决策树算法家族的诞生.

这些算法的基本设计思想是通过递归算法将数据拆分成一系列矩形区隔. 建立区隔形成概念的过程以树的形式展现. 树的根节点显示在树的最上端, 表示关键拆分节点, 下面依次与其他节点通过分枝相连, 张成一幅 "提问 - 判断 - 提问" 的树形分类路线图. 决策树的节点有两类, 分枝节点和叶节点. 分枝节点的作用是对某一属性的取值提问, 根据不同的判断, 将树转向不同的分枝, 最终到达没有分枝的叶节点. 叶节点上表示相应的类别. 由于决策树采用一系列简单的查询方式, 一旦建立树模型, 以树模型中选出的属性重新建立索引, 就可以用结构化查询语言 SQL 执行高效的查询决策, 这使得决策树迅速成为联机分析 (OLAP) 中重要的分类技术. Quinlan 开发的 C4.5 是第二代决策树算法的代表, 它要求每个拆分节点仅由两个分枝构成, 从而避免了属性选择的不平等问题.

最佳拆分属性的判断是决策树算法设计的核心环节. 拆分节点属性和拆分位置的选择应遵循数据分类"不纯度"减少最大的原则, 常用度量信息"不纯度"的方法有三种. 以下以离散变量为例定义节点信息. 假设节点 G 处待分的数据一共有 k 类, 记为 $c_1, \cdots, c_k$, 那么 G 处的信息 $I(G)$ 可以如下定义.

(1) 熵不纯度: $I(G) = -\sum_{j=1}^{k} p(c_j) \ln(p(c_j))$, 其中 $p(c_j)$ 表示节点 G 处属于 c_j 类样本数占总样本的频数. 如果离散变量 $X \in \{x_1, \cdots, x_i, \cdots\}$, 用 $X = x$ 拆分节点 G, 则定义信息增益 $I(G|X = x)$ 为

$$I(G|X = x) = -\sum_{j=1}^{k} p(c_j|x) \ln(p(c_j|x)).$$

拆分变量 X 对节点 G 的信息增益 $I(G|X)$ 定义为

$$I(G|X) = -\sum_{X \in \{x_1, \cdots, x_i, \cdots\}} \sum_{j=1}^{k} p(c_j|x_i) \ln(p(c_j|x_i)).$$

(2) GINI 不纯度：$I(G) = -\sum_{j=1}^{k} p(c_j)(1-p(c_j))$，它表示节点 G 类别的总分散度. 拆分变量任意点拆分的信息和拆分变量的信息度量与熵的定义类似.

(3) 分类异众比：$I(G) = 1 - \max\{p(c_j)\}$，表示节点 G 处分类的散度. 拆分变量任意点拆分的信息和拆分变量的信息度量与熵的定义类似.

拆分变量和拆分点的选择是使得 $I(G)$ 改变最大的方向，如果 s 是由拆分变量定义的划分，那么

$$s^* = \mathrm{argmax}(I(G) - I(G|s)).$$

s^* 为最优的拆分变量定义的拆分区域.

首先注意到以上定义的三种信息度量，都是从不同角度测量了类别变量的分散程度，当类别分散较大时，意味着信息大，类别不确定性较高，需要对数据进行划分. 划分应该降低不确定性，也就是划分后的信息应该显著低于划分前，不确定性应减弱，确定性应增强. 以两类和熵信息度量为例，$I(G) = -p_1 \ln p_1 - (1-p_1) \ln(1-p_1)$，最大值在 $p_1 = 0.5$ 处达到，这是两类势均力敌的情况，体现了最大的不确定性. $p_1 = 0$ 或 $p_1 = 1$ 处，只有一类，$I(G) = 0$ 体现了类别的确定性. 于是 $I(G)$ 度量了信息的大小，通过 $I(G)$ 和条件信息 $I(G|X)$ 可以测量信息的变动，所以可以通过这些信息量作为划分的依据.

有了信息定义之后，可以根据变量对条件信息的影响大小选择拆分变量和变量值如下.

① 对于连续变量，将其取值从小到大排序，令每个值作为候选分割阈值，反复计算不同情况下树分枝所形成的子节点的条件不纯度，最终选择使不纯度下降最快的变量值作为分割阈值.

② 对于离散变量，各分类水平依次划分成两个分类水平，反复计算不同情况下树分枝所形成的子节点的条件不纯度，最终选择不纯度下降最快的分类值作为分割阈值.

最后判断分枝结果是否达到了不纯度的要求或是否满足迭代停止的条件，如果没有则再次迭代，直至结束.

9.4.2 CART

CART 算法又称为分类回归树，当目标变量是分类变量时，则为分类树，当目标变量是定量变量时，则为回归树. 它以迭代的方式，从树根开始反复建立二叉树. 考虑一个具有两类的因变量 Y 和两个特征变量 X_1, X_2 的数据. CART 每次选择一个特征变量把区域划分为两个半平面如 $X_1 \leqslant t_1, X_1 > t_1$. 经过不断划分之后，特

征空间被划分为矩状区域 (形状上是一个盒子), 如图 9.1 所示. 任意待预测点 x 预测为包含它的最小矩形区域上的类.

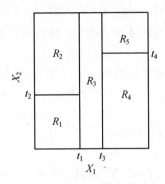

图 9.1 CART 对数据的划分

现在较为详细地给出 CART 算法的拆分方法, 考虑拆分变量 j 和拆分点 s, 定义一对半平面:

$$R_1(j,s) = \{X|X_j \leqslant s\}, \qquad R_2(j,s) = \{X|X_j > s\}.$$

搜索下式, 求出分类变量 j 和分裂点 s:

$$\min_j \left[\min_{x_i \in R_1(j,s)} \sum_{k=1}^K p_{m_k}(1-p_{m_k}) + \min_{x_i \in R_2(j,s)} \sum_{k=1}^K p_{m_k}(1-p_{m_k}) \right].$$

找到最好的拆分后, 将数据划分为两个结果区域, 对每个区域重复拆分过程.

最后将空间划分为 M 个区域 $R_1, R_2, \cdots, R_M$, 区域 R_m 对应为势最大的类 c_m, 该 CART 预测模型为

$$\hat{f}(\boldsymbol{x}) = \sum_{i=1}^M c_m I(x \in R_i). \tag{9.10}$$

从上面来看, CART 使用的是 GINI 信息度量方法选择变量.

下面我们介绍 R 软件中决策树所采用的算法: CART.

9.4.3 决策树的剪枝

从以上决策树的生成过程看, 分类决策树可以通过深入拆分实现对训练数据的完整分类, 如果仅有拆分没有停止规则必然得到对训练数据完整拆分的模型, 这样的模型无法较好地适用于新数据, 这种现象称为模型的过度拟合. 另一方面, 过小的细分树也不能较好地捕捉到重要的分布的结构特点. 于是需要将决策树剪掉一些枝节, 避免决策树过于复杂, 从而增强决策树对未知数据的适应能力, 这个过程称为剪枝. 剪枝一般分为"预剪枝"和"后剪枝". "预修剪"的做法是: 在每一次拆分前, 判断拆分后的两个区域的异质性显著大于某个事先给定的阈值, 才决定拆

分, 否则不作拆分. "预修剪"拆分的一个缺陷是: 如果在树生成的早期运用此策略, 可能会导致应该被拆分的程序较早地被禁止.

CART 算法采用的是另一种称为"后修剪"的策略, 首先生成一棵较大的树 T_0, 仅当达到树生长的最大深度时才停止拆分. 接着用"复杂性代价剪枝法"修剪这棵大树.

定义子树 $T \subset T_0$ 是待修剪的树, 用 m 表示 T 的第 m 个叶节点, $|\tilde{T}|$ 表示子树 T 的叶节点数, R_m 表示叶节点 m 处的划分, n_m 表示 R_m 的数据量. 用 $|T|$ 代表树 T 中端节点的个数.

对子树 T 定义复杂性代价测度:

$$R_\alpha(T) = \sum_{m=1}^{|\tilde{T}|} n_m \text{GINI}(R_m) + \alpha |\tilde{T}|.$$

树叶节点的整体不确定性越强, 越表示该树过于复杂. 对每个保留的树 $T_\alpha \subset T_0$ 应使 $R_\alpha(T)$ 最小化. 显然, 较大的树比较复杂, 拟合优度好但适应性差, 较小的树简约, 拟合优度差, 但适应性好. 参数 $\alpha \geqslant 0$ 的作用是在树的大小和树对数据的拟合优度之间折中, α 的估计一般通过 5 折或 10 折交叉验证实现.

9.4.4 回归树

CART 的回归树和分类树的不同在于: 搜索分裂变量 j 和分裂点 s 时求解

$$\min_{j,s} \left[\min_{c_1} \sum_{x_i \in R_1(j,s)} p_{m_k}(1 - p_{m_k}) + \min_{c_2} \sum_{x_i \in R_2(j,s)} p_{m_k}(1 - p_{m_k}) \right].$$

其中 c_1, c_2 用下式估计:

$$\hat{c}_1 = \text{avg}\{y_i | x_i \in R_1(j,s)\}, \hat{c}_2 = \text{avg}\{y_i | x_i \in R_2(j,s)\}.$$

目的是使平方和 $\sum_i (y_i - f(x_i))^2$ 最小.

9.4.5 决策树的特点

一般认为, 决策树有以下优点:

(1) 决策树不固定模型结构, 适用于非线性分类问题;

(2) 决策树给出完整的规则表达式, 概念清晰, 容易解释;

(3) 决策树可以选择出构成概念的重要因素;

(4) 决策树给出了影响概念重要因素的影响序, 一般距离根节点近的变量比距离根节点远的变量对概念的影响较大;

(5) 决策树适用于各种类型的预测变量, 当数据量很大时, 变量中如存在个别离群点, 一般不会对决策树整体结构造成太大影响.

决策树主要的不足是树的不稳定性. 由于树的拆分完全依赖每个点的空间位置, 如果位于拆分边界点上的点发生较小变化, 则可能导致一系列完全不同的拆分, 从而建立完全不同的树. 另一方面, 实际中评估每一点对树的影响程度在建立树之前却是很难的, 这些问题都导致决策树可能有较大方差. 另外, 决策树仅考虑矩形划分, 显然只适用于预测变量无关的情形, 当预测变量之间关系比较显著的时候, 决策树更容易陷入局部最优循环, 破坏了树的直观性. 另外, 决策树的"后剪枝"常常过于保守, 复杂树的避免不总是有效. 尽管如此, 决策树作为从大规模数据中探索概念构成的代表, 是弱化模型结构仅从数据出发创建概念的典型, 决策树因此而成为数据挖掘的典型技术得到广泛探讨和应用.

例 9.3(见光盘数据 Titanic.xls)　数据集 Titanic 给出的是英国历史上著名的远洋客轮 (Titanic 号) 发生撞击冰山沉船事件后人员存活的信息, 该数据中统计了沉船当日所有在船上的人员 2201 位, 对每个人统计了 4 项特征: class(舱位), sex(性别), age(年龄, 分成年和未成年人), survived(是否幸存, 1 表示失踪, 0 表示存活).

以下我们使用 R 决策树方法对上述训练数据建立模型, 揭示船上人员幸存的关键因素, 绘制树形图, R 程序如下:

```
library(rpart)
x=titanic
names(x)
fit=rpart(survived~.,x,method="class")
y.pr=predict(fit,x)
yhat=ifelse(y.pr[,1]>0.5,1,0)
table(yhat, x[,4])
plot(fit,asp=5)
text(fit,use.n=T,cex=0.6)
print(fit)
```

对 Titanic 数据的决策树图如图 9.2 所示, 分析发现, 在这起事件中, 存活率最

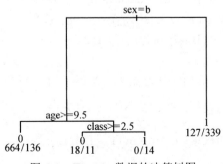

图 9.2　Titanic 数据的决策树图

高的是女性 0.727, 其次为小于 9.5 岁的儿童为 0.581, 灾难面前妇幼先行的人道主义伟大情怀的概念在决策树结构中得以彰显.

9.5 Boosting

9.5.1 Boosting 方法

实际中, 用一个模型决定一组数据的分类常常是不现实的, 一个对数据分类描述的比较清晰的模型也许异常复杂, 用一个模型很难避免不出现过度拟合. 组合模型是一个思路, 它的基本原理是: 用现成的方法建立一些精度不高的弱分类器或回归, 将这些效果粗糙的模型组合起来, 组合成一个整体分类系统, 达到改善整体模型性能的效果. Boosting 方法是这种思想的一个代表, Boosting 方法的操作对象是误差率只比随机猜测略好一点的弱分类器, Boosting 设计算法反复调整误判数据的权重, 依次产生一个个弱分类器序列: $h_m(\boldsymbol{x}), m = 1, 2, \cdots, M$. 最后用投票方法 (voting) 产生最终预测模型:

$$h(\boldsymbol{x}) = \text{sign}\left(\sum_{m=1}^{M} \alpha_m h_m(\boldsymbol{x})\right). \tag{9.11}$$

式中, α_m 是相应弱分类器 $h_m(\boldsymbol{x})$ 的权重. 赋予分类效果较好的分类器以相应较大的权重. 经验和理论都表明, Boosting 方法能够显著提升弱分类器的性能.

9.5.2 AdaBoost.M1 算法

基本 Boosting 思想有很多变形. AdaBoost 算法是 Boosting 家族最具代表性的算法, 在 AdaBoost 算法的基础之上又出现了更多的 Boosting 算法, 如 GlmBoost 和 GbmBoost 等. AdaBoost.M1 算法是比较流行的方法之一, 它的主要功能是作分类, 最早是由 Freund 和 Schapire(1997) 提出的. 下面我们以两类为例, $(\boldsymbol{x}_1, y_1), (\boldsymbol{x}_2, y_2), \cdots, (\boldsymbol{x}_n, y_n), \boldsymbol{x}_i \in \mathbb{R}^d, y_i \in \{+1, -1\}$ 是训练数据, $W_t(i)$ 表示第 t 次迭代时样本的权重分布, 给出 AdaBoost.M1 算法.

(1) 输入训练数据: $(\boldsymbol{x}_1, y_1), (\boldsymbol{x}_2, y_2), \cdots, (\boldsymbol{x}_n, y_n)$.
(2) 初始化: $W_1 = \{W_1(i) = 1/n, i = 1, 2, \cdots, n\}$.
(3) For $t = 1, 2, \cdots, T$
① 在 W_t 下训练, 得到弱学习器 $h_t : X \mapsto \{-1, +1\}$.
② 计算分类器的误差: $E_t = \dfrac{1}{n}\sum W_t(i) I[h_t(\boldsymbol{x}_i) \neq y_i]$.
③ 计算分类器的权重: $\alpha_t = \dfrac{1}{2}\ln[(1 - E_t)/E_t]$.
④ 更改训练样本的权重: $W_{t+1}(i) = W_t(i) \mathrm{e}^{-\alpha_t y_i h_t(\boldsymbol{x}_i)} / Z_t$.

(4) 输出：$H(\boldsymbol{x}) = \text{sign}\left(\sum_{t=1}^{T} \alpha_t h_t(\boldsymbol{x})\right)$.

Z_t 为归一化因子，保证样本服从一个分布. 除非病态问题，大部分情况下，只要每个分量 $h_t(\boldsymbol{x})$ 都是弱学习器，那么当迭代次数 T 充分大，组合分类器 $g(\boldsymbol{x})$ 的训练误差可以任意小，即有

$$E = \prod_{t=1}^{T}\left[2\sqrt{E_t(1-E_t)}\right] = \prod_{t=1}^{T}\sqrt{1-4G_t^2} \leqslant \exp\left(-2\sum_{t=1}^{T}G_t^2\right), \qquad (9.12)$$

其中 $E_t = \frac{1}{2} - G_t$.

从算法中，我们看到，Adaboost 首先为训练集指定分布为 $\frac{1}{n}$，这表示最初的训练集中，每个训练样例的权重都一致地等于 $\frac{1}{n}$. 调用弱学习算法进行 T 次迭代，每次迭代后，按照训练样例在分类中的效果进行分布调整：训练失败的样例赋予较大的权重，训练正确的训练样例赋予较小的权重，使得下一个分类器更关注那些错分样例，也就是令学习算法对比较难的训练样例进行有针对性的学习. 这样，每次迭代都能产生一个新的预测函数，这些预测函数形成序列 $h_1, h_2, \cdots, h_t$，每个预测函数可能针对不同的样本点. 每个预测函数 h_i 根据它对训练整体样例的贡献赋予不同的权重，如果函数整体预测效果好，误判概率较低，则赋予较大权重. 经过 T 次迭代后，产生分类问题的组合预测函数 H，用 H 作决策，相当于对各分量预测函数加权平均投票决定最终的结果，回归是相似的.

使用 AdaBoost 的方法之后，可以将学习准确率不高的单个弱学习器提升为准确率较高的最终预测函数结果. 图 9.3 给出了 AdaBoost 的算法过程.

Boosting 算法自产生后受到人们广泛关注. 在实际应用中，我们不需要将所有的精力都集中在开发一个预测精度很高的算法，而只需找到一个比随机猜测略好的弱学习算法，通过选择合适的迭代次数，可以通过 Boosting 将弱学习算法提升为强学习算法，不仅提高了预测精度，而且更有利于解释不同的样本点主要是从哪些分类器中产生的. Leo Breiman 把基于树分类器的 Boosting 算法说成是：世界上最好的现成的分类器，不需要事先花费许多代价进行数据的清理，因为事实上很多时候很难决定哪些数据需要进行怎样的清洗，但是如果它们的特点和正常数据显著不同，那么就会在专门的学习器中得到表现，这使得对主流信息分类的把握更有效率.

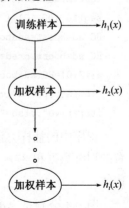

图 9.3 AdaBoost 示意图

Boosting 算法的缺陷在于它的迭代速度较慢 (当迭代次数比较多, 数据量比较

大时, 会占用较长时间). Boosting 生成的组合模型在一定程度上依赖于训练数据和弱学习器的选择, 训练数据不充足或者弱学习器太"弱"时, 其训练精度提高缓慢. 另外, Boosting 还易受到噪声数据的影响, 这是因为它可能为噪声数据分配较大权重, 使得对噪声的拟合成为达到预先指定预测优度的主要努力方向.

例 9.4 乳腺癌数据 (BreastCancer) 是由 Dr.Wolberg 收集的临床案例, 有 699 个观测, 11 个变量. 目标是判别第 11 个变量 (乳腺癌) 良性 (benign) 还是恶性 (malignant). 其他预测变量有: Cell.size(肿块大小), Cell.shape (肿块形状), Bare.nuclei (肿块中核个数), Normal.nucleoli(正常的核仁个数) 等.

我们先用 Bootstrap 方法在乳腺癌数据中分离出训练集和测试集. 在训练集上, 用 AdaBoost 方法建立判断乳腺癌是否良性的分类器, 用测试集检验分类器的误差. 以下是 Adaboost 方法用在乳腺癌数据上的 R 程序:

```
install.packages("adabag")
library(adabag)
library(rpart)
library(mlbench)
data(BreastCancer) set.seed(12345)
sa=sample(1:length(BreastCancer[,1]),replace=T)
train=BreastCancer[unique(sa),-1]
test=BreastCancer[-unique(sa),-1]
sa=sample(1:length(BreastCancer[,1]),replace=F)
train=BreastCancer[unique(sa),-1]
test=BreastCancer[-unique(sa),-1] a=rep(0,10) for(i in
seq(10,100,10)){
BC.adaboost=adaboost.M1(Class~.,data=train,mfinal=i,maxdepth=3);
BC.adaboost.pred=predict.boosting(BC.adaboost,test);
a[i/10]=BC.adaboost.pred$erro; }
plot(a,type="o",main="Adaboost",xlab="The number of
iterative",ylab="test error")
```

程序中的抽样方法采用有放回抽样再消除重复数据的方法, 可能得到 63% 左右的训练数据和 37% 左右的测试数据. 当然这种方法也可以用不重复抽样的方法替代.

图 9.4 分别是 AdaBoost 迭代次数为 10 次、20 次、 30 次、……100 次时的测试误差, 注意到分类器的测试误差随着迭代次数的增加有明显的下降. 这一现象是 Boosting 可以从一定程度上避免过度拟合的具体体现.

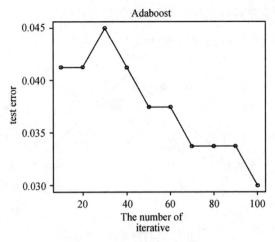

图 9.4 AdaBoost 效果图

9.6 支持向量机

支持向量机 (support vector machine, SVM) 是寻找稳健分类模型的一种代表性技术. 支持向量机的思想最早在 1936 年 Fisher 构造判别函数时就已经显露出来, Fisher 构造的两组数据之间的判别模型是过两个集合中心位置的中垂线, 中垂线体现的就是稳健模型的思想. 1974 年 Vladimir N. Vapnik 和 Chervonenkis 建立了统计学习理论, 比较正式地提出结构风险建模的思想, 这种思想认为稳健预测模型的建立可以通过设计结构风险不断降低的算法建模过程实现, 该过程以搜索到结构风险最小为目的. 20 世纪 90 年代 Vapnik 基于小样本学习问题正式提出支持向量机的概念.

除了稳健性的概念以外, 使用核函数解决非线性问题是 SVM 另一个吸引人的地方, 即将低维空间映射到高维空间, 在高维空间构造线性边界, 再还原到低维空间, 从而解决非线性边界问题.

9.6.1 最大边距分类

首先考虑最简单的情况: 数据线性可分的两分类问题. 训练数据为 n 个对: $(\boldsymbol{x}_1, y_1), (\boldsymbol{x}_2, y_2), \cdots, (\boldsymbol{x}_n, y_n)$, 其中 $\boldsymbol{x}_i \in \mathbb{R}^p$ 为特征变量; $y_i \in \{-1, +1\}$ 为因变量.

图 9.5 中给出了一组二维两类数据的训练集, 实心点和空心点表示两个不同的类. 该数据集是线性可分的, 因为可以绘制一条直线将 +1 的类和 −1 的类分开. 显然该图上这样的直线可以有很多条. 自然的一个问题是, 哪一条最好, 是否存在一条直线能把数据中不同的类别分开, 当面对新数据时适应性最好, 如果存在, 如何

找到？如果特征变量超过二维, 则要寻找的是最佳超平面.

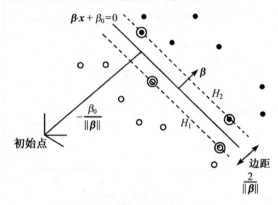

图 9.5 支持向量机二维示意图

要找出最佳超平面, 首先要给出衡量超平面"好坏"的标准. 把超平面同时向两侧平行移动, 直到两侧分别遇到各自在训练集上第一个点停下, 这两个点是距离超平面最近的两个点, 这时两个已移动的超平面之间的距离定义为边距 (margin). 支持向量机算法搜索的最佳超平面就是具有最大边距 (margin) 的超平面. 直觉上, 具有最大边距的超平面有更好的适应能力, 更稳健.

下面给出超平面的定义:

$$\{\boldsymbol{x} : f(\boldsymbol{x}) = \boldsymbol{x}^{\mathrm{T}}\boldsymbol{\beta} + \beta_0 = 0\}. \tag{9.13}$$

其中, $\boldsymbol{\beta}$ 是单位向量. 由 $f(\boldsymbol{x})$ 导出的分类规则也称判决函数:

$$G(\boldsymbol{x}) = \mathrm{sign}[\boldsymbol{x}^{\mathrm{T}}\boldsymbol{\beta} + \beta_0]. \tag{9.14}$$

可以看到如果点 $\boldsymbol{x}_i$ 满足 $\boldsymbol{x}_i^{\mathrm{T}}\boldsymbol{\beta} + \beta_0 > 0$, 则 $G(\boldsymbol{x})$ 把 $\boldsymbol{x}_i$ 分为 1 类, 否则分为 -1 类. 通过判决函数 $G(\boldsymbol{x})$ 可以计算出该定义下超平面的边距为 $m = \boldsymbol{\beta}^{\mathrm{T}}(\boldsymbol{x}_i - \boldsymbol{x}_j)$. $\boldsymbol{x}_i, \boldsymbol{x}_j$ 为超平面向两侧平移最先相交的点.

由于类是可分的, 调整 $\boldsymbol{\beta}$ 和 β_0 的值, 使得对任意的 i 有: $y_i f(\boldsymbol{x}_i) > 0$. 要找到在类 1 和类 -1 的训练点之间产生最大的边距的超平面, 相当于解最优化问题:

$$\begin{aligned} &\max_{\boldsymbol{\beta},\beta_0,\|\boldsymbol{\beta}\|=1} m, \\ &\mathrm{s.t.}\ \ y_i(\boldsymbol{x}_i^{\mathrm{T}}\boldsymbol{\beta} + \beta_0) \geqslant m, i = 1, 2, \cdots, n. \end{aligned} \tag{9.15}$$

这相当于寻找将所有点分得最开的最大边距所对应的超平面, 边距为 $2m$. 注意到其实距离并非本质, 距离由超平面的法线决定, 于是归一化边距后, 式 (9.15) 的最

优化问题等价于

$$\max_{\boldsymbol{\beta},\beta_0} \frac{1}{||\boldsymbol{\beta}||}, \tag{9.16}$$
$$\text{s.t.} \quad y_i(\boldsymbol{x}_i^{\mathrm{T}}\boldsymbol{\beta}+\beta_0) \geqslant 1, i=1,2,\cdots,n.$$

相应的边距为 $m = 2/||\boldsymbol{\beta}||^2$.

实际中更为常见的是, 特征空间上存在个别的点不能用超平面分开, 这是训练集线性不可分的情况. 处理这类问题的一种办法仍然是极大化边距, 但允许某些点在边距的错误侧. 此时, 定义松弛变量 $\boldsymbol{\xi} = (\xi_1, \xi_2, \cdots, \xi_n)$, 将问题 (9.16) 中的约束条件改写为

$$\text{s.t.} \quad y_i(\boldsymbol{x}_i^{\mathrm{T}}\boldsymbol{\beta}+\beta_0) \geqslant C(1-\xi_i), \quad i=1,2,\cdots,n.$$

对于两边距之间的点 $\xi_i > 0$, 两边距外的点 $\xi_i = 0$, 边距之外错分的点 $\xi_i > 1$, 用约束

$$\sum_i \xi_i \leqslant 常量 C$$

可以限制错分点的个数.

在不可分情况下, 最优化问题变为

$$\min_{\boldsymbol{\beta},\beta_0,\boldsymbol{\xi}} \quad ||\boldsymbol{\beta}|| + C\sum_{i=1}^{n}\xi_i,$$
$$\text{s.t.} \quad \begin{cases} y_i(\boldsymbol{x}_i^{\mathrm{T}}\boldsymbol{\beta}+\beta_0) \geqslant 1-\xi_i, \\ \xi_i \geqslant 0, i=1,2,\cdots,n. \end{cases} \tag{9.17}$$

支持向量机的解可以通过最优化问题来解决.

9.6.2 支持向量机问题的求解

首先注意到最优化问题 (9.17) 等价于下式:

$$\min_{\boldsymbol{\beta},\beta_0} \quad \frac{1}{2}||\boldsymbol{\beta}||^2 + \gamma\sum_{i=1}^{n}\xi_i, \tag{9.18}$$
$$\text{s.t.} \quad 1-\xi_i-y_i(\boldsymbol{x}_i^{\mathrm{T}}\boldsymbol{\beta}+\beta_0) \leqslant 0, \xi_i > 0, \forall i=1,2,\cdots,n,$$

γ 与问题 (9.17) 中常量 C 的作用是一样的. 问题 (10.16) 的最优化可以转化为相应 Lagrange 函数的极值问题, 其 Lagrange 函数问题为

$$\mathcal{L}(\boldsymbol{\beta},\beta_0,\boldsymbol{\alpha},\boldsymbol{\xi}) = \frac{1}{2}\boldsymbol{\beta}^{\mathrm{T}}\boldsymbol{\beta} + \gamma\sum_{i=1}^{n}\xi_i - \sum_{i=1}^{n}\alpha_i[y_i(\boldsymbol{x}_i^{\mathrm{T}}\boldsymbol{\beta}+\beta_0)-(1-\xi_i)] - \sum_{i=1}^{n}\mu_i\xi_i. \tag{9.19}$$

Lagrange 函数的极值问题等价于具有线性不等式约束的二次凸最优化问题, 我们使用 Lagrange 乘子来描述一个二次规划的解.

初始化问题 (9.19) 重写为

$$\min_{\boldsymbol{\beta}} \max_{\alpha_i \geqslant 0, \beta_0, \xi_i \geqslant 0} \mathcal{L}(\boldsymbol{\beta}, \beta_0, \boldsymbol{\alpha}, \boldsymbol{\xi}), \tag{9.20}$$

问题 (9.20) 的对偶问题为

$$\max_{\alpha_i \geqslant 0, \xi_i \geqslant 0} \min_{\beta_0, \boldsymbol{\beta}} \mathcal{L}(\boldsymbol{\beta}, \beta_0, \boldsymbol{\alpha}, \dot{\boldsymbol{\xi}}). \tag{9.21}$$

要使 $\mathcal{L}$ 最小, 需要 $\mathcal{L}$ 对 $\boldsymbol{\beta}, \beta_0, \xi_i$ 的导数为零:

$$\boldsymbol{\beta} - \sum_{i=1}^{n} \alpha_i y_i \boldsymbol{x}_i = \mathbf{0}, \tag{9.22}$$

$$\sum_{i=1}^{n} \alpha_i y_i = 0, \tag{9.23}$$

$$\alpha_i = \gamma - \mu_i, \quad \forall i = 1, 2, \cdots, n. \tag{9.24}$$

注意: $\alpha_i, \mu_i, \xi_i \geqslant 0$.

把式 (9.22), 式 (9.23), 式 (9.24) 代入式 (9.19), 得到支持向量机的最优化问题的 Lagrange 对偶目标函数:

$$\mathcal{L}_D = \sum_{i=1}^{n} \alpha_i - \frac{1}{2} \sum_{i,j=1}^{n} \alpha_i \alpha_j y_i y_j \boldsymbol{x}_i^{\mathrm{T}} \boldsymbol{x}_j. \tag{9.25}$$

由式 (9.25) 可知: 现在需要找到合适的 $\beta_0, \boldsymbol{\beta}$ 使 $\mathcal{L}_D$ 最大. 在 $0 \leqslant \alpha_i \leqslant \gamma$ 和 $\sum_{i=1}^{n} \alpha_i y_i = 0$ 的约束下, 考虑 Karush-Kuhn-Tucker 条件的另外 3 个约束:

$$\alpha_i [y_i(\boldsymbol{x}_i^{\mathrm{T}} \boldsymbol{\beta} + \beta_0) - (1 - \xi_i)] = 0, \tag{9.26}$$

$$\mu_i \xi_i = 0, \tag{9.27}$$

$$y_i(\boldsymbol{x}_i^{\mathrm{T}} \boldsymbol{\beta} + \beta_0) - (1 - \xi_i) \geqslant 0. \tag{9.28}$$

以上 3 式对 $i = 1, 2, \cdots, n$ 都成立. 式 (9.22), (9.23), (9.24), (9.25), (9.26), (9.27), (9.28) 共同给出原问题和对偶问题的解. $\boldsymbol{\beta}$ 的解具有如下形式:

$$\hat{\boldsymbol{\beta}} = \sum_{i=1}^{n} \hat{\alpha}_i y_i \boldsymbol{x}_i, \tag{9.29}$$

其中满足式 (9.26) 的观测 i 有非 0 系数 $\hat{\alpha}_i$, 这些观测称为支持向量 (support vector). 根据前面 6 个式子解出支持向量 $\hat{\alpha}_i$ 后, 可得

$$\hat{G}(\boldsymbol{x}) = \mathrm{sign}(\boldsymbol{x}^{\mathrm{T}} \hat{\boldsymbol{\beta}} + \hat{\beta}_0). \tag{9.30}$$

9.6.3 支持向量机的核方法

虽然引入软松弛变量可以解决部分的线性不可分问题,但是当不可分的数据成一定规模时,需要有比线性函数更富有表现力的非线性边界.核函数是解决非线性可分问题的一种想法,它的基本思想是引入基函数,将样本空间映射到高维,低维线性不可分的情况在高维上可能得到解决.

假设将 x_i 映射到高维 $h(x_i)$,式 (9.25) 有形式:

$$\mathcal{L}_D = \sum \alpha_i - 1/2 \sum \sum \alpha' \alpha y_i y_i' \langle h(x_i), h(x_i') \rangle. \tag{9.31}$$

由 (9.13) 式,解函数可以重写为

$$f(x) = h(x)^{\mathrm{T}} \beta + \beta_0 = \sum_{i=1}^{n} \alpha_i \langle h(x), h(x') \rangle + \beta_0. \tag{9.32}$$

由于上式运算只涉及内积,所以不需要指定变换 $h(x)$,只需知道内积的形式即核函数就可以.定义核函数为

$$K(x, x') = \langle h(x_i), h(x_i') \rangle.$$

比较常见的核函数有以下 3 种.
(1) d 次多项式: $K(x, x') = (1 + \langle x, x' \rangle)^d$.
(2) 径向基: $K(x, x') = \exp(-||x - x'||^2/c)$.
(3) 神经网络: $K(x, x') = \tanh(\kappa_1 \langle x, x' \rangle + \kappa_2)$.
例如,考虑一个只有二维的特征空间,给定一个二次多项式核:

$$\begin{aligned} K(x, x') &= (1 + \langle x, x' \rangle)^2 \\ &= (1 + x_1 x_1' + x_2 x_2')^2 \\ &= 1 + 2 x_1 x_1' + 2 x_2 x_2' + (x_1 x_1')^2 + (x_2 x_2')^2 + 2 x_1 x_1' x_2 x_2'. \end{aligned}$$

这个核函数等价于基函数集:

$$h(X_1, X_2) = (1, \sqrt{2} X_1, \sqrt{2} X_2, X_1^2, X_2^2, \sqrt{2} X_1 X_2).$$

注意到这个基函数可以把二维空间映射到六维空间.

如果在高维可以建立超平面,并将超平面反映射到原空间,分界面可能是弯曲的.一些学者表明如果使用充足的基函数,数据可能会可分,但可能会发生过拟合.所以我们并不直接将样本空间映射到高维,而是通过核函数这种简便的方式,实现高维可分.

例 9.5(见光盘数据 iris.txt) iris 鸢尾花数据是 Fisher 收集的一个数据, 该数据有 150 个观测和 5 个变量: Sepal.Length(花萼片的长度), Sepal.Width(花萼片的宽度), Petal.Length(花瓣的长度), Petal.Width(花瓣的宽度), Species(花的种类, 三种).

本例只考虑二分类问题, 即只对两类花 versicolor 和 virginica, 用花瓣长度和花瓣宽度建立模型预测花的类别. 我们在 R 程序中还绘制了以萼片长度和萼片宽度为坐标轴的散点图, 给出支持向量机模型的判别曲线和支持向量机. 下面是 R 程序:

```
install.packages("e1071")
library(e1071)
data(iris)
x=iris[51:150,c(3,4,5)]
x[,3]=as.character(x[,3])
x[,3]=as.factor(x[,3])
iris.svm =svm(Species~., data =x)
plot(iris.svm,x, Petal.Width ~ Petal.Length)
```

图 9.6 所示为支持向量机二维示意图, 其中判别曲线将空间分成上下两部分, × 号表示支持向量机.

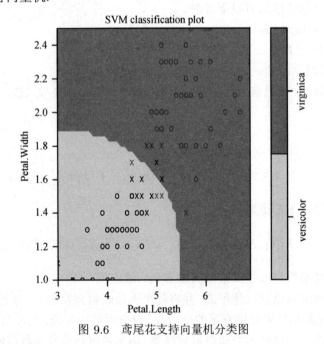

图 9.6 鸢尾花支持向量机分类图

9.7 随机森林树

随机森林树算法 (random forest) 是 Leo Breiman 于 2001 年提出的一种组合多个树分类器进行分类的方法. 随机森林树的基本思想是每次随机选取一些特征, 独立建立树, 重复这个过程, 保证每次建立树时变量选取的可能性一致, 如此建立许多彼此独立的树, 最终的分类结果由产生的这些树共同决定.

9.7.1 随机森林树算法的定义

定义 9.1 令 X 是 p 维输入, H 表示所有变量, Θ_k 是第 k 次独立重复抽取 (bootstrap) 的分类变量构成的集合, $\{h_{\Theta_k}\}$ 是由部分变量训练产生的子分类树, X 的分类由 $\{h_{\Theta_k}, k=1,2,\cdots\}$ 在 X 上的作用 $\{h_{\Theta_k}(\boldsymbol{x})\}$ 公平投票决定, X 分类取所有分类树结果的众数类.

9.7.2 随机森林树算法的性质

给定一列分类树: $h_1(\boldsymbol{x}), h_2(\boldsymbol{x}), \cdots, h_k(\boldsymbol{x})$, 对输入 (X,Y), 定义余量函数 (margin function) 为

$$\mathrm{mg}(X,Y) = \underset{k}{\mathrm{avg}}\, I(h_k(X) = Y) - \max_{Z \neq Y} \underset{k}{\mathrm{avg}}\, I(h_k(X) = Z). \tag{9.33}$$

式中, $I(\cdot)$ 是示性函数, 第一项 avg 表示将 X 判对的平均分类器数, 第二项 avg 表示将 X 判错时判为最多类的平均分类器数, 余量函数度量了随机森林树对输入 X 产生的最低正误偏差. 余量函数可以用于定义随机森林树的预测误差:

$$\mathrm{PE}^* = P_{X,Y}(\mathrm{mg}(X,Y) < 0). \tag{9.34}$$

定理 9.1 当随机森林树中分类器的数目增加时, PE^* 几乎处处收敛于

$$\mathrm{mg}(X,Y) = P_{X,Y}[P_\theta(h_\Theta(X) = Y) - \max_{Z \neq Y} P_\theta(h_\Theta(X) = Z) < 0].$$

其中, θ 表示选用所有变量所建立的分类模型. 定理 9.1 说明随机森林树算法的预测误差会收敛到泛化误差, 这说明随机森林树理论上不会发生过拟合.

于是随机森林树的余量函数定义为

$$\mathrm{mr}(X,Y) = P_\theta(h_\Theta(X) = Y) - \max_{Z \neq Y} P_\theta(h_\Theta(X) = Z).$$

余量反映了随机森林树的整体最低正误率偏差, 显然值越大整体的强度越大, 注意到余量与输入 (X,Y) 有关, 于是强度定义如下.

定义 9.2 树分类器强度定义 (strength) 为

$$s = E_{X,Y} \mathrm{mr}(X, Y).$$

定理 9.2 随机森林树的泛化误差的上界由下式给出:

$$\mathrm{PE}^* \leqslant \overline{\rho}(1 - s^2)/s^2.$$

其中, $\overline{\rho}$ 度量了各个分类树平均相关性的大小. 由定理 9.2 可以看出随机森林树算法的预测误差取决于森林中每棵树的分类效果, 树之间的相关性和强度. 相关性越大, 预测误差可能越大, 相关性越小, 预测误差上界越小; 强度越大, 预测误差越小, 强度越小, 预测误差越大. 预测误差是相关性和强度二者的权衡.

9.7.3 如何确定随机森林树算法中树的节点分裂变量

首先, 由 Bootstrap 方法形成 K 个变量子集. 每个子集 $\Theta_1, \Theta_2, \cdots, \Theta_K$ 单独构建一棵树, 不进行剪枝. 每次构建树时, 需要选择拆分变量. 随机森林变量选择方法与决策树相似, 每个拆分节点处拆分变量确定的基本原则是对训练输入 X 按信息减少最快或信息下降最大的方向选择. 随机森林算法由于不对树进行剪枝, 所以要考虑不同树之间的相关性和子树的简单性, 于是在建立子树时与建立单一的决策树略有不同, 具体而言可分为两种不同的方法, 相应地, 我们称两类随机森林树分别为 Forst-RI(random input) 和 Forst-RC(random combination).

(1) Forst-RI

设 M 为输入变量 (特征变量) 总数, F 为每次拆分时选择用于拆分的备选变量个数, 根据 F 取值不同通常有两种选择. 选择一: $F = 1$, 即每棵树仅由一个从 M 个拆分变量中选出的重要变量生成. 选择二: $F = \mathrm{int}(\ln M + 1)$, 即每棵树拆分时选择的拆分变量总数不超过 $\mathrm{int}(\ln M + 1)$ 个特征变量, 按照信息缩减最快 (或最小) 的原则每次选择最优的一个作为分裂变量进行拆分. 截至目前很多研究显示, $F = 1$ 和 $F = 2$ 甚至更高的 F 效果差不多, 于是很多随机森林的子树常选择 $F = 1$.

(2) Forst-RC

如果输入变量不多, F, M 不大, 由简单的子树组合起来的森林树很容易达到很高的强度, 但子树之间的相关性可能会很高, 从而导致预测误差较大. 于是考虑用一些新变量替换原始变量产生子树. 每次生成树之前, 确定衍生变量由 L 个原始变量线性组合生成, 随机选择 L 个组合变量, 随机分配 $[-1, 1]$ 中选出的权重系数, 产生一个新的组合变量, 如此选出 F 个线性组合变量, 从 F 个变量中按照信息缩减最快 (或最小) 的原则每次选择最优的一个作为分裂变量进行拆分. 例如, $L = 3, F = 8$ 表示每个衍生变量由 3 个原始变量线性组合构成, 每次产生 8 个线性组合变量进行拆分节点选择 (每个线性组合中变量系数均满足 $(-1, 1)$ 上的均匀分布). 实验表明: 当数据集相对变量数很大时, 尝试稍大一点的 F 可能会产生更好的效果.

结合树的性质和两种方法, F 越大树之间的相关性越小, 每棵树的分类效果越好. 所以要让随机森林树取得较好的效果, 一般还是应该取较大的 F, 但 F 大运行的时间稍长. 在 Forst-RI 中, F 大并没有实质性地改善预测误差, 于是经验指出. Forst-RI 中一般取 $F=1$ 或 $F=2$, 对组合 Forst-RC, 可以取稍大的 F, F 一般不必过大.

9.7.4 随机森林树的回归算法

把分类树换成回归树, 把类别替换为每个回归树预测值的加权平均, 就可以将随机森林树转换成随机森林回归算法. 当然回归算法也会遇到如何选择 F 的问题, 和分类不同的是: 随着 F 的增加, 树的相关性增加的速度可能比较慢, 所以可以选择较大的 F 提高预测精度.

9.7.5 有关随机森林树算法的一些评价

Leo Breiman(2001) 的文章中指出, 随机森林树算法经一些实验后显示出以下特点.

(1) 随机森林树是一个有效的预测工具. 很多数据显示能够达到同 Boosting 和自适应装袋 (adaptive bagging) 算法一样好的效果, 中间不需反复改变训练集, 对噪声的稳健性比 Boosting 好.

(2) 能处理数以千计的海量数据, 不需要提前对变量进行删减和筛选.

(3) 能够提高分类或回归问题的准确率, 同时也能避免过拟合现象的出现.

(4) 当数据集中存在大量缺失值时, 能对缺失值进行有效的估计和处理.

(5) 能够在分类或回归过程中估计特征变量或解释变量的重要性.

(6) 随着森林中树的增加, 模型的泛化误差 (generalization error) 已被证明趋向一个上界, 这表明随机森林树对未知数据有较好的泛化能力.

例 9.6 对支持向量机一节介绍的 iris 数据, 首先用 Bootstrap 方法分离出 63% 训练集和 37% 测试集. 用随机森林树方法在训练集上建立预测模型, 在测试集上得出误差率. 以下是 R 程序:

```
install.packages("randomForest")
library(randomForest) data(iris)
d<-sample(1:150, replace = TRUE)
ind<-unique(d)
iris.rf<-randomForest(Species ~ ., data=iris[ind,])
iris.pred<-predict(iris.rf, iris[-ind,])
table(iris[-ind,"Species"],iris.pred)
         iris,    pred
```

	setosa	versicolor	virginica
setosa	20	0	0
versicolor	0	15	0
virginica	0	1	2

从结果看, 随机森林树的预测误差是很小的.

9.8 多元自适应回归样条

多元自适应回归样条法 (multivariate adaptive spline, MARS) 是 J. Friedman 于 1991 年提出的专门用于解决高维回归问题的非参数方法. 它的基本原理不是用原始预测变量直接建立回归模型, 而是对一组特殊的线性基建立回归.

假设 $X_1, X_2, \cdots, X_p$ 为训练集的 p 个特征, 训练数据点在第 j 维特征上的坐标为 $\{\boldsymbol{x}_{1j}, \boldsymbol{x}_{2j}, \cdots, \boldsymbol{x}_{nj}\}$, n 为训练样本量, MARS 基函数集定义为

$$\mathcal{C} = \{(X_j - t)_+, (t - X_j)_+\}, t \in \{\boldsymbol{x}_{1j}, \boldsymbol{x}_{2j}, \cdots, \boldsymbol{x}_{nj}\}, j = 1, 2, \cdots, p.$$

如果所有特征的值都不一样, 则基函数集共有 $2np$ 个函数. 对每个常数 t, 其中 $(\boldsymbol{x} - t)_+$ 和 $(t - \boldsymbol{x})_+$ 称为一个反演对. 反演对中的每个函数是分段线性的, 扭结在值 t 上. 例如, $(\boldsymbol{x} - \boldsymbol{x}_{ij})_+, (\boldsymbol{x}_{ij} - \boldsymbol{x})_+$ 是一个反演对. MARS 基函数如图 9.7 所示.

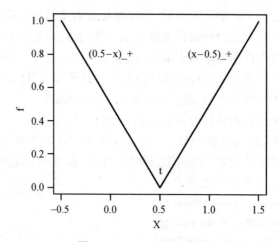

图 9.7 MARS 基函数图

MARS 的预测模型表示如下:

$$\hat{f}(X) = \beta_0 + \sum_{m=1}^{M} \beta_m h_m(X). \tag{9.35}$$

式中 $h_m(X)$ 是 $\mathcal{C}$ 中的某个基函数或多个基函数的乘积.

MARS 预测模型的建立过程分为向前逐步建模和向后逐步建模两个步骤. 向前逐步建模过程主要的任务是构造 $h_m(X)$ 函数, 并且将其添加到模型中, 直到添加的项数达到预先设定的最大项数 $M_{\max}$, 类似于前向逐步线性回归. 在构造 $h_m(X)$ 函数的时候, 不仅用到集合 $\mathcal{C}$ 中的函数而且使用它们的积. 选择 $h_m(X)$ 之后, 系数 β_m 通过最小化残差平方和估计. 这样做显然会过拟合, 于是需要向后逐步建模简化模型. 向后逐步过程考虑模型子项, 将那些对预测影响最小的项删除, 直到选到最好的项, 这个过程类似于决策树的剪枝过程.

MARS 的预测模型关键在于如何选择 h_m. 以下给出 $h_m(X)$ 的构造过程, 同时也是估计系数 β_m 的过程.

(1) 令 $h_0(X) = 1$, 用最小二乘法估计出唯一的参数 β_0, 得出估计的残差 R_1. 将 $h_0(X) = \hat{\beta}_0$ 加入到模型集 $\mathcal{M}$ 中.

(2) 考虑模型集 $\mathcal{M}$ 与 $\mathcal{C}$ 中反演对中一个函数的积, 将所有这样的积看作是一个新的函数对. 估计出如下形式的项:

$$\hat{\beta}_{M+1} h_0(x)(X_j - t)_+ + \hat{\beta}_{M+1} h_0(x)(t - X_j)_+,$$

这样可得 $h_1 = (X_j - t)_+$, $h_2 = (t - X_j)_+$, 把 $h_1(X), h_2(X)$ 添加到模型集 $\mathcal{M}$ 中. 目前的模型集 $\mathcal{M} = \{h_0(X), h_1(X), h_2(X)\}$. 使用最小二乘法拟合参数, 求出残差 R_2. t 的选择是从 np 个基函数选出残差降低最快的基.

(3) 考虑新的模型集 $\mathcal{M}$ 与 $\mathcal{C}$ 中反演对中一个函数的积:

$$\hat{\beta}_{M+1} h_l(x)(X_j - t)_+ + \hat{\beta}_{M+1} h_l(x)(t - X_j)_+,$$

这样 h_l 就不像 (1) 中那样只有 $h_0(X)$ 一个选择, 而是 3 个选择 $h_0(X), h_1(X), h_2(X)$, 到底选择哪个就要结合 t 通过上式估计使 (1) 中的残差降到最小. 参数的估计与 (1) 中做法一样, 将 $h_3(X) = h_l(x)(X_j - t)_+, h_4(X) = h_l(x)(t - X_j)_+$ 添加到模型集 $\mathcal{M}$ 中. 这一步更新的残差为 R_3.

(4) 循环上一步.

(5) 直到模型集 $\mathcal{M}$ 达到指定项数 $M_{\max}$ 后, 停止循环.

上述向前搜索建模过程结束后, 我们得到一个如式 (9.35) 的大模型. 同决策树一样, 该模型过拟合数据, 为此进入后向删除过程. 每一步将从模型中删除引起残差平方和增长最小的项, 产生函数项数目为 λ 的最佳估计模型 $\hat{f}_\lambda$. λ 的最佳值可以通过交叉验证估计, 但为了降低计算代价, MARS 使用的是更为简便的广义交叉验证方法:

$$\text{GCV}(\lambda) = \frac{\sum_{i=1}^{n}(y_i - \hat{f}_\lambda(\boldsymbol{x}_i))^2}{(1 - M(\lambda)/n)^2}.$$

值 $M(\lambda)$ 是模型中有效的参数个数: 它是模型中项的个数加上用于选择扭结最佳

位置的参数个数. 一些经验计算结果显示, 在分段线性回归中要选择一个扭结一般要用 3 个参数为代价.

9.8.1 MARS 与 CART 的联系

如果对 MARS 过程做如下修改：

(1) 用阶梯函数 $I(x-t>0)$ 和 $I(x-t\leqslant 0)$ 代替分段线性基函数;

(2) 当一个模型项包含在乘积中, 它将被交叉项取代, 于是交叉项将不再参与模型建设.

改变后 MARS 的前向过程与 CART 的树增长算法基本一致. 一个阶梯函数乘以一个反演阶梯函数等价于在该步分裂一个节点. 第二个限制意味着节点不会多次分裂.

9.8.2 MARS 的一些性质

MARS 过程中可以对交叉积的阶设置上界. 如把阶数的上界设为 2, 就不允许 3 个和 3 个以上的分段线性函数相乘, 这最终有助于模型的解释. 阶数的上界设为 1 将产生加法模型. MARS 与 CART 的一个不同点就是: MARS 可以捕捉到加法结构, 而 CART 不可以.

因为 MARS 的非线性和基函数选择, 使得它不仅适用于高维回归问题, 而且适用于变量之间存在交互作用和混合变量的情形. 所以相比于其他的经典回归模型, 在高维、变量有交互作用、混合变量问题下, MARS 较有优势, 解释性较好.

例 9.7 数据集 trees 取自 31 棵被砍伐的黑樱桃树, 有三个特征: Girth(黑樱桃树的根部周长), Height(高度), Volume (体积). 下面我们通过 MARS 方法拟合 trees 数据, 建立预测树体积的模型. 以下是 R 软件的程序.

```
library(mda)
library(class)
data(trees)
fit1<-mars(trees[,-3],trees[3])
showcuts <- function(obj) { tmp <-
obj$cuts[obj$sel, ]
dimnames(tmp) <- list(NULL, names(trees)[-3])
tmp }
showcuts(fit1)
```

	Girth	Height
[1,]	0	0
[2,]	12	0
[3,]	12	0
[4,]	0	76

9.9 案 例

分类器对比 —— 基于 Wine 数据的 R 语言练习

案例背景

Wine 数据集 (光盘数据 Wine.txt) 来自于意大利某实验室一项生物化学实验, 该实验将酿酒原料在三种不同的培养环境下进行发酵, 得到三种成分不同的酒精. 数据集包括酒精种类标识, 在分类和聚类方法研究和评价领域得到了广泛应用. 本案例尝试多种经典的判别分类和机器学习分类方法, 实验和寻找适用于此分类问题的高效分类器.

数据描述

1. Wine 数据集共有 178 个样本;
2. 13 个连续数值型自变量, 1 个标识酒精种类的分类变量;
3. 没有缺失值.

变量名称如表 9.1 所示:

表 9.1 变量解释

变量	类型
Alcohol (酒精度)	Continues num
Malic acid (苹果酸)	Continues num
Ash (灰)	Continues num
Alcalinity of ash (灰碱度)	Continues num
Magnesium (镁)	Continues int
Total phenols (总酚类)	Continues num
Flavanoids (黄酮)	Continues num
Nonflavanoid phenols (非黄铜酚类)	Continues num
Proanthocyanins (花青素)	Continues num
Color intensity (色彩)	Continues num
Hue (色度)	Continues num
OD280/OD315 (OD280/OD315)	Continues num
Proline (普氨酸)	Continues int
Class (类别 1-3)	Class

其中, 各个类别的样本数如表 9.2 所示.

表 9.2 酒精类别分布

类别	样本数
1	59
2	71
3	48

在进行分类之前,通过成对的散点图观察各个类别的分布情况 (如图 9.8 所示),数据的分类特征比较明显.

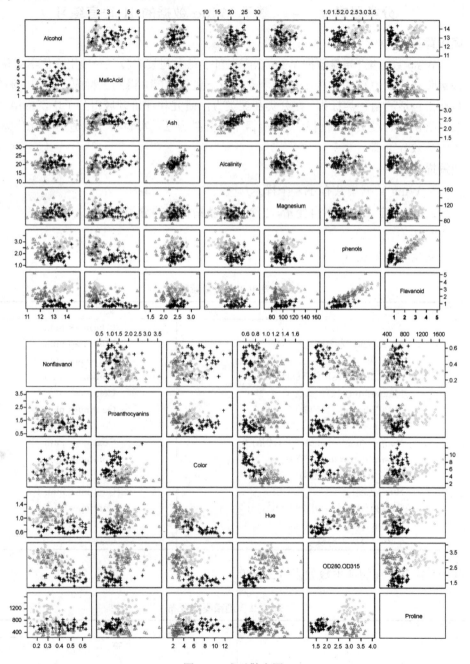

图 9.8 成对散点图

分析思路

(1) 将数据集随机分成训练集 trainData 和测试集 testData;

(2) 尝试经典分类方法和机器学习方法;

(3) 采用交叉验证对比分类器效果.

分析方法

(1) 判别分析. 判别分析是当自变量为数值型变量时的经典分类方法, 包括距离判别、Bayes 判别以及 Fisher 判别等. 判别分析的基本思想是将包含 p 个自变量的 k 分类问题转化到 p 维空间, 每一个观测就是 p 维空间的一个点. 整个数据按已知的类别在 p 维空间中形成共有 n 个点的 k 个群. 对一个未知类别的点, 离哪一群近, 就可以分到这个群里. 关键是定义"距离", 目的是使得每一点群内点尽量接近, 同时群间距离尽量远离. 不同的距离准则产生了不同的判别方法. 本案例使用线性判别分析 (Linear Determinant Analysis, LDA)、二次判别分析 (Quadratic Determinant Analysis, QDA) 和正则化判别分析 (Regularized Determinant Analysis, RDA).

(2) 决策树. 决策树是一种构建分类模型的非参数方法, 它不要求数据有任何先验假设, 不假定类别和其他属性服从一定的概率分布.

(3) 最近邻分类. 最近邻方法 (nearest neighbor algorithm) 的思想非常简单, 它基于训练集对测试集进行分类. 测试集中的一个点被判为训练集中离该点最近的 k 个点中多数点所属的类型, 所以最近邻是一种基于"多数投票"的方法, 离得越近的点的权重越大.

(4) 组合分类器. 组合分类器由训练数据构造一组基分类器, 然后通过对每个分类器的预测进行投票来进行分类, 组合分类器可以改善单个分类器的性能. 组合分类器有以下几类方法: ① Adaboost: 迭代地通过 bootstrap 加权再抽样, 对误分样本增加权重, 对异常值敏感, 但不用担心过拟合问题; ② Bagging: 根据均匀概率分布从数据集中重复 (有放回) 抽样, 每个样本建立决策树分离器, 最终对所有决策树预测结果进行投票; ③ RandomForest: 随机森林与 bagging 不同, 其节点变量的选择是随机的, 随机森林里的单一决策树是完全生长树, 易处理高维数据; 同时随机森林算法会得到变量重要性排序.

分析过程

1. 数据预处理

首先将数据标准化, 避免量级影响分类效果; 同时在 178 个样本中随机抽取 30 个作为测试样本集 testData, 剩余的 158 个变量作为训练样本集 trainData, 用于建模.

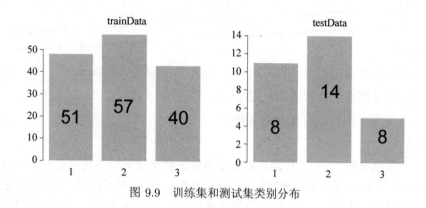

图 9.9 训练集和测试集类别分布

2. 判别分析

LDA：使用 {MASS} 包中的 lda() 函数，根据训练集进行模型拟合. 生成的 LDA 模型在测试集上的混淆矩阵如表 9.3 所示.

表 9.3 LDA 混淆矩阵

		1	2	3
	1	8		
True Class	2	1	13	
	3			8
Error rate		0.033		

QDA 是 LDA 的泛化，它使用二次判别函数而非线性判别函数将高维空间分成 k 个类别. 在训练数据集上，QDA 与 LDA 一样全部判对，在测试数据集上，使用 {MASS} 包中的 qda() 函数，在测试集上的混淆矩阵如表 9.4 所示.

表 9.4 QDA 混淆矩阵

		1	2	3
	1	8		
True Class	2		14	
	3		1	7
Error rate		0.033		

RDA：正则化判别分析是针对样本数远小于特征维数这一特性提出的，它考虑了各类样本协方差矩阵可能是奇异的问题. 在测试数据集上，RDA 的混淆矩阵如表 9.5 所示.

表 9.5　RDA 混淆矩阵

		1	2	3
True Class	1	8		
	2	1	13	
	3			8
Error rate		0.033		

3. 决策树

使用 {rpart} 程序包里的函数 rpart() 建立决策树，在测试数据集上分类效果的混淆矩阵如表 9.6 所示。

表 9.6　决策树混淆矩阵

		1	2	3
True Class	1	8		
	2	2	12	0
	3			8
Error rate		0.06666667		

4. 最近邻分类

选取 $k=5$，调用 R 程序包 {class} 中的 knn() 函数对测试样本集进行预测，测试集混淆矩阵如表 9.7 所示。

表 9.7　最近邻分类混淆矩阵

		1	2	3
True Class	1	8		
	2	2	12	0
	3			8
Error rate		0.06666667		

5. 组合分类器

调用 R 程序包 {adabag} 中的 boosting() 函数、{adabag} 中的 bagging() 函数以及 {randomForest} 中的 randomForest() 函数，在训练数据集上拟合分类模型，在测试数据集上的分类结果如表 9.8 所示。

同时，随机森林会根据对每个类别的影响程度、精确度、GINI 指数给出变量重要性排序 (如图 9.10 所示)，可以看到，在本案例数据中不同准则下的重要性排序基本一致。

表 9.8　组合分类器混淆矩阵

Adaboost		1	2	3
True Class	1	8		
	2	1	13	
	3			8
Error rate		0.03333333		
Bagging		1	2	3
True Class	1	7	1	
	2	2	11	1
	3		1	7
Error rate		0.1333333		
randomForest		1	2	3
True Class	1	8		
	2	1	13	
	3			8
Error rate		0.03333333		

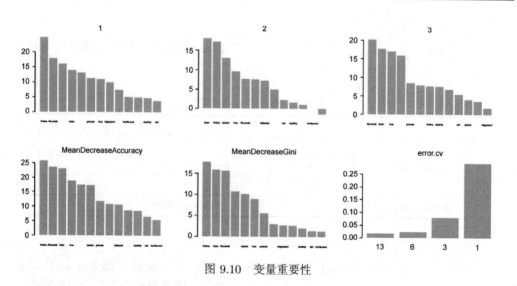

图 9.10　变量重要性

对分类比较重要的变量依次为

"Proline" "Color" "Flavanoid" "OD280.OD315" "Alcohol" "Hue"

通过对以上各种算法的尝试,以误判率对它们的分类效果进行排序,结果如表 9.9 所示。

表 9.9 各类方法的误判率排序

分类方法	误判率
LDA	0.033
QDA	0.033
RDA	0.033
randomForest	0.033
Adaboost	0.033
决策树	0.067
knn	0.067
Bagging	0.13

交叉验证分析

交叉验证 (cross-validation) 是一种用来评价统计模型是否可以推广到一个独立的数据集上的技术, 也可以用于同一数据、不同模型的效果对比. k 折交差验证的原理很简单, 即把样本集随机地均分为 k 份, 每折交叉验证选择其中一份作为测试集, 其余作为训练集进行模型拟合. 当 k 等于样本量 ($k = N$) 时, 称为留一交叉验证.

交叉验证使得每一个样本数据都可以被用作训练数据, 也被用作测试数据, 避免了过度学习和欠学习状态的发生, 得到的结果比较全面可靠. 以分类问题为例, k 个测试集上平均误判率可以代表模型的分类能力.

在交叉验证中训练集和测试集的选取时应注意:

(1) 训练集中样本数量要足够多, 一般至少大于总样本数的 50%;

(2) 训练集和测试集必须从完整的数据集中均匀取样. 均匀取样的目的是希望减少训练集、测试集与原数据集之间的偏差. 当样本数量足够多时, 通过随机取样, 便可以实现均匀取样的效果.

采用 10 折交叉验证对比以上几种分类器 ({MASS} 包中函数的 lda() 函数可以直接做留一交叉验证), 以错判率作为模型评判标准, 结果如表 9.10 所示.

结论

可见针对本案例中 wine 数据:

(1) 经典的 LDA 判别分析和随机森立组合分类器可以实现良好的分类效果;

(2) 单一的分类决策树和简单的组合算法 Bagging 效果较差.

表 9.10　交叉验证

LDA (留一)		1	2	3	Adaboost		1	2	3
True Class	1	59			True Class	1	58	1	
	2	1	69	1		2	2	67	2
	3			48		3		1	47
Error rate		0.01123596			Error rate		0.03370787		
决策树		1	2	3	Bagging		1	2	3
True Class	1	55	4		True Class	1	57	2	
	2	3	61	7		2	3	63	5
	3		9	39		3		1	48
Error rate		0.1292135			Error rate		0.05617978		
最近邻		1	2	3	RandomForest		1	2	3
True Class	1	59			True Class	1	58	1	
	2	3	66	2		2	1	68	2
	3			48		3		0	48
Error rate		0.02808989			Error rate		0.02247191		

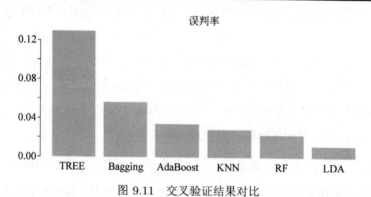

图 9.11　交叉验证结果对比

R 程序代码

```
#------数据读取和预处理------
setwd("E:\\")
set.seed(19900701)
wine = read.table("wine.txt", sep=",",header = T)
X = as.data.frame(scale(wine[,-1], center = T, scale = T)) #没有label的数据
Class = as.factor(wine$Class)#label
W = cbind(Class, X)                          #标准化的数据
```

```
#------建立训练集和测试集----
test.index = sample(1:178, 30, replace = F)        #测试集下标
trainData = as.data.frame(W[-test.index,])         #训练集
testData = as.data.frame(W[test.index,])           #测试集
barplot(table(trainData$Class),col="gold1",border=F, main="trainData")
text(0.7,20,"51",cex=4)
text(1.9,25,"57", cex=4)
text(3.1,20,"40", cex=4)
barplot(table(testData$Class),col="gold1",border=F, main="testData")
text(0.7,4,"8",cex=4)
text(1.9,8,"14", cex=4)
text(3.1,4,"8", cex=4)


#-------图形描述------
par(mfrow = c(2,3))
apply(W, 2, function(x) plot(density(as.numeric(x)), col="gold1"))
plot(wine[,2:8], col = as.numeric(wine$Class)+6, pch = wine$Class)
plot(wine[,9:14], col = as.numeric(wine$Class)+6, pch = wine$Class)


#------lda------
library(MASS)
fit.lda = lda(Class ~., data = trainData)
pred.lda0 = predict(fit.lda, data=trainData)
conf.lda0 = table(trainData$Class, pred.lda0$class)#error=0
pred.lda = predict(fit.lda, newdata = testData)
pred.lda$class                                     #留一验证的预测值
pred.lda$posterior                                 #留一验证的概率值
conf.lda = table(testData$Class, pred.lda$class)
error.lda = 1-sum(diag(conf.lda))/sum(conf.lda)    #留一交叉验证
fit.lda1 = lda(Class~., data = W, CV=T)
conf.lda1 = table(Class, fit.lda1$class)
error.lda1 = 1-sum(diag(conf.lda1))/sum(conf.lda1)


#------qda------
fit.qda = qda(Class ~., data = trainData)
pred.qda0 = predict(fit.qda, trainData)
pred.qda = predict(fit.qda, newdata = testData)
conf.qda0 = table(trainData$Class, pred.qda0$class)
```

```
conf.qda = table(testData$Class, pred.qda$class)
error.qda = 1-sum(diag(conf.qda))/sum(conf.qda)

#------rda------
library(klaR)
fit.rda = rda(Class~., data = trainData)
pred.rda0 = predict(fit.rda, newdata = trainData, posterior = T)
pred.rda = predict(fit.rda, newdata = testData, posterior = T)
pred.rda$class
conf.rda0 = table(trainData$Class, pred.rda0$class)
conf.rda = table(testData$Class, pred.rda$class)         #判错1个，第2类
error.rda = 1-sum(diag(conf.rda))/sum(conf.rda)

#------rpart------
library(rpart)
fit.rpart = rpart(Class~., data = trainData, method = "class")
pred.rpart0 = predict(fit.rpart, newdata = trainData, type = "class")
pred.rpart.prob = predict(fit.rpart, newdata = testData, type = "prob")
pred.rpart = predict(fit.rpart, newdata = testData, type = "class")
conf.rpart0 = table(trainData$Class, pred.rpart0)
conf.rpart = table(testData$Class, pred.rpart)
error.rpart0 = 1-sum(diag(conf.rpart0))/sum(conf.rpart0)
error.rpart = 1-sum(diag(conf.rpart))/sum(conf.rpart)    #交叉验证
rpart.plot(fit.rpart)
fit.rpart.all = rpart(Class~.,W,method="class")
cv.rpart = xpred.rpart(fit.rpart.all, xval=10, return.all=F)
cv.class = apply(cv.rpart, 1, function(x) which.max(table(x)))
conf.cvrpart = t(table(W$Class, cv.rpart[,5]))
error.cvrpart = 1-sum(diag(conf.cvrpart))/sum(conf.cvrpart)

#------knn------
library(class)#library(kknn) or library(ipred)
fit.cknn0 = knn(trainData[,-1], trainData[,-1], trainData[,1], k=5, prob=T)
conf.knn0 = table(trainData$Class, fit.cknn0)
1-sum(diag(conf.knn0))/sum(conf.knn0)
fit.cknn = knn(trainData[,-1], testData[,-1], trainData[,1], k=5, prob=T)
conf.knn = table(testData$Class, fit.cknn)
1-sum(diag(conf.knn))/sum(conf.knn)        #交叉验证
```

```r
cv.knn = knn.cv(W[,-1], cl=W$Class, k=5)
conf.cvknn = table(cv.knn, W[,1])
error.cvknn = 1-sum(diag(conf.cvknn))/sum(conf.cvknn)

#------adaboost------
library(adabag)
fit.ada = boosting(Class~., data = trainData)
pred.ada = predict(fit.ada, newdata=testData)
pred.ada$class
pred.ada$prob
conf.ada = table(testData$Class, pred.ada$class)
1-sum(diag(conf.ada))/sum(conf.ada)      #交叉验证
cv.boosting = boosting.cv(Class~., data=W, v=10)
conf.cvada = t(cv.boosting$confusion)#class
error.cvada = 1-sum(diag(conf.cvada))/sum(conf.cvada)


#------bagging-------
library(adabag)
fit.bagging = bagging(Class~., data = trainData)
pred.bagging = predict(fit.bagging, newdata = testData)
conf.bagging = table(testData$Class, pred.bagging)
1-sum(diag(conf.bagging))/sum(conf.bagging)   #交叉验证
cv.bagging = bagging.cv(Class~., data=W, v=10)
conf.cvbag = t(cv.bagging$confusion)
error.bagging = 1-sum(diag(conf.cvbag))/sum(conf.cvbag)


#------RandomForest------
library(randomForest)
fit.rf = randomForest(Class~., data=trainData, importance = T)
fit.rf$confusion
fit.rf$importance
pred.rf = predict(fit.rf, testData, importance=T)
conf.rf = table(testData$Class, pred.rf)
1-sum(diag(conf.rf))/sum(conf.rf)
par(mfrow=c(2,3))
for(i in 1:5){
barplot(sort(importance(fit.rf)[,i], T), main = colnames(fit.rf$importance)[i],
        border = F, col = "gold1",cex.names = 0.5)    #变量重要性}
```

```
#交叉验证,选择变量重要性
cv.rf = rfcv(X, Class, cv.fold=10)
cv.rf$n.var        #一共四次
barplot(cv.rf$error.cv, main="error.cv", col="gold1", border=F)
# 0.01685393 0.02247191 0.07303371 0.32584270    故选出六个重要变量
error.cvrf = cv.rf$error.cv[2]
table(Class, cv.rf$predicted$"6")
names(sort(importance(fit.rf)[,i], T))[1:6]         #6个重要变量

#-------对比交叉验证的误判率-----
Error = c(error.lda1, error.cvrpart, error.cvknn, error.cvada,
          error.bagging, error.cvrf)
names(Error) = c("LDA","TREE","KNN","AdaBoost","Bagging","RF")
barplot(sort(Error,T), border=F, col="gold1", main="误判率", cex.axis=1.5,
        cex.names=1.5, cex.main=1)
```

习题

9.1 假设有输入 $x(i) \in \mathbb{R}^d$ 和输出 $y(i) \in \{0,1\}, i=1,2,\cdots,n$.

(1) y 的 Logistic 回归模型是什么?

(2) 叙述拟合 Logistic 回归模型的基本原理.

(3) 写出 Logistic 回归模型拟合的最优化问题表示, 给出数值方法求解的基本计算步骤.

(4) 有关模型建立:

① 解释什么是过拟合? 过拟合会产生怎样的问题?

② 试叙述 AIC 准则, 解释怎样用 AIC 准则对 Logistic 回归模型进行模型选择.

(5) 解释下面的技术怎样被用来解决 Logistic 回归的过拟合问题?

① 测试集 (test data set)

② 交叉验证 (cross validation)

③ 罚极大似然 (penalized maximum likelihood)

(6) 比较两种分类方法 LDA 和 Logistic 回归在南非心脏病数据上的分类效果, 在训练数据上比较各自的分类误差.

9.2 (1) 在鸢尾花数据中, 只选择 Sepal.Length, Setal.Width 两个输入变量, 调用 R 中的 knn 函数, 设置不同的 k 构造分类模型, 分别计算训练分类错误率, 选择合适的 k.

(2) 将鸢尾花数据随机分成大小为 70:30 的训练集和测试集, 对 Sepal.Length 和 Setal.Width 两个输入变量, 用 R 中的 knn 函数在训练集上构造分类模型, 计算测试分类错误率, 选择合适的 k.

9.3 (1) 举例说明决策树方法作为分类器的优势和劣势.

(2) 修剪一棵分类树, 在下面的集合上, 判断是否经常还是偶尔改进或降低分类器的性能:

① 训练集

② 测试集

(3) 下面的数据由输入 x_1, x_2 和输出 y 构成.

x_1	x_2	y
red	5.1	0
red	0.8	1
red	6.6	0
red	7.7	1
red	1.3	1
blue	4.6	1
blue	6.0	1
blue	4.6	0
yellow	7.4	0
yellow	5.9	0

假设第一个拆分变量是 x_1, 使用 GINI 准则, 计算每个在 x_1 上可能的拆分的增益, 并确定最终的拆分点.

9.4 (1) 试解释 Boosting 方法的原理.

(2) 试叙述 Boosting 方法和 Adaboost 算法的关系.

(3) 用 Bootstrap 方法把乳腺癌数据分为测试集和训练集. 用 R 软件求出下列题目:

① 用 Adaboost 算法拟合乳腺癌数据训练集, 求出其训练误差和测试误差.

② 用 Adaboost 方法拟合乳腺癌数据训练集时, 当 error 有明显的下降时, 怎样调整合适的迭代次数?

③ 叙述 Adaboost 方法的原理, 和决策树、支持向量机有何分别?

9.5 (1) 支持向量机算法的模型是什么? 怎样拟合模型参数?

(2) 支持向量机算法使用核函数的目的是什么?

(3) 对于南非心脏病数据, 用 Bootstrap 方法抽出训练集和测试集. 用 R 软件求出下列题目:

① 求出 svm 拟合南非心脏病数据训练集后的判别函数和其训练误差.

② 和 Logistic 回归方法拟合南非心脏病数据训练集进行比较, 比较两种方法的训练误差和测试误差.

9.6 (1) 比较随机森林树分类算法和决策树分类算法的区别, 解释随机森林树是怎样工作的.

(2) 比较随机森林树和 Boosting 算法的区别和联系, 画图表示.

(3) 在 Titanic 数据上, 用 Bootstrap 方法分出 63:37 的训练集和测试集. 用 R 软件求出下列题目:

① 用随机森林树拟合 Titanic 数据训练集, 求出测试误差, 并且和决策树的测试误差比较.

② 用随机森林树拟合 Titanic 数据训练集, 在迭代次数为 10 次、20 次、$\cdots$、100 次下, 求出测试误差.

③ 用 Adaboost 方法拟合乳腺癌数据, 并作图和随机森林树比较测试误差.

9.7 (1) 证明 MARS 可以表示成如下形式：
$$a_0 + \sum_i f_i(\boldsymbol{x}_i) + \sum_{i,j} f_{ij}(\boldsymbol{x}_i, y_i) + \sum_{i,j,k} f_{ijk}(\boldsymbol{x}_i, y_i, \boldsymbol{x}_k) + \cdots.$$

(2) 解释 MARS 算法怎样从基函数集 $\mathcal{C}$ 中选择基函数 $h_m()$，也就是解释 MARS 是怎样工作的．

(3) MARS 算法怎样避免过拟合？

(4) 用例 9.3 中 Titanic 数据，建立线性回归预测树的体积的模型，并和 MARS 方法比较误差．

附录 A R 基 础

R 是一种专业统计分析软件,最早于 1995 年由 Auckland 大学统计系的 Robert Gentleman 和 Ross Ihaka 等研制开发,1997 年开始免费公开发布 1.0 版本. 在过去的十余年里,R 发展迅速,现已发展到 R3.0.3,且每隔一段时间更新一次. 据不完全统计,在欧美等发达国家的著名高等学府,R 不仅是专业学习统计的流行教学软件,而且已成为从事统计研究的学生和统计研究人员必备的统计计算工具.

R 的主要特点归纳如下:

(1) R 是自由免费的专业统计分析软件,拥有强大的面向对象的开发环境,可以在 UNIX, Windows 和 MACINTOSH 等多种操作系统中运行.

(2) 使用可编程语言是 R 作为专业软件的基本特点. 众所周知,目前流行的许多商业统计分析软件主要是通过单击菜单完成计算和分析组合任务,用户不得不在预先定义好的统计过程中选择可能接近的模块进行数据分析,被迫接受预设的程式化输出,许多应有的对数据的观察、体验和分析判断受到很大限制. 而 R 却克服了这些弱点.

(3) R 的语言与 S 语言非常相似,虽实现方法不同,但兼容性很强. 作为面向对象的语言,R 集数据的定义、插入、修改和函数计算等功能于一体,语言风格统一,可以独立完成数据分析生命周期的全部活动. 作为标准的统计语言,R 几乎集中了所有程序编辑语言的优秀特点. 用户可以在 R 中自由地定义各种函数,设计实验,采集数据,分析得出结论. 在这个过程中,用户不仅可能延伸 R 的基本功能,而且还可能自创一些特殊问题的统计过程. R 是一种解释性语言,语法与英文的正常语法和其他程序设计语言的语法表述相似,容易学习,编写的程序简练,费时较短.

(4) R 提供了非常丰富的 2D 和 3D 图形库,是数据可视化的先驱,能够生成从简单到复杂的各种图形,甚至可以生成动画,满足不同信息展示的需要. 用户可以修改其中每个细节,调整图形的属性满足报表报送要求. R 的兼容性比较好,其图形不仅可以与 Microsoft Office 等办公软件兼容,而且可以以 .pdf, .ps, .eps 等格式保存输出,于是就可以非常方便地输出到 Latex 等编辑排版软件中,生成高品质的科技文章.

(5) R 更新迅速,很多由最新的统计算法和前沿统计方法生成的程序都可能轻易地从 R 镜像 (CRAN) 下载到本地,它是目前发展最快,拥有方法最新、最多和最全的统计软件.

总而言之,R 从根本上摒弃了套用模型的傻瓜式数据分析模式,而是将数据分析的主动权和选择权交给使用者本身. 数据分析人员可以根据问题的背景和数据的特点,更好地思考从数据出发如何选择和组合不同的方法,并将每一层输出反馈到对问题和数据处理的新思考上。R 为专业分析提供了分析的弹性、灵活性和可扩展性,是利用数据回答问题的最佳平台。

诚然,R 也存在不足,与同类的 MATLAB 相比,其最大的缺点是对超大量数据的运算速度过慢,当然这是很多统计分析软件共同存在的问题。原因是 R 往往需要将全部数据加载到临时存储库中进行运算(这种情况在 R 2.0 以后的版本有逐步的改善)。尽管如此,R 的免费开放源代码,使得它在与昂贵的商业分析软件的竞争中成为一枝独秀,越来越多的数据分析人员已经开始尝试和接纳 R。用 R 尝试最新的统计模型,用 R 揭开数据的秘密,用 R 实现数据的价值,用 R 发展更好的统计算法。R 突破了数据分析的商业门禁,将全球数据分析爱好者自然地集结在一起,实现平等的经验分享与思想交流。

基于以上诸多优点,R 所承载的最新方法无障碍地迅速扩展到医疗、金融、经济、商业等各领域,成为统计的时代符号。

A.1 R 基本概念和操作

A.1.1 R 环境

双击桌面上的 R 图标,启动 R 软件,就会呈现 R 窗口和 R 命令窗口">"符号,表示 R 等待使用者在这里输入指令,如图 A.1 所示。

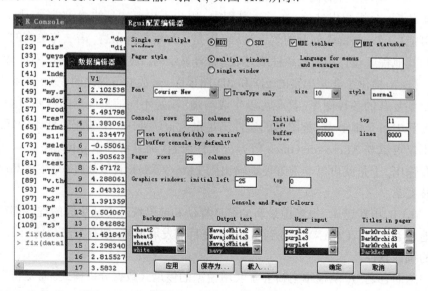

图 A.1 R 2.7.1 主界面

当输入指令后, 按 Enter 键就可以执行指令, 如:
```
> 2+3
> 5
```

A.1.2 常量

R 中的常量基本分为四种类型: 逻辑型、数值型、字符型和因子型. TRUE 和 FALSE 是逻辑型常量, 25.6, π 是数值型常量, 某人的身份证号码 "11010..." 以及地名如 "Beijing" 是字符型常量. 因子型包括分类数据和顺序数据, 分类数据如: 每个人的性别、学生的学号等. 性别可以表示为 1(男), 0(女), 1 或 0 仅仅表示不同的类别; 考试成绩分为 5(优), 4(良), 3(中), 2(及格) 和 1(不及格)5 个等级, 对这类数据不能进行加减乘除运算. 无论是字符类型还是因子类型的数据常常以数字的形态出现, 但不能将它们理解成普通的整数. 在许多分析中, 需要将字符类型的数据转换成因子类型, 以方便计算机识别. 下面是生成因子的命令:

```
> x<-c("Beijing","Shanghai","Beijing","Beijing","Shanghai")
> y<-factor(x)
> y
[1]Beijing Shanghai Beijing Beijing Shanghai
Levels: Beijing Shanghai
```
也可以写为:
```
> y<-factor(c(1,0,1,1,0))
> y
[1] 1 0 1 1 0
Levels: 1 0
```
这里 Levels 为因子水平, 表示有哪些因子. c() 为连接函数, 把单个标量连成向量, 下面将详细介绍. 有了变量名, 首先可以将 y 与 0 进行比较:
```
> y==0
    FALSE  TRUE FALSE FALSE  TRUE
```
此时, R 执行数 0 与 y 的每个值比较. 对象中的数据允许出现缺失, 缺失值用大写字母 NA 表示. 函数 is.na(x) 返回 x 是否存在缺失值.

A.1.3 算术运算

算术运算是 R 中的基本运算, R 默认的运算提示符是 ">", 在 ">" 后可以进行运算. 下面先举几个例子.

(1) 计算 7×3, 可执行如下命令:
```
> 7*3
> 21
```
(2) 计算 $(7+2) \times 3$, 可执行如下命令:

```
> (7+2)*3
> 27
```

也可以调用 R 内置函数, 如:

(3) 计算 $\log_2\left(\dfrac{12}{3}\right)$, 可执行如下命令:

```
> log(12/3,2)
> 2
```

需要注意的是, 求对数与底的设置有关, 底称做函数的参数. R 中的函数都有不同的参数, 省略时为默认值. 对数函数的默认底数是常数 e, 其他的常用初等函数如: 三角函数 sin(), cos(), tan(); 反三角函数 acos(), asin(), atan(); 二值反三角函数 atan2(,); 指数函数 exp(); 对数函数 log(N,a), log(N,a) 表示 $\ln_a N$; 组合函数 choose(,); 求 n 的阶乘 gamma(n-1). 它们都在 R 的基础包里 (Base Package), 用 ?library(base) 可以查看帮助文件, 用 ? 函数名或 help(函数名) 可以查阅函数的功能、用法和参数设置.

A.1.4 赋值

给变量赋值用 "=" 或 "< −" 两个字符串, 比如将 3 赋给变量 x, 用变量 x 通过函数生成变量 y, 使用命令:

```
> x<-3
> y=1+x
> y=4
```

需要注意的是, R 中变量名、函数名区分大小写, 这与 SAS 软件不同. 在 SAS 中关键函数字和 SAS 变量名可以不区分大小写.

A.2 向量的生成和基本操作

统计学的研究对象是群体, 所以将许多个体的观测值作为一个整体进行操作和研究在数据分析中相当普遍. 例如, 观察统计一个班 50 名学生的身高, 显然如果能把这些数据储存在一个对象中, 统一处理会很方便. 将多个单一数据排列在一起, 便产生了结构这个概念. 在数据结构中, 最简单的是向量, 此时观测是一维的; 如果观测是多维的, 则还可以用矩阵、数组、数据框和列表等储存更为复杂的数据结构. 本节以向量为例, 介绍数据结构中常用的操作和函数, 其他复杂的结构在 1.3 节介绍.

A.2.1 向量的生成

R 中有 3 个非常有用的命令可以生成向量.

1. c

c 是英文单词 concatenate 的缩写, 是连接命令, 它可以将单个的元素, 或分段的数列连接成一个更长的数列, 用户只需将组成向量的每个元素列出, 并用 c 组合起来即可. 基本运算如下:

```
> a<-c(15,27,89)
> a
[1] 15 27 89
> b<-c("cat","dog","fish")
> b
[1] "cat" "dog" "fish"
```

2. seq

seq 是生成等差数列的命令, 其语法结构如下所示:

```
seq(from,to,by,length,...)
```

其中, from 表示序列起始的数据点, to 表示序列的终点, by 表示每次递增的步长. 默认状态表示步长为 1, length 表示序列长度. 如:

```
> x=seq(1,10)
[1] 1 2 3 4 5 6 7 8 9 10
> y=seq(100,0,-20)
[1] 100 80 60 40 20 0
```

seq(1,10) 还可用更简单的方式表示, 比如:

```
> 1:10            #seq(1,10)即1:n表示从1到n间隔为1的数列.
```

如果我们知道序列终点可能的值, 但不知道确切的终点, 可以通过 length 控制得到序列:

```
> seq(0,1,0.05,length=10)
```

上面这个序列起始于 0, 每次递增 0.05, 生成一个有 10 个数的数值型向量. 顺便提一下, length 命令可以表示向量中元素的个数, 称为向量的长度, 如

```
> length(y)
[1] 6
```

3. rep

rep 是生成循环序列的命令, 它的语法结构如下所示:

```
rep(x,times)
```

其中 x 表示序列所循环的数或向量, times 表示循环重复的次数.

例 A.1

(1) 生成由 5 个 2 组成的向量;

(2) 将 "1", "a" 依次重复 3 遍;

(3) 生成依次由 10 个 1, 20 个 3 和 5 个 2 组成的向量.

```
> rep(2,5)
2 2 2 2 2
> rep(c(1,"a"),3)
"1" "a" "1" "a" "1" "a"
> rep(c(1,3,2),c(10,20,5))
 [1] 1 1 1 1 1 1 1 1 1 1 3 3 3 3 3 3 3 3 3 3 3 3 3 3 3 3 3 3
[29] 3 3 2 2 2 2 2
```

与 seq 类似, 可以使用 length 命令控制序列的长度, 比如:

```
> rep(c(1,4,6),length=5)
1 4 6 1 4
```

A.2.2 向量的基本操作

定义向量之后, 下面介绍如何对向量进行操作. 这些操作主要包括查找数据、插入数据、更新数据、删除数据、向量与向量的合并、拆分向量以及排序等. 值得一提的是, 这里介绍的大部分操作符对其他数据结构也适用, 也就是说, 对复杂的数据结构, 只要对我们介绍的命令略做修改就可以使用, 语法是相似的, 这种统一性的特点给初学者熟悉 R 带来极大方便.

1. 向量 a 中第 i 个位置的元素表示

向量的元素从 1 开始计数, 向量 a 中第 i 个位置的元素表示为 a[i], 如:

```
> a=2:6
> a[1]
[1]   2
> a[length(a)]
[1]   6
```

如果输入的位置超出向量的长度, 则 R 输出 NA. NA 表示数据缺失, 如下所示:

```
> a[6]
[1]  NA
```

提取向量 a 的第 $i_1, i_2, \cdots, i_k$ 个位置上元素的语法为 $a[c(i_1, i_2, \cdots, i_k)]$, 如:

```
> subset1.a<-a[c(1,3,6)]
[1] 2 4 NA
> subset2.a<-a[c(1:3)]
[1] 2 3 4
```

2. 在向量中插入新的数据

在向量 a 第 i 个位置后插入新数据 z 的方法是:

```
c(a[1:i-1],z,a[i:length(a)])
```

下面在向量 a 的第三个位置插入数值 9:

```
> anew<-c(a[1:2],9,a[3:5])
```

```
> anew
[1] 2 3 9 4 5 6
```

3. 向量与向量的合并

将 a 和 b 两个向量合并为一个新向量的方法是：

```
> b<-c(35,40,58)
> ab<-c(a,b)
[1]  2  3  4  5  6 35 40 58
```

然而, 值得注意的是, 如果将非数值型向量和数值型向量合并, 结果是所有数据类型被统一到 R 所默认的基本类型 —— 字符型. 如：

```
> z<-c(a,"good")
> z
[1] "2"    "3"    "4"    "5"    "6"    "good"
```

我们注意到, 所有数据都统一为字符型, 此时如果对 a 进行数值运算会发生错误, 如：

```
> z*3
错误于 z * 3 : 二进列运算符中有非数值变元
```

4. 在向量中删除数据

a[-i] 表示删除向量 a 的第 i 个元素, 如：

```
> delete.a<-a[-1]
> delete.a
[1] 3 4 5 6
```

如果要删除一串数, 可以定义一个位置变量 delete.1, 再做删除, 比如：

```
> delete.1<-c(1,3)
> again.delete.a<-delete.a[-delete.1]
[1] 4 6
```

5. 更新向量中的数据

将 a 向量中第 5 个位置改为 22 的程序如下：

```
> a[5]<-22
> a
[1]  2  3  4  5 22
```

6. 把向量逆序排列

```
> b=1:5
> rev(b)
[1] 5 4 3 2 1
```

7. 对向量排序

对向量 b 排序：

```
> b=c(3,9,2,6,5)
```

```
> sort(b)
[1] 2 3 5 6 9
```

8. 去掉缺失值

去掉向量 d 中的缺失值：

```
> d=c(3,9,2,NA,6,5)
> na.omit(d)
[1] 3 9 2 6 5
attr(,"na.action")
[1] 4
attr(,"class")
[1] "omit"
```

例 A.2   下面的程序中，score 是一组学生的非参数统计成绩，grade 是相应的学生所在年级，NA 表示该学生没有参加考试．

```
score=c(90,0,78,63,84,36,NA,84,58,80,75,85,72,78,86)
grade=c(3,3,3,4,3,3,3,3,3,4,3,4,4)
```

在 R 中实现以下功能：

(1) 计算学生总人数，屏幕显示结果；

(2) 计算参加考试的学生人数；

(3) 没有参加考试的学生是进修生，成绩综合评定为 80，请补登成绩；

(4) 将三年级和四年级的学生成绩分别生成两个新数据向量 score3 和 score4；

(5) 对 (4) 生成的两组学生成绩数据分别由大到小排序，屏幕显示结果；

(6) 将两组数据合并，取名为 task1，屏幕显示结果.

解

```
(1) length(score)
    15
(2) nona.score=na.omit(score);length(nona.score)
(3) score[7]=80
(4) score3=score[grade==3]
    score4=score[grade==4]
(5) descend.score3=rev(sort(score3));descend.score3
    [1] 90 86 85 84 84 80 80 78 58 36  0
    descend.score4=rev(sort(score4));descend.score4
    [1] 78 75 72 63
(6) task1=c(descend.score3,descend.score4);task1
    [1] 90 86 85 84 84 80 80 78 58 36  0 78 75 72 63
```

A.2.3 向量的运算

像标量一样, 也可以对向量进行加、减、乘、除等简单运算, 这里分两种情况讨论.

(1) 标量和向量的运算: 其结果是对向量中每一个元素进行的运算. 如:

```
> x=c(1,2,5)
> 2*x
[1] 2 4 10
> 10+x
[1] 11 12 15
```

(2) 向量和向量的运算: 如果两个向量等长, 则运算结果为对应位置元素进行标量计算, 生成一个与原来两个向量等长的向量; 如果两个向量不等长, 则运算仅进行到等长的数据, 生成一个长度取两者最短的新向量. 另外, R 中有很多统计函数也可对向量进行运算 (如表 A.1 所示). 如:

```
> y=c(10,11,12)
> x+y
[1] 12 14 17
> x=c(1,2,5)
> max(x)
[1] 5
> mean(x)
[1] 2.666667
```

表 A.1　R 中常用的统计计算函数

函数	max	min	mean	median	var	sd	rank
功能	最大值	最小值	均值	中位数	方差	标准差	秩

A.2.4 向量的逻辑运算

向量也可取逻辑值 TRUE 和 FALSE, 可用来比较是非结果. 如

```
> 5>6
[1] FALSE
> x=49/7
> x==7
[1] TRUE
```

常用的逻辑运算符如表 A.2 所示.

表 A.2　R 中不同逻辑运算符

符号	<	>	<=	>=	==	!=
功能	小于	大于	不大于	不小于	相等	不等于

向量的逻辑运算还经常与连接符或、与、非一起使用. 如, 求出向量 x 中大于

1 小于 5 的元素：
```
> x=c(1,2,5)
> x[x>1&x<5]
[1] 2
```

A.3 高级数据结构

本节将介绍 4 种较向量更为复杂的数据对象：矩阵、数组、数据框架和列表. 其中矩阵是二维向量, 它的每一个元素需用两个指标表示, 第一个指标表示元素所在的行, 第二个指标表示元素所在的列. 同理, 可以推广到一般的 n 维数组. 值得注意的是, 向量、矩阵、数组要求元素有一致的数据类型. 数据框在形式上与二维矩阵类似, 都要求有固定的行和列. 与矩阵本质的不同是可以允许不同的列采用不同的数据类型. 列表是数据框的扩展, 可以允许不整齐的行和列.

A.3.1 矩阵的操作和运算

1. 定义矩阵

定义矩阵的语法是：

```
matrix(data,nrow,ncol,[byrow=F])
```

例 A.3 把向量序列 c(1, 2, 3, 4, 5 ,6) 转换为 3×2 矩阵：

```
> x=1:6
> x.matrix=matrix(x,nrow=3,ncol=2,byrow=T)
> x.matrix
     [,1] [,2]
[1,]   1    2
[2,]   3    4
[3,]   5    6
```

给矩阵赋予列名：

```
> dimnames(x.matrix)=list(NULL,c("a","b"))
> x.matrix
     a b
[1,] 1 2
[2,] 3 4
[3,] 5 6
```

dimnames 函数的作用是给矩阵赋予行名和列名. 行名和列名用 "," 隔开, NULL 表示取消相应的行或列名称. 相应地可以给行赋名.

2. 矩阵元素和行、列的选取

矩阵 a 中第 i 行第 j 列位置的元素表示为 a[i,j]. 比如：

```
> x.matrix[1,2]
[1] 2
```
矩阵中省略列标志, 则表示取每一列, 这种办法可以用来表示某行, 同样的道理也适用于表示某列. 比如取 a 中第 j 列元素表示为 a[,j]. 如:
```
> x.matrix[,1]
[1] 1 3 5
```
3. 矩阵的运算

矩阵的基本运算包括矩阵的数乘、加法、乘法、转置、求逆, 请见下例.
```
> a=matrix(c(1,2,3,4),2)
> b=matrix(c(3,1,5,2),2)
> 2*a
     [,1] [,2]
[1,]   2    6
[2,]   4    8
> a+b
     [,1] [,2]
[1,]   4    8
[2,]   3    6
> t(a)
     [,1] [,2]
[1,]   1    2
[2,]   3    4
> solve(a,b)
     [,1] [,2]
[1,] -4.5  -7
[2,]  2.5   4
```
其中, 2*a 表示用数 2 乘矩阵 a 的每个元素, a+b 表示矩阵 a 和矩阵 b 对应位置上的元素相加, t(a) 表示对矩阵 a 进行行和列转置. solve 函数可以求出方程 $ax = b$ 的解 x, b 是向量或矩阵, 省略 b 即默认 b 为单位矩阵, 即为求 a 的逆矩阵, 此时 a 应为方阵.

apply 函数可以对指定矩阵的行、列应用 R 中所有用于向量计算的函数, 它的语法是:
```
apply(data,dim,function,...)
```
其中, data 表示待处理的矩阵或数组的名称; dim 表示指定的维, 1 表示行, 2 表示列; "..." 表示对所用函数参数的设定. 如, 计算矩阵 a 的列最大值:
```
> apply(a,2,max)
[1] 2 4
```

4. 矩阵的合并

增加若干列用 cbind 函数,增加若干行用 rbind 函数. 如:

```
> a
     [,1] [,2]
[1,]   1    3
[2,]   2    4
> add=c(5,6)
> cbind(a,add)
         add
[1,] 1 3  5
[2,] 2 4  6
>rbind(a,add)
    [,1] [,2]
      1    3
      2    4
add   5    6
```

A.3.2 数组

矩阵是二维向量, 数组则是多维矩阵, 数组的语法为:

```
array(data, dimnames)
> a<-array(1:24,c(3,4,2))
> a
, , 1
     [,1] [,2] [,3] [,4]
[1,]   1    4    7   10
[2,]   2    5    8   11
[3,]   3    6    9   12
, , 2
     [,1] [,2] [,3] [,4]
[1,]  13   16   19   22
[2,]  14   17   20   23
[3,]  15   18   21   24
```

a[,,1] 表示取出第一维矩阵.

A.3.3 数据框

在 R 中最常用的数据结构是数据框. 它是矩阵结构的扩展,可以储存不同的数据类型. 与矩阵的不同之处在于, 矩阵只能储存一种数据类型, 而数据框则可允许不同的列取不同的数据类型, 在功能上相当于数据库中的表结构. 如定义一个数据框:

```
> a=matrix(c(1,2,3,4),2)
> t=c("good","good")
> new.a=data.frame(a,t)
> new.a
  X1 X2    t
1  1  3 good
2  2  4 good
```

可以像定义矩阵的行名和列名那样为数据框架定义名称. 定义了名称的数据框, 可以只用列或行名称方便地处理列或行, 但是需要事先用 attach() 命令将所需处理的数据绑定. attach 用法如下:

```
> attach(new.a)
> t
[1] "good" "good"
> X1
[1] 1 2
```

解除绑定用 detach() 函数命令.

A.3.4 列表

列表是比数据框更为松散的数据结构, 列表可以将不同类型、不同长度的数据打包, 而数据框则要求被插入的数据长度和原来的长度一致. 比如:

```
> a=matrix(c(1,2,3,4),2)
> t=c("good","good")
> list(a,t)
[[1]]
     [,1] [,2]
[1,]    1    3
[2,]    2    4

[[2]]
[1] "good" "good"
```

列表一般用于结果的打包输出, 应注意列表元素的标号和矩阵、数据框是不同的.

A.4 数 据 处 理

A.4.1 保存数据

用命令 write.table(格式如下):

```
write.table(x,file="",row.names=T,col.names=T,sep="")
```
可以保存数据框。其中,x 为所需保存的数据框名称; file 指示 x 将要保存的路径和格式; row.names 表示是否保存行名; col.names 表示是否保存列名,如果不写则默认为保存。

以下程序可以把 R 内置的数据 iris 取出来,再以.txt 格式保存在电脑的 C 盘:

```
> data(iris)
> iris[1:3,]
    Sepal.Length Sepal.Width Petal.Length Petal.Width Species
1            5.1         3.5          1.4         0.2  setosa
2            4.9         3.0          1.4         0.2  setosa
3            4.7         3.2          1.3         0.2  setosa
> write.table(iris,"C:\\x.TXT")
```

A.4.2 读入数据

虽然可以使用 scan 在 R 界面上直接录入数据,但实际中,很少使用 R 录入大量数据。更常见的是,在 Excel 或其他输入窗口录入数据,并以.txt,.csv,.dat 等文件类型保存。在 R 中可以很方便地读入以其他格式保存的数据,read.table 就是常用的读入.dat 或.txt 文件的命令,语法为:

```
read.table(file, header = FALSE, sep ="")
```
它可以读入数据框,其中 header 为是否读第一行的变量名,当 header=FALSE 时不读,否则读取。read.csv 可以读入以.csv 格式保存的数据,如:

```
read.csv(file, header = TRUE, sep = ",")
```

R 还可以读入其他统计软件的数据集,比如,读取 SPSS 保存为 sav 格式的数据的语法为:

```
library(foreign)
read.spss(file1, data1, header = TRUE, sep = ",")
```

以上第一条语句表示要加载 foreign 统计软件包, read.spss 将数据 file1 读进 R 中,并保存在名为 data1 的对象中。同样的道理,运行语句

```
read.dta("c: \\ file2.dta", data2)
```
可以将 stata 格式的数据 file2 读进 R 中,并保存在 data2 的对象中。

下面用 read.table 函数读取上小节保存在 C 盘的数据。

```
> y=read.table("C:\\x.TXT")
> y[1:3,]
    Sepal.Length Sepal.Width Petal.Length Petal.Width Species
1            5.1         3.5          1.4         0.2  setosa
2            4.9         3.0          1.4         0.2  setosa
3            4.7         3.2          1.3         0.2  setosa
```

A.4.3 数据转换

前面对向量、矩阵、数组、数据框进行介绍的同时，已经简单地列出了各种相应的数据处理，如对向量元素的提取、修改、排序以及增加元素等．因为对向量、矩阵、数组、数据框及列表的处理最终可以归结为对向量的处理，所以前面我们详细地介绍了对向量的各种操作．

在处理数据的过程中，经常会遇到需要把一种数据类型转化为另一种数据类型的情况．表 A.3 所示为常用的转换函数．

表 A.3 常用的转换函数

转换函数	转换类型
as.factor(x)	转换为因子
as.array(x)	转换为数组
as.character(a)	转换为字符
as.numeric(x)	转换为数值
as.data.frame(x)	转换为数据框

下面在不改变因子大小的情况下，把因子转化为数值：
```
> a=factor(c(1,3,5),levels=c(1,3,5))
> a
[1] 1 3 5
Levels: 1 3 5
>as.numeric(a)
[1] 1 2 3
> a1=as.character(a)
> a2=as.numeric(a1)
> a2
[1] 1 3 5
```
先将其转化为字符型变量，再转化为数值型变量．

A.5　编　写　程　序

A.5.1　循环和控制

当需要编写较复杂的程序时，循环和控制不可缺少．R 的控制和循环的命令及语法和 C 语言很类似，如下所述．

(1) 控制结构：if (condition) 语句 1 else 语句 2．condition 为逻辑运算，当 condition 成立时，其值为真，执行"语句 1"，不成立则执行"语句 2"．如：

```
> x=1
> if(x==1){print("x is true")}else{print("x is false")}
[1] "x is true"
```

(2) 循环结构

① for (变量 in 序列) 语句

② while (condition) 语句

对于 for 语句,序列一般为一个数值向量,例如为 1:10. 假设变量为 i, 当 i=1 时执行 "语句",之后令 i=2 再执行 "语句",如此下去到 i=10 时执行完 "语句" 停止. 下面分别用 for 和 while 语句求 $1+2+\cdots+100$ 的值:

```
> total=0
> for(i in 1:100){total=total+i}
> total
[1] 5050
> Total=0
> i=1
> while(i<=100){Total=Total+i;i=i+1}
> Total
[1] 5050
```

A.5.2 函数

同样,在实现复杂算法时,编写函数可以重复使用,修改也很容易. 常用的函数控制命令及语法是: function(参数) 语句. 比如计算 $y=x^2$, 可以使用如下函数控制命令:

```
> f1=function(x){x^2+sin(x)}
> f1(10)
[1] 99.45598
> f1(1:9)
[1]  1.841471  4.909297  9.141120 15.243198 24.041076
[6] 35.720585 49.656987 64.989358 81.412118
```

将 $x=10$ 代入,则返回结果 99.45598. 如果将向量 $1:9$ 代入,则返回一组数. 下面再看几个例子:

```
> f2=function(x,y){x^2;x+y;x^2+y}
> f2(2,2)
[1] 6
> f3=function(x,y){return(x^2);x+y;x^2+y}
> f3(3,3)
[1] 9
```

从上面可以看出函数的返回值是计算的最后结果. 也可以运用 return 函数, 直接返回函数值.

A.6 基本统计计算

在进行数据分析的时候, 通常会用到统计分布和抽样, 以下是一些基本的命令.

A.6.1 抽样

抽样最常用的是 sample 函数, 它的语法是:

```
sample(x, size, replace = FALSE,prob=NULL)
```

其中, x 是一个向量, 表示抽样的总体; size 表示抽取的样本数; replace 表示是否有放回抽样; prob 是总体每个元素被抽中的概率. 如:

```
> sample(1:10,10)
[1] 8 7 6 1 9 3 4 2 5 10
> x=sample(1:10,10,replace=T)
> x
[1] 5 7 4 1 8 4 5 1 3 5
> unique(x)
[1] 5 7 4 1 8 3
> sample(c(0,1),10,replace=T,c(1/4,3/4))
[1] 1 0 1 1 1 1 1 1 0 1
```

以上程序中, 我们首先从 1 到 10 的数列中无放回抽取 10 个数, 实现了将 1:10 数列随机排列, 接下来从 1 到 10 的数列中有放回抽取 10 个数, 可以看到第二种抽取中出现了较多的重复数据. 用 unique 函数可以去掉样本中重复的数字, 这样我们可以更方便地观察到哪些数据被抽取出来, 还有哪些没有被抽出来. 第四个命令是在 0 和 1 两个数中不等概率地有放回抽取 10 次, 以 1/4 的可能性抽到 0, 3/4 的可能性抽到 1, 可以看到实际结果中抽到的 1 比 0 多, 这一结果反映了不等概率抽样的特点.

A.6.2 统计分布

dnorm(x, mean=1,sd=2) 表示均值为 1、标准差为 2 的正态分布 x 处的概率密度值, x 是某个点或一组点; 此分布的均值、标准差分别用参数 mean,sd 定义, 实际中不用写参数名, 只需写参数值即可. 下面分别求标准正态分布在 0 点的概率密度值和在 $-2, -1, 0, 1, 2$ 五个点处的概率密度值:

```
> dnorm(0,0,1)
[1] 0.3989423
> x=seq(-2,2,1)
```

```
> dnorm(x,0,1)
[1] 0.05399097 0.24197072 0.39894228 0.24197072 0.05399097
```

值得注意的是, 对离散分布而言, 单点概率密度值表示所求点的对应概率; 而对连续分布而言, 单点概率密度值不表示概率含义, 但可以反映局部数据分布的疏密程度. 除此之外, R 中与分布函数有关的常用函数还有 pnorm, qnorm, rnorm, 分别代表正态分布的累积分布函数、分位数函数 (分布函数的逆函数)、求某给定分布的伪随机数函数. 例如:

```
> pnorm(0,0,1)
[1] 0.5
> qnorm(0.5,0,1)
[1] 0
> rnorm(10,0,1)
[1]  0.08943764 -0.30887425  2.12413838 -0.86948634  1.28102335 -0.75855216
[7]  0.28450243 -0.75053353  0.64231260 -0.46489758
```

其中, pnorm(0,0,1) 表示标准正态分布在 0 点的概率分布函数值; qnorm(0.5,0,1) 表示标准正态分布概率 0.5 所对应的分位数; rnorm(10,0,1) 表示从标准正态分布中随机抽取 10 个伪随机数.

R 其他分布的命名规则和正态分布相似, 分别在分布名称前加上 d, p, q, r 表示概率密度函数、累积分布函数、分位数函数、伪随机数函数. 表 A.4 所示为 R 中的常用分布的名称及参数设置.

表 A.4 R 中单变量概率分布的名称和参数设置

分布	R 中分布名称	参数设置	分布	R 中分布名称	参数设置
Beta	beta	形状, 尺度	Logistic	logis	位置, 尺度
Binomial	binom	试验次数, 成功率	Negative-bi-nomial	nbinom	试验次数, 成功率
Cauchy	cauchy	位置, 尺度	Normal	norm	均值, 标准差
Chisquared	chisq	自由度	Log-normal	lnorm	Meanlog,sdlog
Exponential	exp	λ	Poisson	pois	λ
F	f	自由度 1 和 2	Wilcoxon	signrank	q, n
Gamma	gamma	形状	Student's t	t	df
Geometric	geom	成功率	Uniform	unif	区间端点
Hypergeometric	hyper	M,n,k	Weibull	weibull	形状

A.7 R 的图形功能

R 有很强的图形功能, 可以用简单的函数调用迅速做出数据的各种图形. 由于 R 的图形是面向对象的, 用户可以随意修改其中每个细节, 调整图形的属性, 比如设置线条输出类型、调整颜色和字型等,输出高品质和满足报表需求的图形.

A.7.1 plot 函数

plot 是用 R 画图最常用的命令,使用 plot 函数可以绘制大多数常用的点图、线图. 它的语法结构为:

```
plot(x, y, ...)
```

其中 x 和 y 为向量. 现在绘制一个简单的散点图:

```
> x=seq(0,10,0.5)
> y=2*sin(0.2*x)+log(x^2+3*x+1)
> plot(x,y,xlab="X Is Across",ylab="Y is Up")
> points(x^0.5,y,pch=3)
```

在上面的语句中,我们注意到 plot 函数中设置了横坐标和纵坐标的标志. 在 plot 函数的参数设置中增加 type="l" 可以制作线型图,用 points() 函数可以在已绘制的图形上添加点, lines() 函数可以添加线. 接着上面的程序,可以添加更多的信息:

```
> points(x,8-0.7*y,pch="m") # use a "m" symbol
> points(rev(x),y,pch=5)
> lines(x,y,lwd=2)
> title("Titles are Tops")
```

输出的图形如图 A.2 所示.

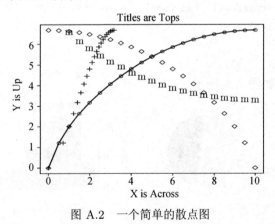

图 A.2 一个简单的散点图

plot 中常用设置如表 A.5 所示.

A.7.2 多图显示

使用 par() 函数,在一个图形界面中可以同时展示多个图形. 下面我们在一个图形界面上同时展示 R 其他常用的饼图、直方图、条形图、箱线图,程序如下:

表 A.5 R 中作图函数的常用设置

参数	参数的设置	参数的功能
type	p	散点图
	l	线型图
	b	点线图
	h	竖线图
	o	点线合一图
	n	不描绘图形
axes	T	有坐标轴
	F	没有坐标轴
main	" 标题内容 "	标题
sub	" 副标题内容 "	副标题
xlab	"x 轴显示内容 "	设置 x 轴显示
ylab	"y 轴显示内容 "	设置 y 轴显示
xlim	c(x 最小, x 最大)	设置 x 轴最小、最大刻度
ylim	c(y 最小, y 最大)	设置 y 轴最小、最大刻度
pch	" 数据点显示样式 "	数据点显示样式
lwd	1 为默认设置, 2 为两倍宽	设置线的宽度
lty	1 为实线, 2 为虚线	设置线的类型
col	17 种颜色设置	颜色设置

```
> par(mfrow=c(2,2))
> x=rnorm(100,2,3)
> y=7:1
> pie(y,col=rainbow(7),radius=1)
> hist(x,col=3)
> boxplot(x)
> barplot(c(1,2,3))
```

生成的图形如图 A.3 所示.

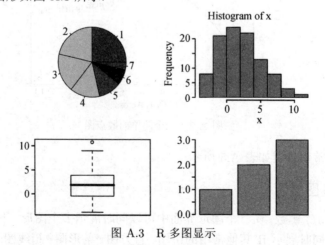

图 A.3 R 多图显示

A.8　R 帮助和包

A.8.1　R 帮助

R 另一个很突出的优点就是有丰富的帮助文件,对 R 初步入门的读者,很快会发现,学习和掌握 R 最快、最有效的方法是查阅帮助文件.帮助文件不仅可以帮助我们查阅相关的参数,还可以快速学习新函数的用法. R 帮助使用方法如下:用 help(topic) 和?topic 可以查到关于函数 topic 的文档.如输入:

> `> help(abs)`

或

> `> ?abs`

可以查到绝对值函数的用法.使用 help.search("topic") 命令可以在 R 文档里搜索到所有有关的 topic 函数.

A.8.2　R 包

R 的绝大多数功能都放在包里,除了软件运行时所直接加载的包外,主页 http://cran.r-project.org/ 上有很多统计或非统计的包可供下载.使用这些包有以下两种方法.

(1) 到主页上把包下载下来,然后解压缩到 R 软件里的 library 文件夹,再打开 R 输入 library(包名),就可以使用包里的函数.有时候在加载一个包之前要先加载其他的包.

(2) 直接在 R 窗口输入 install.packages(" 包名 "),将弹出一个对话框,选择一个稳定的镜像地址,系统会自动连接到主页上的统计包.选择所需要的软件包自动安装好所需的包,再输入 library(包名) 就可以了.

关于 R 各种包的用途,用户可以及时查看 R 的主页.

习题

A.1　下面是统计学院本科二年级部分学生的年龄:
AGE: 18,23,22,21,20,19,20,20,20
用 R 命令完成以下操作:
(1) 将前三名学生的年龄输入向量 first3;
(2) 将剩余学生年龄输入向量 except3;
(3) 在 except3 的第 3 个位置后插入新生的年龄 19;
(4) 将 (3) 中更新过的学生中第 2 名学生的年龄更改为 22.
A.2　思考以下命令的输出,用文字描述每一条语句的作用,并上机验证.

(1) a1 <-rep(1:3,rep(2,3))
(2) a2 <-c(1,8,10,11)
    a3 <-seq(1,30,length(a2))
(3) a4 <-seq(1,5,2)
    a4 <-c(a1,a4,rep(0,2))
(4) a5 <-2:10
    a6 <-c(a2,a3[-(1:3)],a4)
(5) a7 <-c(rep(1,10),rep(0,8))

A.3 上机实践: 将 MASS 数据包用命令 library(MASS) 加载到 R 中, 调用自带 "老忠实" 喷泉数据集 geyser, 它有两个变量: 等待时间 waiting 和喷涌时间 duration, 其中前者表示任意两次喷涌的间隔时间, 后者表示任意一次喷涌的持续时间. 完成以下任务:

(1) 将等待时间 70min 以下的数据挑选出来;

(2) 将等待时间 70min 以下, 且等待时间不等于 57min 的数据挑选出来;

(3) 将等待时间 70min 以下喷泉的喷涌时间挑选出来;

(4) 将喷涌时间大于 70min 喷泉的等待时间挑选出来.

A.4 假设向量 $\boldsymbol{x} = (x_1, x_2, \cdots, x_n)$, 令 $p_i = \sum_{j=i+1}^{n} I(x_i < x_j), i = 1, 2, \cdots, n-1$, $q_i = \sum_{j=i+1}^{n} I(x_i > x_j), i = 1, 2, \cdots, n-1$, $I(x_i > x_j)$ 是示性函数. 编写程序计算当 $n=5$ 时, $\sum_{i=1}^{n-1}(p_i - q_i)$ 的值, 对由 $\boldsymbol{x}$ 构成的所有可能排列计算上面的结果, 判断所有可能结果的分布.

A.5 由数学分析理论知: 如果连续函数 $f(x) \in [a, b]$ 且 $f(a)f(b) < 0$, 则必然 $\exists \xi \in (a, b)$, 使得 $f(\xi) = 0$, ξ 称为方程 $f(x) = 0$ 的根, 也称为函数 $f(x)$ 的零点. 用这种理论可以设计一个算法搜索连续函数的零点. 首先, 确定搜索的起点 $a, b, a < b$, 满足 $f(a)f(b) < 0$, 令 (a, b) 的中点为 c_1, 不等式 $f(a)f(c_1) < 0$ 和 $f(b)f(c_1) < 0$ 中只有一个成立, 将使不等式成立的两个 x 值作为下一步新的搜索起点, 如此下去, 一定可以逼近函数的零点. 这种搜索连续函数零点的数值计算方法称为二分法. 试用二分法应用 R 程序求下面方程在 $(-10, 10)$ 之间的根:

$$2x^3 - 4x^2 + 3x - 6 = 0.$$

A.6 从 $0 \sim 2\pi$, 每间隔 0.2, 求解下面函数的值:

$$\frac{\sin(x)}{\cos(x) + x}.$$

A.7 CCB(编码问题): 为使电文保密, 发报人和收报人之间互相遵守密钥, 发报人会按一定规律将电文转换成密码, 收报人再按约定的规律将其译回原文. 例如, 可以按下列规律将电文转换为密码: 将 26 个字母的前 13 个转换成其后的第 13 个字母, 并且大小写互换. 比如: 字母 "A" 转换成字母 "n". 同理, 将后 13 个字母转换成其前的第 13 个字母, 并且大小写互换, 因此,

字母 "x" 转换成字母 "K". 非字母字符不变, 比如 "People" 转换为 cRBCYR. 试用 R 编写函数帮助发报人实现上述转换.

A.8 编写函数实现以下功能:

(1) 将向量 a 中 n 个数按相反顺序存放.

(2) 向量 a 与向量 b 等长, 按 $a_1, b_1, a_2, b_2, \cdots$, 将两个向量对应位置的数值交错排列, 形成新向量 ab.

A.9 13 个人围成一个圈, 从第一个人开始顺序报号 1, 2, 3, 报到 3 者退出圈子, 找出最后留在圈子中的人原来的位置.

A.10 如光盘文件 student.txt 中的数据, 一个班级有 30 名学生, 每名学生有 5 门课程的成绩, 编写函数实现下述要求:

(1) 以 data.frame 的格式保存上述数据;

(2) 计算每个学生各科平均分, 并将该数据加入 (1) 数据集的最后一列;

(3) 找出各科平均分的最高分所对应的学生和他所修课程的成绩;

(4) 找出至少两门课程不及格的学生, 输出他们的全部成绩和平均成绩;

(5) 比较具有 (4) 特点学生的各科平均分与其余学生平均分之间是否存在差异.

A.11 如光盘数据 basket.txt 每一行列交叉位置只取一个英文字母:

ID	V1	V2	V3	V4	V5
1	A	A	D	B	A
2	A	B	A	C	B
3	E	A	E	A	A
			$\cdots$		

(1) 求在一行中至少同时出现一个 A 和一个 B 的行数;

(2) 求在一行中至少同时出现一个 A 和三个 B 的行数.

A.12 在一张图上, 用取值在 $(-10, 10)$ 之间间隔均等的 1000 个点, 采用不同的线型和颜色绘制 $\sin()$, $\cos()$, $\sin() + \cos()$ 的函数图形, 图形要求有主标题和副标题, 标示出坐标轴.

A.13 在 R 中实现如下程序:

```
> x <-seq(-5,5,length=50)
> a <-runif(500,-5,5)
> y <-0.1*a*sin(2*a)
> f1<-function(x,y){1-exp(-1/x^2+y^2)}
> z1<-outer(x/2,x/2,f1)
> persp(z1)

> f2 <-function(x,y){0.1*x*sin(2*y)}
> z2 <-outer(x,x,f2)
> persp(z2)
```

```
> f3 <-function(x,y){sin(x)+cos(y)}
> z3 <-outer(x,x,f3)
> persp(z3)
> plot(sin(3*x),sin(6*x),type="l")
```

A.14 用 R 随机产生 100 个分布 $N(3,5)$ 的观测值和 20 个分布 $N(5,3)$ 的观测值,做出这 120 个数据的直方图、盒子图和 Q-Q 图并解释图上表现出的特征.

A.15 随机产生一个 100 个数的分布 $N(0,1)$ 的观测值. 对它们作指数和对数变换如下:

$$y = \begin{cases} (x^\lambda - 1)/\lambda, & \lambda \neq 0; \\ \ln x, & \lambda = 0. \end{cases}$$

画出 $\lambda = 0, \lambda = 1$ 以及 $\lambda = -1$ 相应的直方图和 Q-Q 图,解释所观察到的结果.

附录 B 常用统计分布表

附表 1 标准正态分布累计概率分布表 $F_Z(z) = P(Z \leqslant z)$

附表 2 Wilcoxon 符号秩统计量分布函数 (左尾概率) 表：$p = P(W \leqslant w)(n = 5, 6, \cdots, 30)$

附表 3 Run-Test 游程检验表

附表 4 Mann-Whitney W 值表

附表 5 Kruskal-Wallis 检验临界值 $P(H \geqslant c) = \alpha$

附表 6 χ^2 分布表 $P(\chi^2 \leqslant c)$

附表 7 Jonkheere-Terpstra 检验临界值 $P(J \geqslant c) = \alpha$

附表 8 Friedman 检验临界值 $P(W \geqslant c) = p$ (上侧分位数)

附表 9 Mood 方差相等性检验表

附表 10 t 分布

附表 11 Spearman 秩相关系数检验临界值 $P(r_S \geqslant c_\alpha) = \alpha$

附表 12 Kendall τ 检验临界值表

附表 13 Kolmogorov 检验临界值 $P(D_n \geqslant D_\alpha) = \alpha$

附表 14 Kolmogorov-Smirnov D 临界值 (单一样本)

附表 1　标准正态分布累计概率分布表 $F_Z(z) = P(Z \leqslant z)$

z	0.00	0.01	0.02	0.03	0.04	0.05	0.06	0.07	0.08	0.09
−3.5	0.0002	0.0002	0.0002	0.0002	0.0002	0.0002	0.0002	0.0002	0.0002	0.0002
−3.4	0.0003	0.0003	0.0003	0.0003	0.0003	0.0003	0.0003	0.0003	0.0003	0.0002
−3.3	0.0005	0.0005	0.0005	0.0004	0.0004	0.0004	0.0004	0.0004	0.0004	0.0003
−3.2	0.0007	0.0007	0.0006	0.0006	0.0006	0.0006	0.0006	0.0005	0.0005	0.0005
−3.1	0.0010	0.0009	0.0009	0.0009	0.0008	0.0008	0.0008	0.0008	0.0007	0.0007
−3.0	0.0013	0.0013	0.0013	0.0012	0.0012	0.0011	0.0011	0.0011	0.0010	0.0010
−2.9	0.0019	0.0018	0.0018	0.0017	0.0016	0.0016	0.0015	0.0015	0.0014	0.0014
−2.8	0.0026	0.0025	0.0024	0.0023	0.0023	0.0022	0.0021	0.0021	0.0020	0.0019
−2.7	0.0035	0.0034	0.0033	0.0032	0.0031	0.0030	0.0029	0.0028	0.0027	0.0026
−2.6	0.0047	0.0045	0.0044	0.0043	0.0041	0.0040	0.0039	0.0038	0.0037	0.0036
−2.5	0.0062	0.0060	0.0059	0.0057	0.0055	0.0054	0.0052	0.0051	0.0049	0.0048
−2.4	0.0082	0.0080	0.0078	0.0075	0.0073	0.0071	0.0069	0.0068	0.0066	0.0064
−2.3	0.0107	0.0104	0.0102	0.0099	0.0096	0.0094	0.0091	0.0089	0.0087	0.0084
−2.2	0.0139	0.0136	0.0132	0.0129	0.0125	0.0122	0.0119	0.0116	0.0113	0.0110
−2.1	0.0179	0.0174	0.0170	0.0166	0.0162	0.0158	0.0154	0.0150	0.0146	0.0143
−2.0	0.0228	0.0222	0.0217	0.0212	0.0207	0.0202	0.0197	0.0192	0.0188	0.0183
−1.9	0.0287	0.0281	0.0274	0.0268	0.0262	0.0256	0.0250	0.0244	0.0239	0.0233
−1.8	0.0359	0.0351	0.0344	0.0336	0.0329	0.0322	0.0314	0.0307	0.0301	0.0294
−1.7	0.0446	0.0436	0.0427	0.0418	0.0409	0.0401	0.0392	0.0384	0.0375	0.0367
−1.6	0.0548	0.0537	0.0526	0.0516	0.0505	0.0495	0.0485	0.0475	0.0465	0.0455
−1.5	0.0668	0.0655	0.0643	0.0630	0.0618	0.0606	0.0594	0.0582	0.0571	0.0559
−1.4	0.0808	0.0793	0.0778	0.0764	0.0749	0.0735	0.0721	0.0708	0.0694	0.0681
−1.3	0.0968	0.0951	0.0934	0.0918	0.0901	0.0885	0.0869	0.0853	0.0838	0.0823
−1.2	0.1151	0.1131	0.1112	0.1093	0.1075	0.1056	0.1038	0.1020	0.1003	0.0985
−1.1	0.1357	0.1335	0.1314	0.1292	0.1271	0.1251	0.1230	0.1210	0.1190	0.1170
−1.0	0.1587	0.1562	0.1539	0.1515	0.1492	0.1469	0.1446	0.1423	0.1401	0.1379
−0.9	0.1841	0.1814	0.1788	0.1762	0.1736	0.1711	0.1685	0.1660	0.1635	0.1611
−0.8	0.2119	0.2090	0.2061	0.2033	0.2005	0.1977	0.1949	0.1922	0.1894	0.1867
−0.7	0.2420	0.2389	0.2358	0.2327	0.2297	0.2266	0.2236	0.2206	0.2177	0.2148
−0.6	0.2743	0.2709	0.2676	0.2643	0.2611	0.2578	0.2546	0.2514	0.2483	0.2451
−0.5	0.3085	0.3050	0.3015	0.2981	0.2946	0.2912	0.2877	0.2843	0.2810	0.2776
−0.4	0.3446	0.3409	0.3372	0.3336	0.3300	0.3264	0.3228	0.3192	0.3156	0.3121
−0.3	0.3821	0.3783	0.3745	0.3707	0.3669	0.3632	0.3594	0.3557	0.3520	0.3483
−0.2	0.4207	0.4168	0.4129	0.4090	0.4052	0.4013	0.3974	0.3936	0.3897	0.3859
−0.1	0.4602	0.4562	0.4522	0.4483	0.4443	0.4404	0.4364	0.4325	0.4286	0.4247
−0.0	0.5000	0.4960	0.4920	0.4880	0.4840	0.4801	0.4761	0.4721	0.4681	0.4641

附表 1 标准正态分布累计概率分布表 $F_Z(z) = P(Z \leqslant z)$

(续表)

z	0.00	0.01	0.02	0.03	0.04	0.05	0.06	0.07	0.08	0.09
0.0	0.5000	0.5040	0.5080	0.5120	0.5160	0.5199	0.5239	0.5279	0.5319	0.5359
0.1	0.5398	0.5438	0.5478	0.5517	0.5557	0.5596	0.5636	0.5675	0.5714	0.5735
0.2	0.5793	0.5832	0.5871	0.5910	0.5948	0.5987	0.6026	0.6064	0.6103	0.6141
0.3	0.6179	0.6217	0.6255	0.6293	0.6331	0.6368	0.6406	0.6443	0.6480	0.6517
0.4	0.6554	0.6591	0.6628	0.6664	0.6700	0.6736	0.6772	0.6808	0.6844	0.6879
0.5	0.6915	0.6950	0.6985	0.7019	0.7054	0.7088	0.7123	0.7157	0.7190	0.7224
0.6	0.7257	0.7291	0.7324	0.7357	0.7389	0.7422	0.7454	0.7486	0.7517	0.7549
0.7	0.7580	0.7611	0.7642	0.7673	0.7703	0.7734	0.7764	0.7794	0.7823	0.7852
0.8	0.7881	0.7910	0.7939	0.7967	0.7995	0.8023	0.8051	0.8078	0.8106	0.8133
0.9	0.8159	0.8186	0.8212	0.8238	0.8264	0.8289	0.8315	0.8340	0.8365	0.8389
1.0	0.8413	0.8438	0.8461	0.8485	0.8508	0.8531	0.8554	0.8577	0.8599	0.8621
1.1	0.8643	0.8665	0.8686	0.8708	0.8729	0.8749	0.8770	0.8790	0.8810	0.8830
1.2	0.8849	0.8869	0.8888	0.8907	0.8925	0.8944	0.8962	0.8980	0.8997	0.9015
1.3	0.9032	0.9049	0.9066	0.9082	0.9099	0.9115	0.9131	0.9147	0.9162	0.9177
1.4	0.9192	0.9207	0.9222	0.9236	0.9251	0.9265	0.9279	0.9292	0.9306	0.9319
1.5	0.9332	0.9345	0.9357	0.9370	0.9382	0.9394	0.9406	0.9418	0.9429	0.9441
1.6	0.9452	0.9463	0.9474	0.9484	0.9495	0.9505	0.9515	0.9525	0.9535	0.9545
1.7	0.9554	0.9564	0.9573	0.9582	0.9591	0.9599	0.9608	0.9616	0.9625	0.9633
1.8	0.9641	0.9649	0.9656	0.9664	0.9671	0.9678	0.9686	0.9693	0.9699	0.9706
1.9	0.9713	0.9719	0.9726	0.9732	0.9738	0.9744	0.9750	0.9756	0.9761	0.9767
2.0	0.9772	0.9778	0.9783	0.9788	0.9793	0.9798	0.9803	0.9808	0.9812	0.9817
2.1	0.9821	0.9826	0.9830	0.9834	0.9838	0.9842	0.9846	0.9850	0.9854	0.9857
2.2	0.9861	0.9864	0.9868	0.9871	0.9875	0.9878	0.9881	0.9884	0.9887	0.9890
2.3	0.9893	0.9896	0.9898	0.9901	0.9904	0.9906	0.9909	0.9911	0.9913	0.9916
2.4	0.9918	0.9920	0.9922	0.9925	0.9927	0.9929	0.9931	0.9932	0.9934	0.9936
2.5	0.9938	0.9940	0.9941	0.9943	0.9945	0.9946	0.9948	0.9949	0.9951	0.9952
2.6	0.9953	0.9955	0.9956	0.9957	0.9959	0.9960	0.9961	0.9962	0.9963	0.9964
2.7	0.9965	0.9966	0.9967	0.9968	0.9969	0.9970	0.9971	0.9972	0.9973	0.9974
2.8	0.9974	0.9975	0.9976	0.9977	0.9977	0.9978	0.9979	0.9979	0.9980	0.9981
2.9	0.9981	0.9982	0.9982	0.9983	0.9984	0.9984	0.9985	0.9985	0.9986	0.9986
3.0	0.9987	0.9987	0.9987	0.9988	0.9988	0.9989	0.9989	0.9989	0.9990	0.9990
3.1	0.9990	0.9991	0.9991	0.9991	0.9992	0.9992	0.9992	0.9992	0.9993	0.9993
3.2	0.9993	0.9993	0.9994	0.9994	0.9994	0.9994	0.9994	0.9995	0.9995	0.9995
3.3	0.9995	0.9995	0.9995	0.9996	0.9996	0.9996	0.9996	0.9996	0.9996	0.9997
3.4	0.9997	0.9997	0.9997	0.9997	0.9997	0.9997	0.9997	0.9997	0.9997	0.9998
3.5	0.9998	0.9998	0.9998	0.9998	0.9998	0.9998	0.9998	0.9998	0.9998	0.9998

附表 2 Wilcoxon 符号秩统计量分布函数 (左尾概率) 表

$$p = P(W \leqslant w)(n = 5, 6, \cdots, 30)$$

w n=5	p	w n=8	p	w n=10	p	w n=11	p	w n=12	p	w n=13	p
*0	0.0313	0	0.0039	0	0.0010	0	0.0005	0	0.0002	0	0.0001
1	0.0625	1	0.0078	1	0.0020	1	0.0010	1	0.0005	1	0.0002
2	0.0938	2	0.0117	2	0.0029	2	0.0015	2	0.0007	2	0.0004
3	0.1563	3	0.0195	3	0.0049	3	0.0024	3	0.0012	3	0.0006
4	0.2188	4	0.0273	4	0.0068	4	0.0034	4	0.0017	4	0.0009
5	0.3125	*5	0.0391	5	0.0098	5	0.0049	5	0.0024	5	0.0012
6	0.4063	6	0.0547	6	0.0137	6	0.0068	6	0.0034	6	0.0017
7	0.5000	7	0.0742	7	0.0186	7	0.0093	7	0.0046	7	0.0023
		8	0.0977	8	0.0244	8	0.0122	8	0.0061	8	0.0031
n=6		9	0.1250	9	0.0322	9	0.0161	9	0.0081	9	0.0040
0	0.0156	10	0.1563	*10	0.0420	10	0.0210	10	0.0105	10	0.0052
1	0.0313	11	0.1914	11	0.0527	11	0.0269	11	0.0134	11	0.0067
*2	0.0469	12	0.2305	12	0.0654	12	0.0337	12	0.0171	12	0.0085
3	0.0781	13	0.2734	13	0.0801	13	0.0415	13	0.0212	13	0.0107
4	0.1094	14	0.3203	14	0.0967	14	0.0508	14	0.0261	14	0.0133
5	0.1563	15	0.3711	15	0.1162	15	0.0615	15	0.0320	15	0.0164
6	0.2188	16	0.4219	16	0.1377	16	0.0737	16	0.0386	16	0.0199
7	0.2813	17	0.4727	17	0.1611	17	0.0874	17	0.0461	17	0.0239
8	0.3438	18	0.5273	18	0.1875	18	0.1030	18	0.0549	18	0.0287
9	0.4219	n=9		19	0.2158	19	0.1201	19	0.0647	19	0.0341
10	0.5000	0	0.0020	20	0.2461	20	0.1392	20	0.0757	20	0.0402
		1	0.0039	21	0.2783	21	0.1602	21	0.0881	*21	0.0471
n=7		2	0.0059	22	0.3125	22	0.1826	22	0.1018	22	0.0549
0	0.0078	3	0.0098	23	0.3477	23	0.2065	23	0.1167	23	0.0636
1	0.0156	4	0.0137	24	0.3848	24	0.2324	24	0.1331	24	0.0732
2	0.0234	5	0.0195	25	0.4229	25	0.2598	25	0.1506	25	0.0839
*3	0.0391	6	0.0273	26	0.4609	26	0.2886	26	0.1697	26	0.0955
4	0.0547	7	0.0371	27	0.5000	27	0.3188	27	0.1902	27	0.1082
5	0.0781	*8	0.0488			28	0.3501	28	0.2119	28	0.1219
6	0.1094	9	0.0645			29	0.3823	29	0.2349	29	0.1367
7	0.1484	10	0.0820			30	0.4155	30	0.2593	30	0.1527
8	0.1875	11	0.1016			31	0.4492	31	0.2847	31	0.1698
9	0.2344	12	0.1250			32	0.4829	32	0.3110	32	0.1879
10	0.2891	13	0.1504			33	0.5171	33	0.3386	33	0.2072
11	0.3438	14	0.1797					34	0.3667	34	0.2274
12	0.4061	15	0.2129					35	0.3955	35	0.2487
13	0.4688	16	0.2481					36	0.4250	36	0.2709
14	0.5313	17	0.2852					37	0.4548	37	0.2939
		18	0.3262					38	0.4849	38	0.3177
		19	0.3672					39	0.5151	39	0.3424
		20	0.4102							40	0.3677
		21	0.4551							41	0.3934
		22	0.5000							42	0.4197
										43	0.4463
										44	0.4730
										45	0.5000

* 表示在 $\alpha = 0.05$ 显著性水平下的左尾临界值.

附表 2 Wilcoxon 符号秩统计量分布函数 (左尾概率) 表

(续表)

w	p	w	p	w	p	w	p	w	p	w	p
$n=14$		$n=14$		$n=15$		$n=16$		$n=17$		$n=17$	
1	0.0001	50	0.4516	47	0.2444	39	0.0719	25	0.0064	74	0.4633
2	0.0002	51	0.4758	48	0.2622	40	0.0795	26	0.0075	75	0.4816
3	0.0003	52	0.5000	49	0.2807	41	0.0877	27	0.0087	76	0.5000
4	0.0004			50	0.2997	42	0.0964	28	0.0101		
5	0.0006	$n=15$		51	0.3153	43	0.1057	29	0.0116	$n=18$	
6	0.0009	2	0.0001	52	0.3394	44	0.1156	30	0.0133	9	0.0001
7	0.0012	3,4	0.0002	53	0.3599	45	0.1261	31	0.0153	10,11	0.0002
8	0.0015	5	0.0003	54	0.3808	46	0.1372	32	0.0174	12,13	0.0003
9	0020	6	0.0004	55	0.4020	47	0.1489	33	0.0198	14	0.0004
10	0026	7	0.0006	56	0.4235	48	0.1613	34	0.0224	15	0.0005
11	0.0034	8	0.0008	57	0.4452	49	0.1742	35	0.0253	16	0.0006
12	0.0043	9	0.0010	58	0.4670	50	0.1877	36	0.0284	17	0.0008
13	0.0054	10	0.0013	59	0.4890	51	0.2019	37	0.0319	18	0.0010
14	0.0067	11	0.0017	60	0.5110	52	0.2166	38	0.0357	19	0.0012
15	0.0083	12	0.0021	$n=16$		53	0.2319	39	0.0398	20	0.0014
16	0.0101	13	0.0027	4	0.0001	54	0.2477	40	0.0443	21	0.0017
17	0.0123	14	0.0034	5	0.0002	55	0.2641	*41	0.0492	22	0.0020
18	0.0148	15	0.0042	7	0.0003	56	0.2809	42	0.0544	23	0.0024
19	0.0176	16	0.0051	8	0.0004	57	0.2983	43	0.0601	24	0.0028
20	0.0209	17	0.0062	9	0.0005	58	0.3161	44	0.0662	25	0.0033
21	0.0247	18	0.0075	10	0.0007	59	0.3343	45	0.0727	26	0.0038
22	0.0290	19	0.0090	11	0.0008	60	0.3529	46	0.0797	27	0.0045
23	0.0338	20	0.0108	12	0.0011	61	0.3718	47	0.0871	28	0.0052
24	0.0392	21	0.0128	13	0.0013	62	0.3910	48	0.0950	29	0.0060
*25	0.0453	22	0.0151	14	0.0017	63	0.4104	49	0.1034	30	0.0069
26	0.0520	23	0.0177	15	0.0021	64	0.4301	50	0.1123	31	0.0080
27	0.0594	24	0.0206	16	0.0026	65	0.4500	51	0.1217	32	0.0091
28	0.0676	25	0.0240	17	0.0031	66	0.4699	52	0.1317	33	0.0104
29	0.0765	26	0.0277	18	0.0038	67	0.4900	53	0.1421	34	0.0118
30	0.0863	27	0.0319	19	0.0046	68	0.5100	54	0.1530	35	0.0134
31	0.0969	28	0.0365	20	0.0055			55	0.1645	36	0.0152
32	0.1083	29	0.0416	21	0.0065	$n=17$		56	0.1764	37	0.0171
33	0.1206	*30	0.0473	22	0.0078	7	0.0001	57	0.1889	38	0.0192
34	0.1338	31	0.0535	23	0.0091	8	0.0002	58	0.2019	39	0.0216
35	0.1479	32	0.0603	24	0.0107	9,10	0.0003	59	0.2153	40	0.0241
36	0.1629	33	0.0677	25	0.0125	11	0.0004	60	0.2293	41	0.0269
37	0.1788	34	0.0757	26	0.0145	12	0.0005	61	0.2437	42	0.0300
38	0.1955	35	0.0844	27	0.0168	13	0.0007	62	0.2585	43	0.0333
39	0.2131	36	0.0938	28	0.0193	14	0.0008	63	0.2738	44	0.0368
40	0.2316	37	0.1039	29	0.0222	15	0.0010	64	0.2895	45	0.0407
41	0.2508	38	0.1147	30	0.0253	16	0.0013	65	0.3056	46	0.0449
42	0.2708	39	0.1262	31	0.0288	17	0.0016	66	0.3221	*47	0.0494
43	0.2915	40	0.1384	32	0.0327	18	0.0019	67	0.3389	48	0.0542
44	0.3129	41	0.1514	33	0.0370	19	0.0023	68	0.3559	49	0.0594
45	0.3349	42	0.1651	34	0.0416	20	0.0028	69	0.3733	50	0.0649
46	0.3574	43	0.1796	*35	0.0467	21	0.0033	70	0.3910	51	0.0708
47	0.3804	44	0.1947	36	0.0523	22	0.0040	71	0.4088	52	0.0770
48	0.4039	45	0.2106	37	0.0583	23	0.0047	72	0.4268	53	0.0837
49	0.4276	46	0.2271	38	0.0649	24	0.0055	73	0.4450	54	0.0907

(续表)

w $n=18$	p	w $n=19$	p	w $n=19$	p	w $n=20$	p	w $n=20$	p	w $n=21$	p
55	0.0982	30	0.0036	79	0.2706	48	0.0164	97	0.3921	61	0.0298
56	0.1061	31	0.0041	80	0.2839	49	0.0181	98	0.4062	62	0.0323
57	0.1144	32	0.0047	81	0.2974	50	0.0200	99	0.4204	63	0.0351
58	0.1231	33	0.0054	82	0.3113	51	0.0220	100	0.4347	64	0.0380
59	0.1323	34	0.0062	83	0.3254	52	0.0242	101	0.4492	65	0.0411
60	0.1419	35	0.0070	84	0.3397	53	0.0266	102	0.4636	66	0.0444
61	0.1519	36	0.0080	85	0.3543	54	0.0291	103	0.4782	67	0.0479
62	0.1624	37	0.0090	86	0.3690	55	0.0319	104	0.4927	68	0.0516
63	0.1733	38	0.0102	87	0.3840	56	0.0348	105	0.5073	69	0.0555
64	0.1846	39	0.0115	88	0.3991	57	0.0379	$n=21$		70	0.0597
65	0.1964	40	0.0129	89	0.4144	58	0.0413	19	0.0001	71	0.0640
66	0.2086	41	0.0145	90	0.4298	59	0.0448	20,21	0.0002	72	0.0686
67	0.2211	42	0.0162	91	0.4453	*60	0.0487	22,23	0.0003	73	0.0735
68	0.2341	43	0.0180	92	0.4609	61	0.0527	24,25	0.0004	74	0.0786
69	0.2475	44	0.0201	93	0.4765	62	0.0570	26	0.0005	75	0.0839
70	0.2613	45	0.0223	94	0.4922	63	0.0615	27	0.0006	76	0.0895
71	0.2754	46	0.0247	95	0.5078	64	0.0664	28	0.0007	77	0.0953
72	0.2899	47	0.0273			65	0.0715	29	0.0008	78	0.1015
73	0.3047	48	0.0301	$n=20$		66	0.0768	30	0.0009	79	0.1078
74	0.3198	49	0.0331	15	0.0001	67	0.0825	31	0.0011	80	0.1145
75	0.3353	50	0.0364	18	0.0002	68	0.0884	32	0.0012	81	0.1214
76	0.3509	51	0.0399	19	0.0003	69	0.0947	33	0.0014	82	0.1286
77	0.3669	52	0.0437	20,21	0.0004	70	0.1012	34	0.0016	83	0.1361
78	0.3830	*53	0.0478	22	0.0005	71	0.1081	35	0.0019	84	0.1439
79	0.3994	54	0.0521	23	0.0006	72	0.1153	36	0.0021	85	0.1519
80	0.4159	55	0.0567	24	0.0007	73	0.1227	37	0.0024	86	0.1602
81	0.4325	56	0.0616	25	0.0008	74	0.1305	38	0.0028	87	0.1688
82	0.4493	57	0.0668	26	0.0010	75	0.1387	39	0.0031	88	0.1777
83	0.4661	58	0.0723	27	0.0012	76	0.1471	40	0.0036	89	0.1869
84	0.4831	59	0.0782	28	0.0014	77	0.1559	41	0.0040	90	0.1963
85	0.5000	60	0.0844	29	0.0016	78	0.1650	42	0.0045	91	0.2060
		61	0.0909	30	0.0018	79	0.1744	43	0.0051	92	0.2160
$n=19$		62	0.0978	31	0.0021	80	0.1841	44	0.0057	93	0.2262
12	0.0001	63	0.1051	32	0.0024	81	0.1942	45	0.0063	94	0.2367
13,14	0.0002	64	0.1127	33	0.0028	82	0.2045	46	0.0071	95	0.2474
15,16	0.0003	65	0.1206	34	0.0032	83	0.2152	47	0.0079	96	0.2584
17	0.0004	66	0.1290	35	0.0036	84	0.2262	48	0.0088	97	0.2696
18	0.0005	67	0.1377	36	0.0042	85	0.2375	49	0.0097	98	0.2810
19	0.0006	68	0.1467	37	0.0047	86	0.2490	50	0.0108	99	0.2927
20	0.0007	69	0.1562	38	0.0053	87	0.2608	51	0.0119	100	0.3046
21	0.0008	70	0.1660	39	0.0060	88	0.2729	52	0.0132	101	0.3166
22	0.0010	71	0.1762	40	0.0068	89	0.2853	53	0.0145	102	0.3289
23	0.0012	72	0.1868	41	0.0077	90	0.2979	54	0.0160	103	0.3414
24	0.0014	73	0.1977	42	0.0086	91	0.3108	55	0.0175	104	0.3540
25	0.0017	74	0.2090	43	0.0096	92	0.3238	56	0.0192	105	0.3667
26	0.0020	75	0.2207	44	0.0107	93	0.3371	57	0.0210	106	0.3796
27	0.0023	76	0.2327	45	0.0120	94	0.3506	58	0.0230	107	0.3927
28	0.0027	77	0.2450	46	0.0133	95	0.3643	59	0.0251	108	0.4058
29	0.0031	78	0.2576	47	0.0148	96	0.3781	60	0.0273	109	0.4191

附表 2 Wilcoxon 符号秩统计量分布函数 (左尾概率) 表

(续表)

w	p	w	p	w	p	w	p	w	p	w	p
$n=21$		$n=22$		$n=22$		$n=23$		$n=23$		$n=24$	
110	0.4324	67	0.0271	116	0.3751	68	0.0163	117	0.2700	62	0.0053
111	0.4459	68	0.0293	117	0.3873	69	0.0177	118	0.2800	63	0.0058
112	0.4593	69	0.0317	118	0.3995	70	0.0192	119	0.2902	64	0.0063
113	0.4729	70	0.0342	119	0.4119	71	0.0208	120	0.3005	65	0.0069
114	0.4864	71	0.0369	120	0.4243	72	0.0224	121	0.3110	66	0.0075
115	0.5000	72	0.0397	121	0.4368	73	0.0242	122	0.3217	67	0.0082
		73	0.0427	122	0.4494	74	0.0261	123	0.3325	68	0.0089
		74	0.0459	123	0.4620	75	0.0281	124	0.3434	69	0.0097
$n=22$		*75	0.0492	124	0.4746	76	0.0303	125	0.3545	70	0.0106
22	0.0001	76	0.0527	125	0.4873	77	0.0325	126	0.3657	71	0.0115
23~25	0.0002	77	0.0564	126	0.5000	78	0.0349	127	0.3770	72	0.0124
26~28	0.0003	78	0.0603			79	0.0374	128	0.3884	73	0.0135
29	0.0004	79	0.0644	$n=23$		80	0.0401	129	0.3999	74	0.0146
30,31	0.0005	80	0.0687	21~27	0.0001	81	0.0429	130	0.4115	75	0.0157
32	0.0006	81	0.0733	28~30	0.0002	82	0.0459	131	0.4231	76	0.0170
33	0.0007	82	0.0780	31,32	0.0003	*83	0.0490	132	0.4348	77	0.0183
34	0.0008	83	0.0829	33,34	0.0004	84	0.0523	133	0.4466	78	0.0197
35	0.0010	84	0.0881	35	0.0005	85	0.0557	134	0.4584	79	0.0212
36	0.0011	85	0.0935	36,37	0.0006	86	0.0593	135	0.4703	80	0.0228
37	0.0013	86	0.0991	38	0.0007	87	0.0631	136	0.4822	81	0.0245
38	0.0014	87	0.1050	39	0.0008	88	0.0671	137	0.4941	82	0.0263
39	0.0016	88	0.1111	40	0.0009	89	0.0712	138	0.5060	83	0.0282
40	0.0018	89	0.1174	41	0.0011	90	0.0755			84	0.0302
41	0.0021	90	0.1240	42	0.0012	91	0.0801	$n=24$		85	0.0323
42	0.0023	91	0.1308	43	0.0014	92	0.0848	25~31	0.0001	86	0.0346
43	0.0026	92	0.1378	44	0.0015	93	0.0897	32~35	0.0002	87	0.0369
44	0.0030	93	0.1451	45	0.0017	94	0.0948	36,37	0.0003	88	0.0394
45	0.0033	94	0.1527	46	0.0019	95	0.1001	38,39	0.0004	89	0.0420
46	0.0037	95	0.1604	47	0.0022	96	0.1056	40,41	0.0005	90	0.0447
47	0.0042	96	0.1685	48	0.0024	97	0.1113	42	0.0006	*91	0.0475
48	0.0046	97	0.1767	49	0.0027	98	0.1172	43	0.0007	92	0.0505
49	0.0052	98	0.1853	50	0.0030	99	0.1234	44	0.0008	93	0.0537
50	0.0057	99	0.1940	51	0.0034	100	0.1297	45	0.0009	94	0.0570
51	0.0064	100	0.2030	52	0.0037	101	0.1363	46	0.0010	95	0.0604
52	0.0070	101	0.2122	53	0.0041	102	0.1431	47	0.0011	96	0.0640
53	0.0078	102	0.2217	54	0.0046	103	0.1501	48	0.0013	97	0.0678
54	0.0086	103	0.2314	55	0.0051	104	0.1573	49	0.0014	98	0.0717
55	0.0095	104	0.2413	56	0.0056	105	0.1647	50	0.0016	99	0.0758
56	0.0104	105	0.2514	57	0.0061	106	0.1723	51	0.0018	100	0.0800
57	0.0115	106	0.2618	58	0.0068	107	0.1802	52	0.0020	101	0.0844
58	0.0126	107	0.2723	59	0.0074	108	0.1883	53	0.0022	102	0.0890
59	0.0138	108	0.2830	60	0.0082	109	0.1965	54	0.0024	103	0.0938
60	0.0151	109	0.2940	61	0.0089	110	0.2050	55	0.0027	104	0.0987
61	0.0164	110	0.3051	62	0.0098	111	0.2137	56	0.0029	105	0.1038
62	0.0179	111	0.3164	63	0.0107	112	0.2226	57	0.0033	106	0.1091
63	0.0195	112	0.3278	64	0.0117	113	0.2317	58	0.0036	107	0.1146
64	0.0212	113	0.3394	65	0.0127	114	0.2410	59	0.0040	108	0.1203
65	0.0231	114	0.3512	66	0.0138	115	0.2505	60	0.0044	109	0.1261
66	0.0250	115	0.3631	67	0.0150	116	0.2601	61	0.0048	110	0.1322

(续表)

w n = 24	p	w n = 25	p	w n = 25	p	w n = 25	p	w n = 26	p	w n = 26	p
111	0.1384	50	0.0008	99	0.0452	148	0.3556	81	0.0076	130	0.1289
112	0.1448	51	0.0009	*100	0.0479	149	0.3655	82	0.0082	131	0.1344
113	0.1515	52	0.0010	101	0.0507	150	0.3755	83	0.0088	132	0.1399
114	0.1583	53	0.0011	102	0.0537	151	0.3856	84	0.0095	133	0.1457
115	0.1653	54	0.0013	103	0.0567	152	0.3957	85	0.0102	134	0.1516
116	0.1724	55	0.0014	104	0.0600	153	0.4060	86	0.0110	135	0.1576
117	0.1798	56	0.0015	105	0.0633	154	0.4163	87	0.0118	136	0.1638
118	0.1874	57	0.0017	106	0.0668	155	0.4266	88	0.0127	137	0.1702
119	0.1951	58	0.0019	107	0.0705	156	0.4370	89	0.0136	138	0.1767
120	0.2031	59	0.0021	108	0.0742	157	0.4474	90	0.0146	139	0.1833
121	0.2112	60	0.0023	109	0.0782	158	0.4579	91	0.0156	140	0.1901
122	0.2195	61	0.0025	110	0.0822	159	0.4684	92	0.0167	141	0.1970
123	0.2279	62	0.0028	111	0.0865	160	0.4789	93	0.0179	142	0.1041
124	0.2366	63	0.0031	112	0.0909	161	0.4895	94	0.0191	143	0.2114
125	0.2454	64	0.0034	113	0.0954	162	0.5000	95	0.0204	144	0.2187
126	0.2544	65	0.0037	114	0.1001			96	0.0217	145	0.2262
127	0.2635	66	0.0040	115	0.1050	n = 26		97	0.0232	146	0.2339
128	0.2728	67	0.0044	116	0.1100	34~41	0.0001	98	0.0247	147	0.2417
129	0.2823	68	0.0048	117	0.1152	42~45	0.0002	99	0.0263	148	0.2496
130	0.2919	69	0.0053	118	0.1205	46~48	0.0003	100	0.0279	149	0.2577
131	0.3017	70	0.0057	119	0.1261	49,50	0.0004	101	0.0297	150	0.2658
132	0.3115	71	0.0062	120	0.1317	51,52	0.0005	102	0.0315	151	0.1741
133	0.3216	72	0.0068	121	0.1376	53,54	0.0006	103	0.0334	152	0.2826
134	0.3317	73	0.0074	122	0.1436	55	0.0007	104	0.0355	153	0.2911
135	0.3420	74	0.0080	123	0.1498	56	0.0008	105	0.0376	154	0.2998
136	0.3524	75	0.0087	124	0.1562	57	0.0009	106	0.0398	155	0.3085
137	0.3629	76	0.0094	125	0.1627	58	0.0010	107	0.0421	156	0.3174
138	0.3735	77	0.0101	126	0.1694	59	0.0011	108	0.0445	157	0.3264
139	0.3841	78	0.0110	127	0.1763	60	0.0012	109	0.0470	158	0.3355
140	0.3949	79	0.0118	128	0.1833	61	0.0013	*110	0.0497	159	0.3447
141	0.4058	80	0.0128	129	0.1905	62	0.0015	111	0.0524	160	0.3539
142	0.4167	81	0.0137	130	0.1979	63	0.0016	112	0.0553	161	0.3633
143	0.4277	82	0.0148	131	0.2054	64	0.0018	113	0.0582	162	0.3727
144	0.4387	83	0.0159	132	0.2131	65	0.0020	114	0.0613	163	0.3822
145	0.4498	84	0.0171	133	0.2209	66	0.0021	115	0.0646	164	0.3918
146	0.4609	85	0.0183	134	0.2289	67	0.0023	116	0.0679	165	0.4014
147	0.4721	86	0.0197	135	0.2371	68	0.0026	117	0.0714	166	0.4111
148	0.4832	87	0.0211	136	0.2454	69	0.0028	118	0.0750	167	0.4208
149	0.4944	88	0.0226	137	0.2539	70	0.0031	119	0.0787	168	0.4306
150	0.5056	89	0.0241	138	0.2625	71	0.0033	120	0.0825	169	0.4405
		90	0.0258	139	0.2712	72	0.0036	121	0.0865	170	0.4503
n = 25		91	0.0275	140	0.2801	73	0.0040	122	0.0907	171	0.4602
29~36	0.0001	92	0.0294	141	0.2891	74	0.0043	123	0.0950	172	0.4702
37~40	0.0002	93	0.0313	142	0.2983	75	0.0047	124	0.0994	173	0.4801
41,42	0.0003	94	0.0334	143	0.3075	76	0.0051	125	0.1039	174	0.4900
43,44	0.0004	95	0.0355	144	0.3169	77	0.0055	126	0.1086	175	0.5000
45,46	0.0005	96	0.0377	145	0.3264	78	0.0060	127	0.1135		
47	0.0006	97	0.0401	146	0.3360	79	0.0065	128	0.1185		
48	0.0007	98	0.0426	147	0.3458	80	0.0070	129	0.1236		

附表 2 Wilcoxon 符号秩统计量分布函数 (左尾概率) 表

(续表)

w n=27	p	w n=27	p	w n=27	p	w n=28	p	w n=28	p	w n=28	p
39~46	0.0001	105	0.0218	154	0.2066	74	0.0012	123	0.0349	172	0.2466
47~51	0.0002	106	0.0231	155	0.2135	75	0.0013	124	0.0368	173	0.2538
52~54	0.0003	107	0.0246	156	0.2205	76	0.0015	125	0.0387	174	0.2611
55,56	0.0004	108	0.0260	157	0.2277	77	0.0016	126	0.0407	175	0.2685
57,58	0.0005	109	0.0276	158	0.2349	78	0.0017	127	0.0428	176	0.2759
59,60	0.0006	110	0.0292	159	0.2423	79	0.0019	128	0.0450	177	0.2835
61	0.0007	111	0.0309	160	0.2498	80	0.0020	129	0.0473	178	0.2912
62,63	0.0008	112	0.0327	161	0.2574	81	0.0022	*130	0.0496	179	0.2990
64	0.0009	113	0.0346	162	0.2652	82	0.0024	131	0.0521	180	0.3068
65	0.0010	114	0.0366	163	0.2730	83	0.0026	132	0.0546	181	0.3148
66	0.0011	115	0.0386	164	0.2810	84	0.0028	133	0.0573	182	0.3228
67	0.0012	116	0.0407	165	0.2890	85	0.0030	134	0.0600	183	0.3309
68	0.0014	117	0.0430	166	0.2973	86	0.0033	135	0.0628	184	0.3391
69	0.0015	118	0.0453	167	0.3055	87	0.0035	136	0.0657	185	0.3474
70	0.0016	*119	0.0477	168	0.3138	88	0.0038	137	0.0688	186	0.3557
71	0.0018	120	0.0502	169	0.3223	89	0.0041	138	0.0719	187	0.3641
72	0.0019	121	0.0528	170	0.3308	90	0.0044	139	0.0751	188	0.3725
73	0.0021	122	0.0555	171	0.3395	91	0.0048	140	0.0785	189	0.3811
74	0.0023	123	0.0583	172	0.3482	92	0.0051	141	0.0819	190	0.3896
75	0.0025	124	0.0613	173	0.3570	93	0.0055	142	0.0855	191	0.3983
76	0.0027	125	0.0643	174	0.3659	94	0.0059	143	0.0691	192	0.4070
77	0.0030	126	0.0674	175	0.3748	95	0.0064	144	0.0929	193	0.4157
78	0.0032	127	0.0707	176	0.3838	96	0.0068	145	0.0968	194	0.4245
79	0.0035	128	0.0741	177	0.3929	97	0.0073	156	0.1008	195	0.4333
80	0.0038	129	0.0776	178	0.4020	98	0.0078	147	0.1049	196	0.4421
81	0.0041	130	0.0812	179	0.4112	99	0.0084	148	0.1091	197	0.4510
82	0.0044	131	0.0849	180	0.4204	100	0.0089	149	0.1135	198	0.4598
83	0.0048	132	0.0888	181	0.4297	101	0.0096	150	0.1180	199	0.4687
84	0.0052	133	0.0927	182	0.4390	102	0.0102	151	0.1225	200	0.4777
85	0.0056	134	0.0968	183	0.4483	103	0.0109	152	0.1273	201	0.4866
86	0.0060	135	0.1010	184	0.4577	104	0.0116	153	0.1321	202	0.4955
87	0.0065	136	0.1054	185	0.4670	105	0.0124	154	0.1370	203	0.5045
88	0.0070	137	0.1099	186	0.4764	106	0.0132	155	0.1421		
89	0.0075	138	0.1145	187	0.4859	107	0.0140	156	0.1473	n=29	
90	0.0081	139	0.1193	188	0.4953	108	0.0149	157	0.1526	50~58	0.0001
91	0.0087	140	0.1242	189	0.5047	109	0.0159	158	0.1580	59~64	0.0002
92	0.0093	141	0.1293			110	0.0168	159	0.1636	65~67	0.0003
93	0.0100	142	0.1343	n=28		111	0.0179	160	0.1693	68~70	0.0004
94	0.0107	143	0.1396	44~52	0.0001	112	0.0190	161	0.1751	71,72	0.0005
95	0.0115	144	0.1450	53~57	0.0002	113	0.0201	162	0.1810	73,74	0.0006
96	0.0123	145	0.1506	58~60	0.0003	114	0.0213	163	0.1870	75	0.0007
97	0.0131	146	0.1563	61~63	0.0004	115	0.0226	164	0.1932	76,77	0.0008
98	0.0140	147	0.1621	64,65	0.0005	116	0.0239	165	0.1995	78	0.0009
99	0.0150	148	0.1681	66,67	0.0006	117	0.0252	166	0.2059	79	0.0010
100	0.0159	149	0.1742	68	0.0007	118	0.0267	167	0.2124	80	0.0011
101	0.0170	150	0.1804	69	0.0008	119	0.0282	168	0.2190	81	0.0012
102	0.0181	151	0.1868	70	0.0009	120	0.0298	169	0.2257	82	0.0013
103	0.0193	152	0.1932	72	0.0010	121	0.0314	170	0.2326	83	0.0014
104	0.0205	153	0.1999	73	0.0011	122	0.0331	171	0.2395	84	0.0015

(续表)

w n = 29	p	w n = 29	p	w n = 29	p	w n = 30	p	w n = 30	p	w n = 30	p
85	0.0016	134	0.0362	183	0.2340	90	0.0013	139	0.0275	188	0.1854
86	0.0018	135	0.0380	184	0.2406	91	0.0014	140	0.0288	189	0.1909
87	0.0019	136	0.0399	185	0.2473	92	0.0015	141	0.0303	190	0.1965
88	0.0021	137	0.0418	186	0.2541	93	0.0016	142	0.0318	191	0.2022
89	0.0022	138	0.0439	187	0.2611	94	0.0017	143	0.0333	192	0.2081
90	0.0024	139	0.0460	188	0.2681	95	0.0019	144	0.0349	193	0.2140
91	0.0026	140	*0.0482	189	0.2752	96	0.0020	145	0.0366	194	0.2200
92	0.0028	141	0.0504	190	0.2824	97	0.0022	146	0.0384	195	0.2261
93	0.0030	142	0.0528	191	0.2896	98	0.0023	147	0.0402	196	0.2323
94	0.0032	143	0.0552	192	0.2970	99	0.0025	148	0.0420	197	0.2386
95	0.0035	144	0.0577	193	0.3044	100	0.0027	149	0.0440	198	0.2449
96	0.0037	145	0.0603	194	0.3120	101	0.0029	150	0.0460	199	0.2514
97	0.0040	146	0.0630	195	0.3196	102	0.0031	*151	0.0481	200	0.2579
98	0.0043	147	0.0658	196	0.3272	103	0.0033	152	0.0502	201	0.2646
99	0.0046	148	0.0687	197	0.3350	104	0.0036	153	0.0524	202	0.2713
100	0.0049	149	0.0716	198	0.3428	105	0.0038	154	0.0547	203	0.2781
101	0.0053	150	0.0747	199	0.3507	106	0.0041	155	0.0571	204	0.2849
102	0.0057	151	0.0778	200	0.3586	107	0.0044	156	0.0595	205	0.2919
103	0.0061	152	0.0811	201	0.3666	108	0.0047	157	0.0621	206	0.2989
104	0.0065	153	0.0844	202	0.3747	109	0.0050	158	0.0647	207	0.3060
105	0.0069	154	0.0879	203	0.3828	110	0.0053	159	0.0674	208	0.3132
106	0.0074	155	0.0914	204	0.3909	111	0.0057	160	0.0701	209	0.3204
107	0.0079	156	0.0951	205	0.3991	112	0.0060	161	0.0730	210	0.3277
108	0.0084	157	0.0988	206	0.4074	113	0.0064	162	0.0759	211	0.3351
109	0.0089	158	0.1027	207	0.4157	114	0.0068	163	0.0790	212	0.3425
110	0.0095	159	0.1066	208	0.4240	115	0.0073	164	0.0821	213	0.3500
111	0.0101	160	0.1107	209	0.4324	116	0.0077	165	0.0853	214	0.3576
112	0.0108	161	0.0149	210	0.4408	117	0.0082	166	0.0886	215	0.3652
113	0.0115	162	0.0191	211	0.4492	118	0.0087	167	0.0920	216	0.3728
114	0.0122	163	0.0235	212	0.4576	119	0.0093	168	0.0955	217	0.3805
115	0.0129	164	0.1280	213	0.4661	120	0.0098	169	0.0990	218	0.3883
116	0.0137	165	0.1326	214	0.4746	121	0.0104	170	0.1027	219	0.3961
117	0.0145	166	0.1373	215	0.4830	122	0.0110	171	0.1065	220	0.4039
118	0.0154	167	0.1421	216	0.4915	123	0.0117	172	0.1103	221	0.4118
119	0.0163	168	0.1471	217	0.5000	124	0.0124	173	0.1143	222	0.4197
120	0.0173	169	0.1521			125	0.0131	174	0.1183	223	0.4276
121	0.0183	170	0.1572	n = 30		126	0.0139	175	0.1225	224	0.4356
122	0.0193	171	0.1625	55~65	0.0001	127	0.0147	176	0.1267	225	0.4436
123	0.0204	172	0.1679	66~70	0.0002	128	0.0155	177	0.1311	226	0.4516
124	0.0216	173	0.1733	71~74	0.0003	129	0.0164	178	0.1355	227	0.4596
125	0.0228	174	0.1789	75	0.0004	130	0.0173	179	0.1400	228	0.4677
126	0.0240	175	0.1846	76~79	0.0005	131	0.0182	180	0.1447	229	0.4758
127	0.0253	176	0.1904	80,81	0.0006	132	0.0192	181	0.1494	230	0.4838
128	0.0267	177	0.1963	82,83	0.0007	133	0.0202	182	0.1543	231	0.4919
129	0.0281	178	0.2023	84	0.0008	134	0.0213	183	0.1592	232	0.5000
130	0.0296	179	0.2085	85,86	0.0009	135	0.0225	184	0.1642		
131	0.0311	180	0.2147	87	0.0010	136	0.0236	185	0.1694		
132	0.0328	181	0.2210	88	0.0011	137	0.0249	186	0.1746		
133	0.0344	182	*0.2274	89	0.0012	138	0.0261	187	0.1799		

附表 3 Run-Test 游程检验表

随机游程检验游程数下临界点

n_0 \ n_1	2	3	4	5	6	7	8	9	10	11	12	13	14	15	16	17	18	19	20
2											2	2	2	2	2	2	2	2	2
3					2	2	2	2	2	2	2	2	2	3	3	3	3	3	3
4				2	2	2	3	3	3	3	3	3	3	3	4	4	4	4	4
5			2	2	3	3	3	3	3	4	4	4	4	4	4	4	5	5	5
6		2	2	3	3	3	3	4	4	4	4	5	5	5	5	5	5	6	6
7		2	2	3	3	3	4	4	5	5	5	5	5	6	6	6	6	6	6
8		2	3	3	3	4	4	5	5	5	6	6	6	6	6	7	7	7	7
9		2	3	3	4	4	5	5	5	6	6	6	7	7	7	7	8	8	8
10		2	3	3	4	5	5	5	6	6	7	7	7	7	8	8	8	8	9
11		2	3	4	4	5	5	6	6	7	7	7	8	8	8	9	9	9	9
12	2	2	3	4	4	5	6	6	7	7	7	8	8	9	9	9	10	10	10
13	2	2	3	4	5	5	6	6	7	7	8	8	9	9	10	10	10	10	10
14	2	2	3	4	5	5	6	7	7	8	8	9	9	10	10	10	11	11	11
15	2	3	3	4	5	6	6	7	7	8	8	9	9	10	10	11	11	11	12
16	2	3	4	4	5	6	6	7	8	8	9	9	10	10	11	11	11	12	12
17	2	3	4	4	5	6	7	7	8	9	9	10	10	11	11	11	12	12	13
18	2	3	4	5	5	6	7	8	8	9	9	10	10	11	11	12	12	13	13
19	2	3	4	5	6	6	7	8	8	9	10	10	11	11	12	12	13	13	13
20	2	3	4	5	6	6	7	8	9	9	10	10	11	12	12	13	13	13	14

随机游程检验游程数上临界点

n_0 \ n_1	2	3	4	5	6	7	8	9	10	11	12	13	14	15	16	17	18	19	20
2																			
3																			
4				9	9														
5			9	10	10	11	11												
6			9	10	11	12	12	13	13	13	13								
7				11	12	13	13	14	14	14	14	15	15	15					
8				11	12	13	14	14	15	15	16	16	16	16	17	17	17	17	17
9					13	14	14	15	16	16	16	17	17	18	18	18	18	18	18
10					13	14	15	16	16	17	17	18	18	18	19	19	19	20	20
11					13	14	15	16	17	17	18	19	19	19	20	20	20	21	21
12					13	14	16	16	17	18	19	19	20	20	21	21	21	22	22
13						15	16	17	18	19	19	20	20	21	21	22	22	23	23
14						15	16	17	18	19	20	20	21	22	22	23	23	23	24
15						15	16	18	18	19	20	21	22	22	23	23	24	24	25
16							17	18	19	20	21	21	22	23	23	24	25	25	25
17							17	18	19	20	21	22	23	23	24	25	25	26	26
18							17	18	19	20	21	22	23	24	25	25	26	26	27
19							17	18	20	21	22	23	23	24	25	26	26	27	27
20							17	18	20	21	22	23	24	25	25	26	27	27	28

Mood 检验统计量分位数临界值 ($n_1 = m, n_2 = n$) (该表给出由 $P(M \leqslant M_0) = \alpha$ 定义的分位数 M.)

附表 4 Mann-Whitney W 值表

n_1	p	$n_2=2$	3	4	5	6	7	8	9	10	11	12	13	14	15	16	17	18	19	20
2	0.001	0	0	0	0	0	0	0	0	0	0	0	0	0	0	0	0	0	0	0
	0.005	0	0	0	0	0	0	0	0	0	0	0	0	0	0	0	0	0	1	1
	0.01	0	0	0	0	0	0	0	0	0	1	1	1	1	1	1	1	1	2	2
	0.025	0	0	0	0	0	0	1	1	1	1	2	2	2	2	2	3	3	3	3
	0.05	0	0	0	1	1	1	2	2	2	3	3	4	4	4	4	5	5	5	5
	0.10	0	1	1	2	2	2	3	3	4	4	5	5	5	6	6	7	7	8	8
3	0.001	0	0	0	0	0	0	0	0	0	0	0	0	0	1	1	1	1	1	1
	0.005	0	0	0	0	0	0	1	1	1	2	2	2	3	3	3	3	4	4	4
	0.01	0	0	0	0	0	1	1	2	2	2	3	3	3	4	4	5	5	5	6
	0.025	0	0	0	1	2	2	3	3	4	4	5	5	6	6	7	7	8	8	9
	0.05	0	1	1	2	3	3	4	5	5	6	6	7	8	8	9	10	10	11	12
	0.10	1	2	2	3	4	5	6	6	7	8	9	10	11	11	12	13	14	15	16
4	0.001	0	0	0	0	0	0	0	1	1	1	2	2	2	3	3	4	4	4	4
	0.005	0	0	0	0	1	1	2	2	3	3	4	4	5	5	6	6	7	7	8	9
	0.01	0	0	0	1	2	2	3	4	4	5	6	6	7	7	8	9	9	10	10	11
	0.025	0	0	1	2	3	4	5	5	6	7	8	9	10	11	11	12	13	14	15
	0.05	0	1	2	3	4	5	6	7	8	9	10	11	12	13	14	15	16	17	18	19
	0.10	1	2	4	5	6	7	8	10	11	12	13	14	16	17	18	19	21	22	23
5	0.001	0	0	0	0	0	1	2	2	3	3	4	5	5	6	6	7	8	8
	0.005	0	0	0	1	2	2	3	4	5	6	7	8	8	9	10	11	12	13	14
	0.01	0	0	1	2	3	4	5	6	7	8	9	10	11	12	13	14	15	16	17
	0.025	0	1	2	3	4	6	7	8	9	10	12	13	14	15	16	18	19	20	21
	0.05	1	2	3	5	6	7	9	10	12	13	14	16	17	19	20	21	23	24	26
	0.10	2	3	5	6	8	9	11	13	14	16	18	19	21	23	24	26	28	29	31
6	0.001	0	0	0	0	0	2	3	4	5	5	6	7	8	9	10	11	12	13
	0.005	0	0	1	2	3	4	5	6	8	9	10	11	12	13	14	16	17	18	19
	0.01	0	0	2	3	4	5	7	8	9	10	12	13	14	16	17	19	20	21	23
	0.025	0	2	3	4	6	7	9	11	12	14	15	17	18	20	22	23	25	26	28
	0.05	1	3	4	6	8	9	11	13	15	17	18	20	22	24	26	27	29	31	33
	0.10	2	4	6	8	10	12	14	16	18	20	22	24	26	28	30	32	35	37	39
7	0.001	0	0	0	0	1	2	3	4	6	7	8	9	10	11	12	14	15	16	17
	0.005	0	0	1	2	4	5	7	8	10	11	13	14	16	17	19	20	22	23	25
	0.01	0	1	2	4	5	7	9	10	12	13	15	17	18	20	22	24	25	27	29
	0.025	0	2	4	6	7	9	11	13	15	17	19	21	23	25	27	29	31	33	35
	0.05	1	3	5	7	9	12	14	16	18	20	22	25	27	29	31	34	36	38	40
	0.10	2	5	7	9	12	14	17	19	22	24	27	29	32	34	37	39	42	44	47
8	0.001	0	0	0	1	2	3	5	6	7	9	10	12	13	15	16	18	19	21	22
	0.005	0	0	2	3	5	7	8	10	12	14	16	18	19	21	23	25	27	29	31
	0.01	0	1	3	5	7	8	10	12	14	16	18	21	23	25	27	29	31	33	35
	0.025	1	3	5	7	9	11	14	16	18	20	23	25	27	30	32	35	37	39	42
	0.05	2	4	6	9	11	14	16	19	21	24	27	29	32	34	37	40	42	45	48
	0.10	3	6	8	11	14	17	20	23	25	28	31	34	37	40	43	46	49	52	55

附表 4 Mann-Whitney W 值表

(续表)

n_1	p	$n_2=2$	3	4	5	6	7	8	9	10	11	12	13	14	15	16	17	18	19	20
9	0.001	0	0	0	2	3	4	6	8	9	11	13	15	16	18	20	22	24	26	27
	0.005	0	1	2	4	6	8	10	12	14	17	19	21	23	25	28	30	32	34	37
	0.01	0	2	4	6	8	10	12	15	17	19	22	24	27	29	32	34	37	39	41
	0.025	1	3	5	8	11	13	16	18	21	24	27	29	32	35	38	40	43	46	49
	0.05	2	5	7	10	13	16	19	22	25	28	31	34	37	40	43	46	49	52	55
	0.10	3	6	10	13	16	19	23	26	29	32	36	39	42	46	49	53	56	59	63
10	0.001	0	0	1	2	4	6	7	9	11	13	15	18	20	22	24	26	28	30	33
	0.005	0	1	3	5	7	10	12	14	17	19	22	25	27	30	32	35	38	40	43
	0.01	0	2	4	7	9	12	14	17	20	23	25	28	31	34	37	39	42	45	48
	0.025	1	4	6	9	12	15	18	21	24	27	30	34	37	40	43	46	49	53	56
	0.05	2	5	8	12	15	18	21	25	28	32	35	38	42	45	49	52	56	59	63
	0.10	4	7	11	14	18	22	25	29	33	37	40	44	48	52	55	59	63	67	71
11	0.001	0	0	1	3	5	7	9	11	13	16	18	21	23	25	28	30	33	35	38
	0.005	0	1	3	6	8	11	14	17	19	22	25	28	31	34	37	40	43	46	49
	0.01	0	2	5	8	10	13	16	19	23	26	29	32	35	38	42	45	48	51	54
	0.025	1	4	7	10	14	17	20	24	27	31	34	38	41	45	48	52	56	59	63
	0.05	2	6	9	13	17	20	24	28	32	35	39	43	47	51	55	58	62	66	70
	0.10	4	8	12	16	20	24	28	32	37	41	45	49	53	58	62	66	70	74	79
12	0.001	0	0	1	3	5	8	10	13	15	18	21	24	26	29	32	35	38	41	43
	0.005	0	2	4	7	10	13	16	19	22	25	28	32	35	38	42	45	48	52	55
	0.01	0	3	6	9	12	15	18	22	25	29	32	36	39	43	47	50	54	57	61
	0.025	2	5	8	12	15	19	23	27	30	34	38	42	46	50	54	58	62	66	70
	0.05	3	6	10	14	18	22	27	31	35	39	43	48	52	56	61	65	69	73	78
	0.10	5	9	13	18	22	27	31	36	40	45	50	54	59	64	68	73	78	82	87
13	0.001	0	0	2	4	6	9	12	15	18	21	24	27	30	33	36	39	43	46	49
	0.005	0	2	4	8	11	14	18	21	25	28	32	35	39	43	46	50	54	58	61
	0.01	1	3	6	10	13	17	21	24	28	32	36	40	44	48	52	56	60	64	68
	0.025	2	5	9	13	17	21	25	29	34	38	42	46	51	55	60	64	68	73	77
	0.05	3	7	11	16	20	25	29	34	38	43	48	52	57	62	66	71	76	81	85
	0.10	5	10	14	19	24	29	34	39	44	49	54	59	64	69	75	80	85	90	95
14	0.001	0	0	2	4	7	10	13	16	20	23	26	30	33	37	40	44	47	51	55
	0.005	0	2	5	8	12	16	19	23	27	31	35	39	43	47	51	55	59	64	68
	0.01	1	3	7	11	14	18	23	27	31	35	39	44	48	52	57	61	66	70	74
	0.025	2	6	10	14	18	23	27	32	37	41	46	51	56	60	65	70	75	79	84
	0.05	4	8	12	17	22	27	32	37	42	47	52	57	62	67	72	78	83	88	93
	0.10	5	11	16	21	26	32	37	42	48	53	59	64	70	75	81	86	92	98	103
15	0.001	0	0	2	5	8	11	15	18	22	25	29	33	37	41	44	48	52	56	60
	0.005	0	3	6	9	13	17	21	25	30	34	38	43	47	52	56	61	65	70	74
	0.01	1	4	8	12	16	20	25	29	34	38	43	48	52	57	62	67	71	76	81
	0.025	2	6	11	15	20	25	30	35	40	45	50	55	60	65	71	76	81	86	91
	0.05	4	8	13	19	24	29	34	40	45	51	56	62	67	73	78	84	89	95	101
	0.10	6	11	17	23	28	34	40	46	52	58	64	69	75	81	87	93	99	105	111

(续表)

n_1	p	$n_2=2$	3	4	5	6	7	8	9	10	11	12	13	14	15	16	17	18	19	20
16	0.001	0	0	3	6	9	12	16	20	24	28	32	36	40	44	49	53	57	61	66
	0.005	0	3	6	10	14	19	23	28	32	37	42	46	51	56	61	66	71	75	80
	0.01	1	4	8	13	17	22	27	32	37	42	47	52	57	62	67	72	77	83	88
	0.025	2	7	12	16	22	27	32	38	43	48	54	60	65	71	76	82	87	93	99
	0.05	4	9	15	20	26	31	37	43	49	55	61	66	72	78	84	90	96	102	108
	0.10	6	12	18	24	30	37	43	49	55	62	68	75	81	87	94	100	107	113	120
17	0.001	0	1	3	6	10	14	18	22	26	30	35	39	44	48	53	58	62	67	71
	0.005	0	3	7	11	16	20	25	30	35	40	45	50	55	61	66	71	76	82	87
	0.01	1	5	9	14	19	24	29	34	39	45	50	56	61	67	72	78	83	89	94
	0.025	3	7	12	18	23	29	35	40	46	52	58	64	70	76	82	88	94	100	106
	0.05	4	10	16	21	27	34	40	46	52	58	65	71	78	84	90	97	103	110	116
	0.10	7	13	19	26	32	39	46	53	59	66	73	80	86	93	100	107	114	121	128
18	0.001	0	1	4	7	11	15	19	24	28	33	38	43	47	52	57	62	67	72	77
	0.005	0	3	7	12	17	22	27	32	38	43	48	54	59	65	71	76	82	88	93
	0.01	1	5	10	15	20	25	31	37	42	48	54	60	66	71	77	83	89	95	101
	0.025	3	8	13	19	25	31	37	43	49	56	62	68	75	81	87	94	100	107	113
	0.05	5	10	17	23	29	36	42	49	56	62	69	76	83	89	96	103	110	117	124
	0.10	7	14	21	28	35	42	49	56	63	70	78	85	92	99	107	114	121	129	136
19	0.001	0	1	4	8	12	16	21	26	30	35	41	46	51	56	61	67	72	78	83
	0.005	1	4	8	13	18	23	29	34	40	46	52	58	64	70	75	82	88	94	100
	0.01	2	5	10	16	21	27	33	39	45	51	57	64	70	76	83	89	95	102	108
	0.025	3	8	14	20	26	33	39	46	53	59	66	73	79	86	93	100	107	114	120
	0.05	5	11	18	24	31	38	45	52	59	66	73	81	88	95	102	110	117	124	131
	0.10	8	15	22	29	37	44	52	59	67	74	82	90	98	105	113	121	129	136	144
20	0.001	0	1	4	8	13	17	22	27	33	38	43	49	55	60	66	71	77	83	89
	0.005	1	4	9	14	19	25	31	37	43	49	55	61	68	74	80	87	93	100	106
	0.01	2	6	11	17	23	29	35	41	48	54	61	68	74	81	88	94	101	108	115
	0.025	3	9	15	21	28	35	42	49	56	63	70	77	84	91	99	106	113	120	128
	0.05	5	12	19	26	33	40	48	55	63	70	78	85	93	101	108	116	124	131	139
	0.10	8	16	23	31	39	47	55	63	71	79	87	95	103	111	120	128	136	144	152

附表 5　Kruskal-Wallis 检验临界值 $P(H \geqslant c) = \alpha$

| 样本量 | | | | | 样本量 | | | | |
n_1	n_2	n_3	临界值	α	n_1	n_2	n_3	临界值	α
2	1	1	2.7000	0.500				6.3000	0.011
2	2	1	3.6000	0.200				5.4444	0.046
2	2	2	4.5714	0.067				5.4000	0.051
			3.7143	0.200				4.5111	0.098
3	1	1	3.2000	0.300				4.4444	0.102
3	2	1	4.2857	0.100	4	3	3	6.7455	0.010
			3.8571	0.133				6.7091	0.013
3	2	2	5.3572	0.029				5.7909	0.046
			4.7143	0.048				5.7273	0.050
			4.5000	0.067				4.7091	0.092
			4.4643	0.105				4.7000	0.101
3	3	1	5.1429	0.043	4	4	1	6.6667	0.010
			4.5714	0.100				6.1667	0.022
			4.0000	0.129				1.0667	0.048
3	3	2	6.2500	0.011				4.8667	0.054
			5.3611	0.032				4.1667	0.082
			5.1389	0.061				4.0667	0.102
			4.5556	0.100	4	4	2	7.0364	0.006
			4.2500	0.121				6.8727	0.011
3	3	3	7.2000	0.004				5.4545	0.046
			6.4889	0.011				5.2364	0.052
			5.6889	0.029				4.5545	0.(0)
			5.6000	0.050				4.4455	0.103
			5.0667	0.086	4	4	3	7.1439	0.010
			4.6222	0.100				7.1364	0.011
4	1	1	3.5714	0.200				5.5985	0.049
4	2	1	4.8214	0.057				5.5758	0.051
			4.5000	0.076				4.5455	0.099
			4.0179	0.114				4.4773	0.102
4	2	2	6.0000	0.014	4	4	4	7.6538	0.008
			5.3333	0.033				7.5385	0.011
			5.1250	0.052				5.6923	0.049
			4.4583	0.100				5.6538	0.054
			4.1667	0.105				4.6539	0.097
4	3	1	5.8333	0.021				4.5001	0.104
			5.2083	0.050	5	1	1	3.8871	0.143
			5.0000	0.057	5	2	1	5.2500	0.036
			4.0556	0.093				5.0000	0.048
			3.8889	0.129				4.4500	0.071
4	3	2	6.4444	0.008				4.2000	0.095

(续表)

样本容量			临界值	α	样本容量			临界值	α
n_1	n_2	n_3			n_1	n_2	n_3		
			4.0500	0.119				5.6308	0.050
5	2	2	6.5333	0.008				4.5487	0.099
			6.1333	0.013				4.5231	0.103
			5.1600	0.034	5	4	4	7.7604	0.009
			5.0400	0.056				7.7440	0.011
			4.3733	0.090				5.6571	0.049
			4.2933	0.122				5.6176	0.050
5	3	1	6.4000	0.012				4.6187	0.100
			4.9600	0.048				4.5527	0.102
			4.8711	0.052	5	5	1	7.3091	0.009
			4.0178	0.095				6.8364	0.011
			3.8400	0.123				5.1273	0.046
5	3	2	6.9091	0.009				4.9091	0.053
			6.8218	0.010				4.1091	0.086
			5.2509	0.049				4.0364	0.105
			5.1055	0.052	5	5	2	7.3385	0.010
			4.6509	0.091				7.2692	0.010
			4.4945	0.101				5.3385	0.047
5	3	3	7.0788	0.009				5.2462	0.051
			6.9818	0.011				4.6231	0.097
			5.6485	0.049				4.5077	0.100
			5.5152	0.051	5	5	3	7.5780	0.010
			4.5333	0.097				7.5429	0.010
			4.4121	0.109				5.7055	0.046
5	4	1	6.9545	0.008				5.6264	0.051
			6.8400	0.011				4.5451	0.100
			4.9855	0.044				4.5363	0.102
			4.8600	0.056	5	5	4	7.8229	0.010
			3.9873	0.098				7.7914	0.010
			3.9600	0.102				5.6657	0.049
5	4	2	7.2045	0.009				5.6429	0.050
			7.1182	0.010				4.5229	0.099
			5.2727	0.049				4.5200	0.101
			5.2682	0.050	5	5	5	8.0000	0.009
			4.5409	0.098				7.9800	0.010
			4.5182	0.101				5.7800	0.049
5	4	3	7.4449	0.010				5.6600	0.051
			7.3949	0.011				4.5600	0.100
			5.6564	0.049				4.5000	0.102

附表 6　χ^2 分布表 $P(\chi^2 \leqslant c)$

自由度	$\chi^2_{0.005}$	$\chi^2_{0.025}$	$\chi^2_{0.05}$	$\chi^2_{0.90}$	$\chi^2_{0.95}$	$\chi^2_{0.975}$	$\chi^2_{0.99}$	$\chi^2_{0.995}$
1	0.0000393	0.000982	0.00393	2.706	3.841	5.024	6.635	7.879
2	0.0100	0.0506	0.103	4.605	5.991	7.378	9.210	10.597
3	0.0717	0.216	0.352	6.251	7.815	9.348	11.345	12.838
4	0.207	0.484	0.711	7.779	9.488	11.143	13.277	14.860
5	0.412	0.831	1.145	9.236	11.070	12.833	15.086	16.750
6	0.676	1.237	1.635	10.645	12.592	14.449	16.812	18.548
7	0.989	1.690	2.167	12.017	14.067	16.013	18.475	20.278
8	1.344	2.180	2.733	13.362	15.507	17.535	20.090	21.955
9	1.735	2.700	3.325	14.684	16.919	19.023	21.666	23.589
10	2.156	3.247	3.940	15.987	18.307	20.483	23.209	25.188
11	2.603	3.816	4.575	17.275	19.675	21.920	24.725	26.757
12	3.074	4.404	5.226	18.549	21.026	23.337	26.217	28.300
13	3.565	5.009	5.892	19.812	22.362	24.736	27.688	29.819
14	4.075	5.629	6.571	21.064	23.685	26.119	29.141	31.319
15	4.601	6.262	7.261	22.307	24.996	27.488	30.578	32.801
16	5.142	6.908	7.962	23.542	26.296	28.845	32.000	34.267
17	5.697	7.564	8.672	24.769	27.587	30.191	33.409	35.718
18	6.265	8.231	9.390	25.989	28.869	31.526	34.805	37.156
19	6.844	8.907	10.117	27.204	30.144	32.852	36.191	38.582
20	7.434	9.591	10.851	28.412	31.410	34.170	37.566	39.997
21	8.034	10.283	11.591	29.615	32.671	35.479	38.932	41.401
22	8.643	10.982	12.338	30.813	33.924	36.781	40.289	42.796
23	9.260	11.688	13.091	32.007	35.172	38.076	41.638	44.181
24	9.886	12.401	13.848	33.196	36.415	39.364	42.980	45.558
25	10.520	13.120	14.611	34.382	37.652	40.646	44.314	46.928
26	11.160	13.844	15.379	35.563	38.885	41.923	45.642	48.290
27	11.808	14.573	16.151	36.741	40.113	43.195	46.963	49.645
28	12.461	15.308	16.928	37.916	41.337	44.461	48.278	50.993
29	13.121	16.047	17.708	39.087	42.557	45.722	49.588	52.336
30	13.787	16.791	18.493	40.256	43.773	46.979	50.892	53.672
35	17.192	20.569	22.465	46.059	49.802	53.203	57.342	60.275
40	20.707	24.433	26.509	51.805	55.758	59.342	63.691	66.766
45	24.311	28.366	30.612	57.505	61.656	65.410	69.957	73.166
50	27.991	32.357	34.764	63.167	67.505	71.420	76.154	79.490
60	35.535	40.482	43.188	74.397	79.082	83.298	88.379	91.952
70	43.275	48.758	51.739	85.527	90.531	95.023	100.425	104.215
80	51.172	57.153	60.391	96.578	101.879	106.629	112.329	116.321
90	59.196	65.647	69.126	107.565	113.145	118.136	124.116	128.299
100	67.328	74.222	77.929	118.498	124.342	129.561	135.807	140.169

附表 7　Jonkheere-Terpstra 检验临界值 $P(J \geqslant c) = \alpha$

n_1	n_2	n_3	$\alpha = 0.5$	$\alpha = 0.2$	$\alpha = 0.1$	$\alpha = 0.05$	$\alpha = 0.025$	$\alpha = 0.01$	$\alpha = 0.005$
2	2	2	6(0.57778)	8(0.28889)	9(0.16667)	10(0.08889)	11(0.3333)	12(0.01111)	12(0.01111)
			7(0.42222)	9(0.16667)	10(0.08889)	11(0.03333)	12(0.01111)		
2	2	3	8(0.56190)	11(0.21905)	12(0.13810)	13(0.07619)	14(0.03810)	15(0.01429)	15(0.01429)
			9(0.43810)	12(0.13810)	13(0.07619)	14(0.03810)	15(0.01429)	16(0.00476)	16(0.00476)
2	2	4	10(0.55238)	13(0.25714)	15(0.11667)	16(0.07143)	17(0.03810)	18(0.01905)	19(0.00714)
			11(0.44762)	14(0.18095)	16(0.07143)	17(0.03810)	18(0.01905)	19(0.00714)	20(0.00238)
2	2	5	12(0.54497)	16(0.21561)	18(0.10450)	19(0.06614)	20(0.03968)	22(0.01058)	22(0.01058)
			13(0.45503)	17(0.15344)	19(0.06614)	20(0.03968)	21(0.02116)	23(0.00397)	23(0.00397)
2	2	6	14(0.53968)	18(0.24444)	20(0.13571)	22(0.06349)	22(0.03968)	25(0.01270)	26(0.00635)
			15(0.45032)	19(0.18492)	21(0.09444)	23(0.03868)	24(0.02381)	26(0.00635)	27(0.00238)
2	2	7	16(0.53535)	21(0.21212)	23(0.12172)	25(0.06061)	27(0.02525)	28(0.01515)	29(0.00808)
			17(0.46465)	22(0.16364)	24(0.08788)	26(0.04040)	28(0.01515)	29(0.00808)	30(0.00404)
2	2	8	18(0.53199)	23(0.23535)	26(0.11178)	28(0.05892)	30(0.02694)	32(0.01010)	33(0.00539)
			19(0.46801)	24(0.18855)	27(0.08215)	29(0.04040)	31(0.01684)	33(0.00539)	34(0.00269)
2	3	3	11(0.50000)	14(0.22143)	15(0.15179)	17(0.05714)	18(0.03036)	19(0.01429)	20(0.00536)
			12(0.4000)	15(0.15179)	16(0.09643)	18(0.03036)	19(0.01429)	20(0.00536)	21(0.00179)
2	3	4	13(0.54286)	17(0.22222)	19(0.11190)	20(0.07381)	22(0.02619)	23(0.01349)	24(0.00635)
			14(0.45714)	18(0.16190)	20(0.07381)	21(0.04524)	23(0.01349)	24(0.00635)	25(0.00238)
2	3	5	16(0.50000)	20(0.22302)	22(0.12421)	24(0.05913)	25(0.03810)	27(0.01310)	28(0.00675)
			17(0.42500)	21(0.16944)	23(0.08770)	25(0.03810)	26(0.02302)	28(0.00675)	29(0.00317)
2	3	6	18(0.53355)	23(0.22338)	25(0.13398)	27(0.07143)	29(0.03290)	31(0.01255)	32(0.00714)
			19(0.46645)	24(0.17554)	26(0.09957)	28(0.04957)	30(0.02100)	32(0.00714)	33(0.00368)
2	3	7	21(0.50000)	26(0.22374)	29(0.10960)	31(0.06023)	33(0.02929)	35(0.01225)	36(0.00732)
			22(0.44003)	27(0.18030)	30(0.08232)	32(0.04268)	34(0.01032)	36(0.00732)	37(0.00417)
2	3	8	23(0.52727)	29(0.22393)	32(0.11826)	35(0.05198)	37(0.02650)	39(0.01189)	40(0.00754)
			24(0.47273)	30(0.18430)	33(0.09192)	36(0.03768)	38(0.01810)	40(0.00754)	41(0.00451)
2	4	4	16(0.53746)	20(0.25587)	23(0.10794)	25(0.05016)	26(0.03206)	28(0.01079)	29(0.00540)
			17(0.46254)	21(0.19810)	24(0.07556)	26(0.03206)	27(0.01905)	29(0.00540)	30(0.00254)
2	4	5	19(0.53261)	24(0.22872)	27(0.10491)	29(0.05397)	30(0.03680)	32(0.01501)	33(0.00880)
			20(0.46739)	25(0.18095)	28(0.07662)	30(0.03680)	31(0.02395)	33(0.00880)	34(0.00491)
2	4	6	22(0.52929)	28(0.20859)	31(0.10245)	33(0.05685)	35(0.02821)	37(0.01219)	38(0.00758)
			23(0.47071)	29(0.16797)	32(0.07742)	34(0.04076)	36(0.01898)	38(0.00758)	39(0.00440)
2	4	7	25(0.52634)	31(0.23209)	35(0.10047)	37(0.05921)	39(0.03193)	42(0.01033)	43(0.00660)
			26(0.47366)	32(0.19305)	36(0.07797)	38(0.04406)	40(0.02261)	43(0.00660)	44(0.00408)
2	4	8	28(0.52410)	35(0.21496)	38(0.12266)	41(0.06112)	44(0.02593)	46(0.01310)	48(0.00593)
			29(0.47590)	36(0.19077)	39(0.09879)	42(0.04686)	45(0.01863)	47(0.00892)	49(0.00377)
2	5	5	23(0.50000)	28(0.23274)	31(0.11935)	34(0.05014)	35(0.03565)	38(0.01046)	39(0.00643)
			24(0.44228)	29(0.19000)	32(0.09157)	35(0.03565)	36(0.02453)	39(0.00643)	40(0.00373)
2	5	6	26(0.52597)	32(0.13596)	36(0.10462)	38(0.06277)	40(0.03469)	43(0.01179)	44(0.00777)
			27(0.47403)	33(0.19708)	37(0.08178)	39(0.04715)	41(0.02486)	44(0.00777)	45(0.00491)

附表 8　Friedman 检验临界值 $P(W \geqslant c) = p$ (上侧分位数)

$k = 3$

$b=2$		$b=6$		$b=8$		$b=10$		$b=11$	
W	p	W	p	W	p	W	p	W	p
0.000	1.000	0.250	0.252	0.391	0.047	0.010	0.974	0.298	0.043
0.250	0.833	0.333	0.181	0.122	0.038	0.030	0.830	0.306	0.037
0.750	0.500	0.361	0.142	0.438	0.030	0.040	0.710	0.322	0.027
1.000	0.167	0.444	0.072	0.484	0.018	0.070	0.601	0.355	0.019
		0.528	0.052	0.562	0.010	0.090	0.436	0.397	0.013
$b=3$		0.583	0.029	0.578	0.008	0.120	0.368	0.405	0.011
W	p	0.694	0.012	0.609	0.005	0.130	0.316	0.430	0.007
0.000	1.000	0.750	0.008	0.672	0.002	0.160	0.222	0.471	0.005
0.111	0.944	0.778	0.006	0.750	0.001	0.190	0.187	0.504	0.003
0.333	0.528	0.861	0.002	0.766	0.001	0.210	0.135	0.521	0.002
0.444	0.361	1.000	0.000	0.812	0.000	0.250	0.092	0.529	0.002
0.778	0.194			0.891	0.000	0.270	0.078	0.554	0.001
1.000	0.028	$b=7$		1.000	0.000	0.280	0.066	0.603	0.001
		W	p			0.310	0.046	0.620	0.000
$b=4$		0.000	1.000	$b=9$		0.360	0.030		
W	p	0.020	0.964	W	p	0.370	0.026		
0.000	1.000	0.061	0.768	0.000	1.000	0.390	0.018	1.000	0.003
0.062	0.931	0.082	0.620	0.012	0.971	0.430	0.012		
0.188	0.653	0.143	0.486	0.037	0.814	0.480	0.007	$b=12$	
0.250	0.431	0.184	0.305	0.049	0.685	0.490	0.006	W	p
0.438	0.273	0.245	0.237	0.086	0.569	0.520	0.003	0.000	1.000
0.562	0.125	0.265	0.192	0.111	0.398	0.570	0.002	0.007	0.978
0.750	0.069	0.326	0.112	0.148	0.328	0.610	0.001	0.021	0.856
0.812	0.042	0.388	0.085	0.160	0.278	0.630	0.001	0.028	0.751
1.000	0.005	0.429	0.051	0.198	0.187	0.640	0.001	0.049	0.654
		0.510	0.027	0.235	0.154	0.670	0.000	0.062	0.500
$b=5$		0.551	0.021	0.259	0.107			0.083	0.434
W	p	0.571	0.016	0.309	0.069			0.090	0.383
0.000	1.000	0.633	0.008	0.333	0.057			0.111	0.287
0.040	0.954	0.735	0.004	0.346	0.048	1.000	0.000	0.132	0.249
0.120	0.691	0.755	0.003	0.383	0.031			0.146	0.191
0.160	0.522	0.796	0.001	0.444	0.019	$b=11$		0.174	0.141
0.280	0.367	0.878	0.000	0.457	0.016	W	p	0.188	0.123
0.360	0.182	1.000	0.000	0.482	0.010	0.000	1.000	0.194	0.108
0.480	0.124			0.531	0.006	0.008	0.976	0.215	0.080
0.520	0.093	$b=8$		0.593	0.004	0.025	0.844	0.250	0.058
0.640	0.039	W	p	0.605	0.003	0.033	0.732	0.257	0.050
0.760	0.024	0.000	1.000	0.642	0.001	0.058	0.629	0.271	0.038
0.840	0.008	0.016	0.967	0.704	0.001	0.074	0.470	0.299	0.028
1.000	0.001	0.047	0.794	0.753	0.000	0.099	0.403	0.333	0.019
		0.062	0.654			0.107	0.351	0.340	0.017
$b=6$		0.109	0.531			0.132	0.256	0.361	0.011
W	p	0.141	0.355			0.157	0.219	0.396	0.008
0.000	1.000	0.188	0.285	1.000	0.002	0.174	0.163	0.424	0.005
0.028	0.956	0.203	0.236			0.207	0.116	0.438	0.004
0.083	0.740	0.250	0.149	$b=10$		0.223	0.100	0.444	0.004
0.111	0.570	0.297	0.120	W	p	0.231	0.087	0.465	0.002
0.194	0.430	0.328	0.079	0.000	1.000	0.256	0.062		

(续表)

$k = 3$

$b = 12$		$b = 13$		$b = 14$		$b = 14$		$b = 15$	
W	p	W	p	W	p	W	p	W	p
0.507	0.002	0.219	0.064	0.020	0.781	0.429	0.974	0.191	0.059
0.521	0.001	0.231	0.050	0.036	0.694	0.464	0.830	0.213	0.047
0.528	0.001	0.254	0.038	0.046	0.551	0.474	0.710	0.218	0.043
0.549	0.001	0.284	0.027	0.061	0.489	0.495	0.601	0.231	0.030
0.562	0.001	0.290	0.025	0.066	0.438			0.253	0.022
0.583	0.000	0.308	0.016	0.082	0.344			0.271	0.018
		0.337	0.022	0.097	0.305			0.280	0.015
		0.361	0.008	0.107	0.242	1.000	0.000	0.284	0.011
		0.373	0.007	0.128	0.188			0.898	0.010
1.000	0.000	0.379	0.006	0.138	0.167	$b = 15$		0.324	0.007
		0.396	0.004	0.143	0.150	W	p	0.333	0.005
$b = 13$		0.432	0.003	0.158	0.117	0.000	1.000	0.338	0.005
W	p	0.444	0.002	0.184	0.089	0.004	0.982	0.351	0.004
0.000	1.000	0.450	0.002	0.189	0.079	0.013	0.882	0.360	0.004
0.006	0.980	0.467	0.001	0.199	0.063	0.018	0.794	0.373	0.003
0.018	0.866	0.479	0.001	0.219	0.049	0.031	0.711	0.404	0.002
0.024	0.767	0.497	0.001	0.245	0.036	0.040	0.573	0.413	0.001
0.041	0.657	0.538	0.001	0.250	0.033	0.053	0.513	0.431	0.001
0.053	0.527	0.550	0.000	0.265	0.023	0.058	0.463	0.444	0.001
0.071	0.463			0.291	0.018	0.071	0.369	0.458	0.001
0.077	0.412			0.311	0.011	0.084	0.330	0.480	0.000
0.095	0.316			0.321	0.010	0.093	0.267		
0.112	0.278	1.000	0.000	0.327	0.009	0.111	0.211		
0.124	0.217			0.342	0.007	0.120	0.189		
0.148	0.165	$b = 14$		0.372	0.005	0.124	0.170	1.000	0.000
0.160	0.145	W	p	0.383	0.003	0.138	0.136		
0.166	0.129	0.000	1.000	0.388	0.003	0.160	0.106		
0.183	0.098	0.005	0.981	0.403	0.003	0.164	0.096		
0.213	0.073	0.015	0.874	0.413	0.002	0.173	0.077		

$k = 4$

$b = 2$		$b = 3$		$b = 3$		$b = 4$		$b = 4$	
W	p	W	p	W	p	W	p	W	p
0.000	1.000	0.022	1.000	0.644	0.161	0.050	0.093	0.325	0.321
0.100	0.958	0.067	0.958	0.733	0.075	0.075	0.898	0.375	0.237
0.200	0.833	0.111	0.910	0.778	0.054	0.100	0.794	0.400	0.199
0.300	0.792	0.200	0.727	0.822	0.026	0.125	0.753	0.425	0.188
0.400	0.625	0.244	0.615	0.911	0.017	0.150	0.680	0.450	0.159
0.500	0.542	0.289	0.524	1.000	0.002	0.175	0.651	0.475	0.141
0.600	0.458	0.378	0.446			0.200	0.528	0.500	0.106
0.700	0.375	0.422	0.328	$b = 4$		0.225	0.513	0.525	0.093
0.800	0.208	0.467	0.293	W	p	0.250	0.432	0.550	0.077
0.900	0.167	0.556	0.207	0.000	1.000	0.275	0.390	0.575	0.089
1.000	0.042	0.600	0.182	0.025	0.992	0.300	0.352	0.600	0.058

附表 8　Friedman 检验临界值 $P(W \geqslant c) = p$ (上侧分位数)

(续表)

$k=4$									
$b=4$		$b=5$		$b=6$		$b=7$		$b=8$	
W	p	W	p	W	p	W	p	W	p
0.625	0.054	0.776	0.002	0.465	0.033	0.208	0.239	0.000	1.000
0.650	0.036	0.792	0.001	0.467	0.031	0.216	0.216	0.006	0.998
0.675	0.035	0.808	0.001	0.478	0.027	0.233	0.188	0.012	0.967
0.700	0.020	0.840	0.000	0.489	0.021	0.241	0.182	0.019	0.957
0.725	0.013			0.500	0.021	0.249	0.163	0.025	0.914
0.775	0.011			0.522	0.017	0.265	0.150	0.031	0.890
0.800	0.006			0.533	0.015	0.273	0.122	0.038	0.853
0.825	0.005	1.000	0.000	0.544	0.015	0.282	0.118	0.044	0.842
0.850	0.002			0.556	0.011	0.298	0.101	0.050	0.764
0.900	0.002	$b=6$		0.567	0.010	0.306	0.093	0.056	0.754
0.925	0.001	W	p	0.578	0.009	0.314	0.081	0.062	0.709
1.000	0.000	0.000	1.000	0.589	0.008	0.331	0.073	0.069	0.677
$b=5$		0.011	0.996	0.600	0.006	0.339	0.062	0.075	0.660
W	p	0.022	0.952	0.611	0.006	0.347	0.058	0.081	0.637
0.008	1.000	0.033	0.938	0.633	0.004	0.363	0.051	0.094	0.557
0.024	0.974	0.044	0.878	0.644	0.003	0.371	0.040	0.100	0.509
0.040	0.944	0.056	0.843	0.656	0.003	0.380	0.037	0.106	0.500
0.072	0.857	0.067	0.797	0.667	0.002	0.396	0.034	0.112	0.471
0.088	0.769	0.078	0.779	0.678	0.002	0.404	0.032	0.119	0.453
0.104	0.710	0.089	0.676	0.700	0.001	0.412	0.030	0.125	0.404
0.136	0.652	0.100	0.666	0.711	0.001	0.429	0.024	0.131	0.390
0.152	0.563	0.111	0.608	0.722	0.001	0.437	0.021	0.137	0.364
0.168	0.520	0.122	0.566	0.733	0.001	0.445	0.018	0.144	0.348
0.200	0.443	0.133	0.541	0.744	0.001	0.461	0.016	0.156	0.325
0.216	0.406	0.144	0.517	0.756	0.000	0.469	0.014	0.162	0.297
0.232	0.368	0.167	0.427			0.478	0.013	0.169	0.283
0.264	0.301	0.178	0.385			0.494	0.009	0.175	0.247
0.280	0.266	0.189	0.374			0.502	0.008	0.181	0.231
0.296	0.232	0.200	0.337	1.000	0.000	0.510	0.008	0.194	0.217
0.328	0.213	0.211	0.321	$b=7$		0.527	0.007	0.200	0.185
0.344	0.162	0.222	0.274	W	p	0.535	0.006	0.206	0.182
0.360	0.151	0.233	0.259	0.004	1.000	0.543	0.004	0.212	0.162
0.392	0.119	0.244	0.232	0.012	0.984	0.559	0.004	0.219	0.155
0.408	0.102	0.256	0.221	0.020	0.964	0.567	0.003	0.225	0.153
0.424	0.089	0.267	0.193	0.037	0.905	0.576	0.003	0.231	0.144
0.456	0.071	0.278	0.190	0.045	0.846	0.592	0.003	0.238	0.122
0.472	0.067	0.289	0.162	0.053	0.795	0.600	0.002	0.244	0.120
0.488	0.057	0.300	0.154	0.069	0.754	0.608	0.002	0.250	0.112
0.520	0.049	0.311	0.127	0.078	0.678	0.624	0.001	0.256	0.106
0.536	0.033	0.322	0.113	0.086	0.652	0.633	0.001	0.262	0.098
0.552	0.032	0.344	0.109	0.102	0.596	0.641	0.001	0.269	0.091
0.584	0.024	0.356	0.088	0.110	0.564	0.657	0.001	0.281	0.077
0.600	0.021	0.367	0.087	0.118	0.533	0.665	0.001	0.294	0.067
0.616	0.015	0.378	0.073	0.135	0.460	0.673	0.001	0.300	0.062
0.648	0.011	0.389	0.067	0.143	0.420	0.690	0.000	0.306	0.061
0.664	0.009	0.400	0.063	0.151	0.378			0.312	0.052
0.680	0.008	0.411	0.058	0.167	0.358			0.319	0.049
0.712	0.006	0.422	0.043	0.176	0.306			0.325	0.046
0.728	0.003	0.433	0.041	0.184	0.300	1.000	0.000	0.331	0.043
0.744	0.002	0.444	0.036	0.200	0.264			0.338	0.038

(续表)

$k=4$				$k=5$					
$b=8$		$b=8$		$b=3$		$b=3$		$b=3$	
W	p	W	p	W	p	W	p	W	p
0.344	0.037	0.500	0.004	0.000	1.000	0.333	0.475	0.667	0.063
0.356	0.031	0.506	0.004	0.022	1.000	0.356	0.432	0.689	0.056
0.362	0.028	0.512	0.003	0.044	0.988	0.378	0.406	0.711	0.045
0.369	0.026	0.519	0.003	0.067	0.972	0.400	0.347	0.733	0.038
0.375	0.023	0.525	0.002	0.089	0.941	0.422	0.326	0.756	0.028
0.381	0.021	0.531	0.002	0.111	0.914	0.444	0.291	0.778	0.026
0.394	0.019	0.538	0.002	0.133	0.845	0.467	0.253	0.800	0.017
0.400	0.015	0.544	0.002	0.156	0.831	0.489	0.236	0.822	0.015
0.406	0.015	0.550	0.002	0.178	0.768	0.511	0.213	0.844	0.008
0.412	0.013	0.556	0.002	0.200	0.720	0.533	0.172	0.867	0.005
0.419	0.013	0.562	0.001	0.222	0.682	0.556	0.183	0.889	0.004
0.425	0.011	0.569	0.001	0.244	0.649	0.578	0.127	0.911	0.003
0.431	0.010	0.575	0.001	0.267	0.595	0.600	0.117	0.956	0.001
0.438	0.009	0.581	0.001	0.289	0.559	0.622	0.096	1.000	0.000
0.444	0.008	0.594	0.001	0.311	0.493	0.644	0.080		
0.450	0.008	0.606	0.001						
0.456	0.008	0.612	0.000						
0.462	0.007								
0.469	0.007								
0.475	0.006								
0.481	0.005	1.000	0.000						
0.494	0.004								

附表 9　Mood 方差相等性检验表

样本量		显著性水平									
m	n	0.005	0.010	0.025	0.050	0.100	0.900	0.950	0.975	0.990	0.995
2	2						2.50	2.50	2.50	2.50	2.50
							0.8333	0.8333	0.8333	0.8333	0.8333
		0.50	0.50	0.50	0.50	0.50	4.50	4.50	4.50	4.50	4.50
		0.1667	0.1667	0.1667	0.1667	0.1667	1.0000	1.0000	1.0000	1.0000	1.0000
2	3						4.00	5.00	5.00	5.00	5.00
							0.5000	0.9000	0.9000	0.9000	0.9000
		1.00	1.00	1.00	1.00	1.00	5.00	8.00	8.00	8.00	8.00
		0.2000	0.2000	0.2000	0.2000	0.2000	0.9000	1.0000	1.0000	1.0000	1.0000
2	4					0.50	6.50	8.50	8.50	8.50	8.50
					0.0667	0.0667	0.9333	0.9333	0.9333	0.9333	0.9333
		0.50	0.50	0.50	0.50	2.50	8.50	12.50	12.50	12.50	12.50
		0.0667	0.0667	0.0667	0.0667	0.3333	0.9333	1.0000	1.0000	1.0000	1.0000
2	5					1.00	10.00	10.00	13.00	13.00	13.00
						0.0952	0.7619	0.7619	0.9524	0.9524	0.9524
		1.00	1.00	1.00	1.00	2.00	13.00	13.00	18.00	18.00	18.00
		0.0952	0.0952	0.0952	0.0952	0.1429	0.9524	0.9524	1.0000	1.0000	1.0000
2	6				0.05	0.05	14.50	14.50	18.50	18.50	18.50
					0.0357	0.0357	0.8214	0.8214	0.9643	0.9643	0.9643
		0.50	0.50	0.50	2.50	2.50	18.50	18.50	24.50	24.50	24.50
		0.0357	0.0357	0.0375	0.1786	0.1786	0.9643	0.9643	1.0000	1.0000	1.0000
2	7					2.00	20.00	20.00	25.00	25.00	25.00
						0.0833	0.8611	0.8611	0.9722	0.9722	0.9722
		1.00	1.00	1.00	1.00	4.00	25.00	25.00	32.00	32.00	32.00
		0.0556	0.0556	0.0556	0.0556	0.1389	0.9722	0.9722	1.0000	1.0000	1.0000
2	8			0.50	0.50	0.50	26.50	26.50	26.50	32.50	32.50
				0.0222	0.0222	0.0222	0.8889	0.8889	0.8889	0.9778	0.9778
		0.50	0.50	2.50	2.50	2.50	32.50	32.50	32.50	40.50	40.50
		0.0222	0.0222	0.1111	0.1111	0.1111	0.9778	0.9778	0.9778	1.0000	1.0000
2	9				1.00	4.00	32.00	34.00	34.00	41.00	41.00
					0.0364	0.0909	0.8364	0.9091	0.9091	0.9818	0.9818
		1.00	1.00	1.00	2.00	5.00	34.00	41.00	41.00	50.00	50.00
		0.0364	0.0364	0.0364	0.0545	0.1636	0.9091	0.9818	0.9818	1.0000	1.0000
2	10			0.50	0.50	4.50	40.50	42.50	42.50	50.50	50.50
				0.0152	0.0152	0.0909	0.8636	0.9242	0.9242	0.9848	0.9848
		0.50	0.50	2.50	2.50	6.50	42.50	50.50	50.50	60.50	60.50
		0.0152	0.0152	0.0758	0.0758	0.1515	0.9242	0.9848	0.9848	1.0000	1.0000
2	11				2.00	4.00	50.00	52.00	52.00	61.00	61.00
					0.0385	0.0641	0.8864	0.9359	0.9359	0.9872	0.9872
		1.00	1.00	1.00	4.00	5.00	52.00	61.00	61.00	72.00	72.00
		0.0256	0.0256	0.0256	0.0641	0.1154	0.9359	0.9872	0.9872	1.0000	1.0000
2	12			0.50	0.50	4.50	54.50	62.50	62.50	72.50	72.50
				0.0110	0.0110	0.0659	0.8901	0.9451	0.9451	0.9890	0.9890
		0.50	0.50	2.50	2.50	6.50	60.50	72.50	72.50	84.50	84.50
		0.0110	0.0110	0.0549	0.0549	0.1099	0.9011	0.9890	0.9890	1.0000	1.0000
2	13				1.00	4.00	8.00	61.00	72.00	74.00	74.00	85.00
				0.0190	0.0476	0.0952	0.8667	0.9143	0.9524	0.9524	0.9905
		1.00	1.00	2.00	5.00	9.00	65.00	74.00	85.00	85.00	98.00
		0.0190	0.0190	0.0286	0.0857	0.1143	0.9048	0.9524	0.9905	0.9905	1.0000
2	14			0.50	0.50	4.50	6.50	72.50	84.50	86.50	86.50	98.50
				0.0083	0.0083	0.0500	0.0833	0.8833	0.9250	0.9583	0.9583	0.9917
		0.50	2.50	2.50	6.50	8.50	76.50	86.50	98.50	98.50	112.50
		0.0083	0.0417	0.0417	0.0833	0.1167	0.9167	0.9583	0.9917	0.9917	1.0000

(续表)

样本量		显著性水平									
m	n	0.005	0.010	0.025	0.050	0.100	0.900	0.950	0.975	0.990	0.995
2	15			2.00	4.00	9.00	85.00	98.00	100.00	100.00	113.00
				0.0221	0.0368	0.0882	0.8971	0.9338	0.9632	0.9632	0.9926
		1.00	1.00	4.00	5.00	10.00	89.00	100.00	113.00	113.00	128.00
		0.0147	0.0147	0.0368	0.0662	0.1176	0.9265	0.9632	0.9926	0.9926	1.0000
2	16		0.50	0.50	4.50	8.50	92.50	112.50	114.50	114.50	128.50
			0.0065	0.0065	0.0392	0.0915	0.8824	0.9412	0.9673	0.9673	0.9935
		0.50	2.50	2.50	6.50	12.50	98.50	114.50	128.50	128.50	144.50
		0.0065	0.0327	0.0327	0.0654	0.1242	0.9085	0.9673	0.9935	0.9935	1.0000
2	17			2.00	4.00	10.00	106.00	128.00	130.00	130.00	145.00
				0.0175	0.0292	0.0936	0.8947	0.9474	0.9708	0.9708	0.9942
		1.00	1.00	4.00	5.00	13.00	113.00	130.00	145.00	145.00	162.00
		0.0117	0.0117	0.0292	0.0526	0.1170	0.9181	0.9708	0.9942	0.9942	1.0000
2	18		0.50	0.50	4.50	12.50	114.50	132.50	146.50	146.50	162.50
			0.0053	0.0053	0.0316	0.1000	0.8842	0.9474	0.9737	0.9737	0.9947
		0.50	2.50	2.50	6.50	14.50	120.50	144.50	162.50	162.50	180.50
		0.0053	0.0263	0.0263	0.0526	0.1211	0.9053	0.9526	0.9947	0.9947	1.0000
3	3					2.75	10.75	12.75	12.75	12.75	12.75
						0.1000	0.8000	0.9000	0.9000	0.9000	0.9000
		2.75	2.75	2.75	2.75	4.75	12.75	14.75	14.75	14.75	14.75
		0.1000	0.1000	0.1000	0.1000	0.2000	0.9000	1.0000	1.0000	1.0000	1.0000
3	4				2.00	2.00	18.00	19.00	19.00	19.00	19.00
					0.0286	0.0286	0.8857	0.9429	0.9429	0.9429	0.9429
		2.00	2.00	2.00	5.00	5.00	19.00	22.00	22.00	22.00	22.00
		0.0286	0.0286	0.0286	0.1429	0.1429	0.9429	1.0000	1.0000	1.0000	1.0000
3	5				2.75	4.75	20.75	24.75	26.75	26.75	26.75
					0.0357	0.0714	0.8571	0.9286	0.9643	0.9643	0.9643
		2.75	2.75	2.75	4.75	6.75	24.75	26.75	30.75	30.75	30.75
		0.0357	0.0357	0.0357	0.0714	0.1071	0.9286	0.9643	1.0000	1.0000	1.0000
3	6				2.00	2.00	8.00	29.00	33.00	34.00	36.00	36.00
					0.0119	0.0119	0.0952	0.8929	0.9286	0.9524	0.9762	0.9762
		2.00	2.00	2.00	5.00	5.00	9.00	32.00	34.00	36.00	41.00	41.00
		0.0119	0.0119	0.0119	0.0595	0.0595	0.1190	0.9048	0.9524	0.9762	1.0000	1.0000
3	7			2.75	6.75	6.75	34.75	40.75	44.75	46.75	46.75
				0.0167	0.5000	0.0500	0.8500	0.9333	0.9667	0.9833	0.9833
		2.75	2.75	4.75	8.75	8.75	38.75	42.75	46.75	52.75	52.75
		0.0167	0.0167	0.0333	0.1167	0.1167	0.9167	0.9500	0.9833	1.0000	1.0000
3	8			2.00	2.00	8.00	11.00	45.00	50.00	54.00	59.00	59.00
				0.0061	0.0061	0.0485	0.0970	0.8848	0.9394	0.9636	0.9879	0.9879
		2.00	5.00	5.00	9.00	13.00	50.00	51.00	57.00	66.00	66.00
		0.0061	0.0303	0.0303	0.0606	0.1212	0.9394	0.9515	0.9758	1.0000	1.0000
3	9			2.75	4.75	6.75	12.75	54.75	60.75	66.75	70.75	72.75
				0.0091	0.0182	0.0273	0.0909	0.8727	0.9182	0.9727	0.9818	0.9909
		2.75	4.75	6.75	8.75	14.75	56.75	62.75	70.75	72.75	80.75
		0.0091	0.0182	0.0273	0.0636	0.1364	0.9091	0.9636	0.9818	0.9909	1.0000
3	10	2.00	2.00	6.00	10.00	14.00	68.00	76.00	77.00	86.00	88.00
		0.0035	0.0035	0.0245	0.0490	0.0979	0.8986	0.9441	0.9720	0.9860	0.9930
		5.00	5.00	8.00	11.00	17.00	70.00	77.00	81.00	88.00	97.00
		0.0175	0.0175	0.0280	0.0559	0.1189	0.9266	0.9720	0.9790	0.9930	1.0000
3	11			2.75	6.75	10.75	16.75	74.75	84.75	90.75	102.75	104.75
				0.0055	0.0165	0.0440	0.0879	0.8846	0.9451	0.9560	0.9890	0.9945
		2.75	4.75	8.75	12.75	18.75	78.75	86.75	92.75	104.75	114.75
		0.0055	0.0110	0.0385	0.0549	0.1099	0.9066	0.9505	0.9780	0.9945	1.0000

附表 9　Mood 方差相等性检验表

(续表)

样本量		显著性水平								
m	n	0.005	0.010	0.025	0.050	0.100	0.900	0.950	0.975	0.990	0.995
3	12	2.00	2.00	9.00	13.00	20.00	89.00	99.00	107.00	114.00	121.00
		0.0022	0.0022	0.0220	0.0440	0.0945	0.8879	0.9385	0.9648	0.9868	0.9912
		5.00	5.00	10.00	14.00	21.00	90.00	101.00	110.00	121.00	123.00
		0.0110	0.0110	0.0308	0.0615	0.1121	0.9055	0.9560	0.9824	0.9912	0.9956
3	13	2.75	4.75	8.75	12.75	20.75	102.75	114.75	124.75	132.75	140.75
		0.0036	0.0171	0.0250	0.0357	0.0893	0.8893	0.9464	0.9714	0.9893	0.9929
		4.75	6.75	10.75	14.75	22.75	104.75	116.75	128.75	140.75	142.75
		0.0071	0.0107	0.0286	0.0536	0.1036	0.9071	0.9500	0.9857	0.9929	0.9964
3	14	2.00	5.00	11.00	17.00	25.00	116.00	128.00	138.00	149.00	162.00
		0.0015	0.0074	0.0235	0.0500	0.0868	0.8926	0.9353	0.9735	0.9882	0.9941
		5.00	6.00	13.00	18.00	26.00	117.00	129.00	144.00	153.00	164.00
		0.0074	0.0103	0.0294	0.0544	0.1044	0.9044	0.9500	0.9765	0.9912	0.9971
3	15	4.75	6.75	12.75	18.75	26.75	132.75	146.75	156.75	164.75	174.75
		0.0049	0.0074	0.0245	0.0490	0.0907	0.8995	0.9485	0.9681	0.9804	0.9926
		6.75	8.75	14.75	20.75	28.75	134.75	148.75	158.75	170.75	184.75
		0.0074	0.0172	0.0368	0.0613	0.1005	0.9191	0.9583	0.9779	0.9902	0.9951
3	16	2.80	8.00	13.00	20.00	32.00	146.00	164.00	179.00	187.00	198.00
		0.0010	0.0083	0.0206	0.0444	0.0970	0.8937	0.9463	0.9732	0.9835	0.9938
		5.00	9.00	14.00	21.00	33.00	149.00	166.00	181.00	194.00	209.00
		0.0052	0.0103	0.0289	0.0526	0.1011	0.9102	0.9567	0.9814	0.9917	0.9959
3	17	4.75	6.75	12.75	20.75	34.75	162.75	180.75	192.75	210.75	222.75
		0.0035	0.0053	0.0175	0.0439	0.1000	0.8930	0.9421	0.9719	0.9860	0.9947
		6.75	8.75	14.75	22.75	36.75	164.75	182.75	200.75	218.75	234.75
		0.0053	0.0123	0.0263	0.0509	0.1070	0.9018	0.9509	0.9754	0.9930	0.9965
4	4			5.00	5.00	9.00	29.00	31.00	31.00	33.00	33.00
				0.0143	0.0143	0.0714	0.8714	0.9286	0.9286	0.9857	0.9857
		5.00	5.00	9.00	9.00	11.00	31.00	33.00	33.00	37.00	37.00
		0.0143	0.0143	0.0714	0.0714	0.1286	0.9286	0.9857	0.9857	1.0000	1.0000
4	5			6.00	10.00	11.00	37.00	41.00	42.00	42.00	45.00
				0.0159	0.0397	0.0556	0.8730	0.9286	0.9603	0.9603	0.9921
		6.00	6.00	9.00	11.00	14.00	38.00	42.00	45.00	45.00	50.00
		0.0159	0.0159	0.0317	0.0556	0.1190	0.9048	0.9603	0.9921	0.9921	1.0000
4	6	5.00	5.00	9.00	13.00	15.00	47.00	51.00	53.00	55.00	55.00
		0.0048	0.0048	0.0238	0.0476	0.0857	0.8952	0.9333	0.9571	0.9762	0.9762
		9.00	9.00	11.00	15.00	17.00	49.00	53.00	55.00	59.00	58.00
		0.0238	0.0238	0.0429	0.0857	0.1095	0.9143	0.9571	0.9762	0.9952	0.9952
4	7			6.00	11.00	14.00	20.00	58.00	63.00	68.00	70.00	70.00
				0.0061	0.0212	0.0455	0.0909	0.8848	0.9394	0.9727	0.9848	0.9848
		6.00	9.00	14.00	15.00	21.00	59.00	66.00	70.00	75.00	75.00
		0.0061	0.0121	0.0455	0.0576	0.1152	0.9030	0.9576	0.9848	0.9970	0.9970
4	8	5.00	5.00	13.00	17.00	21.00	69.00	77.00	81.00	87.00	87.00
		0.0020	0.0020	0.0202	0.0465	0.0869	0.8970	0.9475	0.9636	0.9899	0.9899
		9.00	9.00	15.00	19.00	23.00	71.00	79.00	83.00	93.00	93.00
		0.0101	0.0101	0.0364	0.0545	0.1030	0.9051	0.9556	0.9798	0.9980	0.9980
4	9	6.00	11.00	14.00	20.00	27.00	85.00	92.00	98.00	104.00	106.00
		0.0028	0.0098	0.0210	0.0420	0.0965	0.8979	0.9497	0.9748	0.9874	0.9930
		9.00	14.00	15.00	21.00	29.00	86.00	93.00	101.00	106.00	113.00
		0.0056	0.0210	0.0266	0.0531	0.1077	0.9231	0.9552	0.9804	0.9930	0.9986
4	10	9.00	13.00	17.00	21.00	31.00	97.00	105.00	115.00	121.00	125.00
		0.0050	0.0100	0.0230	0.0430	0.0969	0.8961	0.9491	0.9740	0.9860	0.9910
		11.00	15.00	19.00	23.00	33.00	99.00	107.00	117.00	123.00	127.00
		0.0090	0.0180	0.0270	0.0509	0.1129	0.9161	0.9530	0.9820	0.9900	0.9950

(续表)

样本量		\\				显著性水平					
m	n	0.005	0.010	0.025	0.050	0.100	0.900	0.950	0.975	0.990	0.995
4	11	10.00	11.00	20.00	26.00	35.00	113.00	125.00	134.00	143.00	148.00
		0.0037	0.0051	0.0220	0.0462	0.0967	0.8867	0.9495	0.9722	0.9897	0.9934
		11.00	14.00	21.00	27.00	36.00	114.00	126.00	135.00	146.00	150.00
		0.0051	0.0110	0.0278	0.0505	0.1011	0.9099	0.9612	0.9780	0.9927	0.9963
4	12	11.00	15.00	21.00	29.00	39.00	129.00	141.00	153.00	161.00	171.00
		0.0049	0.0099	0.0236	0.0489	0.0978	0.8962	0.9495	0.9747	0.9879	0.9945
		13.00	17.00	23.00	31.00	41.00	131.00	143.00	155.00	163.00	173.00
		0.0055	0.0126	0.0280	0.0533	0.1093	0.9159	0.9538	0.9791	0.9901	0.9951
4	13	11.00	17.00	25.00	33.00	45.00	146.00	162.00	173.00	186.00	193.00
		0.0029	0.0088	0.0227	0.0475	0.0971	0.8933	0.9496	0.9710	0.9891	0.9941
		14.00	18.00	26.00	34.00	46.00	147.00	163.00	174.00	187.00	198.00
		0.0063	0.0113	0.0265	0.0504	0.1071	0.9000	0.9529	0.9777	0.9908	0.9958
4	14	13.00	19.00	27.00	37.00	49.00	163.00	181.00	195.00	207.00	217.00
		0.0033	0.0088	0.0235	0.0477	0.0928	0.8931	0.9487	0.9739	0.9889	0.9941
		15.00	21.00	29.00	39.00	51.00	165.00	183.00	197.00	213.00	221.00
		0.0059	0.0141	0.0291	0.0582	0.1059	0.9049	0.9539	0.9755	0.9915	0.9954
4	15	15.00	21.00	29.00	41.00	56.00	183.00	202.00	218.00	234.00	245.00
		0.0049	0.0098	0.0199	0.0472	0.0993	0.8965	0.9466	0.9727	0.9892	0.9943
		17.00	22.00	30.00	42.00	57.00	185.00	203.00	219.00	235.00	247.00
		0.0054	0.0114	0.0261	0.0524	0.1045	0.9017	0.9518	0.9768	0.9902	0.9954
4	16	17.00	21.00	33.00	43.00	61.00	203.00	223.00	241.00	259.00	275.00
		0.0047	0.0089	0.0233	0.0436	0.0962	0.8933	0.9451	0.9728	0.9870	0.9946
		19.00	23.00	35.00	45.00	63.00	205.00	225.00	243.00	261.00	277.00
		0.0056	0.0105	0.0283	0.0504	0.1061	0.9028	0.9525	0.9752	0.9903	0.9955
5	5		11.25	15.25	17.25	23.25	55.25	59.25	61.25	65.25	67.25
			0.0079	0.0159	0.0317	0.0952	0.8889	0.9365	0.9683	0.9841	0.9921
		11.25	15.25	17.25	21.25	25.25	57.25	61.25	65.25	67.25	71.25
		0.0079	0.0159	0.0317	0.0635	0.1111	0.9048	0.9683	0.9841	0.9921	1.0000
5	6	10.00	10.00	19.00	24.00	27.00	69.00	75.00	76.00	83.00	84.00
		0.0022	0.0022	0.0238	0.0476	0.0758	0.8810	0.9459	0.9632	0.9870	0.9913
		15.00	15.00	20.00	25.00	30.00	70.00	76.00	79.00	84.00	86.00
		0.0108	0.0108	0.0260	0.0563	0.1104	0.9069	0.9632	0.9805	0.9913	0.9957
5	7	11.25	15.25	21.25	27.25	33.25	83.25	89.25	93.25	101.25	105.25
		0.0025	0.0051	0.0202	0.0480	0.0884	0.8990	0.9495	0.9646	0.9899	0.9949
		15.25	17.25	23.25	29.25	35.25	85.25	91.25	95.25	103.25	107.25
		0.0051	0.0101	0.0303	0.0631	0.1136	0.9167	0.9520	0.9773	0.9924	0.9975
5	8	15.00	20.00	26.00	31.00	39.00	99.00	106.00	113.00	118.00	123.00
		0.0039	0.0093	0.0225	0.0490	0.0979	0.8974	0.9448	0.9697	0.9852	0.9938
		18.00	22.00	27.00	33.00	40.00	101.00	107.00	114.00	122.00	126.00
		0.0070	0.0124	0.0272	0.0521	0.1049	0.9068	0.9510	0.9759	0.9922	0.9953
5	9	17.25	21.25	29.25	35.25	42.25	115.25	123.25	133.25	141.25	145.25
		0.0040	0.0080	0.0250	0.0450	0.0999	0.8951	0.9411	0.9710	0.9890	0.9910
		21.25	23.25	31.25	37.25	47.25	117.25	125.25	135.25	143.25	147.25
		0.0080	0.0120	0.0300	0.0509	0.1149	0.9121	0.9500	0.9790	0.9900	0.9960

附表 9　Mood 方差相等性检验表

(续表)

样本量		\multicolumn{10}{c}{显著性水平}									
m	n	0.005	0.010	0.025	0.050	0.100	0.900	0.950	0.975	0.990	0.995
5	10	20.00	26.00	33.00	41.00	52.00	134.00	146.00	154.00	166.00	174.00
		0.0040	0.0097	0.0223	0.0456	0.0989	0.8934	0.9494	0.9724	0.9897	0.9947
		22.00	27.00	34.00	42.00	53.00	135.00	147.00	155.00	168.00	175.00
		0.0053	0.0117	0.0266	0.0503	0.1002	0.9068	0.9547	0.9757	0.9923	0.9973
5	11	21.25	27.25	37.25	45.25	57.25	153.25	165.25	177.25	187.25	197.25
		0.0037	0.0087	0.0234	0.0458	0.0934	0.8997	0.9473	0.9748	0.9881	0.9950
		23.25	29.25	39.25	47.25	59.25	155.25	167.25	179.25	191.25	199.25
		0.0055	0.0114	0.0275	0.0527	0.1053	0.9125	0.5919	0.9776	0.9918	0.9954
5	12	26.00	30.00	42.00	53.00	65.00	174.00	189.00	202.00	216.00	226.00
		0.0047	0.0082	0.0244	0.0486	0.0931	0.8993	0.9473	0.9746	0.9888	0.9945
		27.00	31.00	43.00	54.00	66.00	175.00	190.00	203.00	217.00	227.00
		0.0057	0.0102	0.0267	0.0535	0.1021	0.9071	0.9551	0.9772	0.9901	0.9952
5	13	27.25	33.25	45.25	57.25	73.25	195.25	211.25	227.25	243.25	255.25
		0.0044	0.0082	0.0233	0.0476	0.0997	0.8985	0.9444	0.9741	0.9893	0.9946
		29.25	35.25	47.25	59.25	75.25	197.25	213.25	229.25	245.25	257.25
		0.0058	0.0105	0.0268	0.0537	0.1076	0.9059	0.9512	0.9762	0.9904	0.9958
5	14	30.00	38.00	51.00	65.00	81.00	219.00	238.00	254.00	275.00	285.00
		0.0044	0.0088	0.0248	0.0495	0.0978	0.8999	0.9479	0.9720	0.9896	0.9946
		31.00	39.00	52.00	66.00	82.00	220.00	239.00	255.00	276.00	287.00
		0.0054	0.0108	0.0255	0.0544	0.1034	0.9037	0.9520	0.9754	0.9906	0.9953
5	15	33.25	39.25	55.25	69.25	89.25	241.25	265.25	283.25	305.25	319.25
		0.0045	0.0077	0.0235	0.0470	0.0988	0.8951	0.9494	0.9739	0.9896	0.9946
		35.25	41.25	57.25	71.25	91.25	143.25	267.25	285.25	307.25	321.25
		0.0058	0.0103	0.0263	0.0526	0.1053	0.9005	0.9542	0.9763	0.9906	0.9957
6	6	17.50	27.50	33.50	39.50	45.50	93.50	99.50	105.50	111.50	115.50
		0.0011	0.0097	0.0238	0.0465	0.0963	0.8734	0.9307	0.9675	0.9848	0.9946
		23.50	29.50	35.50	41.50	47.50	95.50	101.50	107.50	113.50	119.50
		0.0054	0.0152	0.0325	0.0693	0.1266	0.9037	0.9535	0.9762	0.9903	0.9989
6	7	27.00	31.00	38.00	45.00	54.00	114.00	122.00	129.00	135.00	140.00
		0.0047	0.0099	0.0204	0.0466	0.0973	0.8980	0.9476	0.9749	0.9883	0.9948
		28.00	34.00	39.00	46.00	55.00	115.00	123.00	130.00	138.00	142.00
		0.0052	0.0146	0.0251	0.0524	0.1206	0.9108	0.9580	0.9779	0.9918	0.9971
6	8	29.50	35.50	41.50	49.50	59.50	131.50	141.50	149.50	157.50	165.50
		0.0047	0.0100	0.0213	0.0430	0.0942	0.8924	0.9461	0.9737	0.9873	0.9940
		31.50	37.50	43.50	51.50	61.50	133.50	143.50	151.50	159.50	167.50
		0.0060	0.0130	0.0266	0.0509	0.1062	0.9004	0.9540	0.9750	0.9900	0.9967
6	9	34.00	39.00	49.00	58.00	69.00	154.00	165.00	175.00	186.00	193.00
		0.0050	0.0086	0.0232	0.0488	0.0969	0.8973	0.9467	0.9734	0.9894	0.9944
		35.00	40.00	50.00	59.00	70.00	155.00	166.00	176.00	187.00	195.00
		0.0062	0.0110	0.0256	0.0547	0.1039	0.9065	0.9504	0.9766	0.9910	0.9956
6	10	37.50	43.50	53.50	63.50	75.50	175.50	189.50	201.50	213.50	221.50
		0.0049	0.0100	0.0237	0.0448	0.0888	0.8976	0.9476	0.9734	0.9891	0.9948
		39.50	45.50	55.50	65.50	77.50	177.50	191.50	203.50	215.50	223.50
		0.0054	0.0111	0.0262	0.0521	0.1010	0.9063	0.9540	0.9784	0.9901	0.9953

(续表)

样本量		\				显著性水平					
m	n	0.005	0.010	0.025	0.050	0.100	0.900	0.950	0.975	0.990	0.995
6	11	42.00	49.00	61.00	73.00	87.00	200.00	216.00	229.00	244.00	253.00
		0.0048	0.0094	0.0243	0.0490	0.0977	0.8998	0.9491	0.9737	0.9898	0.9941
		43.00	50.00	62.00	74.00	88.00	201.00	217.00	230.00	245.00	254.00
		0.0060	0.0103	0.0255	0.0512	0.1037	0.9009	0.9504	0.9758	0.9901	0.9954
6	12	45.50	51.50	67.50	79.50	95.50	223.50	243.50	257.50	273.50	285.50
		0.0048	0.0082	0.0248	0.0470	0.0950	0.8954	0.9494	0.9733	0.9879	0.9944
		47.50	53.50	69.50	81.50	97.50	225.50	245.50	259.50	275.50	287.50
		0.0063	0.0102	0.0273	0.0513	0.1033	0.9004	0.9542	0.9757	0.9900	0.9950
6	13	50.00	58.00	74.00	89.00	107.00	252.00	273.00	290.00	310.00	323.00
		0.0047	0.0090	0.0234	0.0483	0.0985	0.8979	0.9499	0.9736	0.9898	0.9949
		51.00	59.00	75.00	90.00	108.00	253.00	274.00	291.00	311.00	324.00
		0.0053	0.0101	0.0256	0.0503	0.1008	0.9001	0.9510	0.9751	0.9902	0.9951
6	14	53.50	63.50	81.50	97.50	117.50	279.50	301.50	321.50	343.50	357.50
		0.0049	0.0093	0.0246	0.0495	0.0974	0.8972	0.9459	0.9730	0.9888	0.9944
		55.50	65.50	83.50	99.50	119.50	281.50	303.50	323.50	345.50	359.50
		0.0054	0.0108	0.0281	0.0527	0.1043	0.9040	0.9501	0.9754	0.9901	0.9950
7	7	41.75	47.75	57.75	65.75	75.75	147.75	157.75	165.75	175.75	179.75
		0.0029	0.0082	0.0233	0.0466	0.0950	0.8869	0.9452	0.9709	0.9889	0.9948
		43.75	49.75	59.75	67.75	77.75	149.75	159.75	167.75	177.75	183.75
		0.0052	0.0111	0.0291	0.0548	0.1131	0.9050	0.9534	0.9767	0.9918	0.9971
7	8	50.00	55.00	66.00	75.00	87.00	173.00	184.00	195.00	204.00	211.00
		0.0050	0.0082	0.0238	0.0479	0.0977	0.8988	0.9455	0.9745	0.9890	0.9939
		51.00	56.00	67.00	76.00	88.00	174.00	185.00	196.00	205	212.00
		0.0059	0.0110	0.0272	0.0533	0.1052	0.9004	0.9510	0.9776	0.9902	0.9952
7	9	53.75	59.75	71.75	83.75	95.75	197.75	211.75	221.75	235.75	245.75
		0.0049	0.0087	0.0224	0.0495	0.0920	0.8970	0.9495	0.9706	0.9895	0.9949
		55.75	61.75	73.75	85.75	97.75	199.75	213.75	223.75	237.75	247.75
		0.0058	0.0103	0.0267	0.0556	0.1016	0.9073	0.9549	0.9764	0.9911	0.9963
7	10	59.00	67.00	82.00	94.00	109.00	226.00	242.00	254.00	270.00	279.00
		0.0046	0.0090	0.0243	0.0478	0.0975	0.8978	0.9499	0.9726	0.9896	0.9949
		60.00	68.00	83.00	95.00	110.00	227.00	243.00	255.00	271.00	280.00
		0.0053	0.0100	0.0268	0.0521	0.1009	0.9051	0.9544	0.9753	0.9902	0.9951
7	11	63.75	73.75	89.75	103.75	119.75	263.75	271.75	287.75	303.75	315.75
		0.0042	0.0096	0.0246	0.0495	0.0946	0.899	0.9483	0.9742	0.9882	0.9943
		65.75	75.75	91.75	105.75	121.75	255.75	273.75	289.75	305.75	317.75
		0.0050	0.0103	0.0272	0.0526	0.1012	0.90	0.9506	0.9767	0.9904	0.9952
7	12	71.00	82.00	99.00	115.00	135.00	285.00	306.00	323.00	343.00	357.00
		0.0048	0.0094	0.0241	0.0489	0.0996	0.89	0.9491	0.9738	0.9883	0.9950
		72.00	83.00	100.00	116.00	136.00	286.00	306.00	324.00	344.00	358.00
		0.0051	0.0104	0.0258	0.0519	0.1044	0.9020	0.9515	0.9754	0.9900	0.9952
7	13	75.75	87.75	107.75	125.75	147.75	315.75	339.75	359.75	381.75	397.75
		0.0042	0.0089	0.0239	0.0487	0.0983	0.8972	0.9487	0.9745	0.9889	0.9949
		77.75	89.75	109.75	127.75	149.75	317.75	341.75	361.75	383.75	399.75
		0.0050	0.0101	0.0261	0.0528	0.1054	0.9039	0.9523	0.9758	0.9905	0.9953

附表 9 Mood 方差相等性检验表

(续表)

样本量		显著性水平									
m	n	0.005	0.010	0.025	0.050	0.100	0.900	0.950	0.975	0.990	0.995
8	8	72.00	78.00	92.00	104.00	118.00	218.00	232.00	244.00	258.00	264.00
		0.0043	0.0078	0.0239	0.0496	0.0984	0.8908	0.9457	0.9740	0.9900	0.9942
		74.00	80.00	94.00	106.00	120.00	220.00	234.00	246.00	260.00	266.00
		0.0058	0.0100	0.0260	0.0543	0.1092	0.9016	0.9504	0.9761	0.9922	0.9957
8	9	79.00	90.00	103.00	116.00	132.00	250.00	266.00	279.00	294.00	303.00
		0.0042	0.0096	0.0229	0.0487	0.0988	0.8959	0.9477	0.9742	0.9896	0.9945
		80.00	91.00	104.00	117.00	133.00	251.00	267.00	280.00	295.00	304.00
		0.0050	0.0102	0.0253	0.0510	0.1016	0.9005	0.9520	0.9760	0.9901	0.9952
8	10	88.00	98.00	114.00	128.00	146.00	280.00	300.00	316.00	332.00	344.00
		0.0050	0.100	0.0245	0.0481	0.0980	0.8917	0.9487	0.9744	0.9891	0.9948
		90.00	100.00	116.00	130.00	148.00	282.00	302.00	318.00	334.00	346.00
		0.0059	0.0112	0.0280	0.0525	0.1033	0.9001	0.9532	0.9768	0.9900	0.9950
8	11	95.00	107.00	126.00	143.00	163.00	316.00	337.00	355.00	376.00	388.00
		0.0047	0.0095	0.0247	0.0500	0.0988	0.8984	0.9489	0.9739	0.9900	0.9948
		96.00	108.00	127.00	144.00	164.00	317.00	338.00	356.00	377.00	389.00
		0.0051	0.0105	0.0256	0.0530	0.1039	0.9021	0.9501	0.9759	0.9909	0.9953
8	12	102.00	116.00	136.00	156.00	178.00	352.00	376.00	396.00	418.00	434.00
		0.0044	0.0097	0.0334	0.0496	0.0970	0.8995	0.9497	0.9749	0.9849	0.9949
		104.00	118.00	138.00	158.00	180.00	354.00	378.00	398.00	420.00	436.00
		0.0051	0.0103	0.0252	0.0533	0.1031	0.9056	0.9531	0.9763	0.9903	0.9953
9	9	110.25	120.25	138.25	154.25	172.25	308.25	326.25	342.25	360.25	370.25
		0.0045	0.0085	0.0230	0.0481	0.0973	0.8975	0.9476	0.9742	0.9899	0.9949
		112.25	122.25	140.25	156.25	174.25	310.25	328.25	344.25	362.25	372.25
		0.0051	0.0101	0.0258	0.0524	0.1025	0.9027	0.9519	0.9770	0.9915	0.9955
9	10	122.00	134.00	154.00	171.00	191.00	347.00	368.00	385.00	404.00	419.00
		0.0049	0.0096	0.0250	0.0492	0.0963	0.8987	0.9489	0.9738	0.9890	0.9950
		123.00	135.00	155.00	172.00	192.00	348.00	369.00	386.00	405.00	420.00
		0.0050	0.0101	0.0256	0.0514	0.1003	0.9021	0.9515	0.9751	0.9900	0.9955
9	11	132.25	144.25	166.25	186.25	210.25	384.25	408.25	430.25	452.25	468.25
		0.0049	0.0089	0.0235	0.0484	0.0984	0.8942	0.9465	0.9744	0.9896	0.9950
		134.25	146.25	168.25	188.25	212.25	386.25	410.25	432.25	454.25	470.25
		0.0056	0.0102	0.0251	0.0519	0.1049	0.9005	0.9500	0.9765	0.9900	0.9955
10	10	162.50	176.50	198.50	218.50	242.50	418.50	442.50	462.50	484.50	498.50
		0.0050	0.0098	0.0241	0.0489	0.0982	0.8966	0.9479	0.9740	0.9891	0.9944
		164.50	178.50	200.50	220.50	244.50	420.50	444.50	464.50	486.50	500.50
		0.0056	0.0109	0.0260	0.0521	0.1034	0.9018	0.9511	0.9759	0.9902	0.9950

附表 10 t 分布

d.f.	单侧 p 值								
	0.25	0.1	0.05	0.025	0.01	0.005	0.0025	0.001	0.0005
	双侧 p 值								
	0.5	0.2	0.1	0.05	0.02	0.01	0.005	0.002	0.001
1	1.00	3.08	6.31	12.71	31.82	63.66	127.32	318.31	636.62
2	0.82	1.89	2.92	4.30	6.96	9.92	14.09	22.33	31.60
3	0.76	1.64	2.35	3.18	4.54	5.84	7.45	10.21	12.92
4	0.74	1.53	2.13	2.78	3.75	4.60	5.60	7.17	8.61
5	0.73	1.48	2.02	2.57	3.36	4.03	4.77	5.89	6.87
6	0.72	1.44	1.94	2.45	3.14	3.71	4.32	5.21	5.96
7	0.71	1.42	1.90	2.36	3.00	3.50	4.03	4.78	5.41
8	0.71	1.40	1.86	2.31	2.90	3.36	3.83	4.50	5.04
9	0.70	1.38	1.83	2.26	2.82	3.25	3.69	4.30	4.78
10	0.70	1.37	1.81	2.23	2.76	3.17	3.58	4.14	4.59
11	0.70	1.36	1.80	2.20	1.72	3.11	3.50	4.02	4.44
12	0.70	1.36	1.78	2.18	2.68	3.06	3.43	3.93	4.32
13	0.69	1.35	1.77	2.16	2.65	3.01	3.37	3.85	4.22
14	0.69	1.34	1.76	2.14	2.62	2.98	3.33	3.79	4.14
15	0.69	1.34	1.75	2.13	2.60	2.95	3.29	3.73	4.07
16	0.69	1.34	1.75	2.12	2.58	2.92	3.25	3.69	4.02
17	0.69	1.33	1.74	2.11	2.57	2.90	3.22	3.65	3.96
18	0.69	1.33	1.73	2.10	2.55	2.88	3.20	3.61	3.92
19	0.69	1.33	1.73	2.09	2.54	2.86	3.17	3.58	3.88
20	0.69	1.32	1.72	2.09	2.53	2.84	3.15	3.55	3.85
21	0.69	1.32	1.72	2.08	2.52	2.83	3.14	3.53	3.82
22	0.69	1.32	1.72	2.07	2.51	2.82	3.12	3.50	3.79
23	0.68	1.32	1.71	2.07	2.50	2.81	3.10	3.48	3.77
24	0.68	1.32	1.71	2.06	2.49	2.80	3.09	3.47	3.74
25	0.68	1.32	1.71	2.06	2.48	2.79	3.08	3.45	3.72
26	0.68	1.32	1.71	2.06	2.48	2.78	3.07	3.44	3.71
27	0.68	1.31	1.70	2.05	2.47	2.77	3.06	3.42	3.69
28	0.68	1.31	1.70	2.05	2.47	2.76	3.05	3.41	3.67
29	0.68	1.31	1.70	2.04	2.46	2.76	3.04	3.40	3.66
30	0.68	1.31	1.70	2.04	2.46	2.75	3.03	3.38	3.65
40	0.68	1.30	1.68	2.02	2.42	2.70	2.97	3.31	3.55
60	0.68	1.30	1.67	2.00	2.39	2.66	2.92	3.23	3.46
120	0.68	1.29	2.66	1.98	2.36	2.62	2.86	3.16	3.37
∞	0.67	1.28	1.65	1.96	2.33	2.58	2.81	3.09	3.29

附表 11 Spearman 秩相关系数检验临界值 $P(r_S \geqslant c_\alpha) = \alpha$

$\alpha(2)$:	0.50	0.20	0.10	0.05	0.02	0.01	0.005	0.002	0.001
$\alpha(1)$:	0.25	0.10	0.05	0.025	0.01	0.005	0.0025	0.001	0.0005
n									
4	0.600	1.000	1.000						
5	0.500	0.800	0.900	1.000	1.000				
6	0.371	0.657	0.829	0.886	0.943	1.000	1.000		
7	0.321	0.571	0.714	0.786	0.893	0.929	0.964	1.000	1.000
8	0.310	0.524	0.643	0.738	0.833	0.881	0.905	0.952	0.976
9	0.267	0.483	0.600	0.700	0.783	0.833	0.867	0.917	0.933
10	0.248	0.455	0.564	0.648	0.745	0.794	0.830	0.879	0.903
11	0.236	0.427	0.536	0.618	0.709	0.755	0.800	0.845	0.873
12	0.217	0.406	0.503	0.587	0.678	0.727	0.769	0.818	0.846
13	0.209	0.385	0.484	0.560	0.648	0.703	0.747	0.791	0.824
14	0.200	0.367	0.464	0.538	0.626	0.679	0.723	0.771	0.802
15	0.189	0.354	0.446	0.521	0.604	0.654	0.700	0.750	0.779
16	0.182	0.341	0.429	0.503	0.582	0.635	0.679	0.729	0.762
17	0.176	0.328	0.414	0.485	0.566	0.615	0.662	0.713	0.748
18	0.170	0.317	0.401	0.472	0.550	0.600	0.643	0.695	0.728
19	0.165	0.309	0.391	0.460	0.535	0.584	0.628	0.677	0.712
20	0.161	0.299	0.380	0.447	0.520	0.570	0.612	0.662	0.696
21	0.156	0.292	0.370	0.435	0.508	0.556	0.599	0.648	0.681
22	0.152	0.284	0.361	0.425	0.496	0.544	0.586	0.634	0.667
23	0.148	0.278	0.353	0.415	0.486	0.532	0.573	0.622	0.654
24	0.144	0.271	0.344	0.406	0.476	0.521	0.562	0.610	0.642
25	0.142	0.265	0.337	0.398	0.466	0.511	0.551	0.598	0.630
26	0.138	0.259	0.331	0.390	0.457	0.501	0.541	0.587	0.619
27	0.136	0.255	0.324	0.382	0.448	0.491	0.531	0.577	0.608
28	0.133	0.250	0.317	0.375	0.440	0.483	0.522	0.567	0.598
29	0.130	0.245	0.312	0.368	0.433	0.475	0.513	0.558	0.589
30	0.128	0.240	0.306	0.362	0.425	0.467	0.504	0.549	0.580
31	0.126	0.236	0.301	0.356	0.418	0.459	0.496	0.541	0.571
32	0.124	0.232	0.296	0.350	0.412	0.452	0.489	0.533	0.563
33	0.121	0.229	0.291	0.345	0.405	0.446	0.482	0.525	0.554
34	0.120	0.225	0.287	0.340	0.399	0.439	0.475	0.517	0.547
35	0.118	0.222	0.283	0.335	0.394	0.433	0.468	0.510	0.539
36	0.116	0.219	0.279	0.330	0.388	0.427	0.462	0.504	0.533
37	0.114	0.216	0.275	0.325	0.383	0.421	0.456	0.497	0.526
38	0.113	0.212	0.271	0.321	0.378	0.415	0.450	0.491	0.519
39	0.111	0.210	0.267	0.317	0.373	0.410	0.444	0.485	0.513
40	0.110	0.207	0.264	0.313	0.368	0.405	0.439	0.479	0.507
41	0.108	0.204	0.261	0.309	0.364	0.400	0.433	0.473	0.501
42	0.107	0.202	0.257	0.305	0.359	0.395	0.428	0.468	0.495
43	0.105	0.199	0.254	0.331	0.355	0.391	0.423	0.463	0.490
44	0.104	0.197	0.251	0.298	0.351	0.386	0.419	0.458	0.484
45	0.103	0.194	0.248	0.294	0.347	0.382	0.414	0.453	0.479
46	0.102	0.192	0.246	0.291	0.343	0.378	0.410	0.448	0.474
47	0.101	0.190	0.243	0.288	0.340	0.374	0.405	0.443	0.469
48	0.100	0.188	0.240	0.285	0.336	0.370	0.401	0.439	0.465
49	0.098	0.186	0.238	0.282	0.333	0.366	0.397	0.434	0.460
50	0.097	0.184	0.235	0.279	0.329	0.363	0.393	0.430	0.456

(续表)

$\alpha(2)$:	0.50	0.20	0.10	0.05	0.02	0.01	0.005	0.002	0.001
$\alpha(1)$:	0.25	0.10	0.05	0.025	0.01	0.005	0.0025	0.001	0.0005
n									
51	0.096	0.182	0.233	0.276	0.326	0.359	0.390	0.426	0.451
52	0.095	0.183	0.231	0.274	0.373	0.356	0 386	0.422	0.447
53	0.095	0.179	0.228	0.271	0.320	0.352	0.382	0.418	0.443
54	0.094	0.177	0.226	0.268	0.317	0.349	0.379	0.414	0.439
55	0.093	0.175	0.224	0.266	0.314	0.346	0.375	0.411	0.435
56	0.092	0.174	0.222	0.264	0.311	0.343	0.372	0.407	0.432
57	0.091	0.172	0.220	0.261	0.308	0.340	0.369	0.404	0.428
58	0.090	0.171	0.218	0.259	0.306	0.337	0.366	0.400	0.424
59	0.089	0.169	0.216	0.257	0.303	0.334	0.363	0.397	0.421
60	0.089	0.168	0.214	0.255	0.300	0.331	0.360	0.394	0.418
61	0.088	0.166	0.213	0.252	0.298	0.329	0.357	0.391	0.414
62	0.087	0.165	0.211	0.250	0.296	0.326	0.354	0.388	0.411
63	0.086	0.163	0.209	0.248	0.293	0.323	0.351	0.385	0.408
64	0.086	0.162	0.207	0.246	0.291	0.321	0.348	0.382	0.405
65	0.085	0.161	0.206	0.244	0.289	0.318	0.346	0.379	0.402
66	0.084	0.160	0.204	0.243	0.287	0.316	0.343	0.376	0.399
67	0.684	0.158	0.203	0.241	0.284	0.314	0.341	0.373	0.396
68	0.083	0.157	0.201	0.239	0.282	0.311	0.338	0.370	0.393
69	0.082	0.156	0.200	0.237	0.280	0.309	0.336	0.368	0.390
70	0.082	0.155	0.198	0.235	0.278	0.307	0.333	0.365	0.388
71	0.081	0.154	0.197	0.234	0.276	0.305	0.331	0.363	0.385
72	0.081	0.153	0.195	0.232	0.274	0.303	0.329	0.360	0.382
73	0.080	0.152	0.194	0.230	0.272	0.301	0.327	0.358	0.380
74	0.080	0.151	0.193	0.229	0.271	0.299	0.324	0.355	0.377
75	0.079	0.150	0.191	0.227	0.269	0.297	0.322	0.353	0.375
76	0.078	0.149	0.190	0.226	0.267	0.295	0.320	0.351	0.372
77	0.078	0.148	0.189	0.224	0.265	0.293	0.318	0.349	0.370
78	0.077	0.147	0.188	0.223	0.264	0.291	0.316	0.346	0.368
79	0.077	0.146	0.186	0.221	0.262	0.289	0.314	0.344	0.365
80	0.076	0.145	0.185	0.220	0.260	0.287	0.312	0.342	0.363
81	0.076	0.144	0.184	0.219	0.259	0.285	0.310	0.340	0.361
82	0.075	0.143	0.183	0.217	0.257	0.284	0.308	0.338	0.359
83	0.075	0.142	0.182	0.216	0.255	0.282	0.306	0.336	0.357
84	0.074	0.141	0.181	0.215	0.254	0.280	0.305	0.334	0.355
85	0.074	0.140	0.180	0.213	0.252	0.279	0.303	0.332	0.353
86	0.074	0.139	0.179	0.212	0.251	0.277	0.301	0.330	0.351
87	0.073	0.139	0.177	0.211	0.250	0.276	0.299	0.328	0.349
88	0.073	0.138	0.176	0.210	0.248	0.274	0.298	0.327	0.347
89	0.072	0.137	0.175	0.209	0.247	0.272	0.296	0.325	0.345
90	0.072	0.136	0.174	0.207	0.245	0.271	0.294	0.323	0.343
91	0.072	0.135	0.173	0.206	0.244	0.269	0.293	0.321	0.341
92	0.071	0.135	0.173	0.205	0.243	0.268	0.291	0.319	0.339
93	0.071	0.134	0.172	0.204	0.241	0.267	0.290	0.318	0.338
94	0.070	0.133	0.171	0.203	0.240	0.265	0.288	0.316	0.336
95	0.070	0.133	0.170	0.202	0.239	0.264	0.287	0.314	0.334
96	0.070	0.132	0.169	0.201	0.238	0.262	0.285	0.313	0.332
97	0.069	0.131	0.168	0.200	0.236	0.261	0.284	0.311	0.331
98	0.069	0.130	0.167	0.199	0.235	0.260	0.282	0.310	0.329
99	0.068	0.130	0.166	0.198	0.234	0.258	0.281	0.308	0.327
100	0.068	0.129	0.165	0.197	0.233	0.257	0.279	0.307	0.326

附表 12 Kendall τ 检验临界值表

α	0.005		0.010		0.025		0.050		0.100	
n	S	r*	S	r*	S	r*	S	r*	S	r*
4	8	1.000	8	1.000	8	1.000	6	1.000	6	1.000
5	12	1.000	10	1.000	10	1.000	8	0.800	8	0.800
6	15	1.000	13	0.867	13	0.867	11	0.733	9	0.600
7	19	0.905	17	0.810	15	0.714	13	0.619	11	0.524
8	22	0.786	20	0.714	18	0.643	16	0.571	12	0.429
9	26	0.722	24	0.667	20	0.556	18	0.500	14	0.389
10	29	0.644	27	0.600	23	0.511	21	0.467	17	0.378
11	33	0.600	31	0.564	27	0.491	23	0.418	19	0.345
12	38	0.576	36	0.545	30	0.455	26	0.394	20	0.303
13	44	0.564	40	0.513	34	0.436	28	0.359	24	0.308
14	47	0.516	43	0.473	37	0.407	33	0.363	25	0.275
15	53	0.505	49	0.467	41	0.390	35	0.333	29	0.276
16	58	0.483	52	0.433	46	0.383	38	0.317	30	0.250
17	64	0.471	58	0.426	50	0.368	42	0.309	34	0.250
18	69	0.451	63	0.412	53	0.346	45	0.294	37	0.242
19	75	0.439	67	0.392	57	0.333	49	0.287	39	0.228
20	80	0.421	72	0.379	62	0.326	52	0.274	42	0.221
21	86	0.410	78	0.371	66	0.314	56	0.267	44	0.210
22	91	0.394	83	0.359	71	0.307	61	0.264	47	0.203
23	99	0.391	89	0.352	75	0.296	65	0.257	51	0.202
24	104	0.377	94	0.341	80	0.290	68	0.246	54	0.196
25	110	0.367	100	0.333	86	0.287	72	0.240	58	0.193
26	117	0.360	107	0.329	91	0.280	77	0.237	61	0.188
27	125	0.356	113	0.322	95	0.271	81	0.231	63	0.179
28	130	0.344	118	0.312	100	0.265	86	0.228	68	0.180
29	138	0.340	126	0.310	106	0.261	90	0.222	70	0.172
30	145	0.333	131	0.301	111	0.255	95	0.218	75	0.172
31	151	0.325	137	0.295	117	0.252	99	0.213	77	0.166
32	160	0.323	144	0.290	122	0.246	104	0.210	82	0.165
33	166	0.314	152	0.288	128	0.242	108	0.205	86	0.163
34	175	0.312	157	0.280	133	0.237	113	0.201	89	0.159
35	181	0.304	165	0.277	139	0.234	117	0.197	93	0.156
36	190	0.302	172	0.273	146	0.232	122	0.194	96	0.152
37	198	0.297	178	0.267	152	0.228	128	0.192	100	0.150
38	205	0.292	185	0.263	157	0.223	133	0.189	105	0.149
39	213	0.287	193	0.260	163	0.220	139	0.188	109	0.147
40	222	0.285	200	0.256	170	0.218	144	0.185	112	0.144

(续表)

n_1	n_2	n_3	$\alpha=0.5$	$\alpha=0.2$	$\alpha=0.1$	$\alpha=0.05$	$\alpha=0.025$	$\alpha=0.01$	$\alpha=0.005$
2	5	7	30(0.50000)	37(0.20292)	40(0.11588)	43(0.05821)	46(0.02507)	48(0.01290)	50(0.00601)
			31(0.45303)	38(0.17057)	41(0.09355)	44(0.04477)	47(0.01820)	49(0.00894)	51(0.00393)
2	5	8	33(0.52151)	41(0.20773)	45(0.10400)	48(0.05459)	51(0.02519)	53(0.01383)	55(0.00701)
			34(0.47849)	42(0.17764)	46(0.08500)	49(0.04283)	52(0.01885)	54(0.00996)	56(0.00482)
2	6	6	30(0.52338)	37(0.22198)	41(0.10607)	44(0.05260)	46(0.03031)	49(0.01139)	51(0.00526)
			31(0.47662)	38(0.18816)	42(0.08528)	45(0.04027)	47(0.02235)	50(0.00786)	52(0.00343)
2	6	7	34(0.52125)	42(0.21088)	46(0.10721)	49(0.05720)	52(0.02703)	55(0.01103)	57(0.00551)
			35(0.47875)	43(0.18087)	47(0.08803)	50(0.04521)	53(0.02040)	56(0.00789)	58(0.00376)
2	6	8	38(0.51949)	47(0.20176)	51(0.10804)	54(0.06118)	57(0.03135)	61(0.01070)	63(0.00569)
			39(0.48051)	48(0.17491)	52(0.09031)	55(0.04953)	58(0.02449)	62(0.00788)	64(0.00404)
2	7	7	39(0.50000)	47(0.21740)	52(0.10029)	55(0.05628)	58(0.02858)	61(0.01293)	64(0.00509)
			40(0.46130)	48(0.18948)	53(0.08358)	56(0.04543)	59(0.02225)	62(0.00964)	65(0.00360)
2	7	8	43(0.51781)	52(0.22285)	57(0.11128)	61(0.05543)	64(0.02987)	68(0.01127)	70(0.00642)
			44(0.48219)	53(0.19675)	58(0.09468)	62(0.04555)	65(0.02381)	69(0.00857)	71(0.00474)
2	8	8	48(0.51641)	58(0.21616)	63(0.11392)	68(0.05085)	71(0.02858)	75(0.01170)	78(0.00537)
			49(0.48359)	59(0.19248)	64(0.09833)	69(0.04231)	72(0.02319)	76(0.00913)	79(0.00404)
3	3	3	14(0.50000)	17(0.25952)	19(0.13869)	21(0.06131)	22(0.03690)	24(0.01071)	24(0.01071)
			15(0.41548)	18(0.19405)	20(0.09464)	22(0.03690)	23(0.02083)	25(0.00476)	25(0.00476)
3	3	4	17(0.50000)	21(0.22833)	23(0.13000)	25(0.06405)	27(0.02643)	28(0.01548)	29(0.00857)
			18(0.42667)	22(0.17500)	24(0.09310)	26(0.04214)	28(0.01548)	29(0.00857)	30(0.00429)
3	3	5	20(0.50000)	25(0.20584)	27(0.12348)	29(0.06623)	31(0.03106)	33(0.01234)	34(0.00714)
			21(0.43528)	26(0.16147)	28(0.09177)	30(0.04621)	32(0.02002)	34(0.00714)	35(0.00390)
3	3	6	23(0.50000)	28(0.23193)	31(0.11845)	33(0.06791)	35(0.03506)	38(0.01017)	39(0.00622)
			24(0.44210)	29(0.18912)	32(0.09075)	34(0.04946)	36(0.02408)	39(0.00622)	40(0.00357)
3	3	7	26(0.50000)	32(0.21323)	35(0.11451)	38(0.05219)	40(0.02768)	42(0.01320)	44(0.00551)
			27(0.44761)	33(0.17619)	36(0.08989)	39(0.03849)	41(0.01941)	43(0.00868)	45(0.00335)
3	3	8	29(0.50000)	35(0.23428)	39(0.11131)	42(0.05446)	44(0.03092)	47(0.01122)	48(0.00759)
			30(0.45216)	36(0.19843)	40(0.08914)	43(0.04144)	45(0.02259)	48(0.00759)	49(0.00498)
3	4	4	20(0.53221)	25(0.23247)	28(0.10926)	30(0.05758)	32(0.02649)	34(0.01030)	35(0.00589)
			21(0.46779)	26(0.18528)	29(0.08643)	31(0.03974)	33(0.01688)	35(0.00589)	36(0.00320)
3	4	5	24(0.50000)	29(0.23579)	32(0.12369)	35(0.05281)	37(0.02648)	39(0.01169)	40(0.00732)
			25(0.44304)	30(0.19325)	33(0.09481)	36(0.03791)	38(0.01789)	40(0.00732)	41(0.00440)
3	4	6	27(0.52566)	33(0.23834)	37(0.10723)	39(0.06505)	42(0.02642)	44(0.01284)	46(0.00553)
			28(0.47434)	34(0.19973)	48(0.08432)	40(0.04923)	43(0.01865)	45(0.00856)	47(0.00343)
3	4	7	31(0.50000)	38(0.20504)	41(0.11810)	44(0.06003)	47(0.02633)	49(0.01379)	51(0.00657)
			32(0.45344)	39(0.17279)	32(0.09566)	45(0.04644)	48(0.01926)	50(0.00963)	52(0.00435)
3	4	8	34(0.52137)	42(0.20952)	36(0.10583)	49(0.05607)	52(0.02624)	55(0.01058)	57(0.00522)
			35(0.47863)	43(0.17947)	47(0.08672)	50(0.04419)	53(0.01974)	56(0.00752)	58(0.00354)
3	5	5	28(0.50000)	34(0.12029)	37(0.12200)	40(0.05823)	42(0.03227)	45(0.01116)	46(0.00740)
			29(0.44913)	35(0.18365)	38(0.09706)	41(0.04382)	43(0.02324)	46(0.00740)	47(0.00475)

附表 12　Kendall τ 检验临界值表

(续表)

n_1	n_2	n_3	$\alpha=0.5$	$\alpha=0.2$	$\alpha=0.1$	$\alpha=0.05$	$\alpha=0.025$	$\alpha=0.01$	$\alpha=0.005$
3	5	6	32(0.50000)	39(0.20820)	42(0.12137)	45(0.06278)	48(0.02822)	51(0.01071)	53(0.00500)
			33(0.45405)	40(0.17607)	48(0.09882)	46(0.04890)	49(0.02085)	52(0.00741)	54(0.00328)
3	5	7	36(0.50000)	43(0.22963)	48(0.10022)	51(0.05332)	54(0.02518)	57(0.01033)	59(0.00519)
			37(0.45809)	44(0.19851)	49(0.08220)	52(0.04211)	55(0.01903)	58(0.00740)	60(0.00356)
3	5	8	40(0.50000)	48(0.21844)	53(0.10138)	56(0.05718)	59(0.02926)	63(0.01001)	65(0.00534)
			41(0.46147)	49(0.19057)	54(0.08461)	57(0.04627)	60(0.02284)	64(0.00737)	66(0.00380)
3	6	6	36(0.52087)	44(0.21513)	48(0.11162)	51(0.06089)	54(0.02965)	57(0.01264)	59(0.00656)
			37(0.47913)	45(0.18533)	49(0.09226)	52(0.04855)	55(0.02267)	58(0.00919)	60(0.00459)
3	6	7	41(0.50000)	49(0.22091)	54(0.10392)	57(0.05931)	60(0.03081)	64(0.0010845)	66(0.00590)
			42(0.46187)	50(0.19315)	55(0.08704)	58(0.04821)	61(0.02420)	65(0.00807)	67(0.00425)
3	6	8	45(0.51759)	54(0.22580)	59(0.11440)	63(0.05797)	67(0.02551)	70(0.01238)	73(0.00539)
			46(0.48241)	55(0.19983)	60(0.09770)	64(0.04788)	68(0.02027)	71(0.00950)	74(0.00397)
3	7	7	46(0.50000)	55(0.21371)	60(0.10697)	64(0.05366)	67(0.02919)	71(0.01125)	73(0.00651)
			47(0.46502)	56(0.18868)	61(0.09112)	65(0.04421)	68(0.02337)	72(0.00861)	74(0.00486)
4	4	4	24(0.52840)	30(0.21573)	33(0.10993)	35(0.06323)	37(0.03296)	39(0.01530)	41(0.00615)
			25(0.47160)	31(0.17558)	34(0.08439)	36(0.04630)	38(0.02286)	40(0.00993)	42(0.00367)
4	4	5	28(0.52535)	35(0.20291)	38(0.11051)	41(0.05178)	43(0.02833)	45(0.01412)	47(0.00630)
			29(0.47465)	36(0.16825)	39(0.08738)	42(0.03873)	44(0.02027)	46(0.00959)	48(0.00402)
4	4	6	32(0.52292)	39(0.22651)	43(0.11087)	46(0.05649)	48(0.03336)	51(0.01321)	53(0.00639)
			33(0.47708)	40(0.19294)	44(0.08984)	47(0.04376)	49(0.02497)	52(0.00931)	54(0.00429)
4	4	7	36(0.52091)	44(0.21471)	48(0.11118)	51(0.06052)	54(0.02939)	57(0.01248)	59(0.01645)
			37(0.47909)	45(0.18488)	19(0.09184)	52(0.04822)	55(0.02244)	58(0.00906)	60(0.00450)
4	4	8	40(0.51923)	49(0.20504)	53(0.11139)	57(0.05216)	60(0.02636)	63(0.01188)	65(0.00649)
			41(0.48077)	50(0.17830)	54(0.09353)	58(0.04204)	61(0.02049)	64(0.00885)	66(0.00468)
4	5	5	33(0.50000)	40(0.21074)	44(0.10139)	47(0.05094)	49(0.02980)	52(0.01162)	54(0.00557)
			34(0.45453)	41(0.17872)	45(0.08177)	48(0.03928)	50(0.02220)	53(0.00815)	55(0.00371)
3	5	6	37(0.52068)	45(0.21719)	49(0.11377)	53(0.05021)	55(0.03096)	58(0.01346)	61(0.00502)
			38(0.47932)	46(0.18750)	50(0.09435)	54(0.03970)	56(0.02382)	59(0.00987)	62(0.00347)
4	5	7	42(0.50000)	50(0.22260)	55(0.10570)	58(0.06081)	62(0.02519)	65(0.01147)	67(0.00633)
			43(0.46215)	51(0.19494)	56(0.08875)	59(0.04959)	63(0.01963)	66(0.00858)	68(0.00459)
4	5	8	46(0.51748)	56(0.20134)	60(0.11594)	64(0.05923)	68(0.02636)	71(0.01294)	74(0.00572)
			47(0.48252)	57(0.17722)	61(0.09919)	65(0.04905)	69(0.02102)	72(0.00998)	75(0.00425)
4	6	6	42(0.51886)	51(0.20965)	55(0.11612)	59(0.05592)	62(0.02909)	66(0.01031)	68(0.00565)
			43(0.48114)	52(0.18307)	56(0.09810)	60(0.04546)	63(0.02287)	67(0.00769)	69(0.00408)

(续表)

n_1	n_2	n_3	$\alpha=0.5$	$\alpha=0.2$	$\alpha=0.1$	$\alpha=0.05$	$\alpha=0.025$	$\alpha=0.01$	$\alpha=0.005$
4	6	7	17(0.51733)	57(0.20342)	62(0.10126)	66(0.05067)	69(0.02756)	73(0.01066)	75(0.00619)
			48(0.48267)	58(0.17938)	63(0.08619)	67(0.04174)	70(0.02208)	74(0.00818)	76(0.00463)
4	6	8	52(0.51603)	62(0.22166)	68(0.10397)	72(0.05539)	76(0.02631)	80(0.01095)	83(0.00513)
			53(0.48397)	63(0.19820)	69(0.08972)	73(0.04651)	77(0.02141)	81(0.00859)	84(0.00390)
4	7	7	53(0.50000)	63(0.21068)	68(0.11261)	73(0.05154)	76(0.02963)	81(0.01000)	83(0.00607)
			54(0.46809)	64(0.18800)	69(0.09759)	74(0.04318)	77(0.02426)	82(0.00783)	84(0.00465)
4	7	8	58(0.51481)	69(0.21695)	75(0.10806)	80(0.05226)	84(0.02621)	88(0.01177)	91(0.00595)
			59(0.48519)	70(0.19552)	76(0.09450)	81(0.04441)	85(0.02170)	89(0.00946)	92(0.00466)
4	8	8	64(0.51376)	76(0.11292)	82(0.11160)	87(0.05754)	92(0.02610)	97(0.01023)	100(0.00538)
			65(0.48624)	77(0.19320)	83(0.09869)	88(0.04966)	93(0.02191)	98(0.00831)	101(0.00428)
5	5	5	38(0.5000)	46(0.20318)	50(0.10490)	853(0.05715)	56(0.02788)	59(0.01196)	61(0.00626)
			39(0.45888)	47(0.17478)	51(0.08666)	54(0.04558)	57(0.02136)	60(0.00873)	62(0.00440)
5	5	7	43(0.5000)	51(0.22463)	56(0.10781)	60(0.05124)	63(0.02637)	66(0.01222)	69(0.00501)
			44(0.46248)	52(0.19706)	57(0.09078)	61(0.04151)	64(0.02066)	67(0.00921)	70(0.00360)
5	5	7	48(0.50000)	57(0.21690)	62(0.11026)	66(0.05631)	70(0.02514)	74(0.01241)	76(0.00554)
			49(0.46549)	58(0.19200)	63(0.09430)	67(0.04665)	71(0.02008)	74(0.00960)	77(0.00413)
5	5	8	53(0.50000)	63(0.21043)	68(0.11235)	73(0.05135)	76(0.02948)	80(0.01256)	83(0.00601)
			54(0.46806)	64(0.18774)	59(0.09734)	74(0.04300)	77(0.02413)	81(0.00992)	84(0.00461)
5	6	6	48(0.51720)	58(0.20518)	63(0.10301)	67(0.05205)	70(0.02859)	74(0.01125)	76(0.00661)
			49(0.48280)	59(0.18116)	64(0.08787)	68(0.04301)	71(0.02299)	75(0.00868)	77(0.00498)
5	6	7	54(0.5000)	64(0.21215)	69(0.11412)	74(0.05272)	78(0.02507)	82(0.01048)	84(0.00641)
			55(0.46829)	65(0.18952)	70(0.09906)	75(0.04427)	79(0.02042)	83(0.00824)	85(0.00494)
5	6	8	59(0.51473)	70(0.21820)	76(0.10935)	81(0.05328)	85(0.02694)	89(0.01223)	92(0.00624)
			60(0.48527)	71(0.19681)	77(0.09575)	82(0.04535)	86(0.02235)	90(0.00985)	93(0.00490)
5	7	7	60(0.50000)	71(0.20814)	77(0.10319)	81(0.05828)	85(0.02998)	90(0.01125)	93(0.00571)
			61(0.47066)	72(0.18741)	78(0.09019)	82(0.04981)	86(0.02499)	91(0.00904)	94(0.00447)
5	7	8	66(0.50000)	78(0.20471)	84(0.10680)	89(0.05493)	93(0.02948)	98(0.01193)	102(0.00515)
			67(0.47271)	79(0.18559)	85(0.09438)	90(0.04739)	94(0.02489)	99(0.00077)	103(0.00410)
5	8	8	72(0.51273)	85(0.21165)	92(0.10461)	97(0.05635)	102(0.02724)	107(0.01166)	111(0.00536)
			73(0.48727)	86(0.19344)	93(0.09319)	98(0.04917)	103(0.02322)	108(0.00968)	112(0.00434)
6	6	6	54(0.51582)	65(0.20145)	70(0.10721)	74(0.05805)	78(0.02816)	82(0.01206)	85(0.00581)
			55(0.48418)	66(0.17959)	71(0.09285)	75(0.04897)	79(0.02306)	83(0.00954)	86(0.00447)
6	6	7	60(0.51464)	71(0.21964)	77(0.11084)	82(0.05446)	86(0.02778)	91(0.01031)	94(0.00520)
			61(0.48536)	72(0.19831)	78(0.09721)	83(0.04645)	87(0.02311)	92(0.00827)	85(0.00406)
6	6	8	66(0.51312)	78(0.21527)	85(0.10104)	90(0.05151)	94(0.02745)	99(0.01100)	102(0.01588)
			67(0.48638)	79(0.19561)	86(0.08914)	91(0.04436)	95(0.02313)	100(0.00899)	103(0.00471)
6	7	7	67(0.50000)	79(0.20598)	85(0.10808)	90(0.05595)	95(0.02559)	100(0.01016)	103(0.00541)
			68(0.47285)	80(0.18689)	86(0.09563)	91(0.04835)	96(0.02153)	101(0.00829)	104(0.00432)

附表 12　Kendall τ 检验临界值表

(续表)

n_1	n_2	n_3	$\alpha=0.5$	$\alpha=0.2$	$\alpha=0.1$	$\alpha=0.05$	$\alpha=0.025$	$\alpha=0.01$	$\alpha=0.005$
6	7	8	73(0.51267)	86(0.21274)	93(0.10571)	99(0.05002)	103(0.02787)	109(0.01002)	112(0.00558)
			74(0.48733)	87(0.19456)	94(0.09426)	100(0.04351)	104(0.02380)	110(0.00829)	113(0.00454)
6	8	8	80(0.51184)	94(0.21015)	101(0.10987)	107(0.05532)	112(0.02822)	118(0.01098)	122(0.00533)
			81(0.48816)	95(0.19364)	102(0.09895)	103(0.04873)	113(0.02437)	119(0.00923)	123(0.00439)
7	7	7	74(0.50000)	87(0.20413)	94(0.10045)	99(0.05401)	104(0.02609)	109(0.01118)	113(0.00515)
			75(0.47473)	88(0.18643)	95(0.08944)	100(0.04711)	105(0.02225)	110(0.00929)	114(0.00418)
7	7	8	81(0.50000)	95(0.20251)	102(0.10477)	108(0.05235)	113(0.02653)	119(0.01023)	122(0.00597)
			82(0.47637)	96(0.18602)	103(0.09414)	109(0.04605)	114(0.02288)	120(0.00859)	123(0.00494)
7	8	8	88(0.51108)	103(0.20959)	111(0.10393)	117(0.05443)	123(0.02539)	129(0.01041)	133(0.00530)
			89(0.48892)	104(0.19380)	112(0.09402)	118(0.04834)	124(0.02209)	130(0.00885)	134(0.00443)
8	8	8	96(0.51040)	112(0.20874)	120(0.10852)	127(0.05365)	133(0.02629)	139(0.01152)	144(0.00527)
			97(0.48960)	113(0.19394)	121(0.09891)	128(0.04798)	134(0.02310)	140(0.00992)	145(0.00445)

(续表)

	k	$\alpha=0.5$	$\alpha=0.2$	$\alpha=0.1$	$\alpha=0.05$	$\alpha=0.025$	$\alpha=0.01$	$\alpha=0.005$
$n=2$	4	12(0.54921)	15(0.26825)	17(0.13016)	18(0.08294)	20(0.02619)	21(0.01230)	22(0.00516)
		13(0.45079)	16(0.19286)	18(0.08294)	19(0.04841)	21(0.01230)	22(0.00516)	23(0.00159)
	5	20(0.53534)	25(0.21102)	27(0.12133)	29(0.06126)	31(0.02646)	32(0.01623)	34(0.00511)
		21(0.46466)	26(0.16246)	28(0.08779)	30(0.04116)	32(0.01623)	33(0.00939)	35(0.00257)
	6	30(0.52707)	36(0.22650)	39(0.12151)	42(0.05533)	44(0.02944)	48(0.01418)	48(0.00608)
		31(0.47293)	37(0.18713)	40(0.09533)	43(0.04083)	45(0.02071)	47(0.00944)	49(0.00379)
$n=3$	4	27(0.52760)	33(0.22197)	36(0.11663)	39(0.05145)	41(0.02657)	43(0.01229)	44(0.00797)
		28(0.47240)	34(0.18229)	37(0.09067)	40(0.03774)	42(0.01834)	44(0.00797)	45(0.00498)
	5	45(0.51980)	53(0.22740)	58(0.10487)	61(0.05884)	64(0.02995)	68(0.01023)	70(0.00549)
		46(0.48020)	54(0.19822)	59(0.08738)	62(0.04752)	65(0.02335)	69(0.00755)	71(0.00392)
	6	68(0.50000)	79(0.20145)	84(0.11087)	89(0.05331)	93(0.02262)	97(0.01193)	100(0.00604)
		69(0.46981)	80(0.18058)	85(0.09686)	90(0.04524)	94(0.02201)	98(0.00958)	101(0.00443)
$n=4$	4	48(0.51826)	57(0.21724)	62(0.10581)	66(0.05142)	69(0.02715)	72(0.01304)	75(0.00562)
		49(0.48174)	58(0.19096)	63(0.08950)	67(0.04198)	70(0.02150)	73(0.00998)	76(0.00414)
	5	80(0.51305)	93(0.20589)	99(0.11129)	105(0.05211)	109(0.02876)	115(0.01016)	118(0.00561)
		81(0.48695)	94(0.18756)	100(0.09910)	106(0.04523)	110(0.02450)	116(0.00839)	119(0.00455)
	6	120(0.50994)	137(0.20490)	146(0.10048)	153(0.05084)	159(0.02572)	166(0.01025)	170(0.00588)
		121(0.40006)	138(0.19092)	147(0.09181)	154(0.04567)	160(0.02274)	167(0.00888)	171(0.00486)
$n=5$	4	75(0.51321)	88(0.20295)	94(0.10832)	99(0.05735)	104(0.02708)	109(0.01125)	113(0.00502)
		78(0.48679)	89(0.18455)	95(0.09621)	100(0.04983)	105(0.02296)	110(0.00928)	114(0.00404)
	5	125(0.50942)	143(0.20345)	152(0.10385)	159(0.05492)	166(0.02603)	173(0.01095)	178(0.00545)
		126(0.49058)	144(0.19032)	153(0.09542)	160(0.04970)	167(0.02318)	174(0.00958)	179(0.00470)
		188(0.50000)	211(0.20386)	223(0.10319)	233(0.05153)	241(0.02701)	251(0.01067)	258(0.00510)
		189(0.48567)	212(0.19377)	224(0.09679)	234(0.04775)	242(0.02477)	252(0.00964)	259(0.00456)
$n=6$	4	108(0.51013)	125(0.20037)	133(0.10521)	140(0.05287)	146(0.02647)	153(0.01035)	157(0.00565)
		109(0.48987)	126(0.18631)	134(0.09607)	141(0.04743)	147(0.02336)	154(0.00894)	158(0.00481)
	5	180(0.50721)	203(0.20745)	215(0.10494)	225(0.05229)	234(0.02505)	243(0.01072)	250(0.00510)
		181(0.49279)	204(0.19719)	216(0.09842)	226(0.04844)	235(0.02292)	244(0.00969)	251(0.00456)
	6	270(0.50548)	301(0.20070)	316(0.10478)	329(0.05285)	341(0.02523)	353(0.01078)	362(0.00527)
		271(0.49452)	302(0.19304)	317(0.09982)	330(0.04990)	342(0.02361)	354(0.00999)	363(0.00485)

附表 13　Kolmogorov 检验临界值 $P(D_n \geqslant D_\alpha) = \alpha$

n	\multicolumn{5}{c}{α}				
	0.20	0.10	0.05	0.02	0.01
1	0.90000	0.95000	0.97500	0.99000	0.99500
2	0.68377	0.77639	0.84189	0.90000	0.92929
3	0.56481	0.63604	0.70760	0.78456	0.82900
4	0.49265	0.56522	0.62394	0.68887	0.73424
5	0.44698	0.50945	0.56328	0.62713	0.66853
6	0.41037	0.46799	0.51926	0.57741	0.61661
7	0.38148	0.43607	0.48342	0.53844	0.57581
8	0.35831	0.40962	0.45427	0.50654	0.54179
9	0.33910	0.38746	0.43001	0.47960	0.51332
10	0.32260	0.36866	0.40925	0.45662	0.48893
11	0.30829	0.35242	0.39122	0.43670	0.46770
12	0.29577	0.32815	0.37543	0.41918	0.44905
13	0.28470	0.32549	0.36143	0.40362	0.43247
14	0.27481	0.31417	0.34890	0.38970	0.41763
15	0.26588	0.30397	0.33760	0.37713	0.40420
16	0.25778	0.29472	0.32733	0.36571	0.39201
17	0.25039	0.28627	0.31796	0.35528	0.38086
18	0.24360	0.27851	0.30963	0.34569	0.37062
19	0.23735	0.27136	0.30143	0.33685	0.36117
20	0.23156	0.26473	0.29408	0.32866	0.35241
21	0.22617	0.25858	0.28724	0.32104	0.34127
22	0.22115	0.25283	0.28087	0.31394	0.33666
23	0.21645	0.24746	0.27490	0.30728	0.32954
24	0.21205	0.24242	0.26931	0.30104	0.32286
25	0.20790	0.23768	0.26404	0.29516	0.31657
26	0.20399	0.23320	0.25907	0.28962	0.31064
27	0.20030	0.22838	0.25438	0.28438	0.30502
28	0.19680	0.22497	0.24993	0.27942	0.29971
29	0.19348	0.22117	0.24571	0.27471	0.29466
30	0.19032	0.21756	0.24170	0.27023	0.28987
31	0.18732	0.21412	0.23788	0.26596	0.28530
32	0.18445	0.21085	0.23424	0.26189	0.28094
33	0.18171	0.20771	0.23076	0.25801	0.27677
34	0.17909	0.20472	0.22743	0.25429	0.27279
35	0.17659	0.20185	0.22425	0.25073	0.26897
36	0.17418	0.19910	0.22119	0.24732	0.26532
37	0.17188	0.19646	0.21826	0.24401	0.26180
38	0.16966	0.19392	0.21544	0.24089	0.25843

(续表)

n	α				
	0.20	0.10	0.05	0.02	0.01
39	0.16753	0.19148	0.21273	0.23786	0.25518
40	0.16947	0.18913	0.21012	0.23494	0.25205
41	0.16394	0.18687	0.20760	0.23213	0.24904
42	0.16158	0.18468	0.20517	0.22941	0.24613
43	0.15974	0.18257	0.20283	0.22679	0.24332
44	0.15796	0.18053	0.20056	0.22426	0.24060
45	0.15623	0.17856	0.19837	0.22181	0.23798
46	0.15457	0.17665	0.19625	0.21944	0.23544
47	0.15295	0.17481	0.19420	0.21715	0.23298
48	0.15139	0.17302	0.19221	0.21493	0.23059
49	0.14987	0.17128	0.19028	0.21277	0.22828
50	0.14840	0.16959	0.18841	0.21068	0.22604
55	0.14164	0.16186	0.17981	0.20107	0.21574
60	0.13573	0.15511	0.17231	0.19267	0.20673
65	0.13052	0.14913	0.16567	0.18525	0.19877
70	0.12586	0.14381	0.15975	0.17863	0.19167
75	0.12167	0.13901	0.15442	0.17268	0.18528
80	0.11787	0.13467	0.14960	0.16728	0.17949
85	0.11442	0.13072	0.14520	0.16236	0.17421
90	0.11125	0.12709	0.14117	0.15786	0.16938
95	0.10833	0.12375	0.13746	0.15371	0.16493
100	0.10563	0.12067	0.18403	0.14987	0.16081

附表 14 Kolmogorov-Smirnov D 临界值 (单一样本)

样本量	$D = \text{maximum}|F_0(X) - S_N(X)|$ 的显著性水平				
(N)	0.20	0.15	0.10	0.05	0.01
1	0.900	0.925	0.950	0.975	0.995
2	0.684	0.726	0.776	0.842	0.929
3	0.565	0.597	0.642	0.708	0.828
4	0.494	0.525	0.564	0.624	0.733
5	0.446	0.474	0.510	0.565	0.669
6	0.410	0.436	0.470	0.521	0.618
7	0.381	0.405	0.438	0.486	0.577
8	0.358	0.381	0.411	0.457	0.543
9	0.339	0.360	0.388	0.432	0.514
10	0.322	0.342	0.368	0.410	0.490
11	0.307	0.326	0.352	0.391	0.468
12	0.295	0.313	0.338	0.375	0.450
13	0.284	0.302	0.325	0.361	0.433
14	0.274	0.292	0.314	0.349	0.418
15	0.266	0.283	0.304	0.338	0.404
16	0.258	0.274	0.295	0.328	0.392
17	0.250	0.266	0.286	0.318	0.381
18	0.244	0.259	0.278	0.309	0.371
19	0.237	0.252	0.272	0.301	0.363
20	0.231	0.246	0.264	0.294	0.356
25	0.21	0.22	0.24	0.27	0.32
30	0.19	0.20	0.22	0.24	0.29
35	0.18	0.19	0.21	0.23	0.27
Over 35	$\dfrac{1.07}{\sqrt{N}}$	$\dfrac{1.14}{\sqrt{N}}$	$\dfrac{1.22}{\sqrt{N}}$	$\dfrac{1.36}{\sqrt{N}}$	$\dfrac{1.63}{\sqrt{N}}$

参 考 文 献

Beecher H K. Measurement of Subjective Response: Quantitative Effects of Drugs[M]. New York: Oxford University Press, 1959.

Beriman L. Classification and regression trees[M]. Belmont, CA: Wadsworth International Croup, 1984.

Breiman L, Friedman J H, Olshen R A, Stone C J. Classification and Regression Trees[M]. Belmont: Wadsworth, 1984.

Breiman L. Random forests[J]. Machine Learning, 2001, 45: 5-32.

Brinkman N D. Ethanol fuel-a single-cylinder engine study of efficiency and exhaust emission[J]. SAE Transactions, 1980, 90.

Chambers J, Cleveland W. Graphical methods for data analysis[M]. Boston: Duxbury Press India, 1983.

Christopher M Bishop. Pattern Recognition and Machine Learning[M]. New York: Springer-Verlag, 2007.

Conover W J. Practical Nonparametric Statistics[M]. 2nd ed. New York: John Wiley & Sons, 1980.

David Ruppert, Wang M P, Carroll R J. Semiparametric Regression[M]. Cambridge University Press, 2003.

Fan J. Local Polynomial Modelling and Its Applications[M]. London: Chapman and Hall, 1996.

Freund Y. A Decision-Theoretic Generalization of On-Line Learning and an Application to Boosting. AT&T Labs, 180 Park Avenue, Florham Park, New Jersey, 07932, 1997.

Friedman J H. Multivariate Adaptive Regression Splines[J]. Ann. statist., 1991, 19(1): 123-141.

Hall P. Central limit theorem for integrated square error of nultivariate nonparametric elensity estimators. Journal of Multivariate Analysis, 1984, 14: 1-16.

Hastie T, Tibshirani R, Friedman J H. The Elements of Statistical Learning[M]. New York: Springer-Verlag, 2003.

Jeffrey S Simonnoff. Smoothing Methods in Statistics[M]. New York: Springer-Verlag, 1998.

Koenker R. Quantile Regression[M]. Cambridge: Cambridge University Press, 2005.

Larry Wasserman. All of Nonparametric Statistics[M]. New York: Springer-Verlag, 2007.

Lehmann E L. Testing Stochastical Hypotheses[M]. 3rd ed. New York: Springer, 2008.

McCullagh P, Nelder J A. Generalized Linear Models[M]. 2nd ed. London: Chapman and Hall, 1989.

Morgan J N. Problems in the analysis of survey data, and a proposal[J]. Amer. statist. assoc, 1963.

Myles Hollander, Douglas A Wolfe. Nonparametric Statistical Methods[M]. 2nd ed. London: Wiley-Interscience, 1999.

Powell J L, Stock J H, Stoker T M. Semiparametric estimation of index coefficients. Econometrica. 1989, 57(6): 1403-1430.

Quinlan J A. C4.5: Programs for Machine Learning[M]. San Francisco, Morgan Kaufmann, 1993.

Rice J. Mathematical Staistics and Data Analysis[M]. 3rd ed. Boston: Duxbury Press India, 2007.

Schlimmer J C. A case study of incremental concept induction[C]. Proceedings of the Fifth National Conference on Artificial Intelligence (pp. 496-501). Philadelphia, PA: Morgan Kaufmann, 1986.

Schlimmer J C. Incremental learning from noisy data[J]. Machine Learning, 1986, 1: 317-354.

Silverman B W. Density Estimation for Statistics and Data Analysis[M]. London: Chapman and Hall, 1986.

Silverman B W. Nonparametric Regression and Generalized Linear Models[M]. London: Chapman and Hall, 1994.

Sonquist J A. The Detection of Interaction Effects[R]. Survey. Research Center, University of Michigan, 1964.

Sprent P. Applied Nonparametric Statistical Methods[M]. 3rd ed. London: Chapman and Hall, 2000.

Stephens S, Madronich S, Wu F, Olson J. Weekly patterns of Mexico City's surface concentrations of CO, NO_x, PM_{10} and O_3 during 1986—2007[J]. Atmos. Chem. Phys. Discuss., 2008, 8: 8357-8384.

Utgoff P E. ID5: An incremental ID3[C]. Proceedings of the Fifth International Conference on Machine Learning (pp. 107-120). Ann Arbor, MI: Morgan Kaufmann, 1988.

Vapnik V N. Statistical Learnig Theory[M]. New York: Wiley-Interscience, 1998.

Venables W N, Ripley B D. Modern Applied Statistics with SPLUS[M]. Second Edition. New York: Springer, 1997.

Venables W N, Smith D M. [2008]. cran.r-project.org/doc/manuals/R-intro.pdf.

Wegman E J. Nonparametric probability density estimation[J]. Technometrics, 1972, 14: 513-546.

陈希孺. 高等数理统计学 [M]. 合肥：中国科技大学出版社, 1999.

David Hand, 等. 数据挖掘原理 [M]. 张银奎, 等, 译. 北京：机械工业出版社, 2003.

海特曼斯波格 T P. 基于秩的统计推断 [M]. 长春：东北师范大学出版社, 1995.

李裕奇, 等. 非参数统计方法 [M]. 成都：西南交通大学出版社, 1998.

刘勤, 金丕焕. 分类数据的统计分析及 SAS 编程 [M]. 上海：复旦大学出版社, 2002.

茆诗松, 王静龙. 高等数理统计 [M]. 北京：高等教育出版社, 1999.

Marques de Sa J P. 模式识别 [M]. 吴逸飞, 译. 北京: 清华大学出版社, 2002.

Michael J A Berry, Gordon S Linoff. 数据挖掘 [M]. 袁卫, 等, 译. 北京: 中国劳动保障出版社, 2004.

Pang-Ning Tan, Michael Steinbach, Vipin Kumar. 数据挖掘导论 [M]. 范明, 译. 北京: 人民邮电出版社, 2002.

Richard O Duda, 等. 模式识别 [M]. 李宏东, 等, 译. 北京: 机械工业出版社, 2003.

Richard P. Runyon. 行为统计学 [M]. 王星, 译. 北京: 中国人民大学出版社, 2007

沈明来. 无母数统计学与计数数据分析 [M]. 台北: 九州图书文物有限公司, 1997.

孙山泽. 非参数统计讲义 [M]. 北京: 北京大学出版社, 2000.

王星. 非参数统计 [M]. 北京: 中国人民大学出版社, 2005.

吴喜之, 王兆军. 非参数统计方法 [M]. 北京: 高等教育出版社, 1996.

吴喜之. 非参数统计 [M]. 北京: 中国统计出版社, 1999.

徐端正. 生物统计在药理学中的应用 [M]. 北京: 科学出版社, 1986.

叶阿忠. 非参数计量经济学 [M]. 天津: 南开大学出版社, 2003.

张家放. 医用多元统计方法 [M]. 武汉: 华中科技大学出版社, 2002.

张尧庭. 定性数据的统计分析 [M]. 桂林: 广西师范大学出版社, 1991.

郑忠国. 高等统计学 [M]. 北京: 北京大学出版社, 1998.